Bewältigungshilfen
für den Krebskranken

Bewältigungshilfen für den Krebskranken

Herausgegeben von Eberhard Aulbert

Geleitwort von Siegfried Seeber

Bearbeitet von

E. Albrecht
E. Aulbert
W. Dornoff
R. Hartenstein
J. Horn
M. Keller
M. Kern
E. Klaschik
S. Kochendörfer
D. Niethammer
G. Ratsak
F. Salomon
M. Schnurre
W. Schreml
K. Schüle-Hein
R. Schwarz
M. Stratmann
G. Strittmatter
J.-C. Student

23 Abbildungen, 35 Tabellen

Georg Thieme Verlag Stuttgart · New York 1993

Die Deutsche Bibliothek – CIP-Einheitsaufnahme

Bewältigungshilfen für den Krebskranken : 35 Tabellen / hrsg.
von Eberhard Aulbert. Geleitw. von Siegfried Seeber. Bearb.
von E. Albrecht ... – Stuttgart ; New York : Thieme, 1993
NE: Aulbert, Eberhard [Hrsg.]; Albrecht, Elisabeth

Wichtiger Hinweis:

Wie jede Wissenschaft ist die Medizin ständigen Entwicklungen unterworfen. Forschung und klinische Erfahrung erweitern unsere Erkenntnisse, insbesondere was Behandlung und medikamentöse Therapie anbelangt. Soweit in diesem Werk eine Dosierung oder eine Applikation erwähnt wird, darf der Leser zwar darauf vertrauen, daß Autoren, Herausgeber und Verlag große Sorgfalt darauf verwandt haben, daß diese Angabe dem Wissensstand bei Fertigstellung des Werkes entspricht.

Für Angaben über Dosierungsanweisungen und Applikationsformen kann vom Verlag jedoch keine Gewähr übernommen werden. Jeder Benutzer ist angehalten, durch sorgfältige Prüfung der Beipackzettel der verwendeten Präparate und gegebenenfalls nach Konsultation eines Spezialisten festzustellen, ob die dort gegebene Empfehlung für Dosierungen oder die Beachtung von Kontraindikationen gegenüber der Angabe in diesem Buch abweicht. Eine solche Prüfung ist besonders wichtig bei selten verwendeten Präparaten oder solchen, die neu auf den Markt gebracht worden sind. Jede Dosierung oder Applikation erfolgt auf eigene Gefahr des Benutzers. Autoren und Verlag appellieren an jeden Benutzer, ihm etwa auffallende Ungenauigkeiten dem Verlag mitzuteilen.

Printed in Germany
Satz und Druck: Druckhaus Götz GmbH, D-71636 Ludwigsburg
Gesetzt auf CCS Textline (Linotronic 630)

ISBN 3-13-797301-5 1 2 3 4 5 6

Meinen krebskranken Patienten gewidmet,
die sich meiner Betreuung anvertrauten
und mich sehen lehrten.

Geleitwort

von S. Seeber

Krebserkrankungen nehmen immer noch an Häufigkeit zu. Ihre Diagnostik ist in vielerlei Hinsicht verbessert worden, für ihre Behandlung gibt es bei den meisten Erkrankungsformen für die verschiedensten Stadien etablierte therapeutische Richtlinien. Insgesamt ist für fast die Hälfte aller Krebserkrankten mit Heilung zu rechnen, wenn alle operablen Frühstadien eingeschlossen werden. Nach lokaler Ausbreitung der Krebserkrankung, lymphogener Metastasierung oder Ausbreitung über den Blutweg sind die Heilungsmöglichkeiten deutlich niedriger und nur noch bei umschriebenen Krankheitsbildern gegeben. Umgekehrt kann die große Zahl der nichtgeheilten oder nicht heilbaren Krebserkrankten heute Behandlungsverfahren erhalten, die das Überleben beträchtlich zu verlängern vermögen.

Es ist lange nicht erkannt worden, daß mit dieser Verbesserung der rein medizinischen Palliativbehandlung und der resultierenden Überlebensverlängerung das Krebsproblem zahlenmäßig vervielfacht wird.

Je besser also die onkologische Diagnostik und Therapie insgesamt wird, desto größer wird quantitativ für die Bevölkerung letztlich das Krebsproblem dann, wenn die Zahl der Neuerkrankten nicht abnimmt. Durch die Überlebensverlängerungen bei zahlreichen Tumorerkrankungen ohne Verminderung ihrer Inzidenz stehen wir in dieser kritischen Phase, die auch ohne eindeutig verbesserte Heilerfolge zu immer mehr Leben mit Krebs führt.

In dieser Situation bekommt ein Leitfaden zur Bewältigungshilfe für Krebskranke eine besondere Bedeutung. Der Autor stützt sich bei der Bearbeitung dieser so wichtigen Thematik zunächst auf einen großen persönlichen Erfahrungsschatz bei der primären kurativen und palliativen Krebsbehandlung. Sein späterer Schwerpunkt, der sich letztlich in diesem Buche widerspiegelt, ermöglicht eine Abhandlung dieses Problemkreises mit hoher Kompetenz. Das Buch füllt eine Lücke, die lange Jahre einerseits durch eine auf die klinische Problematik beschränkte Krebsmedizin verursacht wurde, andererseits auch in der mangelhaften gesellschaftlichen Auseinandersetzung mit der Krebskrankheit aufgebrochen war. Bewältigung der Krebskrankheit wird schließlich nur möglich durch Akzeptanz der Erkrankung, sowohl durch den einzelnen Betroffenen als auch durch sein soziales Umfeld und unsere Gesellschaft schlechthin.

Der Inhalt des Buches führt in kompetenten Einzelkapiteln rasch ins Pragmatische, er bedeutet Hilfestellung nicht nur für den Patienten, sondern auch für seine Familie, für die an der Betreuung und Pflege Beteiligten und nicht zuletzt auch für die Ärzte. Wo zwar Patentrezepte nicht vermittelt werden sollen, gibt es doch helfende Richtlinien, die, von Experten formuliert, zunächst die Akzeptanz nicht veränderbarer Beeinträchtigungen nach Krebs erleichtern sollen. Dieses Kapitel behandelt vor allem die lange vernachlässigte psychische Problematik und die Hilfen, die durch das Umfeld und durch den Kranken selbst geleistet werden können.

Der zweite Schwerpunkt des Buches greift die medizinischen Möglichkeiten der Linderung tumorbedingter und therapiebedingter Beschwerden auf und hilft, ein Ungleichgewicht abzubauen, welches in den Jahren stürmischer Entwicklung der naturwissenschaftlich begründeten und am meßbaren „Erfolg" ausgerichteten Krebsmedizin entstanden war.

Begleitung im Sterben schließlich ist sicherlich der schwierigste Teil dieses anspruchsvollen Werkes geworden. Der sterbende Krebspatient benötigt liebevolle Unterstützung ebenso wie kompetente pflegerische und ärztliche Führung. Noch kann nicht als sicher gelten, ob eine organisatorische Konzentration dieses Problems im Sinne der Hospiz-Idee diesem Problem am besten gerecht wird. Es ist denkbar, daß eine langjährige Tätigkeit in einer solchen Einrichtung zwar zu hoher Kompetenz führt, die Emotionalität der Helfenden aber auch überfordern könnte.

Die Grenzen der Behandlung schließlich zeigen sich auf verschiedenen Ebenen, im pflegerischen, medizinisch-therapeutischen und nicht zuletzt auch im ethischen und im theologischen Bereich.

Als Leiter einer großen Onkologischen Klinik bin ich von den verschiedenen Kapiteln dieses Buches besonders berührt. Es ist dem Herausgeber und den Autoren zu danken, daß sie ihre Kompetenz oder gar ihre persönliche Erfahrung in einem so kritischen medizinischen und gesellschaftlichen Bereich zur Verfügung gestellt haben.

Essen, im Juni 1993 Siegfried Seeber

Vorwort

Wollen wir dem Krebskranken Hilfen bei der Gewinnung bzw. Erhaltung von Lebensqualität anbieten, müssen wir zwei verschiedene Bereiche unterscheiden:

1. Die Hilfe bei der Krankheitsverarbeitung und Krankheitsbewältigung im Sinne einer Akzeptanz der nicht zu verändernden Beeinträchtigungen und Behinderungen. Hier geht es also um eine Hilfe bei der Trauerarbeit

2. Die Linderung und Verhinderung der behandelbaren krankheits- und therapiebedingten Beschwerden und Nebenwirkungen. Dieses ist das Problem der „Symptomkontrolle“.

Im ersten Bereich liegt der Schwerpunkt in einer ausgewogenen, von Wahrhaftigkeit getragenen Aufklärung, einem Abbau von Ängsten, einer einfühlsamen Stützung des Selbstwertgefühls, einem Aufzeigen von Ansatzpunkten für Hoffnung sowie Verhinderung eines depressiven Rückzuges. Der Weg hierzu ist eine Krankheitsbegleitung durch Angehörige und professionelle Betreuer, deren Grundlage eine vertrauensvolle, solidarische Beziehung ist, die von einfühlsamem Verständnis und empathischer Nähe getragen wird.

Auf diese Problematik gehen die Beiträge des ersten Teils des Buches ein. Hier kommen Ärzte, Psychologen, Sozialpädagogen und Theologen – aber vor allem Patienten selber zu Wort. Angesprochen werden dabei Lebensqualitätsfragen, die Aufklärung, Möglichkeiten der Angstlinderung, seelsorgerliche Unterstützung, die psychosoziale Nachsorge sowie die soziale Unterstützung durch die Familie und durch Selbsthilfegruppen.

Der zweite Bereich trägt der Tatsache Rechnung, daß eine Krankheitsverarbeitung und -bewältigung wesentlich erschwert werden kann durch das Vorhandensein tumorbedingter Schmerzen und Beschwerden. Dementsprechend betreffen die Beiträge des zweiten Teils des Buches die Linderung tumorbedingter Beschwerden durch die Anwendung einer adäquaten palliativen internistischen, radiologischen oder chirurgischen Therapie oder auch durch eine sorgfältige konsequente Schmerztherapie. Durch den Einsatz supportiver Begleittherapien haben die onkologischen Therapieformen wesentlich von ihren Belastungen verloren. Auf die Grundregeln, Möglichkeiten und Grenzen dieser Behandlungsformen gehen die Beiträge diese Abschnittes ein.

Die Hilfestellung bei der Krankheitsverarbeitung kann auch dann nicht enden, wenn onkologische Therapien nicht mehr indiziert sind. Daher geht der dritte Teil des Buches auf die Begleitung im Sterben ein. In den Beiträgen dieses Abschnittes werden die psychosoziale Begleitung und die körperliche Pflege des Sterbenden angesprochen. Es wird das Konzept einer Sterbebegleitung zu Hause im familiären Rahmen aufgezeigt. Nicht zuletzt wird die Frage nach den Grenzen der Behandlung aufgegriffen.

Dieses Buch ist geschrieben von professionellen Helfern, die in der Betreuung und Begleitung krebskranker Menschen stehen – aber auch von selbst betroffenen Patienten. Es wendet sich an Krebskranke und deren Angehörige, aber ebenso an alle die Personen, die Krebskranke behandeln und betreuen.

Als Fortsetzung des Buches „Die Lebensqualität des chronisch Krebskranken" will dieses Buch Hilfestellungen aufzeigen, die es dem von einer Krebskrankheit Betroffenen erleichtern, die Trauerarbeit zu leisten und sich in Unabänderliches hineinzufinden, aber andererseits auch alle Möglichkeiten einer Linderung zu nutzen, um hierdurch die unter den gegebenen Umständen beste Lebenszufriedenheit zu erreichen.

Berlin, im Sommer 1993 Eberhard Aulbert

Anschriften

Frau Dr. med. Elisabeth Albrecht
Neuendettelsauer Str. 11
91560 Heilsbronn

Prof. Dr. med. E. Aulbert
Chefarzt der Abteilung für Innere Medizin
Ev. Waldkrankenhaus Spandau
Akademisches Lehrkrankenhaus der Freien Universität Berlin
Stadtrandstr. 555, 13589 Berlin

Dr. med. W. Dornoff
Oberarzt der Radiologischen Abteilung und Strahlenklinik
Krankenanstalt Mutterhaus der Borromäerinnen
Akademisches Lehrkrankenhaus der Universität Mainz
Feldstr. 16, 54290 Trier

Prof. Dr. med. R. Hartenstein
Chefarzt der IV. Medizinischen Abteilung
Städtisches Krankenhaus München-Harlaching
Akademisches Lehrkrankenhaus der Universität
Sanatoriumsplatz 2
81545 München

Prof. Dr. med. J. Horn
Chefarzt der Chirurgischen Abteilung
Städtisches Krankenhaus München-Harlaching
Akademisches Lehrkrankenhaus der Universität
Sanatoriumsplatz 2
81545 München

Dr. med. Monika Keller
Institut und Poliklinik für Psychosomatische Medizin, Psychotherapie und medizinische Psychologie
Technische Universität
Klinikum rechts der Isar
Langerstr. 3, 81675 München

Martina Kern
Leitende Krankenschwester der Palliativstation
Malteser-Krankenhaus
Von-Hompesch-Str. 1
53123 Bonn-Hardtberg

Prof. Dr. med. E. Klaschik
Chefarzt der Abteilung für Anästhesie, Intensivmedizin und Schmerztherapie
Palliativstation
Malteser-Krankenhaus
Von-Hompesch-Str. 1
53123 Bonn-Hardtberg

Dipl.-Psych. S. Kochendörfer
Abteilung Allgemeine Pädiatrie, Hämatologie u. Onkologie
Universitätskinderklinik
Rümelinstr. 23, 72070 Tübingen

Prof. Dr. med. D. Niethammer
Ärztl. Direktor der Abteilung Allgemeine Pädiatrie, Hämatologie und Onkologie
Universitätskinderklinik
Rümelinstr. 23, 72070 Tübingen

Dipl.-Soz.-Päd. Gerda Ratsak
Psychologische Beratungsstelle für Tumorkranke
im Onkologischen Schwerpunkt Hamburg
AK St. Georg und AK Altona
AK St. Georg, Lohmühlenstr. 5
20099 Hamburg

Priv.-Doz. Dr. med. F. Salomon
Chefarzt der Klinik
für Anästhesiologie und operative Intensivmedizin
am Klinikum Lippe-Lemgo
Rintelner Str. 85, 32657 Lemgo

Marina Schnurre
Psychosoziale Beratung für Krebspatienten
Krankenhaus Moabit
Turmstr. 21, 10559 Berlin

Prof. Dr. med. W. Schreml
Chefarzt der Inneren Abteilung
Kreiskrankenhaus Günzburg
Ludwig-Heilmeyer-Str. 1
89312 Günzburg

Dr. med. Karin Schüle-Hein
Oberärztin der Strahlenklinik
Universitätsklinikum Essen
Klinik und Poliklinik
für Strahlentherapie
Hufelandstr. 55, 45147 Essen

Priv.-Doz. Dr. med. R. Schwarz
Leiter der Psychosozialen Nachsorgeeinrichtung
und des Fortbildungsseminars
Klinikum der Ruprecht-Karls-Universität
Chirurgische Klinik
Ernst-Moro-Haus
Im Neuenheimer Feld 155
69120 Heidelberg

Marianne Stratmann
Tristanstr. 6, 14109 Berlin

Dipl.-Psych. Dipl.-Theol. G. Strittmatter
Fachklinik Hornheide
Leiter der Abteilung
Psychosoziale Rehabilitation
Dorbaumstr. 300
48157 Münster-Handorf

Prof. Dr. med. J.-C. Student
Leiter der Arbeitsgruppe
„Zu Hause sterben“
Ev. Fachhochschule Hannover
Blumhardtstr. 2, 30625 Hannover

Inhaltsverzeichnis

I. Hilfe bei der Akzeptanz der nicht veränderbaren Beeinträchtigungen

Hilfen bei der Gewinnung und Erhaltung von Lebensqualität

E. Aulbert

Wir wollen nicht dem Leben (um jeden Preis) Zeit hinzufügen, sondern der verbleibenden Zeit Leben (Lebensqualität) geben.

Die in der wissenschaftlich orientierten Tumorbehandlung geübte Praxis, die Qualität einer Tumortherapie nach den objektiven Wirkungen auf den Tumor (Remission, Remissionsdauer, Überlebenszeit) zu beurteilen, weniger dagegen nach den subjektiven Auswirkungen auf den Patienten und sein Befinden, stellt einen schwerwiegenden Mangel dar.

Liegen echte Heilungschancen vor, so wissen wir, daß das Ziel der Heilung nur durch das Erzwingen einer Vollremission erreicht werden kann. Hier ist der Patient in der Regel gezwungen, einschneidende, mit schwerwiegenden Nebenwirkungen behaftete Therapien durchzustehen. Demgegenüber ist bei chronisch Krebskranken, bei denen heute noch keine Heilungsmöglichkeiten zur Verfügung stehen, nicht unbedingt diejenige Tumortherapie die bessere, die mit einer höheren Remissionsrate verbunden ist, sondern es ist oft die, bei der die Qualität des verbleibenden Lebens am wenigsten eingeschränkt wird.

Es ist daher nicht verwunderlich, daß sich diese Unsicherheit im anzustrebenden Therapieziel bei der Therapie krebserkrankter Patienten auch in der öffentlichen Diskussion niederschlägt:
Behandeln um jeden Preis?
Ein gnadenloses Zuviel an Therapie?

Probleme bei der Erfassung der Lebensqualität

Was bedeutet Lebensqualität? Will man diese Frage beantworten, stößt man gleich auf 4 nahezu unüberwindbare Hindernisse:

- Können wir die Lebensqualität des betroffenen Patienten überhaupt beurteilen?
- Inwieweit ist in der gegebenen Situation überhaupt Lebensqualität erreichbar?

- Gibt es eine allgemeingültige Definition der Lebensqualität?
- Inwieweit verändert sich der Lebensqualitätsbegriff im Verlauf der Erkrankung?

Auf diese Fragen soll im folgenden genauer eingegangen werden:

Können wir die Lebensqualität des betroffenen Patienten überhaupt beurteilen?

Wer ist eigentlich „Experte", wenn es um die Frage der Lebensqualität des chronisch Krebskranken geht, wenn nicht der Betroffene selbst. Dieses ist vielleicht das wesentlichste Problem, vor dem wir stehen. Die Bedeutung, die jeder von uns dem Wort Lebensqualität gibt, ist subjektiv und spiegelt unseren persönlichen Erfahrungsbereich wider. Lebensqualität kann nicht von anderen, sondern nur vom Kranken selbst als für sein individuelles Leben wichtige Qualität erlebt werden.

„Da ist das Gefühl: Ich habe Krebs – aber das Leben ist schön . . . Jeden Tag mit Freude zu erleben, gleichgültig was ich tue, das ist für mich Lebensqualität. Voraussetzung ist die Aufrichtigkeit, jeden Tag zu horchen, was in mir los ist, was mir gut tut, was ich mir wünsche – und das dann zu verwirklichen. Oft habe ich gegrollt, daß ich erst so krank werden mußte, um die Schönheit um mich herum wahrnehmen zu können."

(G. Suritsch)

Während Lebensquantität einfach in Monaten und Jahren zu messen ist, wirft die Messung von Lebensqualität erheblich größere Probleme auf. Eine Vielzahl verschiedener Variablen, die im Einzelfall von ganz unterschiedlichem Gewicht sind, bestimmen die Lebensqualität:

- die erhaltenen physischen Möglichkeiten,
- die Krankheitssymptome und Beschwerden,
- die Nebenwirkungen der Therapie,
- das emotionale Befinden,
- die Krankheitsverarbeitung und -bewältigung,
- die Qualität zwischenmenschlicher Beziehungen,
- die soziale Situation,
- und viele weitere Faktoren.

Für praktische Entscheidungen wie auch für wissenschaftlich kontrollierten Erkenntnisgewinn ist jedoch eine Objektivierung des subjektiven Erlebens sinnvoll. Zu diesem Zweck wurden eine Fülle von Selbst- und Fremdbeurteilungsinstrumenten entwickelt und angewandt. Aber gerade die Vielzahl von Versuchen der Lebensqualitätsforschung, Methoden zur Messung der Lebensqualität zu entwickeln, zeigt, wie schwer es ist, die subjektive Wirklichkeit der Lebensqualität des Betroffenen zu erfassen.

Analysen solcher psychometrischer Verfahren haben gezeigt, daß die Erfassung erlebter Qualität erheblich verzerrt sein kann durch persönlichkeitseigene oder psychodynamische Faktoren, aber auch durch das Untersuchungs-Setting oder auch allein schon durch die Gestimmtheit des Untersuchers. Noch viel einschneidender können Erleben und Bewertung von Lebensqualität durch psychische Krankheiten oder auch nur durch eine reaktive Depression infolge der einschneidenden Diagnose verzerrt werden.

Als Beispiel derartiger häufig verwendeter Bewertungsskalen sei der Kanofsky-Index genannt. Hierbei wird anhand von Abstufungen des funktionellen Status des Patienten so etwas wie Lebensqualität zu ermessen versucht. Es handelt sich ausschließlich um eine Fremdbeurteilung der Befindlichkeit nach der Fähigkeit eines Patienten, sich selbst zu versorgen, bzw. nach seiner pflegerischen Hilfsbedürftigkeit oder schließlich nach seiner dauerhaften Bettlägerigkeit usw. Die subjektive Selbstbeurteilung des Befindens durch den Patienten selber ist dabei nicht vorgesehen.

Ein anderer pragmatischer Versuch, Lebensqualitätsfragen zu analysieren, stellt TWIST (Time Without Symptoms of Disease and Toxicity) dar. Hierunter verstehen wir die Überlebenszeitspanne, abzüglich der Zeit mit Nebenwirkungen der Therapie und abzüglich der Zeit mit krankheitsbedingten Symptomen. Diese Methode berücksichtigt jedoch nicht, daß auch eine Lebenszeit mit Symptomen für den Betroffenen von Wert sein kann.

Ein Problem derartiger Fremdbeurteilungen ist die Tatsache, daß sich in der Regel die Einschätzung der Lebensqualität durch den Kranken selbst wesentlich von der durch andere (Arzt, Pflegepersonal, Angehörige) unterscheidet. Ärzte sehen die Lebensqualität durch die Krankheit oft erheblich negativer, durch die Therapie meist aber deutlich positiver beeinflußt als der Kranke selber.

Eine bessere und differenziertere qualitative Erfassung wird möglich durch die detaillierte Untersuchung des Einzelfalles mit Hilfe des unstrukturierten Gesprächs mit dem Patienten. Dieses ist in der Regel das Instrument, welches wir im klinischen Alltag in einfacher Form als ärztliches Gespräch bei der Anamneseerhebung wie auch bei den Visiten anwenden. Während das weitgehend unstrukturierte Gespräch Freiräume für beispielsweise Gefühlsäußerungen läßt, wird mit zunehmender Strukturierung des Gespräches (bis hin zum standardisierten Fragebogen) durch zielgerichtete Fragen zwar eine bessere Quantifizierbarkeit erreicht, jedoch wird dabei ein Einblick in das gefühlsmäßige Erleben des Patienten weitgehend ausgeschlossen.

In der Lebensqualitätsforschung werden daher zur besseren quantitativen Erfassung der Lebensqualität das strukturierte Gespräch, der standardisierte Fragebogen und andere psychometrische Tests bevorzugt. Aus Gründen der Praktikabilität hat dabei der Fragebogen die weiteste Anwendung gefunden. Ein Beispiel derartiger Fragebögen ist das SIP (Sickness Impact Profile von Berger und Bobbitt), in dem 136 krankheitsbedingte Verhaltensbeeinträchtigungen in 12 Lebensbereichen abgefragt werden. Diese Bereiche sind: Schlafen/Ruhen – Essen – Hausarbeit – Berufsarbeit – Erholung/Freizeit – Körperpflege – Gehen – Mobilität – emotionales und affektives Verhalten – soziale Interaktion – Kommunikation. Vereinfacht wird auch das NHP (Nottingham Health Profile) mit 38 Fragen nach dem Befinden aus 6 Erfahrungsbereichen angewandt: Schmerz – psychische Mobilität – Schlaf – emotionale Reaktion – Vitalität – soziale Isolierung.

In der Onkologie werden häufig auch selbstbewertende krankheitsbezogene Skalen verwendet. Die Selbstbewertung erfolgt dabei mit Hilfe von linearen visuellen Analogskalen, wie die LASA-Skala (Linear Analogue Self Assessment). Hierbei handelt es sich um eine nicht skalierte Linie, auf der der Patient die Bewertung seiner aktuellen Situation zwischen den Extrempunkten „sehr gut" und „äußerst schlecht" kennzeichnen soll.

Fragwürdig ist, daß im Lichte dieser Lebensqualitätsindizes die Lebensqualität gleichgesetzt wird mit der Abwesenheit von Beschwerden, Nebenwirkungen, seelischen Störungen, sozialen Problemen usw. Umgekehrt wird die Anwesenheit derartiger Beschwerden als eine mehr oder weniger reduzierte Lebensqualität gewertet. Wer dementsprechend in allen Tests unauffällig wäre, hätte eine ausgezeichnete Lebensqualität – eine offensichtlich unsinnige Folgerung. Es wird dabei unberücksichtigt gelassen, daß auch in einer Beschränkung durchaus Lebensqualität erreichbar ist. Ich zitiere hierzu einen Patienten:

„Ich habe Schmerzen – aber ich fühle mich eigentlich wohl."

Inwieweit ist in der gegebenen Situation Lebensqualität überhaupt erreichbar?

Die Onkologie konfrontiert uns mit dem Spannungsfeld zwischen einer potentiell zum Tode führenden Erkrankung und einer mehr oder weniger einschneidenden aggressiven Therapie. Beides ist zwangsläufig mit einer Einschränkung der Lebensqualität verbunden – eine dritte Alternative gibt es nicht. Diese Situation reduziert den Spielraum der Lebensqualität enorm. Auch dieses ist ein erhebliches Problem bei der Frage der Lebensqualität.

Vor diesem tragischen Hintergrund ist eine selbstkritische Einschätzung des erreichbaren Therapieziels und eine realistische Kenntnis der möglichen Therapiefolgen besonders wichtig, d. h., eine „verantwortbare" Krebstherapie orientiert sich entscheidend an einem klar definierten Therapieziel.

Bei kurativem Ziel, d.h. bei einer realistischen Chance, daß die Krebskrankheit noch heilbar ist, werden zum Teil erhebliche Einschränkungen der Lebensqualität in Kauf genommen. Der Preis für die definitive Heilung ist oft der Verlust eines Organs, nicht selten eine entstellende Operation (Brustamputation, Amputation von Extremitäten) oder schwere Funktionseinbußen (Anus praeter, Kehlkopfexstirpation, Pankreatektomie). Will man hier die Lebensqualität ermessen, stellt sich die Frage:

- Welche Bedeutung hat das verlorene Organ für die Qualität des Lebens?
- In welcher Relation steht dieser Verlust zu dem geretteten Leben?
- Was ist, wenn trotz dieses Verlustes das Ziel der Heilung nicht erreicht werden konnte?

Auch bei den Tumoren, die noch im inoperablen Stadium durch eine Chemotherapie heilbar sind (akute Leukämie, bestimmte Lymphome, Hodentumoren, das limitierte kleinzellige Bronchialkarzinom), kann eine intensive Chemotherapie mit vorübergehenden schweren Nebenwirkungen als Preis für die erhoffte und angestrebte Heilung in Kauf genommen werden, wenn die zu erwartenden langfristigen Schäden gering sind. Ähnliche Überlegungen gelten auch für die adjuvante Chemotherapie nach kurativer Operation, durch die die definitive Heilungschance verbessert werden soll (Brustkrebs, Hodentumoren, Sarkome).

Ist die Krebserkrankung jedoch nicht mehr heilbar, so ist die Situation grundsätzlich anders: Wir sprechen hier von einem palliativen Therapieziel. Eine palliative Therapie, die zwar keine Heilung, aber eine Lebensverlängerung erreichen kann, rechtfertigt unter Berücksichtigung der individuellen Situation des Patienten die Entscheidung für eine Chemotherapie (fortgeschrittenes Mammakarzinom, Magenkarzinom, Prostatakarzinom, Blasenkarzinom, kleinzelliges Bronchialkarzinom).

Die Frage nach der Lebensqualität bedeutet in dieser Situation also:

- Wie einschneidend darf eine Therapie sein, um was zu erreichen?
- Ist doch noch eine Heilung zu erzwingen?
- Um welchen Preis kann eine Lebensverlängerung erreicht werden?
- Wie kann ich möglichst effektiv Schmerzen und Beschwerden lindern?
- Muß ich überhaupt therapieren?

Dies zeigt, daß eine „lohnende" Behandlung in dieser Situation sehr individuell definiert werden muß. Zusammenfassend kann man sagen, daß in der palliativen Krebstherapie die Lebensqualität zum einzigen Maßstab des medizinischen Vorgehens wird: „Wir wollen nicht dem Leben (um jeden Preis) Zeit hinzufügen, sondern der verbleibenden Zeit Leben (Lebensqualität) geben."

Gibt es eine allgemeingültige Definition der Lebensqualität?

Versucht man, den Begriff der Lebensqualität allgemein gültig zu definieren, so stößt man auf größte Schwierigkeiten.

Ein zeitgenössischer Medizinethiker (Raspe) resümiert dementsprechend: „Der Versuch, die Lebensqualität zu erfassen, bringt in theoretischer, sprachlicher, konzeptioneller und methodischer Hinsicht so zahlreiche Probleme, daß die wissenschaftliche Diskussion auf den Begriff der Lebensqualität verzichten sollte."

Die Weltgesundheitsorganisation (WHO) definiert Gesundheit als „körperliches, seelisches und soziales Wohlbefinden". Lebensqualität wäre demnach ein Höchstmaß an körperlichem, seelischem und sozialem Wohlbefinden. Danach hätte nur ein Bruchteil der Menschheit so etwas wie Lebensqualität.

Es hat sich gezeigt, daß bei schwerkranken Krebspatienten die individuelle Lebenszufriedenheit oftmals nicht mit dem tatsächlichen Krankheitsverlauf übereinstimmt. Vielmehr mißt sich die Lebensqualität an der individuellen Beurteilung der aktuellen Situation – in Relation zu dem, was der Patient für möglich oder für wünschenswert hält.

So wird die Lebensqualität durchaus nicht nur durch die im Vordergrund stehende Erkrankung bestimmt, sondern auch durch Faktoren des Lebensumfeldes, beispielsweise durch:

- materielle Lebensumstände,
- zwischenmenschliche Beziehungen,
- berufliche Möglichkeiten und Einschränkungen,
- Empfinden von Freiheit und Unfreiheit,

heutzutage auch zunehmend durch:
- ökologische Bedingungen der Umwelt,
- Bedrohung bzw. Sicherung des Friedens,
- Angst bzw. Freisein von Angst.

Was für den einzelnen Patienten Lebensqualität bedeutet, können wir nur im vertrauensvollen und persönlichen Gespräch von ihm erfahren. Dabei erkennen wir, in welchem Ausmaß auch die Persönlichkeitsstruktur die Lebensqualität für den Betroffenen mitbestimmt. Dabei ist sicher eine wichtige Frage, welche Werte – bereits in gesunden Tagen – unser Leben ausgemacht haben. Dies bedeutet, daß auch die im Leben erworbenen Bewältigungsmechanismen für Verlust und Trennung eine große Rolle für Krankheitsverarbeitung und -bewältigung spielen. Es ist allzu verständlich, daß oft gerade die im Rahmen der Krankheit oder ihrer Therapie verlorenen Werte als besonders wichtig empfunden werden.

Es kommt daher bei der Frage nach der Lebensqualität nicht nur darauf an, was jemand hat, sondern wie er damit umgeht: Es gibt Menschen, die eine Krankheit oder Behinderung als eine Aufgabe ansehen, die bewältigt werden muß. Sie sehen möglicherweise in ihr eine Chance der Besinnung, eine Chance zum Ordnen ihres Lebens und am Ende auch zur Vorbereitung auf das Sterben.

„Ich lernte, diese Krankheit als einen Teil meiner Person zu akzeptieren, meine körperliche Reduziertheit nicht als eine Minderung des Wertes meiner Person zu erleben. Mehr und mehr wurde meine Krankheit zu einem Stadium des persönlichen Lernens und Wachsens, zu einer Reise zu mir selbst, zu neuen Erfahrungen und Erkenntnissen."

(A. M. Tausch)

Wir erfahren von solchen Patienten, daß sie infolge der Krebserkrankung für sich neue Sinn- und Wertvorstellungen erkannten:

- insbesondere in der Beziehung zu anderen Menschen,
- in den Erwartungen an das Leben,
- in den neu gewonnenen Fähigkeiten, Prioritäten zu setzen und
- Wichtiges von Unwichtigem zu unterscheiden.

Das subjektive Krankheitserleben und die subjektive Wertung der unabänderlichen Behinderungen bestimmen entscheidend die Krankheitsverarbeitung und -bewältigung. Es wird deutlich, daß die persönliche Bewältigung der unabänderlichen Einbußen, die die Krankheit mit sich bringt, wesentlich für die Lebensqualität ist. D. h., daß die Einwilligung in das Gegebene eine wichtige Voraussetzung für eine Lebensqualität in der Onkologie ist. Leben kann durchaus trotz Behinderung Werte haben – dieses ist eine Frage des Erlebens, eine Frage der Bewertung. So erleben wir immer wieder, daß oft gerade nicht der, der alles hat, echte Lebensqualität und Lebensfreude verspürt, sondern der, der weiß und sich darüber freuen kann, was er noch hat.

„Eine lebensbedrohende Erkrankung bringt neben vielerlei Kummer auch Gaben mit sich. Und so paradox das auch klingen mag: Eines der wichtigsten Geschenke ist Zeit, – Zeit, mit allen möglichen Dingen ins reine zu kommen. Man stellt fest, welche Dinge im Leben wirklich von Bedeutung sind und welche unwichtig sind."

(J. Cameron)

Vor diesem Hintergrund müßte man die Lebensqualität als „ein Wohlbefinden, eine Zufriedenheit unter den gegebenen Umständen" definieren, d. h., Lebensqualität ist

„die bestmögliche Lebensentfaltung eines Menschen in der ihm durch die Tumorerkrankung, die Therapie oder deren Folgezustände auferlegten Begrenztheit“.

Das Lernen, mit erträglichen Verlusten zu leben und (bei aller Trauer über das Verlorene) den Blick dafür zu gewinnen, was noch erhalten ist, dieses ermöglicht Lebensqualität, und hier ist auch der Ansatzpunkt für eine Hilfestellung.

Veränderung des Lebensqualitätsbegriffes im Verlauf der Erkrankung

Eine weitere Schwierigkeit bei dem Versuch, die Lebensqualität allgemeingültig zu definieren, liegt darin, daß sich die Vorstellung von Lebensqualität im Verlauf einer progredienten Krebserkrankung verändert. Dieses bedeutet, daß auch die individuelle Erfahrung des Betroffenen mit seinem eigenen (progredienten) Krankheitsverlauf ein weiterer wesentlicher Faktor dafür wird, was er als Lebensqualität empfindet.

„Ich hatte das Gefühl, daß ich mit allen mir zur Verfügung stehenden Kräften gegen die Krankheit ankämpfen kann und dieses auch tun sollte. Das tue ich auch noch immer. Aber zugleich weiß ich, daß es möglich ist, jede eintretende Veränderung zu akzeptieren.“

(J. Cameron)

Jede chronische Kranheit ist ein Prozeß. Für den Betroffenen, der über das Wesen seiner Erkrankung aufgeklärt ist, stellt sie einen Lernprozeß dar. Und so wandelt sich mit dem Fortschreiten der Erkrankung auch die Anschauung von Lebensqualität. Auch vor dem Hintergrund unabänderlich zunehmender Einschränkung hat Qualität jeweils das, was man noch hat oder kann. Die Lebensqualitätsforschung spricht hierbei von einer Adaptation der Erwartungen, welche jeder Patient im Verlauf einer chronischen Krankheit durchführt.

Wichtigster Faktor, ohne den Lebensqualität in dieser Situation überhaupt nicht möglich wäre, ist dabei die Hoffnung.

- Ist es beispielsweise zuerst die Hoffnung, daß sich die Diagnose Krebs nicht bestätigt,
- so wird es dann die Hoffnung, daß die Therapie Erfolg haben möchte,
- oder auch nur, daß die Krankheit nicht so schnell fortschreiten möge.
- Hoffnung kann zu einem späteren Zeitpunkt auch sein, daß die Krankheit nicht von quälenden Schmerzen begleitet sein möge,
- oder zuletzt, daß man in seiner letzten Stunde nicht allein sein möge.

„Die Hoffnung stirbt nicht. Für uns Betroffene wandelt sie sich nur ein wenig von Zeit zu Zeit ... Im Anfangsstadium der Krankheit hoffte ich, daß sie sich nicht ausbreiten würde. Aber sie hat sich ausgebreitet. Inzwischen ist die Hoffnung etwas anders: Für mich bedeutet Hoffnung, daß ich im nächsten Frühjahr vielleicht wieder in meinen Garten hinaus komme und die Blumen blühen sehen werde ... Hoffnung hat mich im letzten Herbst bewogen, in meinem Garten die Zwiebeln zu setzen, obwohl ich in den mitleidigen Blicken der Leute las: Warum machen Sie sich die Arbeit. Sie wissen doch, daß Sie es nicht mehr erleben werden."

(J. Cameron)

Hoffnung wirkt, ohne sich erfüllen zu müssen. Und so kann sich Lebensqualität auch noch in der größten Beschränktheit zeigen, wenn der Kranke das ihm Verbliebene als Wert erkennt. Auf diese Weise birgt jede dieser genannten Hoffnungen ein Stück Lebensqualität in sich.

Hilfe bei der Krankheitsverarbeitung und Krankheitsbewältigung, d. h. bei der Akzeptanz der unabänderlichen Faktoren durch den Patienten

Wollen wir Hilfen bei der Gewinnung bzw. Erhaltung von Lebensqualität anbieten, müssen wir zwei verschiedene Bereiche unterscheiden:

- Linderung und Verhinderung der krankheits- und therapiebedingten Behinderungen, Beschwerden und Nebenwirkungen. Auf diesen Bereich wird im 2. Abschnitt dieses Buches näher eingegangen werden.
- Hilfe bei der Krankheitsverarbeitung und Krankheitsbewältigung durch den Patienten – Hilfe bei der Akzeptanz der unabänderlichen Faktoren.

Der Grund, weshalb die Krankheit da ist, übersteigt mein Fassungsvermögen. Wichtig ist, die Krankheit zu akzeptieren. Ich habe erkannt, daß ich einzig meine Reaktion auf die Krankheit in der Hand habe: Wie ich damit fertig werde – wie ich damit lebe – und vielleicht, wie ich damit sterben werde. Das ist meine Aufgabe."

(J. Cameron)

Die Unterstützung bei der Krankheitsverarbeitung und -bewältigung zielt im wesentlichen auf die Bearbeitung von Verlusten, auf die Hilfe bei notwendigen Verzichtleistungen und auf den Beistand bei der Trauerarbeit.

„Als eine vom Tode Gezeichnete bin ich mit dem sicheren Wissen belastet, daß ich nicht nur einen Menschen verlieren werde, sondern alle und alles, was mir lieb und teuer ist. Das ist das Schlimmste, wenn man sterben muß.“

(J. Cameron)

Eine der schlimmsten Folgen einer unheilbaren Krebserkrankung ist der Abbau des Selbstwertgefühls durch die Erkrankung und die damit verbundenen Behinderungen. Dieser Abbau des Selbstwertgefühls wird durch verschiedene Faktoren verstärkt:

- Durch die reduzierte Belastbarkeit sowie durch die häufigen Krankenhausaufenthalte können gewohnte Funktionen in Beruf und Familie nicht mehr wahrgenommen werden.
- Im Verlauf der Erkrankung erlebt der Patient in der Regel eine zunehmende Isolierung von der Umwelt und von Freunden. Ursache hierfür ist einerseits ein depressiver Rückgang des Betroffenen selber, andererseits die Mobilisierung von Ängsten in seiner Umwelt.

„Ich habe Angst vor der völligen Isolation. Da ist eben keiner, der meine Hand hält, der einfach bei mir ist. Ich kann ohne die Wärme und Unterstützung anderer Menschen nicht friedlich und befriedigend mit mir selbst und anderen leben.“

(A. M. Tausch)

- Die Begegnung mit der angsterzeugenden, überwältigenden Maschinerie der Medizin ruft ein Gefühl der Hilflosigkeit und des Ausgeliefertseins hervor.

„Nur noch Apparate um mich herum, kein Mensch, Besuch nur noch durch die Fensterscheibe im Strahlenbunker. Und die Ärzte, die ab und zu mal da waren, die waren zwar gut in ihrem Fach, aber auf das Menschliche sind sie überhaupt nicht eingegangen.“

(A. M. Tausch)

- Die Angst vor dem ungewissen Ausgang der Erkrankung, die Angst vor Untersuchungsergebnissen, die Angst vor unverstandenen Therapien führt zu einem starken Abbau des Selbstwertgefühls. Dieses ist insbesondere bei dem nicht aufgeklärten oder dem mit ungenügendem Wissen über seine Krankheit allein gelassenen Patienten der Fall.

„Angst ist möglicherweise der ärgste Feind. Angst vor ungestillten Schmerzen und Leiden, Angst, die Kontrolle zu verlieren, Angst, zu einer physischen, seelischen oder finanziellen Belastung für diejenigen zu werden, die wir lieben.“

(J. Cameron)

– Eine besonders fatale Rolle spielt hier die oft zu beobachtende Überdiagnostik in der Onkologie. Es wird immer wieder übersehen, daß man den Patienten durch fortlaufende (und oft unnötige) Diagnostik in permanenter Angst halten kann.

Wahrhaftigkeit am Krankenbett

Wesentliche Hilfe zur Verhinderung des Abbaus des Selbstwertgefühls ist eine sorgfältige Aufklärung. Leider werden aus dem Gefühl heraus, man müsse den Patienten schonen, bisweilen wesentliche Informationen zurückgehalten. Dieses kommt dem Patienten jedoch nur scheinbar entgegen und bringt die Gefahr mit sich, daß zu einem späteren Zeitpunkt die Glaubwürdigkeit des Arztes verloren geht.

Die sogenannte „schonende Lüge" am Krankenbett verurteilt den Patienten zur Unmündigkeit und zur Einsamkeit in seiner Krankheit. Sie schont letztlich meist nicht den Patienten, sondern den Arzt, der sich auf diese Weise von den Belastungen durch eine engere Beziehung zu dem unheilbar Kranken schützen will.

Auch eine forsche und konfrontative Aufklärung, die meist zu einer Verunsicherung des Patienten führt, stellt oft eher einen Versuch des Arztes dar, eine intensive Beziehung zum Patienten zu vermeiden. Sie läßt daher typischerweise meist dann auch eine nachfolgende Hilfestellung bei der Bewältigung der Trauerarbeit des Patienten vermissen.

Der Arzt muß sich klarmachen, daß von seinem Aufklärungsverhalten wesentlich abhängen kann, wie sich der Patient mit seiner unheilbaren Krankheit auseinandersetzt und die ihm verbleibende Lebenszeit positiv gestaltet: Unwissenheit entmündigt den Patienten. Eine mangelnde oder fehlende Aufklärung betrügt den Patienten um die Möglichkeit, die verbleibende Lebenszeit noch sinnvoll und wertvoll zu nutzen, letzte Dinge zu regeln und sein Leben bewußt abzuschließen. „Ungenügende Aufklärung kann Diebstahl am Leben sein." Immer wieder erfahren wir von todkranken Patienten, daß sie erst durch die Aufklärung über ihre Situation in die Lage versetzt wurden, bewußter zu leben und die Schönheiten des Lebens intensiver zu empfinden.

„Seitdem ich den Tod zu verstehen suche und ihn zu akzeptieren beginne, empfinde ich jeden Moment meines Lebens bewußter. Zeit hat für mich eine andere Bedeutung erhalten. Das Leben in der Gegenwart bestimmt seitdem mein Denken und Handeln."

(U. Hillebrand)

„Wahrhaftigkeit" im Sinne einer offenen Kommunikation zwischen Arzt und Patient kann verborgene seelische Kräfte und Aktivitäten freisetzen und eine Reifung und Erfüllung des Lebens ermöglichen. Dieses ermöglicht Lebensqualität. Es muß darüber hinaus auch berücksichtigt werden, daß das Ziel der Betreuung chronisch Krebskranker, nämlich die Verarbeitung und Bewältigung der Erkrankung sowie die psychische Stützung bis zum Tode, bei unaufgeklärten Patienten sehr erschwert ist.

Wahrhaftigkeit am Krankenbett ist nicht die Mitteilung einer exakten Diagnose oder die präzise Information über die Prognose, sondern sie beinhaltet immer auch die Person des Arztes und läßt sich nur als ein dynamisches Geschehen in der Arzt-Patient-Beziehung verstehen. Wahrhaftigkeit meint die menschliche Einstellung und Lebenshaltung des Arztes, die durch Echtheit charakterisiert ist und die nach Übereinstimmung von Reden, Denken und Handeln strebt. So spiegelt sich die Wahrhaftigkeit am Krankenbett (ähnlich wie Empathie und Wertschätzung) im Gesamtverhalten des Arztes wider – und zwar verbal wie auch nonverbal.

„Was mich am meisten beeinträchtigt hat, war die mangelnde Offenheit der Ärzte. Ich habe gemerkt, daß die Angst hatten, über die Krebskrankheit zu sprechen. Sie dachten vielleicht, sie bereiten mir Traurigkeit oder Schwierigkeiten damit. Aber ich habe diese Angst als Distance erlebt. Ich spürte, daß sie mit etwas hinter dem Berge hielten. Das verunsicherte mich zutiefst."

(A. M. Tausch)

Anbieten einer vertrauensvollen Beziehung

Das Aufbauen einer vertrauensvollen, einfühlsamen, solidarischen Beziehung ist das Wichtigste in der Betreuung des chronisch Krebskranken überhaupt und stellt eine wesentliche Grundlage für die Erhaltung von Lebensqualität dar.

Unter „solidarisch" verstehe ich in diesem Zusammenhang die Gemeinsamkeit gegenüber einer schicksalhaften Erkrankung in dem Wissen, daß man selber jederzeit Betroffener sein könnte. Es wird dem Patienten deutlich, daß der begleitende Arzt in diesem Sinne in gewisser Weise mit ihm leidet. Er wird fühlen, daß die Beziehung von einem einfühlenden Verständnis und von empathischer Nähe getragen wird.

„Eines Tages hatte mein Arzt plötzlich keinen Termin mehr für mich frei ... Ich begann zu verstehen, daß seine Zeit aufgespart werden muß für Patienten, denen ein Eingriff Heilung bringen kann ... Damals wurde mir bewußt, daß ich zu denen gehörte, bei welchen die ärztliche Kunst versagte. Vielleicht hatte der Arzt auch Schwierigkeiten, dem Tod oder seiner sterbenden Patientin ins Auge zu blicken ... Ich erinnerte mich an andere Patienten, die davon gesprochen hatten, daß sie von ihrem Arzt im Stich gelassen worden waren und welche Hilflosigkeit und Hoffnungslosigkeit die Folge waren. Ich verstand."

(J. Cameron)

Es ist klar: Wir können dem unheilbar Kranken den Schmerz, daß er an seiner Krebserkrankung wird sterben müssen, nicht ersparen. Wir können ihm die Trauerarbeit darüber, daß er alles verlieren wird, was ihm lieb und wertvoll war, nicht abnehmen. Die einzige Hilfe, die wir ihm geben können, ist, ihn auf diesem Weg nicht allein zu lassen. Es ist dabei auch für den Kranken von wichtigster Bedeutung, zu wissen, daß er von seinem Arzt als Vertrauens- und Bezugsperson in kontinuierlicher Weise begleitet werden wird. Dieses sollte ihm auch ausdrücklich bestätigt werden. Das Angebot einer derartigen Begleitung hilft dem Patienten, die notwendige Trauerarbeit über das Verlorene zu leisten und den Blick für das Verbliebene zu stärken.

Die Einbeziehung des Patienten in wichtige Entscheidungsprozesse

Mangelhafte Aufklärung verurteilt den Patienten zur Unmündigkeit und Hilflosigkeit in seiner Krankheit. Eine sorgfältige Aufklärung ist nicht nur die Grundlage für die Vertrauensbeziehung zwischen Arzt und Patient. Sie gibt dem Patienten die Chance für eine eigenverantwortliche Krankheitsbewältigung. Die Akzeptanz der Erkrankung zu erreichen, ist eine der wesentlichen Grundlagen der Lebensqualität.

„Allmählich lerne ich, demütig zu sein, mich damit abzufinden, daß ich immer weniger tun und geben kann und immer mehr entgegennehmen muß. Meine Körperkräfte lassen nach, aber ein besonderes Gefühl der Freude und des Friedens kommt über mich und erfüllt die Leere."

(J. Cameron)

Durch die Einbeziehung des Patienten in wichtige Entscheidungsprozesse wird ihm deutlich, daß es um seine Zukunft geht und daß seine aktive Mitarbeit erforderlich ist. So kann inzwischen als gesichert gelten, daß diejenigen Patienten mit dem günstigsten Krankheitsverlauf rechnen können, die sich realistisch mit ihrer Krankheit auseinandersetzen können und die aktiv bei der Behandlung mitarbeiten.

Abbau von Ängsten

Tod und schwere Krankheit gehören heute nicht mehr zu den selbstverständlichen Lebenserfahrungen. Darüber hinaus werden sie aus unserem Leben ausgeklammert. Gerade hierdurch werden sie zu etwas Unfaßbarem und Bedrohlichem. Dies weckt Ängste. Insbesondere Krebs wird mit unabwendbarem Schmerz, Leid und Tod assoziiert. Die Folge ist eine Tabuisierung der Erkrankung. Dieses isoliert den Betroffenen, verstärkt seine Ängste und erschwert seine Krankheitsverarbeitung und Krankheitsbewältigung.

„Krebs ist die Lepra unserer Zeit. Manchmal fühle ich mich tatsächlich unrein. Bei keiner anderen Krankheit habe ich je dieses Gefühl gehabt. Die ganze Zeit über fühle ich mich gebrandmarkt. Ich habe das Gefühl, ich müsse mich dafür entschuldigen, daß ich bald sterben werde, denn alle fühlen sich dadurch unbehaglich. Ich glaube, ich versuche immer, besonders munter und fröhlich zu sein, damit ich niemanden in Verlegenheit bringe."

(J. Cameron)

Insbesondere der unaufgeklärte Patient oder der mit ungenügendem Wissen über seine Krankheit alleingelassene Patient hat Angst. Es ist die Angst vor dem Ausgeliefertsein gegenüber der bedrohlichen Erkrankung, die Angst gegenüber unverstandenen Symptomen, Angst und Hilflosigkeit gegenüber eventuellen diagnostischen Eingriffen und bevorstehenden unbekannten Therapien.

Es wird allzu häufig übersehen, daß der Kranke durch häufige und zum Teil überflüssige Untersuchungen und die Unsicherheit der Untersuchungsergebnisse in fortwährender Angst gehalten werden kann.

„Der Gedanke an den unseligen Blutwert hielt mich gefangen. Es ging mir gut, wenn die Werte sanken. In der Zwischenzeit war ich nervös und unruhig. Auf mein wirkliches Befinden habe ich nur noch am Rande geachtet. Ich starrte auf diesen Wert wie ein Kaninchen auf die Schlange ..."

(G. Suritsch)

Angst kann darüber hinaus in vielen Fällen auch Ausdruck eines gestörten Arzt-Patienten-Verhältnisses sein – oft verbunden mit einer Hilflosigkeit auf seiten des Arztes. Ärztliche Hilflosigkeit und Ängstlichkeit werden vom Patienten schnell erspürt und verstärken dessen Angst und Hoffnungslosigkeit und führen oft zu einem gegenseitigen Rückzug.

Die schlimmste Angst ist die, die nicht ausgesprochen wird. Wenn der Patient Angst hat, diese jedoch nicht zuläßt, wird er stärker unter Spannung stehen, und auch seine Isolation wird sich vergrößern. Das vom begleitenden Arzt angebotene offene Gespräch über diese Ängste entlastet den Betroffenen. Angst auszusprechen reduziert Angst. In der Situation „unaussprechlicher" Not und Angst eines von einer lebensbedrohlichen Krankheit Betroffenen wird allein schon das Erleben, daß der Arzt diese Nöte und Ängste ausspricht, von dem Patienten als Befreiung empfunden.

Aufzeigen von Ansatzpunkten für Hoffnung

Durch eine ausgewogene Aufklärung können Ängste verringert werden. So wird immer wieder von Patienten bestätigt, daß Aufklärung und Information über die Diagnose, über erforderliche Untersuchungen und Untersuchungsergebnisse, über therapeutische Maßnahmen und prognostische Möglichkeiten ihre Angst vermindern.

Dabei steht auch eine wahrheitsgetreue Aufklärung nicht im Widerspruch zur Vermittlung von Hoffnung:

„Alles was wir sagen, ist wahr – aber es muß nicht alles ausgesprochen werden, was wahr wäre.“

Es muß in der Aufklärung nicht alles ausgesprochen werden. Vieles läßt sich zwischen den Zeilen mitteilen, manches läßt sich – im stillen Einverständnis des Patienten – offen lassen. Und so lassen sich trotz schlechter Prognose Ansatzpunkte für Hoffnung aufzeigen.

Ansatzpunkte für Hoffnung zu vermitteln bedeutet dabei nicht, dem Patienten ein unrealistisches Bild von seiner Lage zu zeichnen, sondern eine realistische Hoffnung beispielsweise auf einen günstigen Krankheitsverlauf, auf eine Schmerzfreiheit oder auch auf eine zuverlässige Betreuung anklingen zu lassen. Es ist wichtig, Todkranke nicht in eine Situation zu bringen, in der sie sich aufgegeben fühlen, in der sie empfinden, daß für sie nichts mehr getan werden kann.

Der Patient vollzieht im Laufe seiner fortschreitenden Erkrankung eine Anpassung der Erwartungen, mit deren Hilfe er die Hoffnung und Erwartungen der jeweiligen Situation und dem jeweils noch Erreichbaren angleicht. So wird Hoffnung auch noch in der größten Beschränktheit möglich. Hoffnung wirkt, ohne sich erfüllen zu müssen. Die schrittweise Adaptation der Erwartungen und Hoffnungen birgt auch eine schrittweise Krankheitsbewältigung in sich. Dieser Prozeß kann durch den begleitenden Arzt gefördert, aber auch erschwert werden.

Es sollte nicht übersehen werden, daß sich die Hoffnung des Kranken nicht ausschließlich auf die Prognose der körperlichen Erkrankung bezieht. Für ihn ist das Erleben des eigenen Wertes, die Aufrechterhaltung der Integrität seiner Person, das Einbezogensein in die Gemeinschaft der anderen vielfach entscheidend. Wird diese Hoffnung aufgegeben, so führt das zum Erleben von Wertlosigkeit und Verlassensein. Kranke fürchten diesen sozialen Tod oft mehr als den physischen Tod.

„Daß es Menschen gibt, die liebevoll zu mir sind, mich achten und mich mit meiner Krankheit annehmen, hilft mir, mich selbst gern zu haben und mit meinen Schwächen zu akzeptieren. Ich fühle mich geborgen und kann mich mit meinen Ängsten, Sorgen und Schmerzen offen zeigen, ohne mich zu schämen oder verteidigen zu müssen.“

(A. M. Tausch)

Psychosoziale Betreuung und Unterstützung

Mit der Tumorerkrankung sind spezielle psychische und soziale krankheits- und behandlungsbedingte Folgen verbunden.

Die reduzierte Belastbarkeit, häufige Arztbesuche und Krankenhausaufenthalte belasten die berufliche Fähigkeit und bedingen Veränderungen der Lebensgewohnheiten im persönlichen Bereich sowie im Zusammenleben.

Meistens verhindert die Krankheit das Weiterführen der gewohnten Arbeit. Ein neuer Arbeitsplatz und neue Kollegen fordern dem Patienten eine enorme Umstellung ab. Mit der neuen Arbeit ist meist eine Reduzierung des Verantwortungsbereiches und damit ein Prestigeverlust verbunden. Der Gedanke, daß eine Weiterbeschäftigung aus Mitleid erfolgte, beeinträchtigt das Selbstwertgefühl. Die Angst vor einer Kündigung wächst. Angst vor finanzieller Abhängigkeit stellt sich ein.

Im Bereich der Familie sind die Veränderungen nicht minder gravierend. Die Krankheit stört den Tagesablauf des Patienten und der Familie. Die Angehörigen müssen Rücksicht nehmen. Der Patient empfindet sich als Belastung für die Familie. Der Patient kann nicht mehr seine gewohnte Rolle in der Familie innehaben. Es folgen Rollenverschiebungen innerhalb der ganzen Familie. Der Patient muß Hilfe annehmen können, muß Abhängigkeit ertragen können. Die Diagnose Krebs stigmatisiert und isoliert. Oft isoliert sich der Patient innerhalb der Familie. Oft isoliert sich die Familie innerhalb der Umgebung. Trennungs- und Isolierungsängste belasten den Patienten.

„Trotz der Hilfe von so vielen Seiten war ich einsam, ganz allein mit dem Krebs. ‚Bewußter leben, intensiver leben‘ – das waren alles nur Sprüche, leere Worthülsen …“

(G. Suritsch)

Eine angemessene Krankheitsverarbeitung und Krankheitsbewältigung ist daher das Ziel der psychosozialen Betreuung und Rehabilitation. Grundlage hierfür sind:

- der Aufbau einer stabilen zuversichtlichen ausgeglichenen Stimmungs- und Bewußtseinslage des Patienten,
- die Verarbeitung und Kompensation der krankheits- und behandlungsbedingten Behinderungen,
- der Abbau sozialer Ängste,
- die Stützung der nächsten Bezugspersonen und Stabilisierung der Partnerbeziehung,
- die soziale Reintegration in Familie, Nachbarschaft, Freundeskreis,
- die soziale und berufliche Reintegration in Beruf und Gesellschaft.

Dieses ist nur erreichbar, wenn der Patient nicht zum Betreuungsobjekt gemacht wird. Er muß als selbständig entscheidender Mensch ernst genommen und ermutigt werden, sich mit eigener Initiative seinen Problemen zuzuwenden. Gelingt dieses nicht, gerät der Patient oft in eine passive und resignative Lebenseinstellung. Eine selbstgewählte Isolation ist die Folge.

Ganz entscheidend sind hier die hilfreichen Möglichkeiten eines qualifizierten Sozialdienstes zu erwähnen. Sie beinhalten:

- Gespräche über persönliche Probleme,
- Beratung in sozialrechtlichen Angelegenheiten,
- Vermittlung wirtschaftlicher Hilfen,
- Einleitung von Maßnahmen zur beruflichen Förderung,
- Umschulung oder Erhalt des Arbeitsplatzes.

Hierdurch können die sozialen, beruflichen und finanziellen Belastungen, die die Lebensqualität wesentlich mitbestimmen, deutlich gemindert werden.

„Mangelnde Information über zustehende Rechte und Sozialleistungen, nervenraubender und entwürdigender Papierkrieg mit Versorgungsämtern und Versicherungen, das Feilschen um die nackte Mark, das oft groteske Formen annimmt, führen mich noch tiefer in die Depression.“

(U. Hillebrand)

Selbsthilfegruppen

Wichtige Ansatzpunkte für eine konstruktive Krankheitsbewältigung können auch Kontakte der Patienten untereinander bieten. Eine ganz wesentliche Rolle spielen hierbei die örtlichen Selbsthilfegruppen und Selbsthilfeorganisationen. Sie leisten einen guten Teil psychosozialer Betreuung für den Tumorkranken.

In den Gruppentreffen soll die Möglichkeit gegeben werden, daß die persönlichen Probleme des Einzelnen in einer vertrauensvollen Atmosphäre unter Mitbetroffenen besprochen werden können. Es soll über verständnisvolles, akzeptierendes, aktives Zuhören Hilfe gegeben werden. Es soll ein Gedankenaustausch über Erfahrungen mit verschiedenen Therapieformen ermöglicht werden. Es werden Informationen über Versicherungsfragen und Behinderungsrecht im Arbeitsprozeß angeboten. Von Gruppenmitgliedern werden auch Krankenbesuche durchgeführt. Nicht selten werden telefonische Beratungen angeboten.

„Dieses Verständnis und Sprechenkönnen und Angehörtwerden – vielleicht war das der Grund, warum ich so gern zur Gruppe gehe. Ich empfand ein Glücksgefühl, einmal frei über Dinge reden zu können, die sonst

tabu sind. Das viele Leid, die durchgemachten Schmerzen während der Krankheit wurden in der Gruppe kleiner, weil jeder das gleiche Los trägt und ohne Scheu darüber reden konnte."

(A. M. Tausch)

Bei den Selbsthilfegruppen nimmt auch der Wunsch nach ärztlich-fachlicher Anleitung zu. Es ist daher bedauerlich, daß die Arbeit der Selbsthilfegruppen – da sie „laienhaft" betrieben wird – von vielen Ärzten unterschätzt und abgewertet wird. Dieses hat zur Folge, daß nicht selten die Selbsthilfegruppen aus der ihr vorenthaltenen fachlich fundierten ärztlichen Anleitung in den Einflußbereich ideologisch verklärten, paramedizinischen Halbwissens abgleiten. Dieses ist dann nicht selten ein Nährboden diffuser, unrealistischer Ängste, die dem einzelnen Kranken die Krankheitsbewältigung erschweren und ihm Lebensqualität nehmen.

Psychotherapeutische Hilfen

Eine der wesentlichen Grundlagen für die Krankheitsverarbeitung und Krankheitsbewältigung ist eine tragfähige Beziehung zu den Angehörigen und den nächsten Bezugspersonen. Hierbei besteht immer die Sorge, ob die Beziehung für die Belastungen stabil genug ist, ob der Partner die eingetretene Veränderung kompensieren kann.

In der Regel bedeutet eine Krebserkrankung auch für die Angehörigen eine schwere Krise. Oft treten massive Kommunikationsstörungen auf. Vorbestehende Spannungen und Familienkonflikte können in Form von Aggressionen oder Schuldgefühlen aufbrechen. Dieses kann den Kranken sehr belasten und sich negativ auf die Krankheitsbewältigung auswirken.

Hier kann eine einfühlsame psychische Mitbetreuung des Patienten und seiner Angehörigen durch den Arzt, aber auch durch den Seelsorger und gegebenenfalls auch durch den Psychotherapeuten hilfreich sein. Wichtig ist hierbei eine Stärkung der familiären Kontakte und Gespräche. Bei Bedarf ist auch an die Möglichkeit einer Partner- oder Familientherapie zu denken.

Der offene Austausch innerhalb der Familie über Sorgen und Probleme, die mit der Krankheit verbunden sind, vermindert die Angst. Ein offenes Gespräch über die Neuverteilung von Aufgaben, die der Patient früher ausgeführt hat, kann ihm durchaus die Anerkennung und Wertschätzung der Familie und des Freundeskreises vermitteln.

Das offene Gespräch auch über Ängste, Verzweiflung und Traurigkeit hilft, die Situation besser zu bewältigen. Es vermittelt Nähe, Wärme und gefühlsmäßige Unterstützung. Durch eine derartige verstärkte Zuwendung wird dem Betroffenen signalisiert, daß er nicht im Stich gelassen wird. Dieses beugt einem depressiven Rückzug und einer Isolierungstendenz vor.

„Ich habe erfahren, daß unsere Beziehung noch ein Stück dichter geworden ist durch diese Gefahr der Krankheit und des Todes. Auch mit unseren Kindern habe ich erlebt, daß unsere Beziehung durch die gemeinsame Bedrohung enger geworden ist, ein Stück wesentlicher."

(A. M. Tausch)

Einen Patienten auf dem Weg seiner Krankheit zu begleiten und ihm dabei zu helfen, die unheilbare Erkrankung zu bewältigen und sie zu akzeptieren, ist eine der persönlichsten Aufgaben, die uns in der Onkologie gestellt sind, berührt sie doch die tiefsten eigenen Ängste vor dem Sterben. Die Begleitung eines Patienten in der Auseinandersetzung mit seiner Krankheit stellt auch für uns selbst nicht selten einen Lernprozeß dar. Und so kann das Erleben eines Kranken, dem es gelingt, sein Leiden und Sterben als einen Teil seines Lebensweges zu akzeptieren, für den Begleiter zu einem Trost und einer Bereicherung werden.

„Obwohl das Leben jetzt manchmal schmerzhaft und schwierig für mich war, so war es doch nie unerträglich gewesen, und was davon verblieben war, wurde mir unendlich viel kostbarer, seit ich wußte, daß es bald zu Ende gehen würde."

(J. Cameron)

Literatur

Cameron, J.: „Heute will ich leben", Kreuzverlag, Stuttgart, 1983

Hillebrand, U.: „Gedanken eines Betroffenen", in: „Der Krebskranke und sein Umfeld" (N. Niederle u. E. Aulbert, Hrsg.) Thieme, Stuttgart, 1987

Suritsch, G.: „Lebensqualität aus der Sicht einer Betroffenen", in: „Die Lebensqualität des chronisch Krebskranken" (E. Aulbert u. N. Niederle, Hrsg.), Thieme, Stuttgart, 1990

Tausch, A. M.: „Gespräche gegen die Angst. Krankheit als ein Weg zum Leben", Rowohlt, Reinbek, 1981

Krankheitsbewältigungshilfen aus der Sicht einer Betroffenen

Marianne Stratmann

Einleitende Bemerkungen: Was dieser Artikel nicht leisten kann

Mein Thema lautet: „Krankheitsbewältigungshilfen aus der Sicht einer Betroffenen". Doch ich möchte von vornherein betonen, daß sich hinter dieser Formulierung keine Patentrezepte verbergen. Ich fühle mich nicht in der Lage, ein Konzept anbieten zu können, nach der Art: Krankheitsbewältigungshilfen sind erstens, zweitens, drittens – und die Leserinnen und Leser wüßten es dann. Falls Erwartungen in diese Richtung gehen, bitte ich diese ganz erheblich herunterzuschrauben.

Was ich anbieten kann, sind Schilderungen von Erfahrungen, die ich während meiner Krankheit gesammelt habe, ist die intellektuelle Verarbeitung einer existentiellen Extremsituation.

Ich habe seit der Diagnose Krebs versucht, meine Krankheit nicht in erster Linie als eine Macht oder Naturgewalt – die sie ja auch ist – zu begreifen, die ihre Hand nach mir ausstreckt und der ich mich ergebe. Ich wollte vielmehr soweit wie möglich mein Leben in die eigene Hand nehmen und es verändern. Denn es galt nun, die Krankheit als einen Teil meines Selbst anzuerkennen, zu akzeptieren und mit ihr so gut wie möglich zu leben. Nicht ganz leicht. Bedeutet sie doch von Anfang an immense Verluste an meinem eigenen Körper, eine physische Verarmung, begleitet von anfänglich noch ungeahnten motorischen Einschränkungen.

Ich will leben, und dazu bedurfte und bedarf es der ständigen Auseinandersetzungen mit meinem offenbar betrogenen Körper. Ich wollte ihm und mir nicht böse sein, hielt aufkommende Bezichtigungen und Selbstbezichtigungen für zwecklos, habe sie nur manchmal, sozusagen als Kanalisation sich ausbreitender Aggressionen zugelassen.

Natürlich stellte ich mir die Frage, ob meine Krankheit die Folge davon sei, daß ich in Mißklang mit meiner Umwelt und mir selbst gelebt hatte. Dann galt es, den Einklang wiederherzustellen, um zu bestmöglicher Lebensqualität unter völlig veränderten Bedingungen zu gelangen – ich wollte und will es immer noch – wenigstens versuchen. Was hier schriftlich fixiert vorliegt, ist ein Konzentrat, ein Angebot an die Leser, meine individuellen Erfahrungen auf die eigenen zu beziehen. Ich betone, mit meinen Fragen durchaus *nicht* fertig zu sein. Mein Krankheitsprozeß hält an und mit ihm auch die Herausforderungen. Ich hoffe ihnen gewachsen zu sein.

Ungute Gefühle

Im April 1991 stand ein Besuch bei meiner Gynäkologin an. Seit einigen Wochen fühlte ich feste Knötchen im Milchdrüsenkanal. Ich hatte mir zunächst keine besonderen Sorgen gemacht, waren sie doch anfangs immer einmal wieder „verschwunden", d. h. für mich nicht mehr tastbar. Doch dann wurden sie zum festen Bestandteil meiner rechten Brust. Zweifel kamen auf und der Entschluß, zur Ärztin zu gehen. Jetzt, da die Knoten tatsächlich beim vereinbarten Termin auch für sie zu ertasten sein würden. Die Reaktion der Gynäkologin erregte meine Aufmerksamkeit: Sie reagierte sichtlich beunruhigt und besprach mit mir die Notwendigkeit, sofort eine Mammographie in einer Klinik vorzunehmen. Ihre Ernsthaftigkeit und Betonung der Dringlichkeit ließen nichts Gutes ahnen. Sie sprach ihren Verdacht nicht aus, ihr Verhalten jedoch machte jetzt auch mich unruhig. Zwei Tage später sollte die Untersuchung stattfinden. Banges Warten und gleichzeitig der Versuch, mich selbst zu beschwichtigen. Hatte ich doch drei Kinder gestillt, das jüngste noch vor gut zwei Jahren. Der Gedanke an Krebs kam jetzt erst richtig auf. Ich wollte dennoch nicht daran glauben, erst einmal die Diagnose abwarten. Warum sollte es gerade mich treffen?

Die Diagnose Krebs und die Mühen des ersten Tages

Von den Schwierigkeiten, die Diagnose Krebs mitzuteilen und zu erfahren

Am Morgen vor der Untersuchung war ich sehr nervös, verkrampft, mochte nicht allein in die Klinik fahren. Jürgen konnte mich leider nur hinbringen. Alles Weitere lag bei mir.

„Mammographie rechts" stand auf dem Überweisungsschein, zum Vergleich wurde eine der linken Brust mitgemacht. Dann kam der Chefarzt der Röntgenologie, untersuchte die Brüste, fragte nach Kinderzahl und Stillzeiten. Er versuchte im angestrengt lockeren Gespräch, sich einen Eindruck von mir zu verschaffen. Röntgenbilder, Tastbefund – er wirkte auffallend verunsichert. Ich merkte, daß er mir etwas mitteilen wollte, bloß noch nicht wußte, wie. Dann offerierte er mir, daß an der rechten Brust dringend geschnitten werden müsse, um die Art der Geschwulst genau bestimmen zu können.

Ich wurde widerspenstig. Sollte ein operativer Eingriff erfolgen, wollte ich genau darüber informiert werden, warum. Zudem bestand überhaupt kein Grund, den Eingriff in diesem Krankenhaus durchführen zu lassen. Schließlich liegt es von unserem Haus am anderen Ende der Stadt – 35 km entfernt –, und ich wußte nichts über seine Fachkräfte. Ich dachte an ein anderes Haus, dessen Vorzüge in der Betreuung ich kannte und das sich in unserer Nähe befindet. Ich drängte auf eindeutige Aufklärung.

Sie erfolgte zögernd, unsicher: „Die Knoten sind nicht gutartig." Ich: „Also bösartig." – „Nicht gutartig." Er verließ den Raum. Beriet sich, wie ich später erfuhr, mit meiner Hausärztin darüber, wer mir den Befund nun mitteilen sollte. Sie empfahl, mir die Wahrheit zu sagen. Sie kennt mich, ich lasse es nicht bei Vermutungen bewenden.

Inzwischen war mir klargeworden: Ich habe Brustkrebs, anders wäre eine solche Reaktion nicht zu deuten. Der Chefarzt selbst ging über seine Aussage nicht hinaus, bot mir aber sofort an, mich mit der Oberärztin der Gynäkologie bekannt zu machen, was dann auch geschah.

Ihre Reaktion war eine andere. Nach anfänglichem Herantasten sprach sie das Wort „Krebs" aus und bestätigte meinen Verdacht. Es erfolgte ein langes, für mich verständliches Aufklärungsgespräch über das, was aus ihrer Sicht sofort erfolgen sollte: ein operativer Eingriff zur Entfernung der Knoten und zu weiteren Diagnosen. Auch die linke Brust, so erläuterte sie mir, sei nach dem Röntgenbild zum Erstaunen aller befallen. Ertasten konnte bislang niemand auch nur das geringste. Die Konzentration erfolgte zunächst auf die rechte Brust. Sie besprach mit mir auch, was mich im schlimmsten Fall erwartete: die Entfernung dieser, der rechten Brust.

Ich hörte ihr zu, begriff, war jetzt ganz ruhig. Es ging schließlich darum, eine lebensgefährliche Krankheit an der Weiterentwicklung zu hindern. Und schließlich standen bislang viele Hypothesen im Raum. Der Befund jedoch war nicht wegzudenken und zu -diskutieren. Ich entschloß mich, in dieses Krankenhaus zu gehen. Argumentation und Verhalten der Ärztin hatten mich überzeugt.

Nun fast stoisch ruhig – im nachhinein glaube ich, es war eine Art Schreckstarre –, verließ ich die Klinik.

Orientierungslos in einer scheinbar veränderten Welt

Draußen schien sich innerhalb einiger Stunden die Welt verändert zu haben. Ich nahm sie wie durch ein Vergrößerungsglas wahr, fragte mich, wie lange ich sie überhaupt noch erfahren würde. Ich setzte mich einen Augenblick hin, dachte an meine Familie. Da ist mein Mann Jürgen, mit dem ich schon so viele Jahre zusammenlebe – überwiegend glücklich, zumindest zufrieden. Da sind meine drei über alles geliebten Töchter: Katharina (6), Franziska (5), Larissa (2). Sie würden in meiner dann folgenden Leidensgeschichte – vor der mir zunächst einmal jetzt nur bangte, deren Ausmaß ich jedoch nicht ansatzweise hätte voraussehen können – die größte Herausforderung darstellen. Es war von Anfang an auch ihre Geschichte. Natürlich auch Jürgens, aber im Unterschied zum erwachsenen Lebensgefährten sind die kleinen Persönchen in fast noch jeder Hinsicht von mir abhängig. Wie würden sie reagieren?

Die jetzt einsetzende emotionale Not beeinträchtigte meine rationale Handlungsfähigkeit. Ich beging einen entscheidenden Fehler: Ich rief, wie verabredet, Jürgen in der Praxis an, teilte ihm telefonisch die Diagnose mit. Sicher hätte er sich auch gesorgt, wäre der abgemachte Anruf nicht erfolgt. Es wäre dennoch besser gewesen, nach Hause zu fahren, um dort auf seinen Anruf zu warten. Die Gefahr meiner Mitteilung, die ihn am Arbeitsplatz wie ein Schlag treffen mußte, wurde mir ansatzweise sofort, in ihrer vollen Tragweite jedoch erst später bewußt. Seine Absicht, alles stehen und liegen zu lassen, seine Patienten nach Hause zu schicken und mich vom Krankenhaus abzuholen – 30 km mit dem Auto durch die Stadt –, wirkte auf mich wie ein Warnsignal. Er sollte dort bleiben. Ich wollte mit öffentlichen Verkehrsmitteln nach Hause fahren. Im Taxi wäre ich mir eingesperrt vorgekommen. Den Bus konnte ich jederzeit verlassen, um mich gegebenenfalls irgendwo allein ausweinen und buchstäblich wieder durchatmen zu können.

An die Heimfahrt kann ich mich nur noch bruchstückhaft erinnern, sie kam gedanklich und real einer Odyssee gleich: Ich wechselte häufiger als nötig die Verkehrsmittel, benutzte dann doch ein Taxi, hielt es darin nicht mehr aus und verließ es an der nächsten verkehrsgünstigen Stelle wieder. Die Irritation des Taxifahrers registrierte ich nur beiläufig. Und plötzlich tauchten auch Zweifel am Realitätsgehalt des gesamten Geschehens auf. Vielleicht war die Diagnose das Resultat von Übervorsicht, die beabsichtigten Maßnahmen übereilt? Und obwohl zu keinem klaren Gedanken mehr fähig, wußte, nein spürte ich, daß alle Zweifel lediglich hilflose Verdrängungsversuche waren.

Am Zielbahnhof stand Jürgen. Er hatte lange gewartet, sich ob meiner Nicht-Ankunft gesorgt. Ich war verblüfft und erfreut zugleich. Er hatte aus Verantwortungsgefühl mir und seinen Patienten gegenüber nicht weiterbehandeln wollen, hatte auch für die nächsten Tage alles abgesagt. Ich war glücklich über seine Entscheidung, bedeutet ihm seine Arbeit doch sonst so viel und uns die materielle Lebensgrundlage. Mein Gehalt war nur zusätzlich und aufgrund von Arbeitssituation und drei Kindern nicht kontinuierlich. Aber all das spielte im Augenblick keine Rolle und sollte sich auch in Zukunft auf ein Minimum an Wichtigkeit reduzieren. Von nun an sollte und konnte nichts mehr so bleiben wie es war. Jedenfalls war das die erste spontane Reaktion, die später auch zeitweise in abstrakten Vorstellungen und Vorsätzen stecken blieb.

Sprechen als Probehandeln – die ersten Schritte im Umgang mit meiner Krankheit

Am Nachmittag waren wir – anders wäre es fatal gewesen – zunächst einmal allein. Bange Fragen wechselten mit Zuversicht und umgekehrt. Nach unseren Informationen steigt die Zahl von Brustkrebserkrankungen jährlich an. Viele Frauen werden vollkommen geheilt. Warum nicht auch ich? Wir nehmen uns vor, zunächst einmal dem „Prinzip Hoffnung“ zu folgen. Es liegen ab sofort eine Vielzahl von praktischen und emotionalen Problemen vor uns, deren Bewältigung all unserer Kraft bedarf – nur nicht resignieren, sonst schaffen wir es nicht. Dann meine naheliegendste Sorge: Wie spreche ich mit den Mitmenschen und besonders mit meinen Kindern über meine Krankheit? Es ist alles noch so neu, und mir müssen dennoch schon heute Verhaltensmuster zur Verfügung stehen. Mit der Frauenärztin reden dürfte noch am leichtesten sein. Dann ist da noch seit einem halben Jahr ein Au-pair-Mädchen in die Familie integriert. Das Gespräch mit ihm wird die erste Nagelprobe sein. Termine absagen, ich weiß noch nicht, wie. Die größte Herausforderung stellt das bevorstehende Gespräch mit den Kindern dar. Ton und Argumente müssen stimmen. Ich entscheide mich für größtmögliche Offenheit.

Eintritt des befürchteten Augenblicks: Au-pair-Mädchen Elena kam mit ihrer Freundin Lourdes nach Hause, auch das noch, Elena nicht allein. Sie fragte, ob alles in Ordnung sei, beobachtete mich, nahm plötzlich den abseits stehenden Jürgen wahr, wurde unsicher. Einen Moment, der wie eine Ewigkeit wirkte, herrschte Schweigen. Dann spreche ich den Satz zum ersten Mal – wenn ich hier die Mitteilung an Jürgen als Ausnahme behandele – aus: „Ich habe Krebs.“ Zugegeben, es war mir nicht souverän gelungen, aber die Reaktion der beiden stellte alle Befürchtungen in den Schatten. Sie schrien auf, sahen mich mit entsetzten großen Augen an und fingen an zu weinen. Schlimmer hätte die Szene für mich nicht ausfallen können, jetzt war ich am Ende meiner Kraft. Wie sollte das bloß weitergehen, wie konnte ich mit jemandem über meine Krankheit reden, wenn als Reaktion Entsetzen und Mitleid zu befürchten stand? Nach einer Weile entspannte sich die Situation. Praktisches war zu regeln. Elena sollte bis zum Abend mit den Kindern außer Haus etwas unternehmen, das Wetter ließ es zu, und sie begriff die Notwendigkeit, zeigte sich nach dem ersten Schrecken der Situation durchaus gewachsen.

Kurze Atempause, nochmal ein Gespräch mit Jürgen. Für mich stand fest: Ich will wieder gesund werden, um meiner und meiner Familie willen.

Dann das telefonische Gespräch mit der Gynäkologin. Sie war bereits, wie ich jetzt erfuhr, informiert, schlug unter der Voraussetzung, daß ich psychisch in der Lage sei, bis dahin zu warten, ein Gespräch gegen Abend vor. Sie wollte nicht unter dem Druck eines gefüllten Wartezimmers mit mir reden. Ich traute mir die Kraft zu, war ja auch nicht einsam zu Hause.

Vor diesem Termin noch die notwendigen Telefonate: Terminabsagen und ein Gespräch mit dem Hausarzt. Erstere brachte ich reibungslos über die Bühne, ohne Begründung – auch das mußte ich lernen –, und ich funktionierte. Ich hatte einfach keine Lust, Begründungen abzugeben, und tat es auch nicht. Wie sonst selten in meinem Leben gelang es mir, ohne auf die tatsächlichen oder vermuteten Erwartungen anderer Rücksicht zu nehmen und ausschließlich mit Blick auf meine eigenen Möglichkeiten und Wünsche zu handeln. „Nein" zu sagen, war etwas, das ich im Laufe meiner Krankheitsgeschichte noch lernen sollte. Offenbar hatte das bislang nur ungenügend geklappt, sonst wäre es mir nicht so schwer gefallen.

Das Telefonat mit dem Hausarzt gestaltete sich unvermutet irritierend. Ich war in der Lage, ihm ruhig und sachlich die Situation zu schildern, ihm mitzuteilen, daß ich von nun an vermutlich mehr in gynäkologischer Betreuung sein würde. Er hatte mich seit Jahren als Hausarzt und in der letzten Zeit wegen meines schlechten Allgemeinzustandes behandelt. Bei der Mitteilung, daß ich Krebs habe – natürlich, sie war telefonisch und unvermittelt –, wirkte er bestürzt und hilflos. Vorsichtige, sachliche Nachfragen vermischten sich mit nahezu geschäftsmäßigem Verbleiben. Nach dem Gespräch ließ ich dieses gedanklich Revue passieren und stellte fest, daß ich mit solch einer Reaktion umgehen kann. Sie wirkte trotz anfänglicher Verblüffung meinerseits – nach dem Motto: So etwas wird er doch schon öfter gehört haben – ehrlich und der Nachricht durchaus angemessen. Der Umgang mit Mitmenschen zeichnete sich schon deutlich am ersten Tag als ein äußerst diffiziles Kapitel ab. Über die Frage, was ich eigentlich von ihnen erwartete und sie von mir – eine Zentralfrage, wie ich später feststellte –, hatte ich in den ersten Stunden noch nicht nachgedacht.

Die ganze Wahrheit

Als ich gegen Abend bei der Gynäkologin ankam, fand ich zu meinem Entsetzen ein rappelvolles Wartezimmer vor. Ich fühlte mich außerstande, mich dazuzugesellen. Draußen im Auto wartete Jürgen. Ich ging hinaus, und gemeinsam machten wir noch einen Spaziergang in einem nahegelegenen Park. Überall Aprilgrün, doch ich konnte nicht genießen, mich an nichts erfreuen. Trotzdem die Hoffnung: Mögen doch gemeinsame Spaziergänge noch oft und lange möglich sein. Dann gingen wir zur Praxis zurück. Das Gespräch mit der Ärztin wollte ich allein führen. Klar, Jürgen ist auch betroffen, aber ich möchte als eigenständige Persönlichkeit denken und handeln, mein Leben mit anderen teilen, ohne meine Individualität aufzugeben. Eine klar definierte und respektierte Intimsphäre bildet für mich die Voraussetzung für Gemeinsamkeit. Das sollte auch in diesem Fall gelten. Für Jürgen bedeutete das, während des Gesprächszeitraumes mit seinen Nöten und Sorgen allein fertig werden zu müssen – eine Situation, die er ohnehin, genau wie ich, in Zukunft noch oft zu bewältigen haben würde. Und das nicht nur als Notlösung: Gemeinsam nach Problemlösungen zu suchen, setzt nach meiner Erfahrung einen Selbstklärungsprozeß voraus. Nur wenn ich meine Sorgen, Zweifel und Fragen formulieren kann, bin ich imstande, sie mitzuteilen. Und jemandem etwas mitzuteilen, ist schließlich die Basis für Verständnis und im Idealfall fürs Teilen.

Das Gespräch mit der Ärztin verlief offen, konzentriert, intensiv. Wir kennen uns seit vielen Jahren, und sie besitzt mein Vertrauen. Vor, nach und während dreier Schwangerschaften hatte sie mich einfühlsam und zuverlässig betreut – auch da hatte es extrem schwierige Zeiten gegeben. Wir hatten gemeinsam gebangt und uns gemeinsam über drei gesunde Kinder gefreut.

Sie referierte mir dezidiert das Ergebnis der morgendlichen Untersuchung. Vieles begriff ich erst jetzt richtig, vor allem, daß die Krankheit schon ein weiteres Stadium erreicht hatte, als sie aufgrund ihrer Untersuchung angenommen hatte. Sie war betroffen, dennoch aufgeschlossen, unsentimental, tröstend. Sie erörterte Therapiemaßnahmen, die sie für möglich und voraussichtlich nötig hielt: Entfernung der rechten Brust, Bestrahlungen, gegebenenfalls Chemotherapie. Viel weitgehendere Maßnahmen also, als sie bislang in der Klinik besprochen worden waren.

Formalitäten waren zu erledigen. Ihr Angebot, sich am nächsten Morgen um ein Bett für mich zu kümmern, nahm ich dankbar entgegen, meine Kräfte waren erschöpft. Mit der ihr eigenen Zuversicht begleitete sie mich zu Jürgen hinaus. Doch ihre Anstrengung war mir nicht entgangen.

„Wie man in den Wald ruft ...“ – Das Recht der Kinder auf Information und Schutz zugleich

Falls die bisherigen Belastungen dieses endlos erscheinenden Tages überhaupt noch zu steigern waren, stand mir nun noch der unabwägbarste und emotional herausforderndste Teil bevor: das Gespräch mit den Kindern. Die Gedanken drehten sich im Kreis, wie den richtigen Moment abfangen? Die Gesprächssituation sollte alltäglich, ungestellt sein. Würde es mir gelingen, ohne Larmoyanz, Verniedlichung oder Übertreibung mit ihnen zu reden? Und wie konnte ich sie vorbereiten, ohne sie zu verängstigen? Was mußte ich sie wissen lassen – und was verschweigen? Mir wurde bewußt, daß es für diese Situation kein voraussehbar richtiges oder falsches Verhalten gab und beschloß, mich auf bisherige Erfahrungen und Beobachtungen der kindlichen Reaktionen zu stützen.

Schließlich galt es in erster Linie, Trennungsängsten zu begegnen und den Kindern die Sorge zu nehmen, daß mir weh getan würde. Hinter all den Fragen, so begriff ich, verbargen sich meine auf Reflexion beruhenden Probleme. Ich wollte sie nicht zu den ihren machen. So teilte ich ihnen sachlich mit, daß ich in den nächsten Tagen ins Krankenhaus gehen wollte, zeigte ihnen die Knötchen an meiner Brust und erklärte, daß sie entfernt werden müßten, um sich nicht vermehren zu können. Ihren Nöten und Tränen begegnete ich mit Trost und dem Versprechen, bald wieder zu Hause zu sein. Sie reagierten zu meiner Erleichterung völlig „normal". So wandten sie sich erwartungsgemäß an Jürgen, um ihm ihren Kummer, aber auch ihre Neuigkeit mitzuteilen. Ihre nächste Ansprechpartnerin war die kleine Schwester Larissa. Sie verstand zwar nichts, weinte aber mit, schon deshalb, weil die beiden anderen weinten. Bei den beiden Kleineren war der Kummer bald wieder vergessen. Nur Katharina blieb skeptisch und auffallend still. Die vielen Krankenhausaufenthalte während der letzten Schwangerschaft und die Einschränkungen zu den Zeiten, die ich zu Hause überwiegend liegend verbringen mußte, waren ihr noch gut in Erinnerung. Auch die Ängste, daß das so sehr ersehnte Geschwisterchen viel zu früh zur Welt kommen und daher nicht weiterleben könnte, waren bei ihr noch nicht vergessen. Und niemand kann ihr ihre Erfahrungen nehmen.

Kontroverse Fachliteratur als Ansporn zu eigener Meinungsbildung

Die Kinder waren in einem ersten Schritt informiert und beruhigt. Mir erging es da anders. In den Tagen bis zur Operation setzten sich langsam die diversen Informationen wie ein Mosaik zusammen. Viele, sogar sehr viele Steinchen fehlten zwar noch, um ein vollständiges Bild zu erhalten. Eines wurde mir jetzt, etwas zur Ruhe gekommen, jedoch klar: Ich hatte mich auf die Entfernung der Brust einzustellen. Warum sonst hatte die Ärztin darüber gesprochen und davon, daß die Brustwarze vielleicht zu erhalten sei, mir die Methode eines Wiederaufbaus erläutert und positive Beispiele des Gelungenseins geschildert; mich mit den Worten zu trösten versucht, daß ich nachher noch hübscher sei. Merkwürdigerweise beschäftigten mich Gedanken an die Veränderungen meines Körpers durch den Eingriff in den ersten Tagen nur unter dem Aspekt der dadurch erreichbaren Heilungschancen. Hier ging es darum, mein Leben zu erhalten und das bei optimaler Lebensqualität. Zur Entscheidungsvorbereitung bedurfte es zumindest elementarer Kenntnisse über Methoden und Erfolge – falls feststellbar – der Schulmedizin und alternativer Verfahren. Also informierte ich mich in der gebotenen Eile, aber doch umfassend genug auch über alternative Verfahren ohne operativen Eingriff, mit dem Ergebnis, daß sie für mich nicht in Frage kamen. Ich konnte und wollte dieses Wagnis nicht eingehen. Die in einschlägiger Literatur – und nicht nur da – oft gestellte Frage, ob zu viel und zu schnell operiert, bestrahlt und mit Zytostatika behandelt werde, wer sollte sie mir beantworten. Ich mußte mich auf kompetente Beratungen und auf mein eigenes Urteil stützen. Einen Königsweg, soviel stand für mich fest, konnte es nicht geben, es sei denn, niemand hätte ihn bisher entdeckt. Und überzeugt davon, daß auch die beste Therapie sinnlos sein würde, ohne mein Vertrauen, informierte ich mich in groben Zügen über Wirkungen und Nebenwirkungen bei Strahlen- und Chemotherapie. Dazu diente mir Fachliteratur, die die kontroverse Diskussion in Kurzform wiedergab. Die ersten Literaturhinweise hatte ich von Freunden, Bekannten und Leuten erhalten, von denen Jürgen oder ich wußten, daß sie schon einmal oder immer noch mit diesem Problem konfrontiert waren oder die beruflich damit zu haben. Es waren plötzlich – vorher hatte ich mir das nie bewußt gemacht – sehr viele, die uns da weiterhelfen konnten. Gespräche und Lektüre waren für mich in jenen Tagen immens wichtig. Verhalfen sie mir doch zu einem Einblick in die Probleme hinsichtlich der zur Verfügung stehenden therapeutischen Maßnahmen, boten Denkanstöße und dienten zu einer ersten und vorläufigen Herausbildung meiner eigenen Haltung den auf mich zukommenden Fragen gegenüber.

Über den Meinungsbildungsprozeß hinaus war es zur Wiederaufnahme alter und zur Knüpfung neuer sozialer Kontakte gekommen. Ich war Ansprechpartnern begegnet, denen gegenüber es mir gelang, offen über meine Krankheit zu sprechen, meine Fragen zu formulieren, Sorgen und Unsicherheit auszudrücken. Es hat mich nicht selten große Überwindung gekostet, doch Verständnis und Hilfsbereitschaft so vieler unterschiedlicher Menschen machten mir Mut, verhalfen zu Selbstvertrauen.

Warum gerade ich?

Dennoch gab es zu diesem Zeitpunkt Ängste, über die ich mit niemandem reden, Fragen, die ich an niemand richten konnte noch mochte – je nach ihrer Natur, mit Ausnahme von Jürgen und ganz wenigen Freunden. Es waren quälende Probleme grundsätzlicher Art, meine Persönlichkeit betreffend, auf mein zurückliegendes und noch verbleibendes Leben als Ganzes zielend, es in Frage stellend. Ich interpretierte die Krankheit als Hilfeschrei meines Körpers. Was hatte ich ihm angetan? Ich hinterfragte meine Lebensführung in den letzten Jahren: Sicher, sie war nicht vorbildlich, manches Ziel nicht erreicht, Vorsätze nicht eingehalten. Aber bei aller Kritik wollte ich doch das Positive nicht vergessen, denn auch davon gab es genug: eine intakte Familie – Krisen selbstverständlich inbegriffen –, Tätigkeiten, einmal mit großem, ein anderes

Mal mit weniger Erfolg und Spaß ausgeführt, ein zuverlässiger, langjähriger Freundes- und ein großer Bekanntenkreis. Und trotzdem hatte ich mich offensichtlich nicht einrichten können, denn warum sonst gerade ich?

Die kritische Frage einer Freundin, warum ein kräftiger Knacks im Rücken oder ähnliches, das mich für eine Weile stillgelegt hätte, nicht ausgereicht habe, war da schon zielgerichteter als alle Selbstvorwürfe oben genannter Art. Und die Antwort war an meiner Biographie unschwer abzulesen. Selbstkritisch mußte ich feststellen: Das hätte nicht genügt, um irgendetwas zu verändern. Aller Wahrscheinlichkeit nach hätte ich vom Rollstuhl aus einfach weitergemacht, in der Hoffnung, das ginge schon wieder vorbei.

Die Krankheit Krebs hat eine andere Dimension. Es wird für mich keine Sicherheit mehr geben, wirklich wieder gesund zu sein. Gewiß bestehen gute Chancen, die Krankheit einzudämmen. Aber eine Gewähr gibt es eben nicht. Kenne ich doch aus meinem Bekanntenkreis und durch Jürgens und anderer Berichte zu viele Fälle, in denen der Krankheitsverlauf zunächst vielversprechend war, bis hin zu der Annahme, nach vielen Jahren ohne irgendwelche Symptome wieder gesund zu sein. Dann der Umschlag: Rezidive, Metastasen, Tod.

Aber ich kenne auch Beispiele vollkommener Heilung. Menschen, die vor 15 bis 20 Jahren von Ärzten für unheilbar krank erklärt worden waren, denen man eine nur noch äußerst geringe Lebensdauer prognostiziert hatte. Aber diese Menschen haben das „Todesurteil" nicht angenommen, sich nicht aufgegeben, sondern um ihr Leben gekämpft – erfolgreich. An diesen Fällen wollte und will ich mich orientieren, will leben, und zwar mein Leben. So bekam die Frage „Warum gerade ich?" eine andere Stoßrichtung. Sie sollte nicht zu Selbstanklagen führen, sondern mir dazu verhelfen, in meinem Leben das aufzuspüren, womit ich es mir selbst schwer machte; sollte dazu dienen, das Positive zu entdekken, um es zu erhalten, auszubauen und mehr zu genießen. Nicht vertane, sondern zukünftige Chancen sollten im Mittelpunkt der Betrachtung stehen, mir Handlungsorientierung bieten.

Neugestaltung des Lebens als Konsequenz der Bewußtwerdung seiner zeitlichen Begrenzung

Schon seit „Momo" hatte ich über den Wert von Lebenszeit und ein sinnvolles Ausfüllen derselben nachgedacht. In Ansätzen hatte sich bei mir auch schon ein Umdenken vollzogen – aber eben nur in Ansätzen. Jetzt, angesichts der Konfrontation mit den Grenzen meiner eigenen Lebenszeit – über sie hatte ich bislang noch nicht intensiv nachgedacht –, fiel dem Faktor Zeit eine ganz andere Bedeutung zu. Meine gesamte persönliche Zukunft war nun in Frage gestellt, ein gemeinsames Leben mit Jürgen und den Kindern zeitlich begrenzt. Um sie für mich befriedigend erleben zu können, galt es, in Zukunft neue Gewichtungen vorzunehmen. Selbstbestimmt und zufrieden mit dem, was ich tue, wollte ich weiterleben. Das hieß aber gleichzeitig, auch etwas lassen zu können, loslassen, alte Zöpfe abschneiden. Damals setzte ein Prozeß ein, der sich bis heute weiterentwickelt. Irgendwann einmal gesteckte Ziele waren auf die jeweils aktuelle Realität hin zu überprüfen. Und ich stellte fest, daß ein großer Teil sich als überholt erwies. Ich beschloß, im Laufe der Zeit mir neue und vor allem weniger und weniger hehre Ziele zu stecken. Nicht planlos, sondern innerhalb der Gegenwart soll sich mein Leben vollziehen. Aber das sind ja auch wieder Ziele, ein Widerspruch? Vielleicht! Doch die Veränderungen sind in erster Linie Verhaltensänderungen, dauernder Selbstkontrolle unterzogen und um den Preis meines jetzt mit Argusaugen beobachteten Wohlbefindens jederzeit revidierbar.

Die Umgestaltung meines und in dessen Folge unseres ganzen Familienlebens lief und läuft bei weitem nicht ohne Schwierigkeiten und Rückschläge ab. Von jetzt aus betrachtet, kann ich jedoch feststellen, daß sie im Ergebnis zu einer zunehmenden Zufriedenheit aller beigetragen hat. Auch zu Jürgens, der unter großen Problemen mit sich selbst und anderen im Laufe des Jahres seine Arbeitszeit stark reduziert hat, um gemeinsame Freiräume für uns zu eröffnen. Auch er möchte nicht weiterhin, wie vor Ausbruch meiner Krankheit, unter scheinbar objektiven und selbstgemachten Zwängen einfach funktionieren, setzt Prioritäten – andere als vorher. Wir versuchen jetzt bewußter miteinander zu leben, und freuen uns (fast) jeden Tag erneut darüber, daß wir es noch können.

Bleibt die Frage, warum erst eine lebensbedrohliche Krankheit ausbrechen mußte, bevor wir bereit waren, unser Leben grundsätzlich zu überdenken – es wenigstens ernsthaft zu versuchen. Ich kann sie nicht beantworten. Bemerkenswert scheint mir allerdings, daß der Klärungsprozeß über und die Bereitschaft zu Lebensveränderungen schon seit den ersten Tagen nach der Diagnose bestehen. Die seither entwickelten Lebensstrategien sind somit einerseits unmittelbare Folge von Krankheitsverlauf und Therapiemaßnahmen, andererseits bewußt entwickelte Verhaltensmuster, um Krisen zu überwinden und mein Leben auch unter schwersten Bedingungen zu gestalten und als lebenswert zu erachten.

Über den Schutzwall um unsere Gefühle

Am 2. Mai erfolgte die Operation für die histologischen Untersuchungen des Gewebes als Grundlage für spätere Therapien. Hoffen und Bangen, täglich wartete die Ärztin mit neuen Schreckensmeldungen auf, und nach ein paar Tagen stand das niederschmetternde Ergebnis fest: Die Krankheit hatte bereits ein Stadium erreicht, das die schlimmsten Befürchtungen übertraf. Beide Brüste und zahlreiche Lymphknoten waren befallen und zu entfernen. Ich konnte es nicht glauben, wollte es nicht wahrhaben. Doch alle Befunde waren eindeutig, die Folgen unvermeidlich.

Die Ärztin besprach mit mir die Möglichkeit eines Wiederaufbaus, die Schnittführung, den medizinisch-technischen Ablauf. Die Details gingen an mir vorbei. Neben dem Schock über das Stadium meiner Krankheit – und der stand bei weitem im Vordergrund – beschäftigte mich jetzt doch die Frage, ob und wie ich mit meinem veränderten Körper umgehen konnte. Meine Vorstellungskraft reichte nicht aus, um mir ein Bild von meinem zukünftigen Aussehen zu machen. Und vor allem war da die Frage nach meinen Gefühlen: Da war die sexuelle Empfindsamkeit, da war das Problem mit den Kindern, die alle drei noch gerne an meinen Brüsten schmusten und zeitweise auch nuckelten. Wie würde es um diese intimen Bereiche stehen? Fragen, die mir niemand beantworten konnte. Ich überlegte, horchte in mich hinein, sprach mit Jürgen und Freunden. Da durch einen Wiederaufbau die physische und emotionale Empfindsamkeit letztlich nicht wiederzugewinnen ist, entschloß ich mich schließlich gegen ihn. So war wenigstens der direkte Kontakt mit meinem Körper, der Hautkontakt gesichert. Darüber hinaus wollte ich meinem ohnehin schon aufs äußerste strapazierten Organismus keinen zusätzlichen Eingriff mehr zumuten, ihn nicht noch obendrein dazu verurteilen, mit einem Fremdkörper fertig werden zu müssen, ja diesen auch noch zu akzeptieren. Sollte mein Selbstvertrauen nicht ausreichen, konnte ich ja später neu entscheiden. Trost, Gesprächsangebote und Zuspruch von Schwestern und Ärzten boten mir zu jener Zeit die Unterstützung, derer ich so dringend bedurfte. Sie wußten um die Probleme, stellten behutsam Fragen und beantworteten die meinen ohne Aufdringlichkeit und mit der nötigen Sachkenntnis. Sie sprachen aus eigener und berufsbedingter Erfahrung und erkannten frühzeitig Probleme, die mir entgingen. Die Gesamtatmosphäre war so, daß ich mich diesem Team – wenn es nun schon sein mußte – mit gutem Gefühl anvertrauen wollte, körperlich zumindest. Mit meinen seelischen Nöten tat ich mich da schon schwerer.

Meine Empfindungen zu benennen, war mir teilweise unmöglich. Vielleicht behielt ich sie deshalb oft für mich, weil ich sie nicht in Worte zu fassen vermochte, befand sich doch meine Gefühlswelt augenblicklich in einem desolaten Zustand.

Und gerade in dieser Situation machte ich eine Erfahrung, die mir bis heute hilfreich ist, wenn es darum geht, Gefühle zu äußern und als wesentliche Grundlage für Handlungen und Entscheidungen zu akzeptieren.

Der Arzt, der als erster definitiv die Diagnose Brustkrebs bei mir gestellt und vor der schwierigen Aufgabe gestanden hatte, mir den Befund mitzuteilen, besuchte mich nun an meinem Krankenbett. Er sprach ganz offen über seine damaligen Gefühle und über die Gründe seiner Zurückhaltung. Er hatte sich nicht zugetraut, eine für ihn fremde, noch zuversichtliche Patientin mit der bitteren Wahrheit zu konfrontieren. Da er mich nicht kannte, fehlte ihm jeder Anhaltspunkt, um sich auf mich einzustellen, wußte er doch nicht, ob und wie tief Krebsangst bei mir verwurzelt war. Im Telefonat mit der überweisenden Ärztin hatte er zwar einige Informationen über mich erhalten, die ihm jedoch für ein offenes Gespräch mit mir nicht ausreichten. Fremdheit und unserer beider Gefühle stellten in dieser Situation offenkundig ein bedrohliches Hindernis dar. Auf einen Schlag all meine Hoffnungen zu zerstören, war eine ihn überfordernde Aufgabe.

Der Arzt, das wußte ich, hatte am Tag der Diagnose seinen letzten und am Tag des Gesprächs am Krankenbett seinen ersten Arbeitstag, dazwischen Urlaub. Ich war beeindruckt von Zeitpunkt, Gegenstand und Offenheit des Gesprächs. Offenkundig hatte er jetzt seine Gefühle nicht mehr zurückhalten wollen, hatte nachgedacht und war imstande, sich und mir die Probleme der damaligen Situation klarzumachen. Seine Skrupel waren für mich ein Zeichen für Menschlichkeit, sein Verhalten Basis für Vertrauen, seine Ehrlichkeit für mich Anlaß, mir über die Gefühle beruflicher Helfer Gedanken zu machen, sie als Teil von Entscheidungsprozessen zu begreifen.

Der endgültige Eingriff als Prüfstein der Akzeptanz

Vor dem endgültigen Eingriff – und gerade diese Endgültigkeit hatte etwas Unheimliches – wurde ich noch für einen Tag beurlaubt. Der war zu nutzen, um mit den Kindern zu reden. Und wieder sah ich mich dieser Herausforderung kaum gewachsen. Aber ich mußte mit ihnen reden, und zwar über etwas, das ich selbst kaum fassen konnte, geschweige denn in Worte.

Am Frühstückstisch – genauer nachher – das entscheidende Gespräch. Ich erklärte ihnen, daß ich sehr krank sei und meine Brust abgenommen werden müsse. Sofortige Reaktion bei den beiden Älteren, ich hatte „Brust" gesagt, und sie konnten sich nicht vorstellen, wie das wohl aussehen würde, ließen ihre Vorstellungen schweifen. Korrektur meinerseits: beide Brüste. Meine Erklärung, daß ich dann so aussähe wie sie, griff nur zum Teil. Einwände folgten, dann gaben sie sich diesbezüglich beruhigt. Es blieb ihnen schließlich nichts anderes übrig. Ihre hauptsächlichen Befürchtungen betrafen, ebenso wie meine eigenen, die emotionale Ebene. Nun nicht mehr Schmusen und Nuckeln zu können erschreckte sie am meisten. Aber noch eines bemerkte ich: Katharina begriff sehr wohl, daß es jetzt nicht mehr einfach nur um einen Krankenhausaufenthalt mit Operation ging. Was immer ich ihr vermittelt haben mag, ihre Reaktion wies darauf hin, daß sie mehr begriff und fürchtete, als sie zum Ausdruck brachte. Franziska ließ es beim Aussehen und Nuckeln bewenden. Ich beließ es ebenfalls dabei; weitergehende Erklärungen boten sich auch nicht an. Sie sind vornehmlich durch Diskussionen erzogene Kinder, die zunächst im Gespräch und dann selbständig verarbeiten. Auf ihre Schlußfolgerungen nehme ich nur insoweit Einfluß, als ich noch einmal – falls sie den Wunsch äußern – mit ihnen darüber rede. Da dies binnen so kurzer Zeit nicht der Fall war, beschlossen wir, uns den Tag so angenehm wie möglich zu gestalten. Es war schön und unbeschreiblich schwer zugleich.

Am nächsten Tag erfolgte die Operation. Mein einziges Gefühl war Angst. Jürgens Anwesenheit war Trost und Hilfe, aber es war mein Weg, den ich jetzt ganz allein zu gehen hatte, und ich stand erst am Anfang. Nach dem Erwachen aus der Narkose war die Brust bandagiert, ich betäubt vor Schmerzen und bar jeden Körpergefühls. Auch in den darauf folgenden Tagen dominierten Schmerzen. Ich konnte meine Arme nicht bewegen, die Hände kaum gebrauchen, den Oberkörper nicht spüren. Nachts fand ich keinen Schlaf, konnte nicht liegen, mich der Schmerzen und anderer Hindernisse wegen kaum rühren. Die Qualen wurden nach Entfernung der Braunüle aus meiner Hand und Abnahme der großen Bandage, die durch ein kleines, schützendes Oberteil ersetzt wurde, etwas geringer. Nun spürte ich den Verlust meiner Brüste, schon beim Anlegen der Arme an meinen Körper empfand ich deutlich die Veränderung. An- und Ausziehen wurde zur reinsten Tortur, vorsichtige Krankengymnastik verhalf zu einer minimalen Verbesserung der Bewegungsfähigkeit; bis sie wiederhergestellt war, sollte es noch einige Monate dauern, aber für Oberkörper und Arme erreichte ich sie mit disziplinierter täglicher Gymnastik und sich steigernden Übungen fast vollständig wieder.

Hilfsangebote bei der Nachsorge

Mit der Entlassung aus dem Krankenhaus begannen die Schwierigkeiten des täglichen Lebens: der Alltag unter Schmerzen; die Kinder, die ich mir buchstäblich vom Leib halten mußte; die Auseinandersetzung mit meinem mir fremd gewordenen Körper – eine Auseinandersetzung, die nicht nur für mich, sondern auch für Jürgen und die Kinder wichtig war. Da gab es Menschen, die meine körperliche Veränderung wahrnahmen, Fragen stellten. Und da war für mich die ständige Suche nach einer Antwort auf die alles entscheidende Frage, was ich selbst dazu tun kann, um wieder gesund zu werden.

Gerade nach der Entlassung aus dem Krankenhaus braucht man Hilfe: sorgfältige ärztliche Nachbetreuung, Anregungen, um sich selbst zu helfen, Unterstützung bei der Erledigung ganz praktischer Dinge.

Während des Krankenhausaufenthaltes hatte ich mich bereits an den dortigen Sozialdienst gewandt. Die Sozialarbeiterin war mir bei dem Antrag für einen Schwerbehindertenausweis behilflich und hatte mir eine Broschüre mit Adressen und Telefonnummern bezirklicher Beratungsstellen für Krebskranke sowie Interessengemeinschaften und Selbsthilfegruppen überlassen.

Jetzt wandte ich mich an die Krankenfürsorge des Gesundheitsamtes in unserem Bezirk. Frau B. hatte viel Zeit für ein Gespräch, bot mir Hausbesuche an, empfahl mir ebenfalls einschlägige Literatur und beriet mich in vielen Fragen. Wir haben uns öfter getroffen, häufig miteinander telefoniert. Sie war und ist mir bis heute eine zuverlässige, sachkundige Ansprechpartnerin, hilfsbereit und aufgeschlossen.

Gleichzeitig wandte ich mich an einen Gesprächstherapeuten, der mir schon in früheren Krisenzeiten über viele Klippen hinweggeholfen hatte. Er war bereit, mich auch in dieser Situation weiterhin zu begleiten. In zahlreichen vertrauensvollen Gesprächen habe ich viel über mich erfahren, gelernt, mich genau zu beobachten, Depressionen zu begegnen, mich ihnen nicht in destruktiver Weise zu überlassen. Vor allem unterstützte er mich darin, mit mir und meinen Konflikten umzugehen, mich selbst zu akzeptieren, um mich mit meiner Umwelt in Einklang zu bringen.

Ich weiß nicht, ob ich ohne Gesprächstherapie in der Lage wäre, die Verantwortung für mein Leben so zu übernehmen, wie ich es heute tue. Ich bezweifele, den Mut zu notwendigen Auseinandersetzungen und Veränderungen ohne begleitende Therapie aufgebracht zu haben. Und nicht nur Mut, sondern die dazu erforderlichen Erkenntnisse und Fähigkeiten hätten mir gefehlt.

Der beschwerliche Weg zu einem positiven Selbstwertgefühl

Doch gerade diese sollten sich von Anfang an bewähren und entwickeln. Die äußeren Veränderungen meines Körpers konnte ich zwar akzeptieren, aber der offene Umgang mit ihm, ihn als Teil meiner Person auch Fremden gegenüber voll anzunehmen, das mußte ich schrittweise lernen. Warum eigentlich? Ich habe mit Frauen gesprochen, die sich unvollkommen, entstellt vorkamen und von ihren Männern oder Freunden mit ihrem Körper ohne vollkommene, präsentierbare Brust schlichtweg abgelehnt wurden; hatte als Extrembeispiel den Bericht über eine Frau, die sich ein Leben ohne ihren ihre gesamte Persönlichkeit prägenden Busen nicht vorstellen konnte, keinen Eingriff hatte vornehmen lassen und kurze Zeit später an ihrer Krankheit, aber mit optisch intaktem Körper gestorben war. Ein solches Frauenbild, geprägt durch Medien und Vermarktung des Frauenkörpers, hatte ich mir nicht zu eigen gemacht. Die weibliche Brust als Sexualobjekt, losgelöst von der Person, von der Frau als ganzheitlichem Wesen, eine überwiegend – wie ich meinte – männliche Sichtweise, hatte durch Emanzipationsbestrebungen und Frauenbewegung doch weitgehend abgedankt, zumindest an Wichtigkeit eingebüßt. Und ich denke, es ist nicht vermessen anzunehmen, daß sich Erziehung und Haltung der Mutter auch für die Kinder als beispielgebend erweisen. Die beiden älteren Töchter, jetzt 6 und 7 Jahre alt, reagieren ausgesprochen aufgebracht auf einschlägige Weiblichkeits-„Idole“ an Litfaßsäulen und auf Titelblättern von Zeitschriften und Magazinen. Sie fühlen sich offensichtlich spontan als Mädchen betroffen und diskriminiert; können es zwar sprachlich wenig begründen, aber spüren selbst in Schulbüchern und Liedern sehr sicher auf, wie unterschiedlich Mädchen und Jungen, Frauen und Männer dargestellt sind. Sie sind frei im Umgang mit ihrem Körper, haben dabei jedoch ein äußerst ausgeprägtes Schamgefühl entwickelt. Frauen als Lustobjekt dargestellt, sind ihnen ein Greuel. Soweit zu den Früchten meiner Erziehung. Doch offensichtlich existiert auch bei mir noch ein hartnäckiger Rest gängiger Vorstellungen. Wie anders läßt sich die anfängliche Scheu, mich beispielsweise in Gemeinschaftskabinen eines Schwimmbads oder in der Umkleidekabine einer Gymnastikhalle völlig auszuziehen, erklären. Heute habe ich damit keine Schwierigkeiten mehr. Ich habe Narben und „Kinderbrust“ als einen Teil meines Selbst akzeptiert.

In diesem Lernprozeß war die Familie ein erster Prüfstein und wesentliche Hilfe. Jürgen akzeptierte den Körper ganz und gar, machte mir Mut und freute sich über jede von ihm beobachtete Umgangsveränderung meinerseits. Die Kinder reagierten da schon verhaltener, fanden mein Aussehen, vor allem bei unbekleidetem Zustand, „komisch“. Aber ich wollte mich bewußt jetzt nicht mehr bedecken als vorher.

Doch langsam akzeptierten auch sie mich ohne Brust und erzählten ihren Freunden – und nicht nur ihnen –, wie ich jetzt aussähe. Offenheit war der einzig mögliche Weg. Dafür mag eine kleine Episode stehen: Als ich eines Morgens, nur mit einem Bademantel bekleidet, aus dem Bad kam, waren inzwischen zwei ältere Freunde der Kinder zu Besuch. Bei der Begrüßung trat Franziska plötzlich auf mich zu, zog den Reißverschluß meines Bademantels herunter und erklärte den anderen Kindern: „Ihr dürft nicht wüst mit Mama sein, guckt, sie hat noch ganz schlimme Narben und sieht jetzt so aus.“ Lakonische Antwort: „Aber wir sind doch gar nicht wüst.“ Für sie war das Thema beendet und ich um eine wichtige Erfahrung reicher. So selbstverständlich wie die Kinder wollte ich von jetzt an auch mit meinem Körper umgehen. Doch die Szene enthielt nicht nur den Aspekt der äußeren Veränderung. Sie betraf vielmehr meine zu dem Zeitpunkt begrenzten physischen Möglichkeiten. Auch sie wollte ich akzeptieren, trauern um die, die ich nicht mehr besaß; mich freuen über die, die mir noch zur Verfügung standen. Ich setzte Prioritäten, nahm gedanklich und praktisch von so manchem Abschied, das ich vorher für unverzichtbar gehalten hatte. Ich organisierte meinen Alltag mit Hilfe und in ganz kleinen Schritten, vorsichtig und reflektiert.

Der Bestrahlungsalltag

Gezielte Vorbereitung auf die Bestrahlungszeit

Mit Beginn der Bestrahlungen wuchsen die Probleme, praktische und emotionale. Ich präparierte mich durch zahlreiche Gespräche mit Freunden und Bekannten und stellte immer wieder fest, wie unverantwortlich ich die zwischenmenschlichen Kontakte in den letzten Jahren vernachlässigt hatte. Dennoch, ich konnte jetzt offen über meine Krankheit, Gefühle und Ängste sprechen. Die Freunde waren einfach da und bereit zu helfen. Und erneut erfolgte ein Rückgriff auf literarische Erfahrungen. Wieder konnten mir Freunde mit Literaturhinweisen weiterhelfen, brachten oder verwiesen auf Bücher, die sie oder ihre Bekannten gelesen und als gewinnbringend empfunden hatten. Ich schmökerte zunächst, traf schrittweise eine Auswahl dessen, was ich sofort, was später lesen wollte. Jetzt handelte es sich nicht wie vor der Operation vornehmlich um medizinische Fachliteratur, sondern um Erfahrungsberichte jedweder Gattung und Sichtweise, Literatur von Leuten zwar einschlägiger, doch unterschiedlicher Tätigkeits- und Erfahrungsbereiche. Durch die Lektüre erschloß ich mir die Vielseitigkeit möglicher Standpunkte. Teilte sie, lehnte sie ab, bekam in jedem Fall hilfreiche Anstöße, die zu eigenem Weiterdenken einluden. Lesen und über das Gelesene mit anderen reden sollte in Zukunft zu einem festen Bestandteil der Auseinandersetzung mit meiner Krankheit und den daraus resultierenden Alltagsproblemen werden. Doch die Verarbeitung blieb nicht im Lesen und Darüber-Sprechen stecken. Ich begann wieder selbst zu schreiben – Tagebuch zu führen. Manchmal mehr, manchmal weniger kontinuierlich zwar, aber im Schreiben setzte ich meine Gedanken fort, brachte sie im Wortsinn auf den Punkt. Fehlten mir dazu Muße und Ausdauer, gestattete ich mir auch, es bei Stichworten bewenden zu lassen. Ich wollte nicht mehr, wie sonst so oft, zu streng mit mir sein. Auch das war ein Ergebnis der Auseinandersetzung mit mir selbst: Disziplin ja, aber ohne den bisherigen Anspruch auf Perfektion – das sollte noch ein langer Lernprozeß werden, Veränderungen, ohne mich umkrempeln zu müssen, Umdenken und Handlungsalternativen erproben, ohne mich selbst aufzugeben.

Blüten einer Fehlorganisation – Oder: Die Folgen patientenferner Entscheidungen

Zurück zum Alltag unter der Belastung täglicher Bestrahlungen: Der begann Ende Mai mit einem Vorgespräch. Geplant wurden 25 Bestrahlungseinheiten 5mal wöchentlich, falls ich sie vertragen sollte. Im Vorgespräch mit dem Oberarzt klärten wir auch die Felder, die sinnvollerweise bestrahlt werden sollten. Sieben Felder, so das Ergebnis des Gesprächs, würden es sein. Als Möglichkeit, nicht definitiv, wurde eine Pause von 10 Tagen in Erwägung gezogen. Sie sollte von meiner physischen Verfassung abhängig sein.

Einige Tage später fand das Ausmessen, Anzeichnen und die erste Bestrahlung der Felder statt. Der Chefarzt, so erfuhr ich, hatte vom Oberarzt abweichende Vorstellungen. Er wollte zwei Felder zu diesem Zeitpunkt nicht bestrahlt haben, ließ er mir ausrichten und ebenfalls, daß er mir in einigen Tagen einen Gesprächstermin zur Erklärung anböte. Nach der Begründung fragend, erhielt ich eine eher ausweichende als aufklärende Antwort. Ich überlegte: zwei Bestrahlungsfelder und meine Belastbarkeit standen zur Disposition. Ich wollte mich nicht zum Gegenstand interner Querelen machen lassen. Eine Bestrahlung der zwei Felder in einem zweiten Durchgang schienen mir als unzumutbare Belastung, lag doch der Bestrahlungsort 30 km von uns zu Hause entfernt. Und über die Verträglichkeit der Bestrahlung konnte im voraus kaum begründet entschieden werden. Also stimmte ich einer Bestrahlung auf der Grundlage des Vorgesprächs zu. Dieses Einverständnis – welch ein Bürokratismus – hatte ich vor Zeugen zu äußern. Ich stand zunächst zwischen Baum und Borke und nach kurzem Bedenken dazu. Ein Chefarzt, der über Umwege seine Einwände berichten ließ, jedoch nicht in der Lage war, mich binnen einer Woche persönlich darüber zu informieren, pflegte einen für mich nicht gerade vertrauensfördernden Stil im Umgang mit abhängigen und informationsbedürftigen Patienten. Da vertraute ich schon eher, wenn auch zunächst etwas verunsichert, meinem unmittelbaren Gesprächspartner. Er jedenfalls stand zu seiner Entscheidung, zeigte sich in der Lage, sie mir gegenüber zu vertreten.

Dann das Ausmessen der Bestrahlungsfelder, die Mitteilung, daß ich mich während der Bestrahlungszeit dort nicht waschen oder duschen dürfe. Zunächst unvorstellbar. Ich dachte an die höfischen Sitten der Renaissance. Auch die Leute hatten sich schließlich nur gepudert, nie gewaschen. Das war damals üblich. Warum sollte sich auch heute nicht damit leben lassen? Anfangs fiel es mir schwer, später erwies es sich als eine Frage der Gewohnheit. Im Verbund mit entsprechender baumwollener Kleidung konnte ich mich damit mal mit mehr, mal mit weniger bemerkenswerten Schwierigkeiten einrichten.

Erheblich größere Unannehmlichkeiten entstanden durch den räumlichen Abstand. 30 km für einen Weg, 60 km hin und zurück. Ich entschied mich für öffentliche Verkehrsmittel. War das Autofahren zu jener Zeit doch noch mit unsäglichen Beschwernissen verbunden. Die Unbeweglichkeit der Arme hatte enorme Schmerzen beim Chauffieren zur Folge; Hitze im Auto, hinter Fensterglas, ließ die noch recht frischen Narben brennen. Verstärkt wurde dieser Effekt noch durch den Sicherheitsgurt, der direkt über den Narben liegt. Also beschloß ich, mich öffentlicher Verkehrsmittel zu bedienen. Knapp zwei Stunden hin, zwei Stunden zurück mußte ich – Fußwege, Wartezeiten und Umsteigen inbegriffen – einkalkulieren. Ich richtete mich bewußt darauf ein, wollte sie nicht als vertane Zeit verstreichen lassen. Nutzte sie zum Lesen, Aus-dem-Fenster-Schauen und zum Nachdenken. Beobachtete Menschen so intensiv wie lange nicht mehr. Fahrt mit der S-Bahn, U-Bahn und Bus, bewußt genutzt, trotzdem aufwendig und stressig.

Zur dritten Bestrahlung fuhr ich ganz zuversichtlich. Waren die beiden ersten zwar wegen der Unbeweglichkeit der Arme recht schmerzhaft verlaufen, so hoffte ich doch auf eine Beweglichkeitssteigerung von Mal zu Mal. Vor allem faßte ich jede Bestrahlung als einen weiteren Schritt auf dem Wege zur Besserung auf, als Chance, wieder zu genesen. Als ich den Warteraum betrat, war dieser befremdend leer. Eine MTA teilte mir mit, daß das Bestrahlungsgerät defekt sei. Das war dienstags und am Donnerstag in einigen Bundesländern Fronleichnam als Feiertag. Niemand wisse, vernahm ich, wann die Ersatzteile geliefert und das Gerät wieder intakt sein würde. Wir verabredeten, daß ich täglich anrufen sollte, um zu erfahren, ob ich weiterbestrahlt werden würde. Ich hatte die lange Hinfahrt umsonst gemacht, die Rückfahrt lag noch vor mir. Sicher, Geräte können ausfallen, doch mir das rational klarzumachen, half in der Situation überhaupt nichts. Ich empfand das Ganze einfach als Diebstahl an meiner mir jetzt so kostbar gewordenen Lebenszeit und als unverantwortlichen Verschleiß meines ohnehin ausgemergelten Körpers. Am Mittwoch der darauffolgenden Woche war das Gerät endlich wieder repariert und auch das noch nicht ganz. Die Wartezeit, die täglichen Anrufe, ob und wann es denn nun weiterginge, habe ich in schlimmster Erinnerung. Ich befürchtete – da halfen auch alle Erklärungen nicht –, daß mir die Krankheit davonliefe. Zwei weitere, belastende Aspekte gesellten sich dazu. Zum einen empfand ich die Vorgehensweise als unprofessionell. Von Leuten, die täglich mit solchen Apparaten umgehen, erwartete ich eine eindeutige Auskunft darüber, wann es vermutlich weitergehen würde. Schließlich wollte ich nicht von Dilettanten, sondern ausgebildetem Personal mit einschlägiger Erfahrung behandelt werden. Zudem verfügt das Haus über einen eigenen Strahlenphysiker, auch er mußte, meiner Meinung nach, über genügend Erfahrung verfügen, um zumindest in etwa den Verlauf vorhersehen zu können. Die täglichen Nachfragen, das Nicht-planen-Können über einen Zeitraum von mehr als einer Woche empfinde ich noch heute wenn nicht als Zynismus, so doch zumindest als fahrlässige Unüberlegtheit, als grobe Verletzung der

Interessen von Patienten, die sich ohnehin in einer extremen Belastungssituation befinden. Ein weiterer Aspekt wurde für mich angesichts dieser Erfahrung zu einem nur schwer zu bewältigenden Problem: die Abhängigkeit von der Apparatemedizin. Ohnmächtig und verzweifelt, wütend und hilflos fühlte ich mich einer offenkundig unberechenbaren Methode ausgesetzt, von der ich mir doch Besserung versprochen hatte. Ich griff erneut auf Literatur über alternative Verfahren zurück, bekam Hinweise und Anregungen. Ernährungsveränderungen, das Züchten und Genießen von Kräutern, wieder selbst Brot backen, Nachdenken über den Einsatz von Escador, all das waren für mich in Frage kommende zusätzliche Maßnahmen. Sie dienten dazu, mich auf mich selbst und meinen Körper zu besinnen, nicht alles beim alten zu belassen. Aber als vollkommenen Ersatz für die Methoden der Schulmedizin wollte und konnte ich sie nicht betrachten. Dieses Gefühl, ausgeliefert und vollkommen fremdbestimmt zu sein, hat bis heute seine Spuren hinterlassen.

Als die Bestrahlung eine Woche später fortgesetzt wurde, war ich physisch und psychisch strapazierter als zu Beginn. Ich hatte an Zuversicht eingebüßt, war jetzt festen Willens, sie so zügig wie möglich hinter mich zu bringen. Und für nachher hatte ich quasi als Belohnung einen gemeinsamen Urlaub mit der Familie geplant. Ich wußte, es würde zeitlich knapp werden. Jürgens Urlaub war nicht mehr nach hinten verschiebbar, Katharina sollte in die Schule, Franziska in die Vorschule kommen.

Ich vertrug die Bestrahlungen so gut, wie ich es mir nicht hatte träumen lassen. Kondition und Haut machten mit, vielleicht auch, weil ich mich während dieser Wochen ganz auf die Therapie einließ. Sie hatte absolute Priorität.

Es dauerte nicht lange, bis es erneut zu organisatorischen Problemen seitens der Klinik kam. Da die Reparaturarbeiten am Bestrahlungsgerät noch nicht endgültig abgeschlossen waren, sollten meine Bestrahlungen einige Male von 5- auf 4mal in der Woche reduziert werden. Ich protestierte, begründete meinen Protest und hatte Erfolg. Ich wurde täglich bestrahlt. Danach kam die nächste Hürde. Im Vorgespräch hatten wir über eine mögliche Pause von 10 Tagen gesprochen, die Modalitäten jedoch nicht weiter erörtert. Nun hatte der Oberarzt sie ohne weitere Absprache und Begründung festgelegt. Ich konnte in dem Vorhaben keinen Sinn für mich erkennen, lediglich einen ganz gravierenden Nachteil: den daraus resultierenden Verzicht auf den gemeinsamen Urlaub. Ich trug ihm meine Einwände vor und nachdem er Vor- und Nachteile geprüft hatte, entschied er sich, auf die wohl eher obligatorische Pause zu verzichten. Die Bestrahlung wurde ohne weitere Verzögerungen durchgeführt. Wir überlegten, wie auf mögliche Komplikationen im Urlaub zu reagieren sei, und legten Verhaltensregeln fest. Es gelang uns, zum gewünschten Termin mit den 25 Bestrahlungen fertig zu sein.

Reisen – jetzt anders

Am Tag nach Bestrahlungsabschluß fuhr ich mit meiner Familie in den Urlaub, frühmorgens, ohne Sonne und immer nur in ganz kleinen Etappen. Die notwendigen Maßnahmen wurden zu einer positiven Erfahrung für uns. Kein Streß, kein Zeitdruck, das Erlebnis an sich ohne Blick auf ein möglichst in kurzer Zeit zu erreichendes Ziel stand im Vordergrund. Keine nörgelnden Kinder und ich, glücklich und mit ertragbaren Schmerzen. Wir dachten um. Es klappte und ich war optimistisch, vertraute auf die Signale meines Körpers und war imstande, mich ihnen gemäß zu verhalten. So wurde der gegen alle möglichen Widerstände hart erkämpfte Urlaub zu einer sozialen Bereicherung für die Familie. Erholung und wieder wachsendes Vertrauen mir selbst gegenüber und seitens der Kinder, die mich in den letzten Wochen doch als teilweise ausgesprochen unzuverlässig erfahren hatten, waren das positive Ergebnis. Die Familie hatte mich vorläufig wieder, und ich sie und vor allem mich selbst.

Der schmerzvolle Abschied von Erwartungen an mich selbst

Nach dem Urlaub war ich mit einem völlig veränderten Alltag konfrontiert. Erst jetzt, tagtäglich präsent, wurden die Einschränkungen für mich zur Herausforderung. Da mischte sich Angst, mich auf meinen Körper nicht mehr verlassen zu können, mit der Sorge, der Umwelt gegenüber als unzuverlässig oder launisch zu gelten. Ich mußte lernen, meinen eigenen Empfindungen zu trauen und mit ihnen im Einklang zu leben. Erst dann, mich selbst akzeptierend, war der Wunsch nach Verständnis seitens der Umwelt überhaupt realisierbar. Immense Selbstzweifel kamen auf. Kann, und wenn ja, wie kann ich meine so spürbar engen physischen und psychischen Grenzen akzeptieren, wie sie vermitteln? Wie werde ich mit dem Gefühlschaos fertig, das durch die gleichzeitige Präsenz von Glück und Verzweiflung, Hoffnung und Enttäuschung in mir entsteht? Widerspricht nicht ein Leben, das die eigenen augenblicklichen Möglichkeiten und Grenzen als Maßstab anerkennt, meiner Erziehung seit frühester Kindheit, die ja gerade normatives Verhalten zur Maxime erhob? Anschließend wurden Disziplin und Leben nach Plan zu selbstgewählten und gesellschaftlich ebenso geforderten wie anerkannten Verhaltensmustern. Mich jetzt, so wie ich bin und leben kann, zu akzeptieren, hat zur Voraussetzung, mich genau von den Normen und Verhaltensweisen zu verabschieden, die bislang für mein Leben so bestimmend waren.

Konventionen hatten auch nach der Loslösung vom Elternhaus und vor den Toren der Universität nur sehr bedingt halt gemacht, wurde im

Arbeitsleben zwar mit unterschiedlicher Akzentuierung, aber als unverzichtbarer Bestandteil akzeptabler Verhaltensnormen vorausgesetzt. Sich selbst zu erproben galt zwar eine Weile als chic, sozusagen als persönliche Note und Zeichen für Eigenständigkeit, durfte aber bestimmte Grenzen nicht sprengen. Der Schritt, mich jetzt in meinen Grenzen und mit meiner Persönlichkeit so anzunehmen, wie ich bin, geht weit darüber hinaus. Er bedarf einer Souveränität, die ich noch zu erwerben habe. Und es fällt mir nicht immer ganz leicht. Ebensowenig leicht, wie mich meiner Umwelt zu vermitteln. Wieder Unsicherheit. Verfüge ich über genügend persönliche Stärke, zu voraussichtlich Machbarem „Ja" zu sagen, auch wenn ich dann Verabredetes nicht immer einhalten kann? Habe ich, wenn nötig, genügend Selbstbewußtsein, „Nein" zu sagen, wenn mir die Kraft und auch einfach die Lust fehlt, angetragene oder selbst auferlegte Aufgaben zu übernehmen? Schlicht, habe ich den Mut zur Authentizität? Wie vermittle ich den Mitmenschen meine grundsätzlich veränderte Situation, die Notwendigkeit, mich in meinen Aufgaben zu beschränken?

Ich beginne, all die Probleme als selbstgemachte zu begreifen. Was schließlich können meine Zeitgenossen dazu, wenn ich bislang fast reibungslos funktioniert habe – bis zu massiven Krisen, hervorgerufen durch permanente Überlastung. Nun liegt die Beschränkung an mir, und auch die Aufgabe, mich Menschen, mit denen ich täglich oder auch weniger zu tun habe, verständlich zu machen, auch und besonders dann, wenn sie sich in einer grundsätzlich anderen Situation befinden.

Denn ich lebe nicht als Monade und hänge von unterschiedlichsten Beziehungsgeflechten ab.

Ich erinnere mich an ein Gespräch mit einer ehemaligen Mitpatientin, Zimmergefährtin im Krankenhaus. Sie erzählte mir von ihrer schon seit Jahren krebskranken Freundin, schilderte mir, wie es ihr anfangs gar nicht, dann nur nach und nach gelang, die zum Teil geradezu gegensätzlichen oder sich ausschließenden Fähigkeiten und Möglichkeiten der Freundin zu akzeptieren. Sie konnte einfach nicht begreifen, wie jene gestern mit ihr Spaziergänge oder andere Unternehmungen hatte machen können und heute nicht mehr in der Lage war, nur auf die verabredete Tasse Kaffee vorbeizukommen. Wenn so etwas schon zwischen engen Freundinnen schwer vermittelbar ist, wie erst dann in einem größeren Personenkreis? Die Frage hat mich viele schlaflose Nächte gekostet.

Die Frage „Wie geht es Dir?"

Sie spielt in diesem Zusammenhang bis heute eine entscheidende Rolle. Oft kam sie mir rhetorisch, unüberlegt vor, manchmal wirklich ernstgemeint, nur eben ungeschickt formuliert. Heute habe ich damit weniger Schwierigkeiten, kann sie oft nur nicht beantworten. Besser: Ich kann sie von jetzt auf gleich, von heute auf morgen völlig unterschiedlich beantworten, und doch ist jede Antwort eine wahrheitsgemäße Auskunft über meine aktuelle Befindlichkeit. Ich habe mich damit eingerichtet, doch muß ich zugeben, daß die Reaktionen der Fragenden mich nicht selten verunsichern. Die Resonanz auf die Antwort „Mir geht es gut" reicht von Freude über Relativierungen nach dem Muster „unter den gegebenen Umständen" bis zu skeptischen Nachfragen. Nur wenige Freunde nehmen mir unbesehen ab, daß ich trotz aller Beschwernisse glücklich bin und daß es mir tatsächlich gutgehen kann.

Geht es mir schlecht, erstrecken sich die Reaktionen auf eine ebenso breite wie unvorhersehbare Palette wie bei einer positiven Antwort.

Oft und überwiegend erfahre ich dann Unterstützung oder zumindest das Angebot dazu. Dafür bin ich dankbar und auch dafür, daß die meisten Freunde, Bekannten und Nachbarn genügend Sensibilität besitzen, nicht weiter nachzufragen, falls sie spüren, daß ich es nicht wünsche.

Aber es gibt auch Situationen, in denen ich mit Verlegenheit meines Gegenübers konfrontiert bin, damit, daß mich Nachbarn oder bislang gute Bekannte meiden, und das tut weh. Den Hinweis einer Freundin, ihnen ihr Unvermögen nachzusehen, kann ich zwar beherzigen, emotional jedoch nur schwer verarbeiten. Das wird mir immer dann bewußt, wenn mich Nachbarn plötzlich wieder ansprechen, Bekannte sich nach langer Zeit wieder melden und erklären, sie seien vorher einfach außerstande gewesen, mit mir zu reden. Ich glaube, was die Offenheit außerhalb der Familie angeht, bin ich eher vorsichtig geworden, taktierender, bleibe bei Nachfragen zwecks Schonung meiner und anderer Gefühle eher bei Sachinformationen. Eine Gesellschaft, die Leistungs- und Funktionsfähigkeit zum Fetisch erhebt, kann offenbar mit Krankheit nur schwer umgehen. Doch glücklicherweise gehört diese Erfahrung zu einer der seltenen, aber um so schmerzhafteren.

Krankheitsbewältigung als Alltagsbewältigung der ganzen Familie

Am schwierigsten in diesem Sommer fiel mir unter den Bedingungen des Alltags die Auseinandersetzung mit mir in bezug auf Jürgen und die Kinder. Gespräche mit Jürgen, so hatte ich damals den Eindruck, kamen ins Stocken. Andere Sorgen schienen ihn wieder ganz eingeholt zu haben. Meinen quälenden Gedanken, ob denn all die Therapien wohl geholfen haben und wie wir unser Leben so gestalten könnten, um die noch verbleibende Zeit als glückliche zu verbringen, begegnete er mit Optimismus und Verweisen auf meine – statistisch gesehen – doch recht guten Chancen. Ich fühlte mich plötzlich unendlich allein, war an einem Punkt angekommen, an dem ich mir nicht nur die Frage nach meiner zukünfigen Lebensqualität und den noch verbleibenden Aussichten stellte, sondern nach dem Sinn meines Lebens überhaupt. Die mußte ich unter Beachtung meines eigenen Lebensentwurfs selbst beantworten, da konnte mir auch keine Literatur mehr weiterhelfen. Was wollte ich noch erreichen, was war mir wichtig, was unwichtig geworden. Da war zum Beispiel die Erwerbstätigkeit. Sie hatte für mich jedenfalls zeitweise einen hohen Stellenwert eingenommen. Das, soviel war klar, wollte ich nicht mehr. Die Zwänge, Berufstätigkeit, Kindererziehung und Haushalt miteinander zu verbinden, waren mir vor Ausbruch meiner Krankheit schon zu gravierend erschienen. Der Preis dafür, alles zu wollen, zu hoch. Und die Kinder? Sie hatten es zwar immer so gekannt, ich hatte mit Haushaltshilfe, Au-pair- oder Kindermädchen immer versucht, die Belastung so niedrig wie möglich zu halten. Doch sie wollten berechtigt mehr von mir haben. Statt des Mehrs jetzt die krankheitsbedingten Trennungen und Einschränkungen. Im Sommer hatte Katharina keine Vorschule, Franziska keinen Kindergarten und Hort mehr, nur noch Larissa war stundenweise weg. Ich war gerne mit ihnen zusammen, es machte mir Spaß, so gut für sie zu sorgen, wie ich konnte. Selbst die sonst als so außerordentlich lästig empfundene Hausarbeit machte mir insofern Freude, als ich stolz war, sie überhaupt wieder leisten zu können. Nur stieß ich immer wieder an meine Grenzen, konnte nicht mit den Kindern toben, radfahren, schwimmen. Es kostete so viel Kraft. Ein ganzer Tag mit ihnen gemeinsam erschöpfte mich völlig. Wenn ich mich zwischendurch etwas hinlegen und ausruhen wollte, schlief ich sofort tief ein. Sie waren rücksichtsvoll, aber immer wieder verängstigt, trauten sich kaum noch, mich zu berühren – und wollten es doch so gerne. Heute, da die kleine Larissa sprechen kann, weiß ich, was ich mir damals nicht erklären konnte, mich aber außerordentlich traurig stimmte; sie mied mich teilweise ganz. Jetzt, wenn sie sich beispielsweise mit ihren kleinen, spitzen Ellenbogen auf meine Narben stützt, fragt sie, mich beobachtend: „Tue ich Dir weh?“ Sie hatte wohl trotz aller Vorsicht und Verheimlichungsversuche meinerseits in solchen Situationen genau gespürt, wenn ich zusammengezuckt oder ausgewichen war und das als Zurückweisung interpretiert. Mit den beiden Größeren konnte ich da schon besser diskutieren, aber im Spiel sind Kinder spontan, vergeßlich, und so traten völlig unbeabsichtigt immer wieder Situationen gegenseitiger Verletzungen auf. Statt Genuß über das Beisammensein entstanden auf beiden Seiten Streß, Frust und vor allem die Angst meinerseits, ihnen nicht genug Aufmerksamkeit zukommen zu lassen, sie nicht ausreichend versorgen zu können. In diese Zeit fiel ein schrecklicher Alptraum: Ich sah vier kleine Kinder – ganz unverkennbar das Nachbarkind und meine eigenen. Vernachlässigt, ungepflegt lagen sie apathisch in ihren Bettchen, mit „Biafrabauch", braunen, wunden Flecken am ganzen Körper und extrem dünnen Beinen und Ärmchen. Ich berührte eines der Kinder, das Beinchen brach im Knie ab. Es war meine Schuld, an wen konnte ich mich wenden, damit sie von den durch mein Unvermögen erlittenen Qualen befreit, geheilt und wieder zu glücklichen Kindern würden? Ich wachte auf, dachte noch tagelang über den entsetzlichen Traum nach. Meine Schuldkomplexe wuchsen. Ich mußte eine Lösung finden. Wir hatten uns doch so sehr darauf gefreut, den ganzen Sommer bis zur Einschulung für uns zu haben. Sie wollten keine Fremdaufsicht mehr akzeptieren. Ich konnte sie verstehen, es allein jedoch nicht schaffen. Die Zeiten, in denen Jürgen zu Hause war, reichten zur Entlastung nicht aus. So schlossen wir den Kompromiß, daß einige Male in der Woche jemand für ein paar Stunden zu meiner Unterstützung für sie da sein sollte. Es war unerläßlich und erwies sich jedenfalls für fast ein Jahr zwar als äußerst schwierige, dennoch einzig praktikable Lösung.

Ende August stand die Einschulung an: die Vorschule für Franziska, für Katharina die Schule. Ein neuer, wichtiger Lebensabschnitt würde für sie beginnen. Auf diesem Weg wollte ich sie so lange und intensiv wie möglich begleiten. Und wieder die Ängste: Würde ich es schaffen, würde ich auch Larissas Einschulung noch erleben? Gedanken an den Tod, begleitet von tiefer Trauer, stellten sich zu jener Zeit massiv ein. Ein neuer Lebensabschnitt für meine Kinder war für mich Anlaß zu intensiven Auseinandersetzungen, Verarbeitung meiner eigenen Verlustängste.

Bis zum September hatte ich wieder Boden unter den Füßen, der Alltag wurde für mich wieder freudvoll, Gespräche mit Jürgen und Freunden erneut möglich. Für die Kinder war ich da, wenn sie mich brauchten, die kurzen Stunden ihrer Abwesenheit benutzte ich bewußt für mich. Ich freute mich über jeden Tag, jeden noch so kleinen körperlichen Fortschritt. Und ich war bald soweit, wieder zur Gymnastik gehen zu können, was mir viel Spaß und Zufriedenheit, ein neues Körpergefühl und Vertrauen einbrachte.

Doch die Freude sollte mir nicht lange beschieden bleiben, zumindest nicht ungetrübt. Schlechter werdende Tumormarkerwerte und ein Knochenszintigramm Ende September, aufgrund dessen zum ersten Mal der Verdacht auf Knochenmetastasierung vorsichtig geäußert, aber gleichzeitig als zu wenig begründet verworfen wurde, beunruhigten mich, warfen mich aber nicht aus der Bahn. Ich traute zunächst einmal meinem Körper und der signalisierte – noch – nichts Böses. Die ersten Schulferien der Kinder im Herbst genossen wir in vollen Zügen. Jürgen hatte sich Urlaub genommen, um gemeinsam mit uns zu verreisen.

Ein Alptraum wird zur Wirklichkeit: über den Beginn der Metastasierung

Unmittelbar danach wurde ich mit voller Wucht dem Alltag entrissen, in dem ich mich gerade erst richtig einzurichten gelernt hatte.

Schon seit dem Tag der Diagnose „Brustkrebs“ hatte ein Pap-Befund an der Gebärmutter bestanden. Der war fürs erste zu vernachlässigen, wir mußten Prioritäten setzen. Doch jetzt war es ein Pap 4 und kein Aufschub mehr zu vertreten. Ich mußte ins Krankenhaus, diesmal zur Konisation. Bis dahin hatte ich noch ein paar Tage Zeit. Wieder erfolgten Gespräche mit den Kindern, wieder ihre Skepsis, warum erst die Brust und jetzt die Gebärmutter, ein Wort, unter dem sie sich noch nichts vorstellen können. Ich erklärte, und soviel verstanden sie: Jetzt mußte ich im Bauchbereich operiert werden. Bohrende Fragen: „Wird es wieder so schlimm?“ Die Antwort fand auch kaum Gehör. Die Kinder verlassen sich eher auf ihre einschlägigen Erfahrungen als auf alle Erklärungsversuche.

Ich wandte mich an Schule und Kindertagesstätte, sprach mit Lehrern und Erziehern und erfuhr, für mich einigermaßen überraschend, daß Katharina und Franziska in der Schule bereits alles offen und selbstverständlich erzählt hatten, nicht nur das, was jetzt kommen sollte, sondern meine gesamte Krankheitsgeschichte, soweit für sie nachvollziehbar. Und wieviel sie verstanden hatten, war beeindruckend. Verständlich und frei, so berichteten Lehrer und später auch die Eltern ihrer Freunde, hatten sie sich ihren Kummer von der Seele geredet.

Die zahlreichen Gespräche mit ihnen hatten offensichtlich ihre Wirkung nicht verfehlt. Die Kinder können mit mir, meiner Krankheit und sich selbst umgehen, sind in der Lage, gedanklich zu verarbeiten und die Ergebnisse zu formulieren.

Mitte November dann die Konisation, banges Warten auf den Befund, was, wenn hier nun auch wieder mehr vorlag, als erwartet? Dem war zu unserer aller Erleichterung nicht so. Ein paar Tage nach dem Eingriff geschah dann etwas, was bis jetzt noch nicht geschehen war, sich von da an jedoch in steigerndem Maße wiederholen sollte: Schon beim Liegen quälten mich immer stärker werdende Schmerzen, die sich von der linken Hüfte bis zum Knie erstreckten und von der Wirbelsäule auszugehen schienen. Ich konnte kaum noch liegen, mich nicht mehr drehen, und beim Aufstehen ging dann gar nichts mehr. Ich konnte keinen Schritt mehr laufen. Eine Orthopädin diagnostizierte einen Lumbago, verordnete Medikamente, die ich absolut nicht vertrug, und vollkommene Bettruhe. Nach ein paar Tagen war der Spuk erst einmal vorbei, denn als solcher wurde der Vorfall offenbar begriffen. Mein Verweis auf den indifferenten Befund des letzten Knochenszintigramms fand kein Gehör. Ich muß es schärfer formulieren: Mir wurde unmißverständlich klargemacht, daß ich die Lesart „Frühzeitiger Knochenverschleiß" und nicht die „Mögliche beginnende Knochenmetastasierung" zu akzeptieren habe. Im Arztbericht stand dann sinngemäß etwas von psychosomatischen Irritationen, was die behandelnde externe Gynäkologin ebenso kopfschüttelnd zur Kenntnis nahm wie ich. Man hatte sich wohl darauf geeinigt, es mit einer Querulantin mit leicht hysterischen Neigungen zu tun zu haben.

Nach Verlassen der Klinik schonte ich mich und war trotzdem zwei Tage später wieder da. Die Wunde war aufgegangen. Eine Tamponade nützte nichts, ich mußte, unter Narkose, nochmals genäht werden, empfand mich als ausgesprochenen Pechvogel.

Wieder zu Hause war ich gänzlich erschöpft, physisch und psychisch, doch zuversichtlich genug, um auf eine baldige Besserung zu hoffen. Und eben diese Zuversicht wich nach und nach dem Gefühl hoffnungslosen Ausgeliefertseins an eine heimtückische Krankheit mit unvoraussehbaren Begleiterscheinungen und Folgen. Statt einer Besserung setzte ein sukzessiver körperlicher Verfall ein. Zuerst abzulesen an einer immer deutlicher und häufiger auftretenden schmerzbedingten Bewegungseinschränkung und Gehbehinderung. Nach längerer Selbstbeobachtung konnte ich die Schmerzsituationen bestimmen und zu Vermeidungsstrategien übergehen. Was mied ich und was tat ich? Gehen im normalen Tempo – vorausgesetzt, Gehen war überhaupt möglich, etwas festeres Auftreten links, etwa bei Drehungen, einen plötzlichen Schritt rück- oder vorwärts galt es zu vermeiden. Ein- und Aussteigen in oder aus dem Auto, dafür erprobte ich eine besondere Technik. Sofortiges Aufstehen nach längerem Liegen oder Sitzen verbot ich mir, stattdessen: gut vorbereitetes Aufstehen.

Mit etwas Übung half ich mir tageweise so über die Runden. Dann folgten wieder mehrere Tage ausschließlich – jedenfalls fast ausschließlich – im Bett. Mit der Zeit wurde auch das Liegen immer schmerzhafter, ebenso das Sitzen. Ich wußte in einer Stunde nicht, welche Möglichkeiten mir noch für die nächste zur Verfügung stehen würden. In Tagen zu denken, war ausgeschlossen. Dennoch, es gab auch solche, an denen ich nahezu schmerzfrei war, jedenfalls unter Einhaltung meiner erprobten Regeln. Vielleicht war ich auf dem Wege der Besserung? Doch der nächste Tiefschlag ließ angesichts solchen Übermuts nicht lange auf sich warten. Die stetige Unsicherheit zermürbte mich. Ich wurde immer unduldsamer mit mir und anderen, völlig okkupiert durch Schmerz und Verzweiflung. Sollte so mein weiteres Leben aussehen?

Die Folgen der Schmerzen blieben nicht auf mich beschränkt, die ganze Familie liett unter meiner Unberechenbarkeit und Gereiztheit. Weihnachten, ein paar Tage später Larissas Geburtstag, Feste, auf die wir uns gefreut hatten und die jetzt ganz im Schatten meiner Krankheit standen. Der – ich kann es nicht anders nennen – im Wortsinn erbärmliche Zustand meines Körpers wurde im Januar endgültig unerträglich. Ich glaubte nicht mehr an Verschleißerscheinungen und frühzeitige Abnutzungen, meine Gynäkologin auch nicht. Sie überwies mich sofort an einen Radiologen. Anhand eines Knochenszintigramms bestätigte er unseren furchtbaren Verdacht: Ich hatte Knochenmetastasen.

Sprachlosigkeit – das dominierende Gefühl, nachdem ich erfuhr, daß ich Metastasen hatte. Kein Tag im Verlauf meiner Krankheit war für mich entsetzlicher als dieser. Nun sah ich für mich keine Chance mehr, wieder gesund zu werden. Meine Hoffnung zerbrach wie ein Kartenhaus. Die Möglichkeit, die Diagnose nicht anzuerkennen, bestand für mich nicht.

Zuvor hatte ich einen Traum: Jemand zeigte mir Röntgenbilder meiner Lunge. Ich sah und erkannte Lungenmetastasen. Jemand offensichtlich Sachkundiger bestätigte, was ich sah, meine eigenen Metastasen. Ich nahm die Mitteilung als Todesurteil an und schrie, schrie mich wach. Ich begann langsam zu begreifen, daß der Traum mit meinen nunmehr ununterbrochen vorhandenen, in solch einer Intensität bis dahin für mich unbekannten Schmerzen zusammenhing. Dagegen die Realität: Ich schrie nicht, begriff und doch wieder nicht richtig, war vor allem emotions- und wortlos.

Ich wollte ins Waldkrankenhaus, bei allem Bettenmangel schon am nächsten Tag. Meine Gynäkologin kämpfte für mich.

Die letzte Nacht vor dem Krankenhausaufenthalt, bei dem es für mich um die so entscheidende Frage der weiteren Therapie ging. Kopf und Gefühl wurden langsam wieder lebendig. Ich, noch unsicher, beabsichtigte, einem Onkologen eine hohe Mitverantwortung für mein Leben anzuvertrauen, den ich bislang als Person nicht kannte. Und gerade für mich ist persönliches Ver- und Zutrauen immens wichtig, schon in viel weniger brisanten Lebenssituationen. Jürgen ermutigte mich, erklärte mir, wieviel gerade jetzt auf mich ankäme, nicht delegierbar sei. Trotzdem – Zweifel und Hoffnung hielten sich die Waage.

Da war noch etwas, worüber ich mit Jürgen sprechen wollte, obwohl ich wußte, wie schwer auch für ihn dieser Abend war.

Meine Angst vor Metastasen, das Wissen um ihre Gefährlichkeit sitzt tief. Die Wurzeln liegen in meiner Jugend. Im Alter von 17 Jahren habe ich meine Mutter sterben sehen. Sie hatte Krebs, ihre Metastasen hatte ich zuvor auf Röntgenbildern gesehen. Die Diagnose „Krebs" und „Metastasen" fiel bei ihr zusammen.

Schon seit Beginn meiner eigenen Krankheit beschäftigte mich die Frage, wie ich meinen Kindern den Umgang mit meinem durch Krankheit und Leid veränderten Ich erleichtern kann. Sind doch die meiner Mutter wegen durchweinten Nächte meiner Jugend heute noch präsent. Und ich weiß, ich kann meinen Kindern nur helfen, ihnen ihre Not abnehmen, kann ich nicht.

Eine Szene dieses Abends soll für sich sprechen: Die kleine Larissa hatte das mit dem Wieder-ins-Krankenhaus-Gehen nicht so richtig verstanden, während sich Franziska und Katharina noch gut an die Brustamputation im Frühjahr, die täglichen ambulanten Bestrahlungen im Sommer und die Konisation im November erinnerten. Auf die Mitteilung eines notwendigen erneuten Krankenhausaufenthaltes zielte Franziskas Frage partikulär: „Wirst Du dann wieder laufen können?“ Katharina dagegen sah einen Zusammenhang: „Komisch, angefangen hat das alles, als Du die Brüste weggenommen bekommen hast – hm.“

Ich hatte an diesem Abend nur noch die Kraft für tröstende Worte, für Erklärungen und ein längeres Gespräch fehlte sie mir. Dennoch: Wie konnte ich sie in meinen Prozeß des Leben-Wollens einbeziehen? Wie über Schmerz, Trauer und auch Tod mit ihnen reden, ohne sie zu verängstigen. Sie sollen an meinem Leben teilhaben, damit sie ihres entwickeln können.

Dieser Abend war vornehmlich durch Fragen geprägt. Fragen, die ich zum Glück an Jürgen richten konnte, die ihn genauso betrafen wie mich, und im Idealfall konnten wir in kleinen Schritten zu gemeinsamen oder partiell gemeinsamen Antworten finden. In der Nacht fand ich Ruhe in seinem Arm, wir teilten unsere Not.

Am Morgen des 24. Januar brachte er mich ins Krankenhaus. Ich war dankbar, denn ich hatte das Gefühl, ohne seine Anwesenheit im Augenblick lebensunfähig zu sein, war körperlich und geistig völlig verkrampft, reaktionsunfähig. Das Betreten der onkologischen Abteilung in Erwartung einer demnächst beginnenden Chemotherapie – bedrohlicher hätten meine Assoziationen nicht ausfallen können, trotz der Hoffnung auf Verbesserung meines Allgemeinbefindens. So wirkte dann auch die Frage der Stationsschwester, ob ich schon in der zentralen Aufnahme gewesen sei, wie aus einer anderen Welt gestellt. Ich hätte mir schlichtweg nicht vorstellen können, den Weg zurückgelegt zu haben – solch eine Strecke hatte ich schließlich seit Monaten nicht bewältigt –, noch mich in der mentalen Verfassung zu befinden, meine eigene formale Aufnahme in die Klinik zu bewerkstelligen. Eines habe ich mit Bestimmtheit aus dieser Situation gelernt: Ein Mensch, der vor Schmerz und Angst gebeugt ist, ist nicht mehr er selbst. Er bedarf aller erdenklichen Einfühlsamkeit und Nachsicht, seine Würde nicht zu verlieren. Rettend für mich war die liebevolle Art, in der mir mein „Vergehen“ nahegebracht, und die Atmosphäre, in der ich aufgenommen wurde. Ich bekam ein hübsches, geräumiges Zimmer und das Gefühl, Willkommen zu sein, nicht zuletzt durch ein liebevoll angerichtetes Frühstück.

Für den Tag, es war Freitag, waren alle erdenklichen Routineuntersuchungen angeordnet, und sie wurden dank des Beharrungsvermögens der Station auch durchgeführt.

Ich fieberte den medizinisch-technischen Befunden, die ja die Basis für das mögliche weitere Vorgehen bildeten, buchstäblich entgegen, ebenso dem Kennenlernen der Ärzte, deren Entscheidungen trotz des vielzitierten Abgesangs vom Mythos des „Herrgotts in Weiß“ unter Umständen von entscheidender Lebenswichtigkeit blieben – und seien es auch die Entscheidungen von „Herrgöttinnen“.

Ich war weder mit dem einen noch mit der anderen konfrontiert, sondern mit sachkundigen Gesprächspartnern. Wir kannten uns nicht, tasteten uns aneinander heran – schwere Schritte in solch einer Situation.

Die einweisende Ärztin hatte aufgrund der ihr vorliegenden Befunde Chemotherapie und Schmerzbestrahlung vorgeschlagen. Sie ist engagiert, und ich bin sicher, ohne ihre Tatkraft hätte ich das Ausmaß meiner Krankheit und die Notwendigkeit sofortigen Handelns nicht erkannt. Damals ahnte ich, und im nachhinein weiß ich, wieviel ich dem Berufsethos dieser Frau zu verdanken habe.

Zurück zur stationären Situation: Ich war nun bei den Onkologen und erfuhr, daß eine kurative Behandlung aussichtslos sei. Daher empfahl der mich beratende Arzt eine palliative Methode – er empfahl, begründete, blieb in seiner Argumentation für mich nachvollziehbar und für Fragen offen. Ich konnte mich ihm anschließen.

Jürgen war dabei. Wir sprachen im nachhinein alles noch einmal durch. Ich stellte fest, daß trotz aller Irritationen die Wahrnehmung jedes einzelnen unterschiedlich gelagert ist, so daß immerhin die Chance besteht, aus dem Facettenreichtum einer so schwerwiegenden Mitteilung ein nachvollziehbares Ganzes herzustellen. In dem Punkt jedoch waren wir mehr als uns lieb war, zunächst auf uns allein gestellt. In solch elementaren Entscheidungssituationen wünsche ich mir und anderen Patientinnen und Patienten für die Zukunft mehr Nachfragen nach Vorwissen, vorangegangenen Empfehlungen und Informationen über die aktuelle Entscheidungsbasis. Letztere blieb nicht aus, hätte mir jedoch unter Berücksichtigung der beiden erstgenannten Wünsche sehr viel Unsicherheit erspart.

Was war geschehen? Hier half ich mir mit wissenschaftstheoretischen Überlegungen weiter. Jede Wissenschaft und die aus ihr hervorgehende Praxis kennzeichnet sich durch unterschiedliche Paradigmen aus. Setze ich den gewissenhaften Wissenschaftler und Praktiker voraus, können somit behandelnde Ärzte unter Berücksichtigung gleicher Informationen durch Anwendung unterschiedlicher Paradigmen zu kontroversen Entscheidungen hinsichtlich der Behandlungsmethoden gelangen.

Vertraute Beziehungen eingehen – eine emotionale und kognitive Herausforderung für Arzt, Pflegepersonal und Patient

Die Entscheidung der Onkologen hatte ihre Basis in meiner Krankengeschichte, soweit in der Klinik rückverfolgbar. Damals, im Mai 1991, wurde eine Zellkultur meines Mammakarzinoms angelegt. Das Ergebnis: 90% der malignen Tumorzellen brauchen zu ihrem eigenen Wachstum zwei unterschiedliche weibliche Geschlechtshormone. Der Entzug der hormonellen Nährsubstanz mit den Mitteln einer Hormontherapie barg die Chance, das Wachstum dieser Zellen zu verlangsamen oder für einen bestimmten Zeitraum ganz zu stoppen. Solange diese Therapie Erfolg hat, kann auf eine Behandlung mit Zytostatika, eine Chemotherapie, verzichtet werden. Der Vorteil einer Hormontherapie zu diesem Zeitpunkt lag für mich darin, daß mit einem schonenderen Verfahren als der stärker nebenwirkungsbehafteten Chemotherapie eine Lebensverlängerung bei höchstmöglicher Lebensqualität erzielt werden kann.

Auf meine bange Frage nach dem Risiko erhielt ich eine ausführliche, für mich gut nachvollziehbare Antwort: Es wird darauf ankommen, wie schnell die von den Hormonen nicht betroffenen kranken Zellen wachsen und ob die hormonabhängigen Tumorzellen überhaupt auf die Therapie ansprechen. Das aber wird sich erst in einigen Monaten zeigen.

Ich traute mir nicht so recht. Würde ich Kraft und Geduld genug aufbringen, während der nächsten Wochen nicht wie das Kaninchen auf die Schlange zu starren, Fähigkeit und Mut besitzen, mich in ausreichendem Maße mit meiner Situation auseinanderzusetzen? Und ich merkte, während ich mir diese Fragen stellte, daß sie keineswegs lediglich für die nächsten Wochen und Monate relevant sind, sondern grundlegend für den Umgang mit mir und meiner Krankheit insgesamt.

Angesichts der ersten, dennoch entscheidenden Gespräche für die nun folgende Therapie erscheinen mir zwei situativ bedingte, höchst individuelle und dennoch vermutlich bei jedem Patienten sich wiederholende Kommunikationsmuster von grundlegender Bedeutung. Arzt (Ärztin) und Patient(in) kennen sich nicht. Sie nehmen bewußt oder unbewußt gleichzeitig eine Einschätzung der anderen Person, eine Definition der Gesamt- und Gesprächssituation vor. In einer Situation, in der die Aufmerksamkeit sich gänzlich auf den Gesprächsgegenstand zu konzentrieren hat, sind sie gezwungen, sich auch noch einander zu nähern.

Das aber bedeutet, die kommunikativen Signale des jeweils anderen wahrzunehmen und zu verstehen. Letzteres gelingt nach meiner Erfahrung im ersten Anlauf nur ansatzweise.

Die so oft in solchen und ähnlichen Situationen gestellte Frage nach Studium und Beruf trägt meines Erachtens wenig zur Information über den Gesprächspartner bei. Sie erlaubt gegebenenfalls bestimmte

Rückschlüsse, stellt aber, so wie ich mit ihr des öfteren gerade bei Fragen konfrontiert wurde, eher ein hilfloses Ausweichmanöver dar. Nähergekommen bin ich dem Fragenden auch nach ihrer Beantwortung nicht. Ob er sich danach besser auf mich einstellen konnte, wage ich zu bezweifeln.

Zwei kommunikative Anforderungsmuster beanspruchen also gleichzeitig ihr Recht: Sachinformation, Wahrnehmung und Einschätzung der anderen Person. Von ihrer Glaubwürdigkeit, vom ersten Eindruck ihrer Integrität hängt immens viel ab.

Zu Entwicklung und Korrekturen einer vertrauensvollen Arzt-Patient-Beziehung ist viel mehr Zeit notwendig. Doch inzwischen sind grundsätzliche Entscheidungen meist schon getroffen.

Ich glaube, für alle Beteiligten besteht die Gefahr, sich bedingungslos ausgeliefert zu fühlen. Ich setze in solchen Situationen auf meine Menschenkenntnis und Intuition. Ich akzeptiere sie mangels anderen Instrumentariums als Parameter für mögliches Vertrauen, das bis zum beschriebenen Zeitpunkt keine Chance hatte, sich zu beweisen.

Bei Beginn der Hormontherapie und anderer Therapieformen war ich trotz des Gefühls, rational den Entscheidungen folgen zu können, immer noch unsicher. Vielleicht liegt hier eine systemimmanente Diskrepanz: Für die Behandler bin ich eine von vielen, für mich geht es um das einzige Leben, das ich habe. Sie geben im Idealfall ihr Möglichstes. Ich nehme, so weit glaube ich mich zu kennen, jedes Angebot dankbar an, nicht in Konsumhaltung, sondern prüfend.

Wir lernten uns immer besser oder überhaupt erst einmal kennen. Das Fremdheitssyndrom schwand mit der Zeit. Ich hatte das gute Gefühl, hier wird nicht ein Fall behandelt, sondern ein Mensch in seiner Krankheit begleitet.

Die Atmosphäre auf der Station zeichnete sich durch Menschlichkeit, Aufmerksamkeit und Zuwendung aus, Begriffe, die so abstrakt und wenig aussagefähig stehen bleiben. Konkret bedeutet das: Mir wurde warmer Kaffee oder am Abend Tee angeboten, beides konnte ich mir bei meiner damaligen körperlichen Beschaffenheit nicht selbst besorgen. Mein Essen wurde liebevoll plaziert und serviert, die Krankengymnastin kümmerte sich zweimal täglich um mich. Ich hatte die Chance, alle Beobachtungen aufzuschreiben und physische Defizite mit ihr zu besprechen, Situationen zu üben, mich wieder aufzubauen. Sie bewies Einfühlungsvermögen und Geduld. Ich machte täglich Fortschritte.

Wenn alle Mühe vergeblich scheint: Qualen und Enttäuschungen einer Schmerzbehandlung

Unter der Einnahme eines Morphinsulfats, einem Medikament also, das dem BTM-Gesetz unterliegt und wenigstens teilweise schmerzlindernd wirkte, ersehnte ich den Tag herbei, an dem die Schmerzbestrahlungen beginnen sollten. Ich wollte sie ambulant durchführen, vorab nicht ahnend, welche erneuten Schwierigkeiten und Belastungen damit auf mich zukamen. Die Wartezeit – mangelnder Kapazitäten wegen – war zermürbend. Für jemanden, der auf Befreiung von Schmerzen durch eine bestimmte Therapie hofft, scheinen 10 Tage ein schier unüberwindbarer Zeitraum.

Endlich Bestrahlungsbeginn: Zum Vorgespräch war ich noch mit einem Krankentransport von einer Klinik in die andere, in der die Bestrahlungen stattfinden sollten, befördert worden. Nun mußte ich es allein von zu Hause dorthin schaffen, hatte zwar in der Zwischenzeit gelernt, mich meiner Gehhilfen zu bedienen, doch war ich unter den Schmerzen außerstande, die Wege zur Klinik hin, innerhalb des Klinikgebäudes und wieder zurück zu bewerkstelligen. Die Bestrahlung selbst machte mir kein Kopfzerbrechen, hatte ich doch den letzten Bestrahlungsblock physisch recht gut überstanden.

Am ersten Tag brachte mich Jürgen an den ersehnten Ort. Zurück fuhr ich von der Ausgangstür des Gebäudes aus mit einem Taxi. Das war immerhin eine Möglichkeit. Nun, die folgenden Termine wissend, bat ich auch Freunde, mich zu begleiten. Sie richteten es ein. Wieder erlebte ich, welche Bedeutung ihre Zuverlässigkeit für mich gerade in schwierigen Zeiten hatte. Doch erschöpfte sich ihr Anteil an der Gestaltung meiner Lebenssituation nicht in Hilfeleistungen. Ebenso wichtig wie diese waren die Freude über gemeinsam Geschafftes und die Stunden und Tage voller Optimismus im Hinblick auf eine bald zu erwartende Besserung. Und gerade die blieb aus.

Mit Beendigung der dreiwöchigen Bestrahlung war auch ich am Ende, an dem meiner physischen und psychischen Belastbarkeit. Äußerst deprimiert, wollte ich die Hoffnung dennoch nicht gänzlich verlieren, wußte es bloß angesichts der bisherigen Erfolglosigkeit der Schmerztherapie nicht zu bewerkstelligen. Zwei Ziele hatten wir, das sind die behandelnden Ärzte und ich, uns gesteckt, zwei Ziele, von denen für mich so unendlich viel abhing: Schmerzfreiheit und Gehfähigkeit. Und das Resultat nach Bestrahlungsende: Ich konnte kaum ein paar Schritte außerhalb des Hauses laufen, mich innerhalb von Räumlichkeiten nur sehr behutsam bewegen – jede kleine Schwelle wurde zum großen Hindernis. Ich konnte meine Wohnung nicht mehr nutzen, die Treppen zu meinem Arbeitszimmer weder hinauf- noch hinabsteigen, die übrigen Treppen des Hauses hangelte ich mich am Treppengeländer hoch, nur manchmal gelang das überhaupt noch aufrechten Ganges. Ich war zu einem völlig unselbständigen Wesen geworden, konnte mich nur noch behelfsmäßig, meine Kinder gar nicht mehr versorgen. Selbst um in den Garten zu gelangen, was bei uns lediglich das Überschreiten einer offenen Terrasse bedarf, brauchte ich meine Gehhilfen – und oft reichten auch die nicht, denn ich war außerstande, mich dort aufzuhalten, zu gehen oder zu stehen.

Als Beispiel für die Mühen jener Zeit mag das Autofahren stehen. Das nämlich brachte Schwierigkeiten mit sich, die ich mir unter Mobilisierung all meiner Phantasie vorher nicht hätte ausmalen können. Ich gehe in meiner Beschreibung von Tagen aus, an denen ich mich in der überaus glücklichen Lage befand, mich soweit bewegen – selbständiges Anziehen usw. inbegriffen – zu können, um überhaupt die Kühnheit zu besitzen, mich eigenständig von zu Hause zu entfernen. Ich spreche also von guten Tagen.

Bevor ich überhaupt losfahren konnte, mußte ich ein paar Meter durch unseren Garten, ein paar Treppen hinunter, die ich sonst mit Kinderwagen und Kleinkindern locker geschafft hatte, um dann über eine ruhige, jedoch kopfsteingepflasterte kleine Straße zu meinem Auto unmittelbar – und das ist wichtig – vor unserem Haus zu gelangen. Kopfsteinpflaster und Gehhilfen – so schwer hatte ich mir das nicht vorgestellt. Doch wenn ich es geschafft hatte, begann die Tortur des Einsteigens. Bloß jetzt keine falsche oder ruckartige Bewegung, die bezahlte ich mit großen Schmerzen. Das Fahren selbst bot nur minimale, aber zu bewältigende Probleme, aber um so tückischer waren die verkehrsbedingten Gegebenheiten des Ziels. Ich war auf einen Parkplatz ganz in der Nähe angewiesen, was in dieser Stadt bekanntlich – von ganz wenigen Ausnahmen abgesehen – einem Kunststück gleichkommt. Auch aus diesem Grund war während der Bestrahlungszeit meine Fähigkeit, die Situation mit dem Auto eigenständig zu bewältigen, dahin.

War dorthin oder von dort nach Hause die Fahrt mit einem Taxi noch eine Alternative, so galt das für andere Ziele schon nicht mehr oder nur noch äußerst eingeschränkt. Von den öffentlichen Verkehrsmitteln ganz zu schweigen, sie waren für mich zu jener Zeit schlicht unbenutzbar.

Situationsdefinitionen aus Kinder- und Erwachsenenaugen – Oder: Die Relativität der Annahme, daß gemeinsam alles besser geht

Bis jetzt habe ich nur davon geschrieben, allein bestimmte Wege zu bewältigen. Eine Steigerung weit darüber hinaus bot die Beförderung der Kinder. Für die beiden Älteren galt Rücksichtnahme als oberstes Gebot, was vor allem Angst, Übervorsicht und Mißverständnisse zur Folge hatte – und das alles beiderseits. Die Kinder hatten Angst, nicht beschützt werden zu können, und waren damit im Recht. Also wurde jeder Weg, jede Fahrt zu einer Unternehmung, bei der jede angestrengt auf die andere achtete – eine Herausforderung, die die Grenzen des Leistbaren jeweils schnell erreichte. Dazu die Mißverständnisse: Die Kinder wollten helfen, nur schätzten sie die Situation grundsätzlich anders ein. Beispiel: ein vorsichtiger, langsamer Gang über die Straße. Um mir dabei zu helfen, meinen Gang zu beschleunigen, zog eines der Kinder plötzlich an der Gehhilfe. Ein Aufschrei meinerseits, die Gehhilfe lag auf der Fahrbahn, und ich hatte Mühe, das gleiche für mich zu verhindern. Weinen und Enttäuschung bei den Kindern. Diese Szene steht für viele ähnlicher Art, und immer galt es in so einer Situation, den Kindern das Gefühl zu nehmen, lästig zu sein, alles falsch zu machen.

Eine nahezu undurchführbare Aufgabe bot die Beförderung von Larissa und ihrer Freundin. Mit der Nachbarin war ausgemacht, wöchentlich wechselnd die Kinder (2 und 3 Jahre alt) aus der Kindertagesstätte zu holen und zu anstehenden Aktivitäten oder nach Hause zu fahren. Im Grunde eine sinnvolle Regelung zur beiderseitigen Entlastung. Nur sah meine Praxis anders aus als die Theorie. Es stellte sich für mich als schier unmöglich heraus, die beiden Kinder allein abzuholen und an den jeweiligen Zielort zu bringen. Mit Gehhilfen hatte ich keine Hand frei, sie über irgendeine Straße zu begleiten, und als bedrohlich erwiesen sich da schon anfahrende Autos. Ich konnte sie also weder an die Hand nehmen, noch in gefährlichen Situationen zurückhalten. Liefen sie mir weg, hatte ich keine Chance mehr. Also war alles nur, wenn überhaupt, mit Hilfe der beiden Größeren möglich, denn gerade in bezug auf die kleine Schwester schrumpfte ihre Akzeptanz fremder Hilfe täglich mehr. Je schlechter es mir ging, desto mehr waren sie auf mich fixiert. Akribisch verfolgten sie meinen Gesundheitszustand, für sie an der Beweglichkeit ablesbar, und noch schwieriger als jedem Erwachsenen war ihnen zu vermitteln, daß das, was an einem Tag noch im Bereich des Möglichen gelegen hatte, sich am nächsten außerhalb des Denk- und Machbaren befand.

Meine praktische Selbsthilfe war letztlich eine Frage äußerster Behutsamkeit – die ich nicht immer aufbringen konnte, wie ich es gerne getan hätte –, war ich doch schon mit mir selbst hinreichend gefordert.

Wenn die Realität die Phantasie überholt – das Betäubungsmittelgesetz

Stichwort Forderung: eine der lästigsten, nein, mit Abstand die lästigsten, mit denen ich seit jener Zeit konfrontiert bin, sind die dem Betäubungsmittelgesetz geschuldeten. Sie im einzelnen hier aufzuführen, wäre müßig, umfassen die Vorschriften doch 10 Seiten gesetzlicher Regelung und einen weit umfangreicheren Kommentar. Für Ärzte und Patienten ist wichtig zu wissen und besonders beschwerlich, daß erstens ein Arzt, der ein solches Rezept ausfüllen darf, dafür eine besondere, von der Bundesopiumstelle ausgestellte Erlaubnis besitzen muß. Zweitens: Um in den Genuß der besonderen Rezeptformulare zu gelangen, ist ein Verfahren notwendig, das sich vornehmlich durch Umständlichkeit und Langwierigkeit auszeichnet. Und ist die Hürde einmal genommen, warten schon die nächsten. Die Patienten müssen, je nach Höhe der Dosis, aber mindestens einmal in der Woche zwecks Verordnung der Medikamente zu einem dazu befugten Arzt. Ist dieser nicht erreichbar, zu einem nächsten usw. Ein mehr als einwöchiger Urlaub ist kaum denkbar, es sei denn, man weiß am Urlaubsort einen verschreibungsberechtigten Arzt, da ja der Medikamentenbedarf nur für maximal eine Woche verordnet werden kann. Man stelle sich bitte vor: hier die kranken Schmerzpatienten, kaum noch fähig, zu laufen oder gar zu kämpfen, dort eine Bürokratie, die eben diese oder wen auch immer, vor Suchtgefahr zu schützen gedenkt, Patienten, die aufgrund ihres Gesundheitszustandes möglicherweise nie mehr auf diese Medikamente verzichten können und nicht deshalb, weil sie dadurch abhängig geworden wären.

Was dic Gesetzgebung betrifft, möchte ich diese zurückhaltend als Donquichotterie bezeichnen. Die Auswirkungen für mich – und jetzt spreche ich als Kranke und Betroffene – sind zynisch im Wortsinn. Bedeutet die gesetzliche Regelung doch zeitliche Aufwendungen, die ich für mich gewinnbringender verwenden könnte. Dazu gesellt sich das Gefühl, daß meine Zeit und meine Anstrengungen im gesellschaftlichen Maßstab doch nichts mehr wert sind. Wie sonst kämen die grotesken Regelungen zustande. Urlaubstage, sonst in Tarifauseinandersetzungen festgelegt, werden in meinem Fall als verzichtbares Vergnügen behandelt. Die Krankheit wird zum Stigma, und ich werde zur Bittstellerin. Warum, so frage ich mich, bin ich jetzt schon dazu verurteilt, mein Leben mit Beschwernissen und Einschränkungen zu fristen, die nicht zu sein brauchten? Während des letzten Jahres hatte es diese auch ohne gesetzliche Maßnahmen wahrlich genügend gegeben.

Trauerarbeit

Die einschneidende Besserung trat nach einem erneuten Klinikaufenthalt Mitte März ein. Nach nahezu 4 Monaten körperlicher Schmerzen und des damit beschriebenen hochgradigen Bewegungsverlustes wurde ich – nach Erweiterung der bisherigen Therapiemaßnahmen – schmerzfrei. Anfangs konnte ich die Veränderung registrieren, jedoch nur nach und nach konnte ich sie spüren, mit meinen zurückgewonnenen Fähigkeiten umgehen, hatte das Gefühl, mich selbst wiederzufinden. Ich erlebte mit vorher nicht gekannter Intensität den ganzen Reichtum meines Lebens. Erst jetzt, nachdem ein Alp von mir wich, wurde mir sukzessive die Tragweite der Diagnose „Knochenmetastasen" bewußt. Ich denke, ich sollte mich vorsichtiger ausdrücken: Damals begann ich die Folgen, die der Befund „Metastasen" im Vergleich zum Erstbefund „Mammakarzinom beidseits mit Befall der Lymphe" für mein Leben haben würde, zu ahnen. Das Erleben alles okkupierender Schmerzen, die Befreiung von ihnen und die damit einhergehende Wiedergewinnung motorischer Fähigkeiten bildete die wesentliche Voraussetzung, mich dem bislang entscheidendsten Einschnitt in mein Leben zu stellen.

An diesem Punkt setzt meine persönliche Trauerarbeit an, als Auseinandersetzung mit der und Einwilligung in die Realität des Verlustes, die gelernt und vollzogen werden will. Lernen und Vollziehen als Prozeß, an dessen Anfang ich stehe und um dessen Ausgang ich nicht weiß. Und gleich einer in einem Zimmer angezündeten Kerze, die die Dunkelheit noch dunkler erscheinen läßt, veranlassen mich gerade auch die glücklichen Tage meines Lebens dazu, mich meinem Schicksal zu stellen. Freude und Trauer, Zuversicht und Mutlosigkeit sind dabei die dominierenden emotionalen Antipoden, unruhige Betriebssamkeit und Gelassenheit die handlungsbestimmenden. Die Widersprüche zu akzeptieren, ist gleichsam eine Voraussetzung dafür, mich der neuen, für mein Leben bedrohlichen Situation zu stellen.

Entscheidende Orientierungshilfen bieten Lesen, Gespräche und Schreiben in diesem Selbstklärungsprozeß, die mich – um den Gedanken der Trauerarbeit wiederaufzunehmen – der Einwilligung in die Realität schrittweise näherbringen sollen. Dabei war und ist für mich das Schreiben ein unverzichtbares Instrument auf dem Wege zur Akzeptanz – Schreiben als Spurensicherung.

Die schriftliche Fixierung von Gefühlen, Gedanken, Ängsten und Hoffnungen erweist sich immer wieder als Angebot an mich selbst. Die Ausformulierung antizipierter oder gemachter Erfahrungen führt diese aus der Sphäre des Unfaßlichen auf die Ebene begrifflicher Realität. Ich überwinde meine Sprachlosigkeit.

Empfehlenswerte Literatur

Aulbert, E., N. Niederle: Die Lebensqualität des chronisch Krebskranken. Thieme, Stuttgart 1990

LeShan, L. L.: You Can Fight for Your Life: Emotional Factors in the Causation of Cancer. Evans, New York 1977

Niederle, N., E. Aulbert: Der Krebskranke und sein Umfeld. Thieme, Stuttgart 1987

Schnurre, Marina, Renate Kreibich-Fischer: Ich will fliegen, leben, tanzen. Herder, Freiburg 1987

Siegel, B. S.: Prognose Hoffnung: Heilerfolge aus der Praxis eines mutigen Arztes. Econ, Düsseldorf 1988

Simonton, O. C., Stephanie Matthews Simonton, J. Creighton: Wieder gesund werden. Eine Anleitung zur Aktivierung der Selbstheilungskräfte für Krebspatienten und ihre Angehörigen. Rowohlt, Reinbek 1991

Tausch, Anne-Marie: Gespräche gegen die Angst. Rowohlt, Reinbek 1990

Wander, Maxie: Leben wär' eine prima Alternative. Luchterhand, Darmstadt 1980

Zorn, F.: Mars. Fischer, Frankfurt 1991

Die Aufklärung des Krebskranken und seiner Angehörigen

E. Aulbert

„Den Tod verkündigen heißt den Tod geben.?“

„Ungenügende Aufklärung kann Diebstahl am Leben sein.!“

Die Aufklärung über die Diagnose einer Krebserkrankung sowie die Aufklärung als Grundlage für eine Behandlungseinwilligung werden entscheidend geprägt durch die Prognose und Behandelbarkeit der Erkrankung. Die Aufklärung bei diagnostischen und therapeutischen Maßnahmen mit gesicherter Aussicht auf Erfolg ist vergleichsweise unproblematisch, da das grundsätzliche Vorgehen vorgegeben und in der Regel nicht strittig ist. Hier geht es bei der Aufklärung in erster Linie

- um die Risikoabwägung bei unterschiedlichen alternativen Möglichkeiten des Vorgehens,
- um die Einschätzung der Chance für den Patienten,
- um die haftungsrechtliche Absicherung des Arztes.

Die Aufklärung bei unsicherem Therapieausgang und bei fehlender Heilungschance ist dagegen erheblich problematischer, da häufig eine sorgfältige Abwägung zwischen Therapieangebot und Therapieverzicht unumgänglich ist. Hier liegt das Ziel der Aufklärung

- in der individuellen Abwägung des Behandlungsziels,
- in der Abschätzung des Behandlungsgewinns,
- in der sorgfältigen Gewichtung der Relation zwischen Behandlungsgewinn und Behandlungslast.

Hierbei ist der Arzt wesentlich auf Selbstbestimmung und Entscheidungen des Patienten angewiesen. Freilich wäre es in dieser Situation problematisch, dem Patienten die Entscheidungsverantwortung für oder gegen eine Therapie allein aufzubürden und sich selbst aus dieser Verantwortung herauszuhalten. Hierdurch wäre der Patient in den meisten Fällen überfordert. Hier wird ein einfühlendes Verständnis der individuellen Situation des Patienten erforderlich, um ihn dann – nach bestem Wissen und Gewissen des Arztes – vorsichtig lenkend in die für ihn richtige Richtung zu geleiten.

Aufklärung als Entscheidungshilfe für das individuelle therapeutische Vorgehen

Die Onkologie wächst mit ihrem Fortschritt und ihren eingreifenden Behandlungsformen immer mehr in schwierige sittliche und weltanschauliche Fragestellungen hinein. Insbesondere in den Entscheidungen über das Maß der Therapie, das den Patienten, aber auch dem Arzt zugemutet werden kann, ist der Arzt ohne Hilfe des Patienten selber hilflos (Schara 1982).

Nicht nur statistische Erfahrungen über Therapiemöglichkeiten und Erfolgsaussichten einer Therapie werden heute von dem Arzt gefordert, sondern insbesondere die Berücksichtigung der Auswirkungen der möglichen Behandlungsfolgen auf die wahren Bedürfnisse des Kranken. Die Kenntnisse dieser sehr individuellen, persönlichkeitsgebundenen Bedürfnisse, die nur vom Kranken selber bestimmt werden können und über die der Arzt von sich aus nichts sagen kann, sind jedoch die Grundlage für die Therapieentscheidung (Schara 1982).

Der Arzt muß also den Kranken in die Therapieentscheidungen einbeziehen. Das Ausmaß der Behandlung bestimmt der Patient. Der Arzt erhält seinen Auftrag vom Kranken. Der Kranke braucht jedoch für seinen Auftrag den Arzt als Berater. Er ist dabei auf die Wahrhaftigkeit in der Aufklärung angewiesen. Dennoch bedingt diese Konstellation, daß das Grenzgebiet zwischen Wahrhaftigkeit und Manipulation in der Aufklärung oft fließend ist.

In der auch unbewußten Manipulation liegt eines der größten Probleme der Aufklärung, da der krebskranke Patient aufgrund seiner existentiellen Bedrohtheit in der Regel – je nachdem wie der Arzt seine Aufklärung und seine Fragen steuert – dem zustimmen wird, was der Arzt für ihn für das Beste hält.

Immer wieder wird sich der aufklärende Arzt auch vergegenwärtigen müssen, daß sich vorgefaßte Meinungen plötzlich ändern und individuelle Beurteilungen völlig anders verlaufen können, wenn man persönlich betroffen ist. Existentielle Fragen werden hic et nunc oft anders entschieden, als früher gedacht. Rationales und emotionales Verstehen können erheblich auseinanderklaffen (Schara 1982). Diesem Problem kann sich der aufklärende Arzt als einer, der sich rational und emotional in die Situation des Betroffenen eindenken und einfühlen muß, kaum entziehen.

Voraussetzung für eine patientengerechte Aufklärung ist daher ein Arzt-Patient-Verhältnis als partnerschaftliches Bündnis von Arzt und Patient gegen Krankheit und vorzeitigen Tod. Ein solches Bündnis kann nur wirksam werden, wenn Arzt und Kranker echte Gesprächspartner auf der Basis einer Gleichberechtigung werden. Diese ärztliche Einstellung, die das Selbstbestimmungsrecht des Patienten anerkennt, wird auch in der neuen Rechtsprechung zur Aufklärung gefordert (Wolf 1987).

Der Betroffene kann nur dann an der Therapieentscheidung wirklich teilhaben, wenn er deren Konsequenzen überblickt. Daher ist wichtig, daß die Aufklärung und Beratung des Arztes dem Patienten zu einer realistischen Einstellung gegenüber der Krankheit verhelfen: Die „Laiendiagnose", geprägt durch das mehr oder weniger verzerrte Vorwissen des Betroffenen, ist oft ungenau und bringt entweder eine verharmlosende oder überängstliche Betrachtungsweise mit sich. Hier kann durch die gezielte Aufklärung eine Korrektur erreicht werden. Vielfach verhindern unrealistische Ängste, daß die Informationen überhaupt aufgenommen werden können. Gerade bei besonders schwerwiegenden Krankheitsbildern ist es daher notwendig, von vornherein Behandlungsmöglichkeiten, günstige Krankheitsverläufe usw. aufzuzeigen, d. h. dem Patienten auch Ansatzpunkte für Hoffnung zu vermitteln.

Hierbei ist freilich das verharmlosende Zeichnen eines unrealistisch hoffnungsfrohen Bildes für die weitere Auseinandersetzung des Patienten mit seiner Krankheit genauso fatal wie umgekehrt das Erzwingen einer realistischen Krankheitseinsicht bei Patienten, die eine Aufklärung im Falle einer infausten Prognose ausdrücklich nicht wünschen.

Viele Patienten brauchen Zeit bei ihrer Auseinandersetzung mit der Krankheit. Der Arzt kann also nicht erwarten, daß „uneinsichtige" Kranke durch eine einmalige Informationsgabe „bekehrt" werden. Aufklärung ist immer ein Prozeß, nie eine einmalige Mitteilung. Ein zentraler Punkt bei der Aufklärung ist, daß dem Patienten deutlich wird, daß es um ihn und seine Zukunft geht. Er soll nicht nur zu einer realistischen Sichtweise der Krankheit, sondern zur aktiven Mitarbeit bei therapeutischen Entscheidungsprozessen und bei der Behandlung gebracht werden. Hierbei sollte der Arzt von vornherein dem Betroffenen klar machen, daß er nur berät, der Kranke aber entscheidet.

Eine gezielte Aufklärung und Beratung von Patienten zu ihrer Krankheit wird erst möglich, wenn der Arzt im Einzelfall zu verstehen versucht, wie der Patient seine Krankheit erlebt und welche Bewältigungsmöglichkeiten ihm zur Verfügung stehen. Es gibt Belege dafür, daß einfühlsames Verständnis und gezielte Aufklärung einen günstigen Einfluß auf die Krankheitsbewältigung haben: Sie führen zu einer emotionalen Stabilisierung bei dem Kranken und fördern die Zufriedenheit mit der Arzt-Patient-Beziehung und die Fähigkeit und Bereitschaft zur Befolgung ärztlicher Anordnungen (Raspe 1977).

Aufklärung als Chance, die verbleibende Zeit bewußt zu gestalten

Während früher, entsprechend der Hufelandschen Aussage „den Tod verkünden heißt den Tod geben", dem Patienten die Wahrheit über eine unheilbare Krebserkrankung vorenthalten wurde, wird heute von der weitaus überwiegenden Anzahl der Betroffenen eine umfassende Information über die Unheilbarkeit der Erkrankung und ihren weiteren Verlauf gefordert (Köhle u. Mitarb. 1986). Unwissenheit entmündigt den Patienten. Eine mangelnde oder fehlende Aufklärung betrügt den Patienten um die Möglichkeit, die verbleibende Lebenszeit noch sinn- und wertvoll zu nutzen, letzte Dinge zu regeln und sein Leben bewußt abzuschließen.

Der Arzt muß sich klar machen, daß es von seinem Verhalten wesentlich abhängen kann, wie sich der Patient mit seiner unheilbaren Krankheit auseinandersetzt und die ihm noch verbleibende Lebenszeit positiv gestaltet. Oft berichten Patienten, daß erst das Wissen um die Begrenztheit ihres verbleibenden Lebens ihnen ermöglichte, bewußter zu leben und die Schönheiten des Lebens intensiver zu empfinden. Gerade in dieser Situation ist es für den Betroffenen nötig, Konflikte zu verarbeiten und einen Reifungs- und Ablösungsprozeß zu vollziehen. „Wahrhaftigkeit" im Sinne einer offenen Kommunikation zwischen Arzt und Patient kann verborgene seelische Kräfte und Aktivitäten freisetzen und eine Reifung und Erfüllung des Lebens ermöglichen (Bron 1987).

Das Angebot der Krankheitsbegleitung in der Aufklärung

Wer sich als Arzt, Schwester, Pfleger, Seelsorger oder Angehöriger den Fragen eines Krebskranken stellt und die Kommunikation mit ihm sucht, nimmt im Umgang mit dem Patienten eine Rolle wahr, die als wesentliche Grundfigur aller therapeutischen Funktionen verstanden werden kann: die Rolle des Begleiters (Reiner 1987). Der Begleiter ist zunächst nicht der kluge Ratgeber, der Fachmann mit Informationsvorsprung oder der Profi, der Antworten auf alle Fragen hat. Er ist zunächst einer, der geduldig mitgeht und zuhört, ein Mensch, bei dem Ängste und Klagen nicht ungehört verhallen, sondern verstehend und mitfühlend aufgenommen werden. Das Angebot einer derartigen Begleitung gibt dem Patienten die Möglichkeit, die notwendige Trauerarbeit eines Schwerkranken zu leisten: im Aufbegehren gegen die enger werdenden Grenzen, im Aussprechen der Sehnsucht nach dem Verlorenen, in der Angst vor weiteren Verlusten, in dem Schrecken davor, daß am Ende vielleicht gar nichts mehr bleibt, im zugelassenen Neid auf die Gesunden, im Hadern und in der glimmenden Hoffnung, die nicht verlöscht, und in der schrittweiten Anerkennung der Realität (Reiner 1987).

Der wirkliche Begleiter gibt Hoffnung, indem er den Blick für das Verbliebene stärkt. Er bringt den Schwerkranken zur Erfahrung seiner eigenen Stärke gerade in der Einmaligkeit seines Krankheitsprozesses und gegebenenfalls seines Sterbens. Durch die Hilfe des Begleiters bleibt er Subjekt seiner letzten Lebensphase und wird nicht zum Objekt medizinischer Versuche einer Lebensverlängerung um jeden Preis.

Das Wesen der Krankheitsbegleitung bei der Aufklärung basiert auf der Tatsache, daß die Krebserkrankung – insbesondere wenn es sich um einen fortschreitenden Verlauf handelt – für den Kranken selbst einen Erfahrungs- und Lernprozeß darstellt und so auch die Aufklärung nie eine einmalige Mitteilung, sondern immer nur ein andauernder Prozeß sein kann. Aufklärung schließt die Hilfe bei der Verarbeitung der Information ein. Krankheitsbegleitung im Aufklärungsprozeß bedeutet daher, dem Patienten zu signalisieren, daß man auf der Basis der gegenseitigen Aufrichtigkeit seine Gefühlsäußerungen, sein Weinen, seine Verzweiflung, sein Grübeln, seine Trauer um erlittene oder bevorstehende Verluste und andere Belastungen mit ihm besprechen und zusammen mit ihm aushalten will, ihm zu verstehen zu geben, daß man sich nicht von ihm zurückziehen wird, wie er es meist befürchtet.

Krankheitsbegleitung im Aufklärungsprozeß beinhaltet das Angebot der Solidarität. Ich meine hiermit die Gemeinsamkeit gegenüber einer todbringenden Erkrankung in dem Wissen, daß jeder von uns davon betroffen werden kann. In diesem Sinne wird man dem Patienten deutlich machen können, daß man in gewisser Weise mit ihm leidet: Eine aufklärende Begleitung des Krebskranken wird von einem einfühlenden Verständnis dem Kranken gegenüber, d. h. von empathischer Nähe getragen (Schoof 1984). So wird auf diese Weise die aufklärende Person zum wesentlichen Hoffnungsträger des Kranken.

Hilfe bei der Krisenbewältigung im Rahmen des Aufklärungsprozesses

Die Information über die Krebserkrankung, die für den Erkrankten eine existentielle Bedrohung darstellt, überfordert in der Regel die gewohnten und vertrauten Bewältigungs- und Kompensationsstrategien des Betroffenen. Die Krebsdiagnose stellt dementsprechend nahezu ausnahmslos eine schwere Lebenskrise für den Betroffenen dar. Hierin zeigt sich, daß die Krebskrankheit nicht allein ein Ereignis ist, das den Körper betrifft, sondern die gesamte Persönlichkeit eines Menschen, sein Selbstwertgefühl und somit auch seine Identität zutiefst erschüttert. Es kommt zu einem „Sturz aus der normalen Wirklichkeit“ (Gerdes 1986).

Die Reaktionen auf eine derartige existentielle Krise sind vor allem abhängig von Faktoren wie

- Persönlichkeitsmerkmalen,
- Lebenserfahrung und erlernte Bewältigungsmechanismen für Verlust und Trennung,
- soziale Unterstützung durch Familie und Freunde,
- Lebenskontext (Aufgaben, Lebenspläne, Lebensziele, Überlebenswille, Lebenseinstellung) (Ratsak u. Schiebel-Piest 1992).

Die Mitteilung einer Krebsdiagnose setzt eine Periode „existentiellen Kampfes" in Gang, bei dem die gewohnten Lebensabläufe ins Wanken geraten und oft die psychosoziale Anpassung nicht mehr gelingt (Ratsak u. Schiebel-Piest 1992).

In dieser Situation ist zur Streßbewältigung Hilfe von anderen notwendig – hier fällt dem aufklärenden Krankheitsbegleiter eine wesentliche Rolle zu. In dieser sensiblen Zeit benötigt der Patient ein besonderes Verständnis des Arztes für seine Lage. Zu seiner Unterstützung und Beruhigung bedarf es oft weiterer Gesprächsangebote über die medizinische Situation.

Andererseits setzt in dieser Situation der Betroffene auch seine eigenen seelischen Kräfte ein und schützt sich mit Hilfe unbewußter Abwehrmechanismen, wie z. B. Verdrängung, Verleugnung, Antizipation und Sublimierung. Dieses erklärt auch, daß oft dieselbe Information mehrfach wiederholt werden muß, weil der Patient aus Angst oder Konzentrationsmangel oder Abwehr nicht alles verstanden oder die Information wieder verdrängt hat. Soweit möglich, sollte daher auch die Familie in die Gespräche mit einbezogen werden.

Will man während des Aufklärungsprozesses Hilfe bei der Krisenbewältigung leisten, ist es sinnvoll, sich die verschiedenen Phasen der Streßreaktion im Rahmen der Aufklärung über die Krebsdiagnose oder anderer schwerwiegender Mitteilungen im Verlauf der Erkrankung zu vergegenwärtigen (Junker 1973):

Die erste Phase ist gekennzeichnet durch „Unfaßbarkeit" und „Nicht-glauben-Können". Es kommt hier oft zur zeitweiligen Verleugnung der Diagnose. Die Patienten beschreiben ein Gefühl der Taubheit, Starrheit oder auch der Unwirklichkeit. Es kommt zur Verdrängung. Dieses erlaubt eine zeitweise emotionale Distanzierung vom Ausmaß und der Tragweite der Krise (Ratsak u. Schiebel-Piest 1992).

Es folgt die zweite Phase, die von offener Not und wiederkehrenden Verzweiflungsgedanken gekennzeichnet ist. Die oft nicht ausgesprochenen Gefühle brodeln im Untergrund. Schlafstörungen, Appetitlosigkeit und Konzentrationsmangel sind die Folge, so daß oft sogar die alltäglichsten Aktivitäten vorübergehend nicht ausgeführt werden können. Die Grundstimmung ist ängstlich und traurig, Hilflosigkeit und Hoffnungslosigkeit, Verzweiflung und Zukunftsängste stehen im Vordergrund.

Die dritte Phase ist die Phase der Adaption und Anpassung. Hier erfolgt ein Sichannähern und Auseinandersetzen mit den gegenwärtigen Problemen. Die Hoffnung kehrt zurück, und es werden Gründe für Optimismus gefunden. Die Alltagsaktivitäten werden wieder aufgenommen. Zukunftsängste, Wut und Ärger können wieder kontrolliert werden.

Aufklärung als Grundlage der Krankheitsverarbeitung

Die Krebsdiagnose trifft den Patienten in der Regel unvorbereitet. Es handelt sich um eine nicht vorhersehbare Situation, bei der dem Betroffenen keine Bewältigungsstrategie zur Verfügung steht oder eingeübte Verhaltensmuster nicht greifen oder ausreichen.

Durch die Aufklärung wird der Prozeß der Krankheitsverarbeitung und Krankheitsbewältigung – auch „Coping" genannt – ermöglicht und in Gang gesetzt. Forschungsergebnisse der Psychoonkologie deuten darauf hin, daß diejenigen Patienten mit dem günstigsten Krankheitsverlauf rechnen können, die sich realistisch mit ihrer Krankheit auseinandersetzen können und die aktiv bei der Behandlung mitarbeiten. Dabei hängt von der Art der Aufklärung ab, ob dieser Prozeß der Krankheitsbewältigung gefördert oder behindert wird.

Ziel der Krankheitsverarbeitung und -bewältigung ist es, daß sich der Betroffene auf die neue, durch den Krankheitsprozeß entstandene Situation „optimal" einstellt. Allerdings kann das, was als „optimal" anzusehen ist, je nach Betrachter unterschiedlich sein. Für den Patienten ist entscheidend, daß er die mit der Krankheit verbundenen Belastungen überwindet oder zumindest ertragen kann. Seine subjektiven Bedürfnisse geben dabei den Ausschlag. Die „Wahl" der Bewältigungsform erfolgt dabei nicht bewußt. Der Betroffene setzt vielmehr die ihm zur Verfügung stehenden Bewältigungsmöglichkeit ein, die zum Teil lebensgeschichtlich erworben und unter anderem von der physischen Verfassung, dem Intellekt und der emotionalen Ausgeglichenheit des Betroffenen abhängen (Schmeling-Kludas 1988).

Zur Verarbeitung einer lebensbedrohlichen Krankheit laufen erfahrungsgemäß sowohl Abwehrmechanismen als auch Coping-Prozesse im Sinne von Anpassung und Neubewertung nebeneinander her. Dieses geschieht fortlaufend, da es im Krankheitsverlauf ständig zu neuen Situationen kommt. Coping bedeutet dabei, daß für das bestehende Problem eine Lösung gesucht wird, während Abwehr zunächst einmal eine Erleichterung durch Vermeidung oder Verleugnung bringen soll. Diesem Geschehen muß auch der laufende Aufklärungsprozeß gerecht werden.

Eine zeitweilige Verleugnung kann einem Patienten helfen, inneren Abstand von der Lebensbedrohung zu bekommen, um sich dann auch wieder mit seiner Situation realistisch auseinandersetzen zu können. Sehr viele Patienten schwanken so immer wieder zwischen dem Wissen um ihre Situation und dem Nichtwissen (Ratsak u. Schiebel-Piest 1992). So zeigt sich, daß 10–20% von sorgfältig aufgeklärten Krebspatienten sich 10–30 Tage später nicht mehr an das Gespräch erinnern oder behaupteten, ihre Diagnose nicht zu kennen (Schmeling-Kludas 1988).

Die Abwehrmechanismen haben dabei oft wesentliche Schutzfunktionen. Sie dürfen nicht „gewaltsam" durchbrochen werden, sondern müssen von allen an der Behandlung und Betreuung des Patienten Beteiligten mitgetragen werden. Hier gilt es, die Aufklärung sehr vorsichtig durchzuführen, gegebenenfalls wichtige Informationen behutsam mehrfach zu wiederholen, zu umschreiben oder zu einem späteren Zeitpunkt erneut anzubieten. Auch „negative" Gefühle wie Angst, Zorn, Wut, Trauer, Enttäuschung müssen zugelassen, ausgesprochen, ausgelebt werden, um sie integrieren zu können. Sie gehören untrennbar zur Krankheitsbewältigung dazu. Wird dem Patienten die Einfühlbarkeit dieser Gefühle verdeutlicht, gelingt ihm oft ein besserer Umgang mit der schwerwiegenden Lebens- und Belastungssituation. Auf diese Weise kann der aufklärende und betreuende Arzt eine wesentliche unterstützende Rolle beim Prozeß der Bewältigung einnehmen.

Oft bewirkt der Schock über die lebensbedrohliche Erkrankung, daß die Patienten zutiefst verunsichert und hilflos sind. Sie benötigen dann Hilfe durch unterstützende Gespräche, um den Prozeß der Krankheitsverarbeitung überhaupt in Gang zu bringen. Einfühlendes Verständnis sowie Informationen über Krankheit, Behandlung und Prognose und eine vertrauensvolle Beziehung zum behandelnden Arzt sind dabei für den Patienten enorm wichtig.

Soziale Unterstützung wirkt streßreduzierend. So gehören zu dem sozialen Umfeld in besonderer Weise auch die Beziehungen zu Ärzten und Krankenpflegepersonal. Krankenschwester und Ärzte machen sich oft nicht klar, wie wichtig sie als Bezugspersonen für den Patienten sind und wie sehr sie dem Patienten dadurch helfen können (Ratsak u. Schiebel-Piest 1992).

Bestimmte innere und äußere Bedingungen können dem Kranken bei der Krankheitsverarbeitung und -anpassung helfen. Es ist daher beim Aufklärungsprozeß wichtig, herauszufinden, in welch einer Situation der Patient sich gerade befindet:
- Wie ist seine momentane Krankheitssituation?
- Zu wem bestehen gute vertrauensvolle Beziehungen?
- Gibt es neben der Krankheit noch weitere Belastungen?
- Wie steht der Patient selber seiner Situation gegenüber?
- Mit wem spricht er darüber, wie spricht er darüber?

- Was sind seine Ängste und Befürchtungen?
- Welche Quellen der Hoffnung und Unterstützung hat er?

Aufklärung als Mittel zum Abbau von Ängsten

Aufklärung ist keine abgehobene Informationsübermittlung. Vielmehr steht im Vordergrund das Eingehen auf das Krankheitserleben und die damit zusammenhängenden Ängste. Dieses bedeutet im Rahmen der Aufklärung zuallererst, daß sich der Arzt primär dem körperlichen Leiden des Kranken zuwendet: Durch seinen Versuch, Klarheit über die Beschwerden und das Krankheitsbild zu erlangen, erfährt der Patient, daß sein Problem ein bekanntes, vielleich sogar ein lösbares ist.

Darüber hinaus ist „aktives Zuhören“ der geeignetste Weg, im Gespräch Zugang zu dem individuellen Erleiden der Krankheit und den damit verbundenen Ängsten zu bekommen: Wie sich die Welt und das Körpererleben des Erkrankten verändert haben und wie groß seine Ängste sind, kann man nur von ihm selbst erfahren. Wenn der Arzt den Patienten versteht, nehmen die Ängste meist ab. Ablenkungen und hohle Tröstungsversuche beruhigen den Kranken viel weniger als wirkliches Verständnis (Schmeling-Kludas 1988). Für den Arzt sind damit allerdings Belastungen im eigenen Gefühlsbereich verbunden, weil er sich sehr intensiv den Emotionen des Kranken aussetzt. Es verwundert daher nicht, wenn mancher Arzt das Leiden der Patienten aus dem Gespräch ausklammert.

Die schlimmste Angst ist die, die nicht verbalisiert wird, denn sie steigert sich unermeßlich, wenn sie nur lange genug wirken kann. Auch das offene Gespräch über Ängste – und wenn es auch nur das Eingeständnis des Arztes ist, daß er bestimmte Befürchtungen teilt – entlastet den Betroffenen und ermöglicht Hoffnung, daß die Befürchtungen nicht eintreffen mögen (Schara 1988). In der Situation „unaussprechlicher“ Not und Angst eines von einer lebensbedrohenden Krankheit Betroffenen wird allein schon das Erleben, daß der Arzt diese Nöte und Ängste ausspricht, von dem Patienten als Befreiung empfunden.

Insbesondere das Nichtwissen, die Unklarheit, wie es weitergeht, führen zu Angst und Furcht. Der nicht aufgeklärte Patient oder der mit ungenügendem Wissen über seine Krankheit allein gelassene Patient hat Angst. Es ist die Angst vor dem ungewissen Ausgang der Erkrankung. Angst gegenüber unverstandenen Symptomen, Angst vor Untersuchungsergebnissen, Angst und Hilflosigkeit gegenüber eventuellen diagnostischen Eingriffen sowie unbekannten Therapien. Wir erfahren von Patienten immer wieder, daß Aufklärung und Information Ängste vor dem Ungewissen sowie übermäßige Befürchtungen abbauen.

Darüber hinaus stützen Zuwendung und Interesse des Arztes den Patienten. Insofern hat ausreichende Aufklärung für den Kranken eine therapeutische Funktion und bedeutet einen wesentlichen Beitrag zur „Humanität im Krankenhaus". So ist belegt, daß Patienten mit ungenügender Kenntnis von ihrer Krankheit depressiver sind und unter mehr Störungen ihres Befindens leiden als gut informierte (Mann 1984).

Die allgemein verbreitete Angst in Zusammenhang mit der Krebsdiagnose stigmatisiert den Krebskranken. Sicherlich ist diese Angst auch eine der wesentlichen Faktoren, warum Patienten mit tumorverdächtigen Symptomen oft erst viel zu spät zum Arzt gehen oder warum trotz riesiger Propaganda für die Früherkennungsmaßnahmen die Beteiligung der Bevölkerung sehr gering ist. Und so ist auch bei den Betroffenen eine diffuse Angst als ein Gefühl unbestimmter Bedrohung die erste Reaktion auf die Diagnosemitteilung, die nicht ohne weiteres durch logische Argumente oder rationales Wissen beseitigt werden kann. Diese Angst ist oft für den Patienten das größte Problem, und sie ist oft unabhängig vom Schweregrad der Erkrankung und von medizinischen Parametern.

Diese Angst kann das Denken und Handeln blockieren und den Patienten in eine Reaktionsunfähigkeit bringen. Angst kann lähmen und sprachlos machen. Dann muß der Patient ermutigt werden, seine Emotionen auszudrücken, d. h. auch und vor allem über die Angst zu sprechen. Angst darf nicht weggeredet werden („Sie brauchen keine Angst zu haben"), sondern sie muß ernst- und angenommen werden. Angst auszusprechen reduziert die Angst.

Eines der wesentlichen Ziele des aufklärenden Gesprächs ist dementsprechend die Angstlösung und die emotionale Beruhigung des Patienten. Es ist wichtig und notwendig, den Patienten zu entlasten, indem man ihm vermittelt, daß die Verzweiflung, Ratlosigkeit und Angst *normal* und *natürlich* ist. Es ist natürlich, den Verlust bisher gehabter Gesundheit zu betrauern. Es ist natürlich, Angst vor der ungewissen Prognose einer Krebskrankheit zu haben. Erst im nachfolgenden Schritt können neue Perspektiven gefunden werden, Hoffnung aufgebaut werden. Inzwischen weiß man, daß Hoffnung sich immer wieder neu aufbaut und auch verändern kann. Aus der ursprünglichen Hoffnung auf Heilung kann sich beispielsweise Hoffnung darauf entwickeln, schmerzfrei zu sein.

Wenn ein Patient Angst hat, sich aber schämt, diese zu zeigen oder gar sich selbst zuzugestehen, wird er stärker unter Spannung stehen, und auch seine Isolation wird sich vergrößern (Ratsak u. Schiebel-Piest 1992). Deshalb ist es so wichtig, Patienten immer wieder die Möglichkeit zu Gesprächen zu geben und auch in den Gesprächen den Patienten auf seine Ängste anzusprechen. Das Sprechen über die Krankheit, die Behandlung, diagnostische Maßnahmen, die ungewohnte Situation im

Krankenhaus, über Einbußen und Verluste im Alltag, über das vergangene und zukünftige Leben, über Sterben und Tod hat entlastende, angstmindernde, geradezu befreiende Wirkung.

Erschwerend für die Aufklärung ist nicht zuletzt auch die Angst des Arztes. Viele Ärzte scheuen die Auseinandersetzung mit der Endlichkeit ihres Daseins, die ihnen am Schicksal ihres Patienten vor Augen geführt wird. Dieses äußert sich nicht selten in einem uneinfühlsamen schonungslosen Aufklärungsverhalten oder auch in einem Bemühen, dem Gespräch vor allem bei unheilbar Kranken auszuweichen oder in die Unwahrheit zu flüchten.

Der eigene Umgang mit der Wahrheit und die Auseinandersetzung mit den eigenen Ängsten und dem eigenen Tod sind entscheidende Faktoren in der Bewältigung dieser Herausforderung der Aufklärung. Wenn im Gespräch mit Todkranken vieles unausgesprochen bleibt, müssen wir uns immer die Frage stellen, ob der Patient wirklich nicht darüber sprechen will oder ob wir durch unser Verhalten das Gespräch blockieren. Nur wenn wir selbst eine Position gegenüber dem Leiden und Sterben beziehen, sind wir in der Lage, für den Patienten bei seiner Bewältigung des Sterbens hilfreich zu sein (Niederle u. Aulbert 1987).

Vermitteln von Ansatzpunkten für Hoffnung

Eine wahrheitsgetreue Aufklärung steht nicht im Widerspruch zur Vermittlung von Hoffnung. Man könnte es so ausdrücken: „Alles, was wir sagen, ist wahr – es muß jedoch nicht alles ausgesprochen werden, was wahr wäre“ (Senn 1981). Vieles läßt sich zwischen den Zeilen mitteilen, manches läßt sich – im stillen Einvernehmen mit dem Patienten – offen lassen.

Es ist wichtig, auch unheilbar Kranke nicht in eine Situation zu bringen, in der sie sich aufgegeben fühlen müssen, in der sie empfinden, daß für sie nichts mehr getan werden kann (Schmeling-Kludas 1988). Es ist daher sinnvoll, mit jeder aufklärenden Information auch Behandlungsmöglichkeiten, Möglichkeiten des weiteren Vorgehens oder die Absicht der Linderung von Beschwerden dem Betroffenen vor Augen zu führen. Hierdurch wird der Blick von der belastenden und ängstigenden gegenwärtigen Situation in die Zukunft gelenkt, und es werden Ansatzpunkte für Hoffnung angeboten.

Ansatzpunkte für Hoffnung zu vermitteln bedeutet nicht, dem Patienten ein unrealistisch-positives Bild seiner Lage zu zeichnen, sondern realistische Hoffnung auf einen günstigen Verlauf, auf Schmerzfreiheit oder beispielsweise auf eine zuverlässige Betreuung zu ermöglichen. Man kann dem Patienten verdeutlichen, daß sein individuelles Schicksal nicht zwangsläufig mit der von der Statistik ermittelten Wahrscheinlichkeit abläuft. Es ist gerechtfertigt, ihm die Hoffnung auf einen günstigen Krankheitsverlauf zu stärken und ihm zu vermitteln, daß man auf der medizinisch-pflegerischen Ebene alles daran setzen wird, um den Krankheitsprozeß günstig zu gestalten.

Auch aus der eigenen Erfahrung unerwarteter und ungewöhnlicher Krankheitsverläufe heraus halten wir es grundsätzlich für falsch, Angaben über den zu erwartenden Todeszeitpunkt zu machen, sowohl gegenüber dem Kranken als auch gegenüber der Familie.

Auch bei fortschreitender Erkrankung und zunehmender Einschränkung der Lebensqualität lassen sich Ansatzpunkte für Hoffnung bewahren. Dieses ist möglich, da der Patient im Laufe einer chronischen Erkrankung eine „Adaptation der Erwartungen" durchführt, in der er während des Aufklärungsprozesses bestärkt werden sollte. Ist es beispielsweise zuerst die Hoffnung, daß sich die Diagnose „Krebs" nicht bestätigt, so wird es dann die Hoffnung, daß die Therapie Erfolg haben möge, oder auch später, daß die Krankheit nicht so schnell fortschreiten möge. Hoffnung kann zu einem späteren Zeitpunkt auch sein, daß die Krankheit nicht von quälenden Schmerzen begleitet sein möge, oder zuletzt, daß man in seiner letzten Stunde nicht allein sein möge. Hoffnung wirkt, ohne sich erfüllen zu müssen. Sie ist die Triebkraft für eine positive Krankheitsverarbeitung, Krankheitsbewältigung und Krankheitsannahme (Akzeptanz).

Aufklärung beim Rezidiv, bei Versagen der Therapie und beim Therapieabbruch

Kommt es nach vorausgegangener Besserung zum Rezidiv oder bringt die Behandlung nicht den erhofften Erfolg, ist die Reaktion oft massiver als auf die initiale Diagnosemitteilung, da jetzt die Todesbedrohung sehr viel stärker erlebt wird. Anfängliche Hoffnung auf Heilung ist geschwunden, eine große Enttäuschung über das Versagen der hoffnungsvoll durchgestandenen Therapie macht sich breit.

Auch für Ärzte und Pflegende ist es sehr schwer, mitzuerleben, daß eine Therapie versagt. Sie fühlen sich oft genauso elend wie der Patient und sind genauso enttäuscht. Der aufklärende Arzt hat in dieser Situation oft selber große Schwierigkeiten, Worte des Trostes zu finden oder Ansatzpunkte für Hoffnung aufzuzeigen. Es gehört zu den bittersten Augenblicken auch des begleitenden Arztes, einen Patienten darüber aufklären zu müssen, daß die hoffnungsvoll begonnene Therapie abgebrochen werden muß, da der Patient von einer Weiterführung nicht mehr profitieren würde.

Werden weitere Behandlungsmöglichkeiten gefunden, kann sich neue Zuversicht einstellen. Es bleibt jedoch ein Gefühl der Angst und

Unsicherheit (Ratsak u. Schiebel-Piest 1992). Der nächste Rückschlag wird gewissermaßen schon erwartet. Da die Wahrheit kaum zu ertragen ist, treten hier die Abwehrmechanismen besonders deutlich in Erscheinung (Ratsak u. Schiebel-Piest 1992). Der Kranke tastet sich schrittweise an die neue Wirklichkeit heran und setzt sich intensiv mit dem Tod auseinander. Viele Patienten ziehen Bilanz ihres bisherigen Lebens.

In dieser Situation wird die Aufklärung sehr sacht und vorsichtig fraktioniert sein müssen, um dem Betroffenen Zeit zur Verarbeitung der veränderten Situation zu geben. Bestehen keine aussichtsreichen therapeutischen Möglichkeiten mehr, wird man jetzt das Augenmerk besonders auf die Behandlung und Linderung von Beschwerden und Schmerzen richten. Beschwerdefreiheit fördert die Akzeptanz der Situation. Eine erfolgreiche Schmerztherapie ist ein wesentlicher Hoffnungsfaktor (Aulbert u. Niederle 1990). Gespräche über derartige supportive Möglichkeiten werden beim Aufklärungsprozeß in den Vordergrund rücken, je mehr die kausale Behandelbarkeit des Tumorleidens schwindet. Vor dem Hintergrund zunehmender Einschränkungen und Behinderungen wird der Blick für das gestärkt werden müssen, was noch möglich ist.

Ziel der begleitenden Aufklärung ist hier die emotionale Stabilisierung des Kranken und die Hilfe bei der Akzeptanz der neuen Situation. Jedoch auch in dieser Krankheitsphase ist Wahrhaftigkeit die wesentliche Grundlage des Arzt-Patient-Verhältnisses: Immer wieder erfahren wir von todkranken Patienten, daß sie erst durch die Aufklärung über ihre Situation in die Lage versetzt wurden, bewußter zu leben, die verbliebenen Schönheiten des Lebens intensiver zu empfinden und schließlich in Ruhe die letzten Dinge zu ordnen.

Die Rolle der Angehörigen bei der Aufklärung

Das Auftreten einer Krebskrankheit bringt für die betroffene Familie zahlreiche berufliche und familiäre Probleme mit sich. Neben materiellen Schwierigkeiten kommt es zu emotionalen Belastungen. Vorbestehende Spannungen oder Familienkonflikte können in Form von Aggressionen oder Schuldgefühlen aufbrechen. In der Regel bedeutet eine Krebserkrankung mit den erforderlichen Krankenhausaufenthalten auch für die Angehörigen eine schwere Krise, die den Kranken zusätzlich belastet. Oft treten massive Kommunikationsstörungen auf. Das Verhalten der Angehörigen wirkt sich erheblich auf die Krankheitsbewältigung des Patienten aus.

Besteht eine gute tragfähige Beziehung zwischen dem Patienten und seinen Angehörigen, kann durch vertrauensvolle Gespräche innerhalb der Familie und durch emotionale Zuwendung die Krankheitsverarbeitung und -bewältigung wesentlich unterstützt werden. Dieses kann vom aufklärenden Arzt gefördert oder aber gestört werden.

Es ist daher wichtig, daß sich der Arzt frühzeitig ein Bild zu machen versucht von der Art und Qualität der Beziehung, die der Betroffene zu seinen Freunden und Angehörigen hat. Zur rechtlichen Absicherung ist es wichtig, daß sich der Arzt vergewissert, ob ihn der Patient von seiner Schweigepflicht gegenüber den Angehörigen entbindet und zu welcher Bezugsperson ein besonders tragfähiges Vertrauensverhältnis besteht.

Besteht zu bestimmten Personen ein besonderes Vertrauensverhältnis, erweist es sich immer wieder als sinnvoll und erleichternd, von Anfang an diese Person(en) in den Aufklärungsprozeß mit einzubeziehen, d. h. nach Möglichkeit sogar zeitlich und örtlich gemeinsame Informationsgespräche anzubieten und durchzuführen.

Hierdurch wird ein gleicher Wissensstand und dadurch eine gemeinsame Basis für weitere für den Patienten hilfreiche Gespräche im Kreise seiner engsten Vertrauenspersonen geschaffen. Immer wieder zeigt sich, daß das gegenseitige Gespräch zwischen dem Kranken und seinen Angehörigen um so leichter und hilfreicher möglich ist, je weniger die Aufklärung der Familie und des Patienten voneinander abweichen. In derartigen Gesprächen liegt ein wesentlicher Bestandteil psychosozialer Hilfe für den Patienten. Dieses beugt einer Isolierung und einem Rückzug des Patienten vor. Der aufklärende Arzt sollte daher den offenen Austausch zwischen Patient und vertrauten Angehörigen möglichst weitgehend fördern (Niederle u. Aulbert 1987).

Im umgekehrten Fall – insbesondere wenn der aufklärende Arzt dem Kranken und seinen Angehörigen unterschiedliche Informationen anbietet, in der Regel verbunden mit einer weitergehenden, „realistischen“ Aufklärung der Angehörigen und einer einseitig hoffnungsfrohen, „schön gefärbten“, den Ernst der Krankheit herunterspielenden Aufklärung des Kranken – wird das für die Krankheitsbewältigung hilfreiche Gespräch in der Familie unterbrochen bzw. unmöglich gemacht. Es schleicht sich eine verlogene Doppelbödigkeit ein: Der Patient ahnt längst das Schlimmste, doch jeder noch so vertraute Gesprächspartner sieht sich gezwungen, dem anderen vorzutäuschen, daß es nicht so sei – was zwangsläufig einen gegenseitigen Vertrauensverlust zur Folge hat.

Dieser Abbruch des Vertrauensverhältnisses zwischen dem Krebskranken und seinen nächsten Vertrauten und Verwandten führt den Kranken in die Isolierung und Depression. Die einzige Hilfe des unheilbar Kranken, nämlich das Teilnehmen anderer an seinem Schicksal, wird dadurch erst recht unmöglich gemacht. Selbst bei körperlicher Anwesenheit anderer Personen besteht nur noch das Gefühl des Alleingelassenseins (Niederle u. Aulbert 1987).

Ein besonderes Problem liegt vor, wenn die Ärzte von Angehörigen gebeten werden, dem Kranken nicht die volle Wahrheit mitzuteilen, um ihn zu schonen. Dieses Ansinnen ist oft eher der Ausdruck einer gestörten Kommunikation innerhalb der Familie (ohne daß dieses den

Angehörigen bewußt ist) als eine sinnvolle Hilfe für den Kranken. Folge eines solchen Verhaltens wäre vielmehr eine Bevormundung oder gar Entmündigung des Patienten. In einer solchen Situation muß sich der aufklärende Arzt klar machen, daß er primär dem Kranken verpflichtet ist und daß Art und Ausmaß der Aufklärung in erster Linie durch sein Arzt-Patient-Verhältnis und den Wunsch des Patienten nach Aufklärung geprägt wird. Aus dieser Verantwortung können ihn auch die Angehörigen nicht entlassen. Dementsprechend kann ein derartiges Ansinnen der Angehörigen nicht mehr als den Charakter einer Entscheidungshilfe haben.

Im umgekehrten Falle, d. h., wenn der Kranke den Arzt bittet, den Angehörigen nichts über die schwerwiegende Krebskrankheit mitzuteilen, kann der Arzt sich nicht über dieses Votum hinwegsetzen, da er selbstverständlich auch den Angehörigen gegenüber der ärztlichen Schweigepflicht unterliegt und in diesem Sinne dem Kranken gegenüber verpflichtet ist.

Grundregeln der Aufklärung

Will der Arzt durch die Informationsgabe eine verbesserte Aufklärung des Patienten erreichen, so muß er für ein möglichst optimales Verstehen und Behalten der Information Sorge tragen. Dieses setzt einige grundsätzliche Regeln bei der Aufklärung voraus:

Berücksichtigung des Vorwissens des Patienten

Effektive Aufklärung knüpft an das Vorwissen des Patienten an. So werden unnötige Erklärungen über schon Bekanntes ebenso wie andererseits eine Überforderung vermieden. Falsche Einschätzungen der Erkrankung können korrigiert oder auch unnötige Lebensumstellung vermieden werden.

Berücksichtigung der Gefühle des Patienten

Neben der sachlichen Information muß ein einfühlsames Verständnis der Situation des Patienten spürbar sein. Eine erfolgreiche Aufklärung ist nur dann möglich, wenn der Patient die Sachmitteilung auch emotional akzeptieren kann (Junker 1973). Das Einbeziehen der Gefühle des Patienten in das Gespräch gelingt durch das sogenannte „aktive Zuhören". Hierbei ist es wichtig, das Erleben des anderen möglichst vollständig und genau zu erfassen und nachzuvollziehen (Empathie).

Ebenso wichtig ist es, daß der Arzt eigene Sichtweisen und Werthaltungen beiseite läßt, um sich ohne Vorurteil in die Erlebniswelt des Patienten einfühlen zu können. Die Wertschätzung des Arztes hängt wesentlich davon ab, ob er den Patienten versteht.

Eine weitere wesentliche Voraussetzung ist die Echtheit des Verhaltens. Es soll für den Patienten kein Zweifel daran bestehen, daß der Arzt auch das meint, was er sagt. Sein Verhalten soll nicht gekünstelt, fassadenhaft oder professionell wirken (Schmeling-Kludas 1988).

Empathie, Wertschätzung und Echtheit des Verhaltens hängen somit eng miteinander zusammen. Mit dem „aktiven Zuhören" verläßt der Arzt die einseitige Orientierung an der Krankheit und dem erkrankten Organ. Der Patient als Ganzes steht im Mittelpunkt und wird jetzt als Person ernst genommen und verstanden.

Berücksichtigung des Prozeßcharakters der Aufklärung

Aufklärung schließt immer das Angebot einer Begleitung und einer Hilfe bei der Verarbeitung der Information ein. In der Regel ist eine schrittweise Anpassung der Aufklärung an die fortschreitende Krankheitsverarbeitung und -bewältigung des Patienten und an die sich wandelnde Krankheitssituation nötig.

Insbesondere bei schwerwiegenden Diagnosen ist Aufklärung kein punktuelles Geschehen, nie eine einmalige Mitteilung, sondern ein Prozeß. Nach der ersten Mitteilung ist es wichtig, in weiteren Gesprächen die sich ergebenden Ängste, Befürchtungen, Phantasien und Nachfragen des Patienten zu besprechen. Hierbei kann der Arzt erfahren, was der Patient verstanden und behalten hat und kann gegebenenfalls einzelne Informationen wiederholen oder vervollständigen. Im Laufe der Krankheitsbegleitung werden infolge der sich verändernden Krankheitssituation immer neue Aufklärungsphasen erforderlich, die die Anpassung des Patienten an die jeweils neue Situation erleichtern und ermöglichen.

Verständlichkeit der Mitteilung

Dieses setzt die Verwendung einer einfachen Sprache voraus. Auch bei der Vermeidung von Fremdwörtern lassen sich oft auch komplizierte medizinische Sachverhalte und Zusammenhänge – manchmal unter Anwendung von bildhaften Vergleichen aus dem Alltagsleben – verständlich mitteilen. Kurze übersichtliche Sätze sind dabei vorteilhaft. Der Arzt soll langsam sprechen. Wiederholt man wichtige Aspekte und betont ihre Bedeutung, so erleichtert das dem Patienten das Behalten der Information. Auch ist bisweilen die Rückfrage an den Patienten, ob er die Erklärung verstanden habe, zur Rückkopplung sinnvoll. Überhaupt sollte der Arzt bei seiner Gesprächsführung darauf achten, daß Fragemöglichkeiten für den Patienten bestehen. Auch kann er ihn direkt ermuntern, offen gebliebene Fragen oder Probleme anzusprechen.

Wichtig ist es, die Aufnahmefähigkeit des Patienten zu beachten: Je mehr Informationen auf einmal gegeben werden, desto weniger kann der Patient behalten. Auch ist die Informationsverarbeitungskapazität aufgrund der meist fehlenden Vertrautheit mit der Materie bei dem Patienten deutlich geringer als bei dem aufklärenden Arzt.

Einbeziehung von Vertrauenspersonen in die Aufklärung

Die Aufklärung des Krebskranken in Gegenwart seiner Vertrauensperson beugt Mißverständnissen, Verständnislücken und einem Vergessen wichtiger Informationen vor und ermöglicht einen weiterführenden Gedankenaustausch mit den Angehörigen. Hierdurch wird die Krankheitsbewältigung und -verarbeitung unter Einbeziehung der Angehörigen wesentlich gefördert und einer Isolierung des Kranken vorgebeugt.

Respektieren des Wunsches nach Aufklärung oder Nichtaufklärung

Eine Aufklärung kann nie schematisch erfolgen, sondern muß sich an dem einzelnen Patienten und dessen Wunsch nach Aufklärung orientieren. Um den Patienten nicht zu überfordern, ist es wichtig, im Gespräch möglichst herauszufinden, wie weitgehend er jeweils gerade informiert werden möchte, d. h. seine Entscheidung über seine Aufklärung zu akzeptieren und nicht für ihn diese Entscheidung zu fällen. Im Idealfall bestimmt dann der Patient selber, zu welchem Zeitpunkt er mit wem wie offen über seine Krankheit und Lage sprechen möchte. Das bedeutet, daß man auch den Willen des Patienten respektieren muß, wenn er nicht über seine Krankheit aufgeklärt werden möchte (Niederle u. Aulbert 1987).

Wahrheit in der Aufklärung

„Wahrheit" ist nicht die Mitteilung einer exakten Diagnose oder die präzise Information über die Prognose, sondern sie beinhaltet immer auch die Person des Arztes und läßt sich nur als ein dynamisches Geschehen in der Arzt-Patient-Beziehung verstehen. Wahrhaftigkeit meint die menschliche Einstellung und Lebenshaltung des Arztes, die nach Übereinstimmung von Reden, Denken und Handeln strebt, d. h., Wahrheit in der Aufklärung spiegelt sich wider im Gesamtverhalten des Arztes (Bron 1987).

Dieses erklärt auch, daß das nonverbale Element in der Kommunikation zwischen Arzt und Patient eine entscheidende Rolle spielt: So wie sich Empathie und Wertschätzung nicht dadurch mitteilen, *was* der Arzt sagt, sondern *wie* er es sagt, so können schon geringfügige Veränderungen im Verhalten des Arztes oder auch nur der Gebrauch einer unklaren Formulierung auf den Patienten wie ein Signal wirken und Angst auslösen.

Zusammenfassend kann gesagt werden: Die eigene emotionale Einfühlung ist die wesentliche Grundlage der Beziehung, die wir dem Patienten anbieten können. Sie stellt sicher eine der entscheidenden Hilfestellungen in dieser die Existenz erschütternden Situation dar.

Literatur

Aulbert, E., N. Niederle: Die Lebensqualität des chronisch Krebskranken. Thieme, Stuttgart 1990

Bron, B.: Das ärztliche Gespräch mit dem unheilbar Kranken über die Diagnose. Med. Welt 38 (1987) 154

Gerdes, K.: Der Sturz aus der normalen Wirklichkeit und die Suche nach dem Sinn. Ein wissenschaftlicher Beitrag zu Fragen der Krankheitsverarbeitung. In Schmidt, W.: Jenseits der Normalität. Leben mit Krebs. München 1986

Junker, H.: Das Beratungsgespräch. Zur Theorie und Praxis kritischer Sozialarbeit. Kösel, München 1973

Köhle, K., D. Simons, H. Urban: Zum Umgang mit unheilbar Kranken. In von Uexküll, Th.: Lehrbuch der psychosomatischen Medizin. Urban & Schwarzenberg, München 1986

Mann, F.: Aufklärung in der Medizin. Theorie – Empirische Ergebnisse – Praktische Anleitung. Schattauer, Stuttgart 1984

Niederle, N., E. Aulbert: Der Krebskranke und sein Umfeld. Thieme, Stuttgart 1987

Raspe, H.-H.: Informationsbedürfnisse von Patienten. Aufklärungsintentionen von Ärzten im Akutkrankenhaus. Med. Welt 28 (1977) 49

Ratsak, G., B. Schiebel-Piest: Psychoonkologie für Krankenpflegeberufe. Vandenhoeck & Ruprecht, Göttingen 1992

Reiner, A.: Die psychische Betreuung des krebskranken Patienten in der Klinik. Onkologischer Service, 8. Ausg. Lederle, Wolfratshausen 1987

Schara, J.: Humane Intensivtherapie. Perimed, Erlangen 1982

Schmeling-Kludas, Ch.: Die Arzt-Patient-Bezichung im Stationsalltag. VCH, Weinheim 1988

Schoof, W.: Psychiatrisch-psychotherapeutische Patientenbetreuung. In: Schwester und Pfleger in der Onkologie. Gesellschaft zur Bekämpfung der Krebskranken, Nordrhein-Westfalen, Düsseldorf 1984

Senn, H. J.: Wahrhaftigkeit am Krankenbett. In Meerwein, F.: Einführung in die Psychoonkologie. Huber, Bern 1981

Wolf, E.: Die Aufklärungspflicht des onkologisch tätigen Arztes. Onkologischer Service, 7. Ausg. Lederle, Wolfratshausen 1987

Angst und Angstbewältigung bei der Krebskrankheit

Gerda Ratsak

Einführung

Krebs und Angst sind untrennbar und in mannigfaltiger Weise miteinander verbunden. Diese Mannigfaltigkeit macht es unmöglich, das Thema „Angst und Angstbewältigung bei der Krebskrankheit“ umfassend und vollständig zu behandeln. Es sollen daher im folgenden nur einige Aspekte des Komplexes „Angst“ im Zusammenhang mit der Krebskrankheit behandelt werden.

Vorweg einiges Grundsätzliches, scheinbar banal, aber unverzichtbar:

1. Angst ist ein naturgegebener Mechanismus, der jedem empfindenden Organismus zu seiner Arterhaltung dient.
2. Es gibt angeborene Ängste (Urängste) ebenso wie gelernte Ängste. Das Phänomen der gelernten Ängste impliziert, daß die angstauslösenden Reize individuell sehr verschieden sein können.
3. Angst ist ein Gefühlszustand, der als unangenehm erlebt wird.
4. Angst beeinflußt – bewußt oder unbewußt – Wahrnehmung, Empfindung, Gefühle, Gedanken und Handlungen.
5. Angst ist nicht nur im Individuum, sondern auch in komplexen sozialen Systemen (Gesellschaften, Kulturen) eine wesentliche Motivationsgrundlage.
6. Es lassen sich physiologische und biochemische Korrelate im Zusammenhang mit Angst nachweisen, auch wenn hier insbesondere das Zusammenspiel der biologischen Prozesse noch nicht vollständig erforscht ist.

Die genannten Thesen zum „Phänomen Angst“ haben ihre Grundlage in verschiedenen, überwiegend lerntheoretisch, tiefenpsychologisch und psychophysiologisch gewonnenen Befunden und Theorien. Diese können hier, um den Rahmen nicht zu sprengen, nicht aufgearbeitet werden. Es sollen daher für den interessierten Leser einige weiterführende Literaturhinweise an den Anfang gestellt werden:

Gute Übersichten bieten Flöttmann 1990, Hippius 1988, Götze 1984, Strian 1983 sowie Graham u. Mitarb. 1980. Pharmakologische Aspekte werden bei Janke u. Nedder 1986 behandelt, psychophysiologische bei Birbaumer 1977 und 1984.

Es ist in diesem Zusammenhang anzumerken, daß es kein grundlegendes Werk zum Thema Krebs und Angst im Rahmen des Krankheitsverlaufes bzw. der onkologischen Behandlung gibt, auch wenn dies einige bekannte Buchtitel nahelegen.

Es soll daher im folgenden überwiegend phänomenologisch die Erfahrungen der Autorin mit dem Thema, wie es sich aus Sicht der Patienten darstellt, beschrieben werden. Grundlage hierfür bildet die langjährige Erfahrung in der psychotherapeutischen Betreuung onkologischer Patienten.

Krebs und Angst

Krebs und Angst sind eng miteinander verknüpft. Krebs wird von Laien als die gefährlichste und schwerste Krankheit eingestuft, es werden Tod, langanhaltendes Leid, unstillbarer Schmerz, Einsamkeit und soziale Stigmatisierung assoziiert. Unbewußt läuft diese Assoziationskette auch bei Patienten ab, die eine Krebsdiagnose eröffnet bekommen. Krebs wird als Todesdrohung erlebt, das gesamte Leben verändert sich, Unsicherheit steht über allem.

Auch wenn sich die medizinische und psychosoziale Situation von Tumorkranken im Laufe der letzten Jahre erheblich verbessert hat, ist für viele Patienten die Angst „das Schlimmste". Es kann sich eine regelrechte Angst vor der Angst aufbauen. Bei der Krebskrankheit machen Patienten die Erfahrung, daß mit ihrem Körper etwas Unkontrollierbares passiert ist. Diese Angst setzt sich fest und erschüttert die „Grundfesten". Auch die Langzeitgeheilten werden diese Angst nicht mehr wirklich verlieren, wohl aber vergessen, doch bei kleinsten Irritationen, Symptomen oder anläßlich des Kontrolluntersuchungstermins kann sie wieder da sein.

Auch für manche Behandelnde ist die Angst der Patienten ein großes Problem, denn sie erleben immer wieder, wie Angst die Wahrnehmung der Patienten verzerren kann und welche Auswirkungen Angst auf Kommunikation, Interaktion und Compliance hat.

Behandelnde müssen sich auch mit ihren eigenen Ängsten, die durch die Arbeit mit Krebskranken ausgelöst oder aktiviert werden, auseinandersetzen. Auch sie sind von der gesellschaftlichen Stigmatisierung der Krebskrankheit betroffen und müssen sich dem stellen.

Die Diagnose einer bösartigen Krebskrankheit betrifft nicht nur den Körper, sondern die gesamte Persönlichkeit eines Menschen. Ein Teil unserer Identität, die zu unserem Selbstgefühl und Selbstvertrauen entscheidend beiträgt, wird aus dem gesunden und natürlichen Funktionieren unseres Körpers gespeist. Gerade aber das Vertrauen in die eigene Leiblichkeit wird durch eine Krebsdiagnose massiv erschüttert. Die Krebskrankheit wird auch deshalb von vielen als heimtückisch, unheimlich und unberechenbar erlebt.

Die meisten Menschen „merken" nicht, daß und wie der Krebs wächst, denn dies kann nicht über die Sinneswahrnehmung aufgenommen werden. So gesehen stellt die Krebserkrankung nicht nur eine biologische Todesdrohung dar, sondern eben genauso eine massive Bedrohung des Grundvertrauens und der Identität.

Schon der Diagnoseschock (egal, was wirklich über Krankheit, Therapie und Prognose gesagt wird) unterstreicht diese These: Nichts ist nach einer Tumordiagnose noch wie es vorher war. Das gesamte Leben erscheint plötzlich in einem anderen Licht. Es wird angezweifelt und in Frage gestellt („Habe ich etwas falsch gemacht? Falsch gelebt?"). Die Patienten beschreiben, daß sie das Gefühl hatten, neben sich zu stehen („Das bin ich gar nicht!" – „Ich fühlte mich wie hinter Glas!"). So sehr fühlten sie sich durch die Krankheit verändert. Das Selbstwertgefühl und die körperliche und seelische Identität sind durch das traumatische Ereignis einer bösartigen Krankheit zutiefst erschüttert. Gerdes (1986) beschrieb dieses als „Der Sturz aus der normalen Wirklichkeit".

Eine bösartige Krankheit ist mit so vielen „Unbekannten" verbunden: davor Angst zu haben ist nur natürlich und für jedermann verständlich. Vor einer Krankheit, die mit existentieller Bedrohung konfrontiert, haben Betroffene und Nichtbetroffene gleichermaßen Angst.

Patienten empfinden die Zeit, in der sie schon ihre Diagnose wissen, aber noch auf bestimmte histologische Untersuchungsergebnisse warten müssen, bevor die endgültige Therapieentscheidung fällt, als den größten Streß. Solange man nicht konkret weiß, worauf man sich einstellen muß und was zu bewältigen ist, ist die Angst, „es" nicht zu schaffen, besonders groß und damit die Tendenz zur Verdrängung/Verleugnung der Gesamtsituation.

Angst bei Tumorpatienten hat viele Gesichter und Aspekte. Sie wird ausgelöst durch:

- medizinische Eingriffe und diagnostische Maßnahmen,
- Therapie und (therapiebedingte) Nebenwirkungen (körperliche Veränderungen, Entstellungen, Verlust von Körperteilen oder Körperfunktionen, Schmerzen, Übelkeit, Erbrechen, auch antizipierte, Schwäche, verändertes Körpergefühl),
- Ungewißheit des Krankheitsverlaufes (Progreß, Metastasen, Rezidive),

- Abhängigkeit und Kontrollverlust (von medizinischer Behandlung, von Hilfe, Angst, andere zu belasten, Angst vor dem Verlust von Mobilität und Vitalität),
- Gedanken an Einsamkeit, Isolation und soziale Stigmatisierung (Angst vor Einbrüchen in sozialen Beziehungen, Angst davor, daß die Beziehungen nicht tragfähig genug sind, Angst vor sozialem „Abstieg", Randgruppenposition),
- eine ungewisse Zukunft, Sterben und Tod.

Die gesamte Lebensplanung gerät ins Wanken, Patienten machen sich Sorgen um Angehörige und Freunde. Viele Patienten sagen, daß sie den Tod weniger fürchten als das Sterben und die Zeit bis dahin. Sie haben Angst vor einem zunehmenden Verlust von körperlichen Funktionen, von Würde und Integrität.

Diese skizzierten Ängste sind natürlich und berechtigt. Sie haben als „Gemeinsames", daß sie für den Patienten nicht einzuschätzen und berechenbar sind.

Patienten können, auch wenn sie ihre Diagnose wissen, noch nicht wissen, was wirklich auf sie zukommt, womit sie sich wirklich auseinandersetzen müssen. So wird die Angst immer wieder aus der Unsicherheit genährt. Das Leben mit der Angst und der Unsicherheit ist für viele Patienten das größte und vielfach nicht allein zu bewältigende Problem.

Es gibt im Krankheitsverlauf verschiedene Phasen, in denen die Angst der Patienten besonders heftig sein kann: Diagnoseverdacht – Warten auf Histologieergebnis – Diagnoseschock – Operation – Chemo- versus Strahlentherapie – Therapieende – Kontrolluntersuchungstermine – körperliche Symptome, Mißempfindungen – Progreß – Rezidiv – Metastasen – Wechsel der Therapiekonzepte – Nichtanschlagen, Versagen der Therapie – Schmerzen – keine Therapie mehr möglich – Sterben.

Ängste und Unsicherheiten können so heftig und massiv werden, daß sie sich zur Krise steigern können. Patienten können durch die Angst völlig blockiert sein und eingeschränkt in ihrer Wahrnehmungs- und Kommunikationsfähigkeit. In solchen Zeiten erreichen die „normalen", „vernünftigen" Strategien von Trost, Aufmunterung und „gutem Zureden" den Kranken nicht. Für die Ärzte bedeuten diese Angstsymptome häufig, daß eine kooperative Entscheidung gemeinsam mit dem Patienten über die bestmögliche Therapieform momentan nicht zu erreichen ist.

Ein fester Arzt des Vertrauens kann sehr dabei helfen, all die Angsteinbrüche durchzustehen. Optimal ist es, wenn es einen „Bezugsarzt" geben kann, der den Patienten über eine Zeit begleitet. Im allgemeinen haben Patienten im Krankenhaus zu dem „ersten" Arzt, demjenigen, der sie über ihre Krankheit und Behandlung aufgeklärt und sie während der ersten Therapie begleitet hat, eine besondere Beziehung. Sie empfinden es als einen großen Verlust, wenn dieser Arzt bei dem nächsten Therapiezyklus nicht mehr auf der Station ist. Patienten, die ihre Therapie in einer onkologischen Praxis bekommen, brauchen diesbezüglich weniger Sorgen zu haben. Die vertrauensvolle Arzt-Patient-Beziehung ist Grundlage und Basis der Krebsbehandlung. Durch die verläßliche Beziehung erfährt der Patient Sicherheit, Stützung und Orientierung in angstbesetzten Situationen

In der Regel ist bei der Krebstherapie die Behandlung bedrohlicher im Sinne von „mit den Sinnen wahrnehmbar" („das rote Gift", der „blanke Stahl", die „Strahlenkanone"), während die Erkrankung selbst, am deutlichsten wohl bei der Leukämie und anderen Systemerkrankungen, ja nicht mit den Sinnen wahrnehmbar ist. Manche solide Tumoren werden erst dann fühlbar, wenn physiologische Funktionen beeinträchtigt werden oder Schmerzen und Mißemfpindungen auftreten. Für viele Patienten ist überhaupt nicht unterscheidbar, welche Symptome krankheits- und welche behandlungsbedingt sind.

Aus beiden genannten Gründen (weil Krebs eine Bedrohung des Grundvertrauens, Selbstbewußtseins ist und weil die Therapie letztlich oft bedrohlicher als die Krankheit ist) ist psychologische Betreuung so wichtig. Nicht mit dem Ziel, die Todesdrohung abzuwenden – dieses Ziel hat die medizinische Behandlung –, sondern um die mit dem Grundvertrauen zusammenhängende Identität zu „restaurieren", also den Patienten in die Lage zu versetzen, mit der direkten Bedrohung durch die Therapie umzugehen.

Gespräche gegen die Angst haben also zwei grundsätzlich verschiedene Ziele.

Die Angst vor dem Unbekannten, der unberechenbaren Gefahr steht besonders am Anfang im Mittelpunkt des Erlebens vieler Patienten. Zunächst ist für sie alles neu und bedrohlich, später haben sie eine gewisse „Fronterfahrung", wie es ein Patient einem Kollegen gegenüber einmal formulierte. Die Erfahrung bedeutet in diesem Zusammenhang das Wissen darum, wie bestimmte diagnostische Maßnahmen (CT, Röntgen, Sonographie, Szintigraphie, Kontrolluntersuchungen, Blutentnahmen, Knochenmarkpunktionen) ablaufen, das Wissen, wie die Bestrahlung „geht", und das Wissen, welche Nebenwirkungen die Chemotherapie hat. Es ist daher nicht verwunderlich, daß in einer großen wissenschaftlichen Studie zur Betreuung von chirurgisch behandelten Tumorpatienten die Informationen über diagnostische Maßnahmen und Behandlungsschritte einen wesentlichen Anteil der Betreuungsinterventionen ausmachen (Küchler 1992).

Beim ersten Mal ist die Chemotherapie und die Bestrahlung besonders „schlimm", weil die Patienten trotz aller Aufklärung vorher natürlich nicht wissen können, wie es ihnen persönlich damit ergehen wird. Die Angst vor dem zweiten Zyklus wird entscheidend bestimmt durch die Erfahrungen bei der ersten Behandlung.

Viele Patienten empfinden es als hilfreich, die Erfahrungen anderer Patienten zu hören, andere Patienten verunsichert es eher.

Es ist immer wieder wichtig, mit Patienten über Ängste, Vorerfahrungen, Vorurteile zu sprechen, damit sie sich, wenn negative oder ambivalente Erfahrungen bestehen, davon lösen können. Dies ist allerdings bei denjenigen Patienten, die in ihrem direkten Umfeld den Verlauf einer Krebserkrankung miterlebt haben oder gar einen Angehörigen an dieser Krankheit verloren haben, häufig nicht möglich. Auch Informationen über die Behandlung („Heute kann man die Nebenwirkungen einer Chemotherapie viel besser behandeln als vor 10 Jahren") ist nur eingeschränkt wirksam, denn wo kognitive Informationen gegen eine direkte Erfahrung stehen, bleibt die Erfahrung Sieger. Doch allein das Wissen um diese persönliche Vorerfahrung kann den Behandelnden wichtige Hinweise für den Umgang mit diesem Patienten geben, während umgekehrt die Möglichkeit, über diese Erfahrung zu sprechen, für den betroffenen Patienten zumindest eine Erleichterung bedeuten kann.

Durch den Abbau von Ängsten sollen möglichst optimale Voraussetzungen für die Einstellung zur Therapie geschaffen werden. Bei der Chemo- und Strahlentherapie ist das Vertrauen, „da heil herauszukommen", sehr wichtig!

Manche Situationen sind in ihrer Bedrohlichkeit, Gefährlichkeit nicht eindeutig einzuschätzen. Ein kurzes Beispiel soll die Diskrepanz zwischen medizinischen Befunden und subjektivem Befinden des Patienten deutlich machen: Eine junge Frau mit Brustkrebs hat Knochenmetastasen in der Wirbelsäule. Wegen bestehender Frakturgefahr hat der Arzt Bettruhe und das Tragen einer Halskrawatte verordnet. Die Patientin widersetzt sich den Anordnungen, weil sie an der Stelle die Bedrohung überhaupt nicht fühlt, wie sie sagt. Solche Situationen sind für beide Seiten schwer, diese Patientin ist nicht nur zu wenig ängstlich, sie kann sich durch ihr Verhalten in eine lebensbedrohliche Situation bringen.

Auf der anderen Seite gibt es Patienten, die bei vergleichbaren Befunden total verängstigt sind und über heftige Schmerzen klagen. Sie trauen sich kaum, sich zu bewegen, verspannen sich möglicherweise und schränken sich selbst vielleicht mehr ein, als es aus medizinischen Gründen nötig wäre.

An dieser Stelle wird deutlich, wie unterschiedlich Menschen in vielleicht vergleichbaren Situationen reagieren können.

Angst und auch Schmerzen sind ja sehr subjektive Erlebnisse, die einen Zusammenhang zum psychischen Befinden haben können. Es gibt aber auch viele Menschen, die aufgrund ihrer Persönlichkeit ängstlich sind und es im Leben immer schon waren. Deshalb ist es wichtig, Angst von Ängstlichkeit zu differenzieren.

Die Angst bei der Tumorkrankheit hat viele Gründe. Ein Teil der Ängste sind situationsbedingt und werden den Patienten durch eine nicht zu durchschauende Organisationsstruktur „gemacht". Die angstauslösenden Merkmale wie Plötzlichkeit, Unberechenbarkeit und Fremdheit treten besonders im Krankenhaus auf. Beinahe überfallartig werden Patienten zu Untersuchungen abgeholt, von denen sie oft nicht vorher wissen, wann und wo sie stattfinden, wie sie ablaufen und warum sie überhaupt angesetzt sind. „Meine Lunge wurde doch erst vor drei Wochen geröntgt, wenn das jetzt schon wieder sein muß, dann ist das wohl ein schlechtes Zeichen!?"

Wichtig ist, den Patienten, wenn immer möglich, in die Planung miteinzubeziehen, um das Gefühl des Ausgeliefertseins zu reduzieren. Patienten in ihrer Verunsicherung können für die Experten ganz routinemäßige Situationen eben oft nicht so routinemäßig verstehen. Sie brauchen vielleicht mehr Erklärungen und Informationen, auch wenn sie die doch erst gestern oder vor 3 Wochen bekommen haben.

Auch die medizinische Terminologie von den „positiven" und „negativen" Untersuchungsergebnissen ist mitunter verwirrend und kann Angst verstärken. Patienten reagieren hochalarmiert auf das Wort „noch" („Es geht ihnen doch noch gut") und wenn bei der Visite wieder nur Latein gesprochen wird, dann kann das eigentlich nur bedeuten, daß der Patient „etwas" nicht mitbekommen soll.

Mit der Krankheit ist so viel Ohnmacht verbunden, daß sich viele Patienten völlig hilflos und ausgeliefert fühlen, was wiederum an sich schon ängstigt.

Angst „macht vergeßlich". Angst schnürt die Kehle zu, dann können keine Fragen gestellt werden, und Angst kann sozusagen die Ohren „betäuben", es wird nur so viel gehört und verstanden, wie auch verkraftet werden kann.

Angst ist „keine feste Größe", sondern verändert sich sowohl von den Inhalten her als auch von der Intensität. Viele Patienten lernen durch den Druck ihrer Krankheit, sich selbst wichtiger zu nehmen und immer besser zu wissen, was und wie sie bestimmte Dinge haben möchten. Sie überwinden auch ihre Angst vor den Ärzten (als Autoritätsperson von vielen Patienten sehr gefürchtet!) und können klare Fragen und Forderungen stellen, eine neue oder wieder erworbene Fähigkeit, die durch die z. B. Krankenhausroutine allerdings nicht immer ermutigt wird. Andere Patienten werden im Verlauf ihrer Krankheit immer ängstlicher und „kleiner", sie trauen sich überhaupt nichts mehr zu. Machen sich „klein" und delegieren ihre Entscheidungen, „geben" ihre Verantwortung für sich selbst ab. Sie „regredieren" in die Patientenrolle. Hier kann natürlich nur im Einzelfall entschieden und geholfen werden.

Generell nimmt Angst im Verlauf der Krankheit eher zu als ab. Die Angst wird bodenlos beim Rezidiv („Das ist der Anfang vom Ende!"), das Nichtanschlagen der Therapie ist eine riesige Enttäuschung (auch für die Behandelnden). Alle haben Angst vor der Progredienz der Erkrankung und dem unabwendbaren Tod. Patienten erleben sich immer schwächer werdend, viele brauchen immer mehr Hilfe. Die Angst vor dem Verlust von Kontrolle und Autonomie, verbunden mit den körperlichen Veränderungen durch Krankheit und Behandlung, stellt eine erhebliche psychische Belastung dar. Das Erleben von Ohnmacht, nichts an seiner Situation ändern zu können, führt zu Wut und Verzweiflung. Gerade in dieser Phase der Krankheit spielt die Angst eine große Rolle. Es ist die Angst um die eigene Person (Wie werde ich sterben? Wann wird es sein?), aber auch die Sorge um die Angehörigen und um die Dinge, die erledigt werden müssen. Weil niemand mit dem bewußten Wissen um seinen Tod leben kann, treten immer wieder die Abwehrmechanismen zum Schutze des Patienten ein. Patienten haben ein Recht auf zeitweise oder auch dauerhafte Verleugnung ihrer Situation. Es ist oberstes Gebot, die Abwehrmechanismen wie Verdrängung oder Verleugnung zu akzeptieren und manchmal sogar zu stützen.

Angst zeigt sich bei körperlich Kranken nicht immer deutlich, manchmal muß man sie aus Verhalten oder Reaktionen vermuten, so wie die Beispiele zeigen. Gerade wenn die Krankheit nicht heilbar ist, nimmt die Angst oft zu und ist mitunter sehr schwer von depressiven Reaktionen zu unterscheiden. Patienten ziehen sich zurück, werden still, „unauffällig", passen sich total an, sind sehr bescheiden, haben keine Wünsche und stellen keinerlei Fragen oder Forderungen. Aber wenn man genau nachfragt, kann man hören, daß sie schlecht schlafen können, viel grübeln, nichts essen mögen ...

Angst kann Schmerzempfinden verstärken, schlecht kontrollierte Schmerzen steigern die Angst, und das kann einen Circulus vitiosus ergeben.

Angst ist atmosphärisch als Beklemmung, Enge oder Bedrückung wahrnehmbar. Oft ist Angst im Verhalten, in der Mimik oder Gestik sichtbar. Manche Patienten schauen uns mit weitaufgerissenen Augen an, sie sprechen mit leiser, stockender Stimme und ziehen sich die Bettdecke bis unter die Nase.

Vielen Menschen sieht man Angst nicht an, manche Menschen merken ihre Angst nicht einmal selbst, obwohl andere sie spüren.

Viele glauben, daß sie keine Angst haben „dürfen", weil sie sonst keine Hoffnung hätten. Viele Menschen lernen früh in ihrer Entwicklung, daß man besser „keine Angst" hat und besser auch nicht fühlt, weil Angst mit psychischer Schwäche oder Labilität gleichgesetzt wird. Manche haben dies regelrecht zu einer Ideologie stilisiert, sie sagen laut: „Ich habe keine Angst" und beschwören so ihr eigenes Verhalten. Eine solche „Ideologie" – die bei männlichen Patienten häufiger zu beobachten ist als bei weiblichen – hilft zwar die psychische Stabilität zu bewahren, ist aber durch jede bedrohliche Mitteilung im Verlauf der Erkrankung gefährdet und muß durch die Mobilisierung von Abwehrmechanismen gestützt werden. Verleugnung und Verdrängung, aber auch aggressive Verhaltensweisen werden um so wichtiger, je weniger der Patient in der Lage ist, seine Angst anzuerkennen. Gleichzeitig nehmen innere Anspannung und Isolation zu, weil jedes Gespräch über die Situation das labile innere Gleichgewicht bedroht. Solche Patienten profitieren auch nicht von psychosozialer Betreuung. Gespräche über die Angst sind eindeutig kontraindiziert (Wirsching u. Mitarb. 1989). Wichtig ist allerdings, diesen Patienten in seinen Reaktionen auf den Krankheits- und Behandlungsverlauf genau zu beobachten, um bei einem manchmal unvermeidlichen Zusammenbruch der Abwehrmechanismen Kriseninterventionleisten zu können. Festzuhalten bleibt, daß dies nur für einen kleinen Teil der Patienten zutrifft. Für die meisten Patienten gilt, was der Chirurg Schreiber 1989 feststellte: „Es ist schon viel erreicht, wenn der Kranke seine Sorgen nicht nachts allein grübelnd mit sich selbst abmacht, sondern sie tagsüber seinem Arzt mitteilen kann!"

Viele Patienten profitieren beim Prozeß der Krankheitsbewältigung von psychotherapeutischen Gesprächen, die ihnen emotionale Entlastung, Stützung und Anleitung zur Um- bzw. Neuorientierung geben. Das Ziel ist die Wiederherstellung von weitgehendster Autonomie unter der Annahme, daß dadurch möglichst günstige Voraussetzungen für den Umgang mit der Krankheit und Behandlung geschaffen werden.

Die Krebskrankheit löst auch bei den Behandelnden – wenn sie denn ehrlich mit sich selbst sind – viel Angst aus, mit der auch sie sich auseinandersetzen müssen. Auch sie müssen lernen, die Angst als etwas Natürliches anzunehmen. Die eigene Angst hat ja auch eine Schutzfunktion und kann uns die Möglichkeiten und Grenzen unserer psychischen Belastbarkeit anzeigen. Das Spüren und reagieren auf die eigenen Ängste kann einem Burn-out-Syndrom vorbeugen.

Nicht gefühlte, nicht ausgesprochene und sich selbst nicht zugestandene Angst blockiert den Kontakt mit den Kranken. Die Angst (vor Krankheit, Verlust der Gesundheit, Vitalität, Mobilität, Attraktivität, Alter, Vergänglichkeit, Abschied, Leid, Tod und Sterben, Ohnmacht, Hilflosigkeit usw.) wird aktiviert durch die Konfrontation mit persönlichen Schicksalen von Krebskranken. Setzt sich jemand nicht aktiv und bewußt damit auseinander, wird das auf Dauer seiner eigenen psychischen Gesundheit nicht gut tun. Patienten gegenüber wird er sich distanzieren müssen, damit seine psychische Stabilität nicht ins Wanken gerät.

Diese innere Distanzierung kann zur Folge haben, daß Helfer perfekt funktionieren und weder ihre eigene Angst noch die der Patienten spüren.

Viele Helfer haben auch direkt vor den Patienten Angst, vor ihren Fragen, ihren Gefühlen, ihrer Angst, Traurigkeit, Verzweiflung und vor ihrem Zorn. Sehr oft sind die Helfer diejenigen, die den Zorn aushalten müssen, denn die Krankheit läßt sich nicht angreifen. Behandelnde haben Angst vor der Hoffnung der Patienten, die sie nicht immer erfüllen können und die sie manchmal „nehmen“ müssen. Behandelnde fürchten sich vor den Gefühlen der Patienten, wenn sie sie aufklären und schwerwiegende Mitteilungen machen müssen. Behandelnde sind oft genauso verzweifelt wie der Patient, wenn die Therapie nicht (mehr) die erwünschte Wirkung bringt. Zur Arbeit in der Onkologie gehören auch die Anerkennung der Grenzen der Behandlung und das Begreifen, daß Sterben nichts mit Versagen oder Mißlingen einer Therapieform zu tun hat. Kann dieses akzeptiert werden, wird es auch gelingen zu erkennen, was dennoch an Einsatz und Engagement möglich ist.

Angstbewältigung, Umgehen mit der Angst

Wie ausgeführt sind die Patienten mit verschiedensten Ängsten konfrontiert, die meisten sind reaktive, situationsbedingte, also krankheitsbezogene, die durch die Gesamtheit der medizinischen Behandlung noch verstärkt werden können. Es gibt dabei sehr konkrete und berechtigte, aber auch wenig greifbare, diffuse und allgemeine Ängste, die gar nichts mit der Krankheit zu tun haben, und obendrein welche, die von außen schwer nachvollziehbar sind, weil sie vor dem Hintergrund der Gesamtsituation des Patienten nicht so recht „passen“.

Das persönliche Erleben, Aushalten, Umgehen und Bewältigen von Angst ist individuell sehr verschieden. Auch die Vielzahl und die Verschiedenheit der Ängste machen deutlich: Es kann keine allgemeingültigen Patentrezepte geben. Der Umgang mit der Angst richtet sich auch nach der Intensität der Angst, den Angstauslösern und dem Individuum.

Gleichwohl gibt es einige allgemeine Prinzipien, die dargestellt werden sollen.

Die Angst muß angenommen werden

Bei der realistischen, berechtigten Angst vieler Patienten kann es nicht darum gehen, die Angst zu bekämpfen. Vielmehr muß das Ziel sein, ihr den angemessenen Raum zu geben. Die Konsequenz daraus ist: Behandelnde, Patienten und Familien müssen lernen, die Angst ernst- und auch anzunehmen.

Angst verliert schon allein durch die Bestätigung, daß sie „sein darf“ und natürlich ist, einen Teil der Bedrohlichkeit.

Für viele Patienten ist dies sehr schwer zu erreichen, weil sie Angst vor der Angst haben. Sie fürchten, daß ihre Angst, wenn sie zugelassen würde, so groß und mächtig ist, daß sie ihr nichts entgegenzusetzen haben. Vielmehr befürchten sie, die Kontrolle über die Angst zu verlieren.

Angstbewältigung mit dem Ziel, mit der Angst zu leben, ist ein Prozeß. Es wird im Verlauf von Krankheit und Therapie immer Zeiten geben, in denen die Angst kein Problem ist, und genauso Zeiten, in denen es so aussieht, als ob es nicht gelingen kann, die Angst jemals in den Griff zu bekommen. Hier brauchen die Patienten Unterstützung.

Der Patient selbst muß einsehen, daß er, solange er gegen die Angst ankämpft, darin gefangen ist. Alle seine Sinne werden darauf gerichtet, die Angst loszuwerden, und er wird sich furchtbar anstrengen, aber sein Ziel nicht erreichen. Sinnvoller ist es herauszufinden, wieviel Angst sein darf, und vor allem, was bei so großer Angst helfen kann. Auch dies ist ein Lernprozeß, der Zeit braucht.

Über Angst kann gesprochen werden

Über Angst sollte grundsätzlich gesprochen werden, denn schon allein das reduziert die Angst. Über Angst zu sprechen kann Nähe erzeugen und bestehende Isolation lindern. Nicht ausgesprochene Angst kann dazu führen, daß der Patient stärker unter Spannung steht und möglicherweise mehr Symptome zeigt. Die Angst brodelt im Inneren, läßt den Patienten nicht oder schlecht schlafen und kann zu einem inneren Rückzug führen.

Oft brauchen die Patienten allerdings die Sicherheit, daß die anderen ihre Angst auch aushalten und hören können. Sie nehmen sehr deutlich die Angst ihres Gegenübers wahr. Oft ist es „einfach nur" wichtig, gut zuzuhören, schon allein durch das Aussprechen von Angst verändert sich auch der Blickwinkel darauf.

Viele Patienten leiden so sehr unter ihren Ängsten, daß sie sich deswegen oft schlecht fühlen, und gerade deshalb ist es immer wieder wichtig, daß sie darüber sprechen und selbst lernen, sich zu helfen. Diese Hilfe kann darin liegen, sich die Familie oder Freunde „heranzuholen", den Arzt um ein Gespräch, um mehr Informationen zu bitten. Wichtig für viele Patienten ist in Situationen, in denen sie sich so ausgeliefert fühlen, Aktivitäten zu entwickeln, und dazu gehört eben Beschriebenes.

Angst darf nicht bagatellisiert oder „ausgeredet" werden

Kranke sind sehr sensibel, sie spüren genau, wie ihre Umwelt auf Angst reagiert. Sie wählen sich ihre Gesprächspartner sehr sorgfältig aus. Zu Konflikten oder Störungen kann es kommen, wenn beispielsweise die Familie Angst vor der Angst des Patienten hat. Das kommt ziemlich häufig vor, denn das Erleben von Angst bei anderen macht ratlos, hilflos und betroffen. Es kann Druck erzeugen, und man möchte etwas tun, zumindest Trost geben, und dabei kann es passieren, daß Sätze wie „Es ist doch nicht so schlimm ...", „Du brauchst doch keine Angst zu haben ...", „Das tut doch nicht weh" fallen.

Solche „hilflos gutgemeinten" Äußerungen können den Patienten sehr kränken und verletzen. Er fühlt sich durch solche Äußerungen nicht nur nicht ernst genommen, sondern auch noch bevormundet. „Woher weiß der, wann ich Angst haben muß und wovor!"

Diffuse Angst sollte so konkret wie möglich werden

Ganz wichtig ist, nicht über diffuse Ängste zu sprechen, sondern Ängste zu konkretisieren. Dies kann durch sehr direktes Nachfragen geschehen: „Was macht Ihnen an der Operation die meiste Angst, die Operation selbst, die Narkose oder die Zeit direkt nach der Operation?" – „Irgendwie die Narkose; was ist, wenn die bei mir nicht wirkt oder ich nicht wieder aufwache? Na ja, wenn ich nicht wieder aufwache, das merke ich ja nicht, aber wenn die Narkose nicht wirkt und ich die Operation mitkriege, Schmerzen habe und vielleicht nur gelähmt bin und mich nicht melden kann?" – „Glauben Sie, daß ich (als Psychologe, Psychotherapeut, Krankenschwester usw.) Ihnen das Ganze noch einmal erklären sollte, oder würde Sie ein Gespräch mit dem Narkosearzt beruhigen?"

Auch wenn die Konkretisierung nicht immer so gut gelingt wie in diesem Beispiel, so zeigt es doch die wesentlichen Prinzipien: Welche konkrete Situation löst die stärkste Angst aus – die Verhaltenstherapie spricht hier von Angsthierarchie –, und wer oder was könnte am ehesten zur Linderung beitragen?

Die körperlichen Begleiterscheinungen von Angst sollten ausagiert werden

Gesunde können in der Regel die körperlichen Symptome von Angst, Anspannung und Unruhe, in irgendeiner Form körperlich ausagieren, durch Arbeit, Sport, Spaziergänge und ähnliche Aktivitäten. Für den ans Bett „gefesselten" Kranken gilt dies nicht. Um so wichtiger sind die verbleibenden Möglichkeiten wie Krankengymnastik, auf dem Flur auf- und abgehen oder Muskelentspannung, z. B. Jacobsen-Training, also Aktivitäten, die im Rahmen der individuellen Situation eine Entspannung ermöglichen.

Für unvermeidbar ängstigende Situationen sollte ein entspannendes Gegengewicht geschaffen werden

Da es im Rahmen der medizinischen Therapie immer wieder unvermeidbare angstauslösende Situationen gibt, in denen die oben genannten Konzepte nicht anwendbar sind (z. B. die Situation im CT, im Bestrahlungsraum, direkt während der Chemotherapieinfusion usw.) gilt es, auch die Fähigkeit zur mentalen Entspannung zu fördern. Dieses kann ebenso durch autogenes Training geschehen wie durch Aktivierung von Ruhebildern oder Tagtraumreisen. Diese Techniken setzen allerdings voraus, daß dem Behandelnden genügend Zeit zur Verfügung steht, um gemeinsam mit dem Patienten die individuell passendsten Ruhebilder zu erarbeiten und zu verankern. Hier sind die Motive individuell verschieden, einer denkt gern an einen Spaziergang am Meer und ein anderer atmet von allein tiefer, wenn er nur an eine blühende Frühjahrswiese, einen schattigen Laubwald oder die Farben des Mittelmeeres denkt.

Alle Lösungen und Handlungsstrategien können nur im gemeinsamen Gespräch mit dem Betroffenen und unter Kenntnis, Einbeziehung und Berücksichtigung seiner ganz individuellen Situation erarbeitet werden. Und natürlich können diese Strategien niemals statisch sein, sondern müssen je nach Situation modifiziert und verändert werden. Der Patient muß für seine Angst zum Experten werden, er braucht unter Umständen Unterstützung dabei, herauszufinden, was ihm allgemein und in bestimmten Situationen hilft.

Schon bei der Beschreibung der Angst bei Tumorpatienten ist angeklungen, wie sehr die Umgebung zur Verstärkung von Ängsten beitragen kann. Umgekehrt läßt sich fragen: Wie kann die Umgebung Angst lindern, abbauen? Wie kann dazu beigetragen werden, daß Ängste vielleicht gar nicht erst so groß werden?

Auch wenn es redundant ist, aber es kann nicht oft genug betont werden, wie wichtig die vertrauensvolle Beziehung zwischen Behandelnden und Patienten ist. Sie gibt Sicherheit und Orientierung. Dies gilt allgemein, aber insbesondere in der Onkologie, denn sehr viele Krebskranke werden dort zu Langzeitpatienten bestimmter Abteilungen, Stationen oder Praxen. Dorthin kommen sie zu Diagnostik und Therapie, manchmal über Jahre hinweg. Andere sind zu intensiven Therapien über Monate hinweg stationäre Patienten, und dann hat das Stationsteam auch die Funktion eines sozialen Netzes für sie und kann entscheidend dazu beitragen, Streß und Angst zu reduzieren.

Wichtig ist, daß Angstäußerungen von Patienten „sein dürfen" und nicht den reibungslosen Ablauf „stören".

Allgemeinen Angstauslösern wie Plötzlichkeit, Fremdheit kann dadurch entgegengewirkt werden, daß Patienten (und ihre Familien) in Planungen und Entscheidungsprozesse miteinbezogen werden.

Natürlich kommen dabei individuelle Eigenheiten zum Tragen, manche Patienten werden durch zu viele detaillierte Informationen erst verunsichert und ängstlich. Für sie ist es besser, daß man hinterher über ihr Erleben während bestimmter Maßnahmen spricht.

Ein anderer Patient hingegen wird es als hilfreich und entängstigend empfinden, wenn er weiß, wann bestimmte Untersuchungen stattfinden und wie diese konkret ablaufen. Er braucht vielleicht Zeit, sich darauf einzustellen oder dafür zu sorgen, daß jemand bei ihm sein kann, der die Hand hält, ihn ablenkt oder unterstützt.

Viele unserer Ängste sind Erwartungsängste. Sie können dadurch reduziert werden, daß Patienten wissen, wie „ihr" Arzt bestimmte Dinge (Blutentnahmen, Punktionen, Braunülen legen usw.) macht.

Durch die Vertrautheit zum Arzt wird es dem Kranken leichter möglich, auch bei der Visite (und nicht erst danach) seine Fragen zu formulieren und zu stellen. Auch im Aufklärungsgespräch wird der Patient besser zuhören können und aufnahmefähiger sein, wenn er seinen Arzt kennt.

Natürlich sind Aufklärungssituationen immer wieder problematisch, weil sich die Angst dort kristallisiert und somit die Wahrnehmungsfähigkeit des Patienten beeinträchtigen kann.

Zu viele Informationen auf einmal können den Patienten überfordern, so daß zu seinem psychischen Schutz die Abwehrmechanismen aktiv werden. Es ist günstiger, immer wieder kurze Informationen zu geben und Zeit für Fragen zu lassen.

Auch können flexiblere Krankenhausstrukturen im allgemeinen erheblich zur Angstreduktion beitragen. Viele schwerkranke und sterbende Patienten werden viel ruhiger und entspannter, wenn sie Angehörige bei sich haben können, auch über Nacht. Einzelne Abteilungen sind natürlich bereit, das zu ermöglichen.

Schon allein die Berücksichtigung und Wahrnehmung individueller Wünsche und Eigenheiten, das Gefühl, insgesamt ernstgenommen zu werden, trägt zur psychischen Stabilisierung bei und entlastet.

Auch die Familie hat Einfluß auf Angst, und zwar in beide Richtungen: Der Patient kann durch die Familie sehr intensive Zuwendung und Unterstützung erfahren. Es kann aber auch sein, daß der Patient durch seine Familie sehr belastet wird. Gelingt es dem Familiensystem, offen und vor allem gemeinsam über Angst – die jeder hat – zu sprechen, schaffen sie sich gemeinsam eine Basis, die ihnen allen Halt in Phasen der Unsicherheit gibt.

Hilfreich bleibt im gesamten Prozeß das Im-Dialog-Sein über Veränderungen im Krankheitsverlauf und in der Therapieplanung und über die emotionale und körperliche Befindlichkeit. Respekt vor den Gefühlen des Kranken, Akzeptanz seiner gesamten Person stützen die Identität und Integrität.

Das Grundprinzip bleibt, im Patienten selbst den Glauben und die Hoffnung zu stützen, daß er nicht von der Angst „aufgefressen" wird, sondern ihr etwas entgegensetzen kann, indem er lernt, Angst anzunehmen und mit ihr (nicht gegen sie oder im Kampf mit ihr) zu leben und sein gesamtes soziales Netzwerk dabei zu nutzen.

Literatur

Birbaumer, N.: Psychophysiologie der Angst. Urban & Schwarzenberg, München 1977

Flöttmann, H. B.: Angst: Ursprung und Überwindung. Kohlhammer, Stuttgart 1990

Gerdes, K.: Der Sturz aus der normalen Wirklichkeit und die Suche nach dem Sinn. Ein wissenschaftlicher Beitrag zu Fragen der Krankheitsverarbeitung bei Krebskranken. In Schmidt, W.: Jenseits der Normalität. Leben mit Krebs. Kaiser, München 1986

Götze, P.: Leitsymptom Angst. Springer, Berlin 1984

Graham, D., E. Burrows, B. Davies: Handbook of Studies on Anxiety. Elsevier, Amsterdam 1980

Hennenhofer, G., K. D. Heil: Angst überwinden. Rowohlt, Reinbek 1973

Hippius, H.: Angst – Depression – Schmerz und ihre Behandlung in der ärztlichen Praxis. Springer, Berlin 1988

Huppmann, G., F.-W. Wilker: Medizinische Psychologie, Medizinische Soziologie. Urban & Schwarzenberg, München 1988

Janke, W., P. Nedder: Angst und Psychopharmaka. Stuttgart 1986

von Kerekjarto, M., St. Schug: Psychosoziale Betreuung von Tumorpatienten im ambulanten und stationären Bereich. Zuckschwerdt, München 1987

Küchler, Th.: Der Krebspatient – Lebensqualität zwischen Angst und Hoffnung. Arzt u. Kr.-Haus 9 (1987) 334–347

Küchler, Th.: Evaluation der Effekte medizinpsychologischer Betreuung auf die Lebensqualität von Tumorpatienten in der Allgemeinchirurgie. Forschungsbericht an das BMFT 1992

Larbig, W., N. Birbaumer: Psychophysiologische Aspekte der Angst. In Götze, P.: Leitsymptom Angst. Springer, Berlin 1984

Petzold, H.: Die „vier Wege der Heilung“ in der „Integrativen Therapie“. In Petzold, H.: Integrative Bewegungs- und Leibtherapie. Junfermann, Paderborn 1988

Ratsak, G.: Psychoonkologie – Unverzichtbarer Teil der Onkologie. Vortrag. Eilbeker Gespräche, Geesthacht 1992

Ratsak, G., B. Schiebel-Piest: Psychoonkologie für Krankenpflegeberufe. Vandenhoeck & Ruprecht, Göttingen 1992

Schreiber, H. W.: Lebensqualität und Allgemeinchirurgie. Vortrag Nr. 1, 106. Kongreß der Deutschen Gesellschaft für Chirurgie, München 1989

Strian, F.: Angst. Grundlagen und Klinik. Springer, Berlin 1983

Tausch, A.-M.: Gespräche gegen die Angst. Rowohlt, Reinbek 1981

Voigt, J.: Das Rätsel der Gefühle: Liebe, Trauer, Mitleid, Haß, Angst, Hoffnung. Umschau, Frankfurt am Main 1989

Wirsching, M., P. Drings, W. Georg, J. Riehl, P. Schmidt: Familien-System-Konsultationen beim Bronchialkrebs; eine kontrollierte prospektive Studie möglicher Verarbeitungs- und verlaufsbeeinflussender Wirkungen. Syst. Fam. 2 (1989) 65–81

Die Bedeutung der Unterstützung der Familie für die Krankheitsbewältigung des Krebskranken

G. Strittmatter

Die Krankheitsbewältigung des Krebskranken aus psychoonkologischer Sicht

Die Konfrontation mit einer Krebserkrankung kommt für die meisten Betroffenen einem „Sturz aus der normalen Lebenswirklichkeit" (Gerdes 1984) gleich. Die plötzlich realisierte Lebensbedrohung erschüttert die gesamte Wirklichkeit des Kranken. Er wird konfrontiert mit seiner Verletzbarkeit und Endlichkeit. Ein Bergmann umschrieb dieses Erleben mit dem Satz: „Es ist so, als würde einem unter Tage die Lampe weggenommen." Das Kennzeichnende dabei ist die existentielle Situation der Gefährdung. Der Krebskranke wird herausgerissen aus seinen normalen Lebensbezügen, muß in der ungewohnten Krankenhausrealität, von Lebensängsten belastet, einschneidende Behandlungen ertragen, wird mit einem veränderten Körper, je nach Krebserkrankung sichtbar gezeichnet, aus der stationären Behandlung entlassen und steht vor der schwierigen Aufgabe, mit seiner veränderten Lebenswirklichkeit wieder in das familiäre, berufliche und gesellschaftliche Leben zurückzufinden.

Die Frage ist dabei nicht, ob der Betroffene sich mit seiner Krankheit, der Behandlung und den Behandlungsfolgen beschäftigt oder nicht, sondern wie er mit den Belastungen und seiner Lebensveränderung fertig wird und wie er in die Lage kommt, sein Leben sinnvoll zu leben. Denn analog zur Unmöglichkeit, nicht zu kommunizieren (Watzlawick u. Mitarb. 1969), ist es für den Betroffenen unmöglich, nicht auf irgendeine Weise auf das Krankheitsereignis zu reagieren. Auch Verdrängung und Verleugnung sind Reaktionen auf die Erkrankung.

Die Bewältigungsforschung beschäftigt sich schon lange mit den Fragen, wie sich die verschiedenen Reaktionsweisen ordnen lassen und ob es ein geeignetes oder ein ungeeignetes Coping-Verhalten gibt (Heim 1988). Aus zwei Gründen sind die Fragen der Krankheitsverarbeitung von ganz praktischer Bedeutung und Relevanz: 1. beeinflußt die Art und

Weise des Umgangs mit einer schweren und lebensbedrohlichen Krankheit unmittelbar die Lebensqualität des Betroffenen; 2. könnte die Art der Krankheitsverarbeitung einen Einfluß auf den weiteren Krankheitsverlauf, d. h. einen Einfluß auf die Überlebenszeit haben (Holland u. Rowland 1989).

Betrachtet man die bisherigen Ergebnisse der Bewältigungsforschung, so wird deutlich, daß sie sich im wesentlichen auf eine Beschreibung der Prozesse beschränkt und einige allgemeine Aussagen macht, wie z. B., daß Patienten ihre Krankheit sehr unterschiedlich verarbeiten, daß es immer mehrere Bewältigungsformen in einer bestimmten Krankheitssituation gibt und daß die Krankheitsverarbeitung als ein dynamischer Prozeß einem ständigen Wandel unterliegt. Tendenziell beschreibt die Forschung zwar das aktiv-zupackende Verhalten als günstige und das passiv-resignative Verhalten als ungünstige Bewältigungsform, doch sie kann dem Kranken oder dem Betreuer keine Handlungsanweisung vermitteln. Es gibt kein Patentrezept und kein „richtig" oder „falsch".

Der einzelne Krebskranke kann aber nicht abwarten, zu welchen Ergebnissen die Bewältigungsforschung kommen wird. Er muß jetzt mit seiner Krankheit, der Behandlung und den Behandlungsfolgen umgehen. Dabei findet er sich in einer existentiell gefährdeten Situation vor, muß ständig auf Behandlungsanforderungen reagieren, hat mit institutionellen Sachzwängen, mit festgelegten Behandlungs- und Beziehungsmustern zu tun, ist dem Anpassungsdruck kultureller Einstellungen, einschließlich der kollektiven Tendenz zur Verdrängung existentieller Ängste, ausgesetzt, erlebt die (offenen oder verschwiegenen) Ängste der Angehörigen, sucht nach alternativen Behandlungsmethoden, schwankt zwischen Hoffnung auf Heilung und Angst vor dem Fortschreiten der Krankheit und hätte gern eine Handhabe, um selber gegen die Krankheit vorgehen zu können.

Angesichts des dringenden Handlungsbedarfs scheint mir als ein wichtiger und praktikabler Lösungsschritt die behandlungsintegrierte Unterstützung des Krebskranken schon während der Erstbehandlung zu sein. Die Bewältigung der seelischen Probleme beginnt nämlich nicht erst nach der Entlassung aus der stationären Behandlung, sondern wesentlich schon vor der Operation. Z. B. hängt das Ausmaß der postoperativen Belastung vom Ausmaß des Unvorbereitetseins auf die Größe des postoperativen Befundes ab (Cassileth u. Mitarb. 1981). Ausführliche präoperative Aufklärung und Vorbereitung des Kranken sind deshalb eine Grundvoraussetzung für eine spätere Bewältigung.

Insgesamt ist von seiten der Klinik ein Behandlungsansatz erforderlich, der den ganzen Menschen in den Blick nimmt und die psychische und soziale Situation des Kranken und seinen Prozeß der Auseinandersetzung mit der Krankheit berücksichtigt. Die entscheidende Unterstützung erfährt der Patient dadurch, daß er von den Ärzten und Pflegekräften verstanden und als ganzer Mensch ernstgenommen wird. Auf dieser Grundlage sind dann bei Bedarf spezielle psychosoziale Unterstützungen sinnvoll und möglich.

Diese gezielten Unterstützungen setzen allerdings voraus,

- daß die stark belasteten Kranken frühzeitig herausgefunden werden
- und daß auf die tatsächlichen (und nicht die vermuteten) Probleme des einzelnen Kranken eingegangen wird.

Das Ziel der Unterstützung besteht darin, Belastungen abbauen zu helfen. Nur was wirklich entlastet, ist gut. Die Hilfestellungen haben in einer nicht stigmatisierenden und „nicht psychologisierenden" Weise zu erfolgen. Es geht um Verstehen, Entlasten und Begleiten. Die Qualität der Unterstützung erweist sich dabei darin, ob der Krebskranke tatsächlich Entlastung erfährt und Hilfen bekommt für seine wirklich brennenden Fragen und Nöte. Durch diese Betreuung wird er in seinem individuellen Bewältigungsprozeß unterstützt und befähigt, seine eigenen Kräfte und Ressourcen zu mobilisieren.

In einer eigenen Untersuchung bei Haut- und Gesichtskrebskranken (Strittmatter u. Mitarb. 1992), die genau diesem Ziel dient, betreuungsbedürftige Kranke frühzeitig herauszufinden und ihnen eine gezielte Unterstützung anzubieten, zeigte sich am 7. Tag der stationären Behandlung,

- daß nicht die prognostischen Kriterien eines Tumors, sondern das subjektive Belastungserleben das Maß für die Notwendigkeit psychosozialer Unterstützung ist,
- daß die Tumorangst (Angst vor dem Weiterschreiten des Tumors), das psychische Befinden (Niedergeschlagenheit, Traurigkeit und Sorgen) und die innere Unruhe und Anspannung 66% der Gesamtbelastung ausmachten,
- daß an 4. Stelle die körperlichen Beschwerden belasten, gefolgt von der mangelnden sozialen Unterstützung; danach kommen die Belastungen durch berufliche Probleme, Selbstunsicherheit und mangelnde Unterstützung durch die Behandler,
- daß insgesamt 37% aller stationären Hauttumorpatienten in ihrer Selbsteinschätzung so stark belastet waren, daß sie schon während der stationären Behandlung eine gezielte psychosoziale Unterstützung benötigten.

Die Bedeutung der Familie bei der sozialen Unterstützung des Krebskranken

Die Bedeutung enger Beziehungen für das Wohlbefinden einer Person in Zeiten von Gesundheit wie Krankheit ist jedem bekannt. Interpersonale Beziehungen können Menschen vor den Auswirkungen von Belastungen schützen; soziale Unterstützung wirkt wie ein Puffer und vermindert die psychischen Belastungen (Baider u. Kaplan De-Nour 1990, Rowland 1989). In Längsschnittstudien bei Krebspatienten wurde gezeigt, daß soziale Unterstützung zum Zeitpunkt der Diagnosestellung für den Betroffenen ein geringeres Ausmaß an emotionaler Belastung mit sich bringt. Manche Autoren halten sogar einen Einfluß auf die Überlebenszeit für möglich (Baider u. Kaplan De-Nour 1990, Rowland 1989, Weismann u. Worden 1975). Sicher ist, daß soziale Unterstützung besonders in akuten Krisen als Streßpuffer wirksam ist (Ziegler u. Mitarb. 1990).

Die Bewältigung der Krebserkrankung wird neben den biologischen Faktoren der Krankheit und Behandlung beeinflußt:

- vom Lebensstadium und den durchkreuzten Lebensaufgaben,
- von innerpsychischen Variablen, wie Persönlichkeit, Bewältigungsverhalten und Abwehrmechanismen,
- von den sozialen Ressourcen, die dem Kranken zur Verfügung stehen.

Der Krebskranke hat nach Rowland (1989) in folgenden 5 Bereichen tiefe Einbrüche zu verkraften:

- veränderte zwischenmenschliche Beziehungen mit der Gefahr größerer Distanz,
- größere Abhängigkeit von anderen (von Angehörigen und Ärzten),
- Leistungseinbruch und Gefährdung der Erwerbsfähigkeit,
- Veränderung des Körperbildes,
- existentielle Probleme (Angst zu sterben).

Der Krebskranke braucht soziale Unterstützung, um mit seinen Ängsten, seinem veränderten Körperbild, seinen Beschwerden, seinen beruflichen und sozialen Belastungen sowie mit den Behandlungsanforderungen konstruktiv umgehen zu können. Die Unterstützung kann vom Ehe- oder Lebenspartner, von anderen Familienmitgliedern, vom Freund, von der Freundin, vom Kollegen, vom Arzt oder von einer Gruppe erfolgen.

Die soziale Unterstützung umfaßt mehrere Bereiche (Baider u. Kaplan De-Nour 1990, Rowland 1989):

- informative Unterstützung,
- emotionaler Beistand, affektive Unterstützung,
- praktische instrumentelle Unterstützung (materiell, physisch),
- Bestätigung von Einstellungen und Gefühlen,

- Vermittlung von Zugehörigkeitsgefühl und Aufrechterhaltung der sozialen Identität,
- Unterstützung durch Feedback zum Kranken.

Entscheidend ist, wie die soziale Unterstützung vermittelt wird. Denn die falsche Person könnte unangemessene Hilfe zum falschen Zeitpunkt anbieten. Es ist wichtig, herauszubekommen, was hilfreich ist und was nicht, und sich zu vergegenwärtigen, daß die Bedürfnisse des Kranken sich im Verlauf der Zeit ändern. Der Kranke möchte in bestimmten Bereichen Hilfe bekommen, ohne in eine passive Rolle gedrängt zu werden und ohne sich dabei schuldig oder abgewertet fühlen zu müssen. Ziegler u. Mitarb. (1990) verweisen darauf, daß zu bestimmten Zeiten (z. B. Remission) ein zu hohes Maß an sozialer Nähe selbst auch zu einer psychischen Belastung werden kann, wenn Kompensationsmechanismen für die Krankheitsverarbeitung wichtiger sind.

Nicht selten kommt es schon in der Klinik zu Mißverständnissen. Ein Angehöriger, der z. B. in einer fröhlichen und optimistischen Haltung dem Kranken begegnet, realisiert nicht, daß sich sein gutgemeintes Verhalten negativ auf den Kranken auswirken kann, wenn dieser das Gefühl bekommt, in der Ernsthaftigkeit seiner Belastungen nicht verstanden zu werden. Ähnliche Spannungen entstehen durch die häufig zu beobachtende Diskrepanz zwischen den inneren Gefühlen und dem nach außen gezeigten Verhalten der Beteiligten.

Holland u. Rowland (1989) haben für Besucher ihrer Kranken einen Leitfaden herausgegeben, in dem sie praktische Hinweise zur Förderung einer guten Unterstützung geben:

- den Kranken so begrüßen wie früher auch (Kuß, Handgeben),
- sich in seine Nähe auf einen Stuhl setzen,
- ein aufmerksamer Zuhörer sein,
- sich vergegenwärtigen, daß der Kranke nicht die ganze Zeit über seine Krankheit sprechen möchte,
- wenn möglich, mit dem Kranken ein paar Schritte gehen,
- statt langer Besuche eher auch Unterbrechungen wahrnehmen,
- um herauszubekommen, wann die Zeit zum Gehen ist, sagen: „Ich glaube, ich bin lange genug hier gewesen.“ Wenn der Patient dem nicht widerspricht, ist es gut, sich zu verabschieden, außer er äußert: „Nein, bleib doch bitte noch.“

Im allgemeinen gibt die Familie dem Krebskranken die entscheidende soziale Unterstützung. In der klinischen Praxis erfahren wir immer wieder, wie die nächsten Angehörigen den Kranken intensiv begleiten und wie in diesem gemeinsamen Tragen die eigentliche soziale Unterstützung geschieht. Rait u. Lederberg (1989) unterscheiden 5 Kategorien familiärer Unterstützung:

1. Emotionale Unterstützung. Obwohl die Familienmitglieder selber betroffen sind, wird von ihnen erwartet (z. B. vom Behandlungsteam) und stellen sie an sich selbst die Erwartung, die eigenen Gefühle zurückzustellen und den Patienten zu unterstützen. In einer Befragung äußerten sogar krebskranke Jugendliche, daß sie sich am stärksten von den Müttern, dann von den Vätern, dem Behandlungsteam und zuletzt von den Geschwistern unterstützt fühlten, während die sonst wichtige Gleichaltrigengruppe überhaupt keine Rolle spielte.

2. Die Familie als Mitträger von Behandlungsentscheidungen. Da oft schwerwiegende Entscheidungen getroffen werden müssen und der Patient dabei überfordert sein kann, entlastet die Familie den Krebskranken durch Mitüberlegen und Mittragen von Behandlungsentscheidungen. Voraussetzung dafür ist, daß die Angehörigen von seiten der Behandler in die Information und die Entscheidungsfindung miteinbezogen werden.

3. Die Familie als unmittelbarer Ort der Pflege und Betreuung des Krebskranken.

4. Die Familie als Träger finanzieller, beruflicher und sozialer Belastungen als Konsequenzen der Krebserkrankung.

5. Die Familie als Garant der Stabilität inmitten von Veränderung. Die Familie muß in allen Phasen der Erkrankung und Behandlung ihren Aufgaben (wie Erziehung, Ernährung, finanzielle Stabilität) nachkommen. Die Erfüllung dieser Aufgaben ist neben der direkten Patientenpflege entscheidend für die Entlastung und das Wohlbefinden des Krebskranken. Neben dieser Sicherung der Alltagsaufgaben gibt die Familie, die durch die Krebserkrankung vor immer neue Anforderungen gestellt wird, gerade dadurch Stabilität, indem sie sich den immer wieder neuen Anforderungen flexibel anpaßt.

Zusammenfassend läßt sich sagen, daß soziale Unterstützung eine wichtige Komponente für das Bewältigungsverhalten darstellt. Das für den Kranken bedeutsame Bezugssystem, sei es Familie, Partnerschaft oder Freundschaft, spielt dabei eine entscheidende Rolle.

Die Belastung der Angehörigen

Die Familienmitglieder können nicht nur in ihrer Funktion der Unterstützung des Krebskranken gesehen werden. Sie sind unmittelbar selbst belastet. In den letzten zwei Jahrzehnten wurde ihre direkte Betroffenheit verstärkt beachtet. Rait u. Lederberg (1989) bezeichnen die Familienmitglieder als „Patienten zweiter Ordnung".

Nach Wright u. Dyck (1984) sind die 4 hauptsächlichen Belastungen von Familienmitgliedern:

- Zukunftsangst,

- Problem, Informationen zu bekommen,
- Belastung, den Kranken leiden zu sehen,
- Belastung, nicht zu wissen, was als nächstes geschehen wird.

Ehe- oder Lebenspartner von Krebskranken erleben Belastungen in allen Stadien der Behandlung, aber auch in den erscheinungsfreien Intervallen.

Wellisch u. Mitarb. (1978) berichten von psychosomatischen Beschwerden wie Schlaf- und Eßstörungen sowie von sexuellen Problemen von Partnern brustamputierter Frauen. Die sexuellen Probleme spielen nur dann keine Rolle, wenn die intime Beziehung vor der Mastektomie für beide Partner zufriedenstellend war. Nach Lewis (1990) erleben die Ehepartner von Brustkrebspatientinnen unmittelbar eine existentielle Bedrohung durch die Krebserkrankung.

Nach Gotay (1984) ist die Tumorangst die stärkste Belastung für die Partner sowohl im Früh- als auch im Spätstadium einer Krebserkrankung.

Auch die Kinder sind sehr betroffen. Wie weit auch immer sie die Krebserkrankung in ihrer Bedeutung begreifen, sie erfahren die eingetretenen Veränderungen, das Fehlen des kranken Elternteils, das Überbeanspruchtsein des gesunden Elternteils und die Störungen im täglichen Ablauf. Die Belastungen des gesunden Elternteils wirken sich auf die Beziehung zu den Kindern aus und erschweren das Klarkommen der Kinder.

Das offene Gespräch mit den Kindern sowie die Erfahrung von Liebe, Zuwendung und Beruhigung ist entscheidend, um die Belastung der Kinder zu senken. Belastungen der Kinder können sich in Schulversagen, Schlafstörungen, Bettnässen, Eßstörungen, aggressivem Verhalten und Niedergeschlagenheit zeigen.

Je jünger die Kinder, um so größer sind deren Belastungen durch einen krebserkrankten Elternteil. Kinder, die über die Krankheit informiert wurden, zeigten weniger Angst als die nichtaufgeklärten Kinder (Rait u. Lederberg 1989). Die Bewältigung der Kinder hängt von der Qualität der elterlichen Beziehung und der gemeinsamen elterlichen Bewältigung ab.

Bei Jugendlichen und Heranwachsenden unterbricht die Krebserkrankung eines Elternteils ihren normalen Entwicklungsprozeß. Die Krankheit, z. B. der Mutter, zwingt die Jugendlichen in eine zentripetale (familienzentrierte) Richtung, die ihrer zentrifugalen („Von-der-Familie-weg"-)Tendenz zuwiderläuft. In dem Moment, in dem der Heranwachsende beginnt, sich emotional von der Familie zu lösen und seine eigene Identität zu entwickeln, erzwingen Krankheits- und Haushaltserfordernisse einen verstärkten Kontakt mit den Eltern. Jugendliche sind auch in der Gefahr, zu Ersatzpartnern gemacht zu werden.

Die Belastung der Gesamtfamilie

In einem erweiterten Verständnis ist neben dem Krebskranken und den Angehörigen die Familie als Einheit, als dynamischer Organismus unmittelbar als ganze betroffen und setzt sich mit der Krebserkrankung auseinander.

Die Krebserkrankung durchkreuzt das Leben aller Familienmitglieder und gefährdet die Integrität und das Funktionieren des Familiensystems. Erkrankung und Behandlung erzeugen Veränderungen der gewohnten Familienstruktur, stellen die Rollenverteilung in Frage und erfordern von der Familie Flexibilität und die Bereitschaft, eingefahrene Regeln und Beziehungsmuster zu verändern.

Ein Familiensystem, das leicht verletzbar, das unflexibel und dem ein Mangel an Verständnis zu eigen ist, kann sich möglicherweise nicht auf die Bewältigung einer Krebserkrankung eines seiner Mitglieder einstellen und wird mit der Aufgabe nicht fertig.

Die Aufrechterhaltung der Stabilität erfordert von der Familie eine hohe Fähigkeit zur Veränderung, um sich an die neuen Aufgaben anpassen zu können. Man könnte überspitzt sagen, daß die Veränderung das einzig Konstante in der Familie ist, weil die Krankheit den Patienten und seine Familie vor immer wieder neue Aufgaben stellt. Der Anspruch an die Familie – insbesondere an die mit Säuglingen, Kleinkindern und Schulkindern – ist sehr komplex und vielfältig. Sie muß zum einen auf die Erfordernisse der Krebserkrankung und Behandlung sowie deren langfristige Bewältigung eingehen, zum anderen muß sie im Haushalt die Ernährung und Versorgung der Familienmitglieder sicherstellen.

In der Broschüre „Coping with Cancer" (1982) des National Cancer Institute wird, basierend auf der Analyse von 100 Familien, ein Phasenmodell vorgestellt, das verschiedene Stadien von Familien mit einem Krebskranken beschreibt. Diese Phasen sind als Anhaltspunkte zu verstehen, erheben weder den Anspruch auf Vollständigkeit, noch müssen sie in der aufgeführten Reihenfolge auftreten:

1. Phase: Belastung und Erschütterung der ganzen Familie durch die Krebsdiagnose,
2. Phase: funktionaler Zusammenbruch der Familie, wenn Behandlungserfordernisse die Erfüllung von Familien- und Haushaltsverpflichtungen unmöglich machen,
3. Phase: Meinungsbildung und Suche nach Zusammenhängen, der Versuch, den Krebs verstandesmäßig zu erfassen,
4. Phase: Information Außenstehender, Umgang mit den emotionalen Reaktionen anderer und den Einmischungen von außen,
5. Phase: Ausleben von Gefühlen, zum Ausdruckbringen starker Gefühle, um kontaktfähig und mit sich selbst in Übereinstimmung bleiben zu können.

Wenn der Krebskranke zum Pflegefall wird, gibt es zwei weitere Phasen mit zusätzlichen Aufgaben für die Familie:

6. Phase: Umorganisieren innerhalb der Familie, um die verschiedenen Rollen erledigen und die zusätzlichen Aufgaben erfüllen zu können,
7. Phase: Wiederbeleben früherer Erfahrungen mit dem jetzt Krebskranken, um ihn nicht nur in der Rolle des Kranken wahrzunehmen, sondern seine ganze Persönlichkeit in das Leben mit dem Krebs zu integrieren.

Bestandsaufnahme: mangelnde Unterstützung der Krebskranken durch die Angehörigen und mangelnde Unterstützung der Familie durch die Behandler

Im akutstationären Bereich sind im allgemeinen zwei Defizite erfahrbar: Zum einen werden, von positiven Ausnahmen abgesehen, die Patienten nicht genug von ihren Familien unterstützt, zum andern bekommen die überforderten Angehörigen nicht die notwendige Unterstützung durch die Behandler.

In einer Studie zur Erfassung der psychischen Belastung von Ärzten und Krankenpflegekräften in onkologischen Kliniken in Bayern und Baden-Württemberg (Herschbach 1991) zeigte sich, daß beide Berufsgruppen unter anderem dadurch belastet sind, daß die Krebskranken nicht genug durch die Angehörigen unterstützt werden. Die Belastung durch „mangelnde Unterstützung der Patienten durch Angehörige" gehört für Ärzte und Pflegekräfte sowohl zu den am häufigsten genannten als auch zu den am meisten belastenden Einzelproblemen.

In einer eigenen Untersuchung zur Erfassung der psychosozialen Belastung von stationären Hautkrebspatienten (Strittmatter u. Mitarb. 1992), zeigte sich, daß 44% aller 852 befragten Kranken unter mangelnder sozialer Unterstützung leiden.

Fassen wir die dargestellten Ergebnisse der beiden Untersuchungen zusammen, so heißt das:

1. Pflegekräfte und Ärzte sind deutlich dadurch belastet, daß sie miterleben, wie Krebskranke von ihren Angehörigen nicht genug unterstützt werden. Mit anderen Worten: Die für die Patienten wichtigsten Berufsgruppen in der Klinik erkennen den dringenden Bedarf einer stärkeren Unterstützung der Krebskranken durch ihre Angehörigen.

2. Etwas weniger als die Hälfte aller stationären Hauttumorpatienten in einer Fachklinik bringen in einer Selbsteinschätzung ihre Belastung zum Ausdruck, daß sie von Menschen, die ihnen nahestehen, zu

wenig unterstützt werden und daß es ihnen schwerfällt, mit ihren nächsten Angehörigen über Sorgen und Ängste zu sprechen.

Auf dem Hintergrund der beiden vorhergehenden Abschnitte wird aber deutlich, daß diese lineare Betrachtungsweise, daß der Patient im allgemeinen nicht genug oder nicht richtig von seinen nächsten Angehörigen unterstützt wird, eine einseitige Sicht darstellt, da sie die Situation der Angehörigen nicht mit in den Blick nimmt. Die Angehörigen sind ihrerseits durch die Krebserkrankung ihres Familienmitgliedes sehr belastet. Sie sind überfordert, mit den eigenen Belastungen und Umstrukturierungen fertigzuwerden und gleichzeitig ihrem Kranken die richtige Unterstützung zu geben.

Jeder, der in einer Akutklinik arbeitet, weiß, wie wenig selbst in vorbildlich arbeitenden Kliniken die Angehörigen in die Gesamtbehandlung miteinbezogen und ihrerseits gezielt unterstützt werden. Was fehlt, ist die gezielte Unterstützung und Betreuung des unterstützenden Partners, des Sohnes oder der Tochter, von der Unterstützung der Gesamtfamilie ganz zu schweigen.

Der Angehörige entlastet im positiven Fall, wenn er seiner Betreuungsaufgabe nachkommt, durch sein Begleiten nicht nur den Kranken, sondern auch die Behandler. Er selbst aber muß mit der Klinikstruktur und den Stationsregeln, den Beziehungsdefinitionen der Behandler, der Not des Kranken, mit seinen eigenen Belastungen und der Familiensituation zu Hause fertigwerden. Diese Überforderung wird oft nicht wahrgenommen oder entsprechend abzufangen versucht. Im negativen Fall belastet der Angehörige entweder durch sein Nichtkommen oder durch die Art seines Auftretens den Kranken und/oder die Behandler zusätzlich. Dieses Verhalten wird auf Mitarbeiterseite oft zum Anlaß genommen, den Angehörigen abzuwerten oder „außen vor zu halten“. Stattdessen sollte es als Notsignal verstanden und als Hinweis für einen Unterstützungsbedarf gesehen werden. Ein Sicheinlassen der Mitarbeiter auf die Lebenssituation des Kranken und der Angehörigen und die Bereitschaft, über das eigene Verhalten nachzudenken, setzt bestimmte personelle und institutionelle Bedingungen mit Supervisionsstruktur voraus.

Je mehr Ebenen wir in den Blick nehmen, um so deutlicher werden die Belastungen aller Beteiligten, seien es Kranke, Angehörige und Behandler, und um so komplexer stellt sich die Gesamtsituation dar. Eine Lösung ist nicht zu erreichen, indem z. B. den Angehörigen noch mehr aufgebürdet wird.

Wenn auch die Angehörigen nach wie vor in ihrer Funktion der Unterstützung des Krebskranken gesehen werden dürfen, muß der Blick doch auf die Belastung aller Familienmitglieder und insbesondere der Gesamtfamilie erweitert werden. Diese neue Sicht, die Belastung, die Stabilisierung und die Entwicklungsfähigkeit des für den Kranken bedeutsamen Bezugssystems in den Blick zu bekommen, erfordert ein Umdenken und bedarf einer regelrechten Einübung.

Lösung: der familienzentrierte Ansatz, die Unterstützung der Gesamtfamilie

Im familienzentrierten Ansatz ist die Gesamtfamilie die zu betreuende Einheit und nicht der Patient, die Krankheit oder die einzelnen Familienmitglieder. Bei diesem Ansatz, den Rait u. Lederberg (1989) im Handbook of Psychooncology vorstellen, interessiert nicht so sehr der Einfluß des Krebses auf die Familie, sondern deren Management im Umgang mit der Krebserkrankung. Aus der Familientherapie sind dafür folgende Konzepte hilfreich:

1. Die Beachtung der Lebenszyklen von Familien:
Je nach Familienstadium (Neuvermählte, Familien mit Kleinkindern, Familien mit Heranwachsenden und jungen Erwachsenen, Familien im späteren Lebensalter) wirft die Krebserkrankung besondere Probleme auf und sind bestimmte Aufgaben zu erfüllen. Bei Jungverheirateten kann durch die Krebserkrankung eines Partners die Gefahr eines Rückfalls in elterliche Fürsorge und Abhängigkeit, verbunden mit einer Isolation des anderen Partners, entstehen. Bei einem Heranwachsenden kann sein Ablösungsprozeß von den Eltern abrupt unterbrochen werden, und schwere Abhängigkeits- und Autonomie-Konflikte können entstehen. Bei alten Eltern kann durch die Unmöglichkeit oder Nichtbereitschaft der jungen Familien, die erkrankten Eltern im eigenen Haushalt mitzupflegen, die Gefahr des Alleingelassen- und Nichtversorgtwerdens zur größten Belastung werden.

2. Der strukturelle Familienansatz:
Jede Familie hat eine komplexe Struktur. Sie bildet ein System, das aus Teilsystemen aufgebaut ist, die in Wechselbeziehung zueinander stehen. Ein stabiles Familiensystem erzeugt Voraussagbarkeit, Sicherheit und Zusammenhalt für die Familienmitglieder. Eine Krebserkrankung hat eine destabilisierende Wirkung. Manche Familien leugnen das, halten rigide an der alten Struktur fest und forcieren damit ineffizientes und zum Teil destruktives Verhalten ihrer Mitglieder. Andere Familien lösen sich auf und lassen die Mitglieder orientierungslos und jeder Struktur beraubt zurück.

Die ideale Eigenschaft eines Familiensystems ist eine angemessene Flexibilität, um sich den neuen Erfordernissen anpassen zu können. Dabei können die Umwandlungen und das Ausprobieren neuer Muster vorübergehende Überforderungen erzeugen. Das Pathologische liegt aber nicht in fremdartig wirkenden Verhaltensmustern, sondern darin, ob oder ob nicht die Familie in der Lage ist, sich zu verändern und sich den neuen Aufgaben anzupassen. Entscheidend ist die Veränderungs- und Anpassungskapazität einer Familie.

3. Die Bedeutung der Familientradition und der Familienwerte:
Da jede Familie ihre eigene Geschichte im Umgang mit wichtigen Ereignissen hat und bestimmte Überzeugungen und Mythen tradiert, ist deren

Kenntnis bedeutsam zum Verständnis der Reaktion der Gesamtfamilie. Das Verbalisieren der Vorerfahrungen, der zugrundeliegenden Auffassungen und unausgesprochenen Überzeugungen sowie die Unterscheidung zwischen Vergangenem und Gegenwärtigem können zum Abbau von Spannungen und zur Förderung angemessenen Verhaltens beitragen.

4. Das Zusammenwirken von Familien- und Behandlungssystem: Die Familie und das Behandlungsteam stehen in einer intensiven und komplexen Weise miteinander in Beziehung. Die Familie bringt ihre eigene Dynamik in die Behandlung ein und kann das Behandlungsteam in innerfamiliäre Konflikte verwickeln. Gleichzeitig reagiert sie stark auf die Verhaltensweisen der Behandler. Widersprüchlichkeiten der Behandler und unterschwellige Botschaften können das Familiensystem sehr belasten. Es ist wichtig, zu erkennen, welchen Anteil das Behandlungsteam am Fehlverhalten der Familie hat und auf welche Weise die Familie die Durchführung der Behandlung behindert.

Eine Studie von Pratt (1976, zit. nach Coping with Cancer 1982) an 273 Familien liefert Anhaltspunkte für eine gesunde Familienstruktur („energized family"). Folgende 4 Charakteristika werden als günstig angesehen, die Gesundheit der Familienmitglieder zu schützen sowohl im Hinblick auf den Umgang mit dem Krebskranken als auch im Hinblick auf die Interaktion der Familie mit dem Gesundheitssystem:

- ausreichende Außenkontakte zu anderen Gruppen und Gemeinschaftsorganisationen mit dem Ziel der eigenen Lebensmeisterung,
- fließende familieninterne Struktur einschließlich flexibler Rollenverteilungen, z. B. zur Führung des Haushaltes und zur Betreuung des Kranken,
- Machtteilung und Teilnahme jedes Familienmitgliedes an ihn selbst betreffenden Entscheidungen,
- hohes Ausmaß an Autonomie innerhalb der Familie und Beziehungen zwischen den Familienmitgliedern, die die persönliche Reifung des einzelnen unterstützen.

Wirsching (1990) beschreibt im Zusammenhang mit der Bewältigung einer Krebserkrankung 3 klinisch bedeutsame familiendynamische Kategorien:

- Zusammenhalt: Handelt es sich um eine Familie, in welcher das Zusammengehörigkeitsgefühl betont wird oder in der jeder mehr oder weniger seiner eigenen Wege geht (z. B. Ausmaß der geteilten Sorge)?
- Entwicklungsfähigkeit: Ist die Familie in der Lage, sich auf durch die Krankheit gestellte Entwicklungsaufgabe flexibel einzustellen und sich der notwendigen Veränderung anzupassen oder regrediert sie als ganze?
- Kommunikation: Wie geschieht die Verständigung in der Familie, wie ist der Austausch an Gedanken und Gefühlen, wird Kritik zugelassen oder vermieden? Wie offen ist die Kommunikation?

Das Ziel des familienzentrierten Ansatzes ist, die Familie zu befähigen, zu einer konstruktiven Bewältigung zu finden.

Drei Gründe können auf einen Unterstützungsbedarf von Familien hinweisen:

- Die Familie kommt der Patientenbetreuung nicht nach.
- Ein Familienmitglied dekompensiert, zeigt schwere Angst oder Depression oder äußert Suizidabsichten.
- Zwischen Patient, Familie und Behandlern bestehen erhebliche Spannungen.

Rait u. Lederberg (1989) formulieren ein dreistufiges Interventionsmodell zur Familienbetreuung von Krebskranken:

1. Sofortige emotionale Unterstützung der betroffenen Familie. Dazu gehört, die Berechtigung der Gefühle der Familie zu bestätigen und darauf hinzuweisen, daß ihre Erlebens- und Verhaltensweisen angemessene Reaktionen auf die Bedrohung durch die Krankheit sind.

2. Langfristige Förderung der Familie, zu wachsen und sich selbst zu unterstützen:

- durch Zurverfügungstellung von Aufklärungsprogrammen und Gesundheitserziehung,
- durch Förderung offener Kommunikation innerhalb der Familie, nicht nur zwischen den Eltern, sondern auch zu den Kindern,
- durch Förderung des wechselseitigen Verständnisses und der Zusammenarbeit zwischen Familie und Behandlungsteam,
- durch die Vermittlung von psychosozialen Dienstleistungen und Mobilisierung familienexterner sozialer Ressourcen.

3. In Einzelfällen die Durchführung einer Familientherapie zur Veränderung dysfunktionaler Familienstrukturen.

Lewis (1990) formuliert 9 familienzentrierte Unterstützungen:

1. informative Unterstützung: diagnostische und behandlungsbezogene medizinische Informationen (verbal und schriftlich);
2. Aufklärung über den Krankheitsverlauf und die zu erwartenden Symptome, um der Familie die Einordnung auftretender Symptome zu erleichtern (z. B. zur richtigen Einordnung von Müdigkeit, die aus der chemotherapeutischen Behandlung resultiert);
3. Anleitungen zum Verständnis und zum Umgang mit den Gefühlen des Krebskranken,
   - um den Patienten nicht unter Druck zu setzen, zu früh zur Alltagsroutine zurückzukehren,
   - um zu wissen, wie die Familienmitglieder den Kranken am besten unterstützen können,
   - um die emotionale Labilität des Patienten in ihrer positiven und bewältigungsbezogenen Funktion zu verstehen;

4. Aufklärung der Schulkinder über die Krankheit und Anleitung der Eltern, wie sie mit ihren Kindern über die Erkrankung sprechen können;
5. Unterstützung einzelner Familienmitglieder zur kognitiven Verarbeitung der Krankheit;
6. Unterstützung der Familie, Zugang zu Hilfsdiensten und Rehabilitationsangeboten zu finden;
7. Angebot krankheitsbezogener allgemeiner Übungsprogramme für die Bewältigung der Krebserkrankung (z. B. „I can cope“);
8. Angebot direkter Hilfe für einzelne Familienmitglieder zur Lösung alltäglicher Probleme wie Haushaltsführung, Kindererziehung und Konfliktlösung;
9. spezielle familientherapeutische Unterstützung hochgefährdeter Familien, deren Erhalt durch einen funktionalen Zusammenbruch akut bedroht ist.

Praktische Konsequenzen für die Akutklinik

Die Bedeutung der Krankheitsverarbeitung für die Lebensqualität des Krebskranken ist unumstritten. Diese Erkenntnis sowie die möglichen Auswirkungen des Bewältigungsverhaltens auf den weiteren Krankheitsverlauf machen die Notwendigkeit deutlich, den Kranken bei Bedarf gezielt zu unterstützen. Sinnvollerweise beginnt diese Unterstützung vom ersten Tag der Behandlung an. Die Qualität der präoperativen Aufklärung und Vorbereitung hat z. B. einen direkten Einfluß auf das Ausmaß der postoperativen Belastung. Die behandlungsintegrierte psychosoziale Unterstützung fördert nicht nur ein besseres Klarkommen des Krebskranken mit den Belastungen der stationären Behandlung, sondern legt die Grundlagen für das spätere Bewältigungsverhalten, z. B. fördert sie auch die Bereitschaft, nachsorgende Bewältigungshilfen in Anspruch zu nehmen. Der Grundgedanke dieses Ansatzes liegt in der Einbeziehung der psychischen und sozialen Realität des Krebskranken in den Behandlungsablauf. Durch dieses behandlungsrelevante Beachten seiner ganz persönlichen Auseinandersetzung mit Krankheit und Behandlung und der Rücksichtnahme auf seine Lebensrealität werden am ehesten die Kräfte und Ressourcen des Krebskranken und seiner Umgebung geweckt. Dies ist um so bedeutungsvoller, als die Patienten in Zukunft länger mit der Krankheit leben und die Krebserkrankung mehr zu einer „Zuhause-Krankheit“ (van Dam 1991) geworden ist.

Damit die wichtige Unterstützung der Bewältigung des Krebskranken vom Beginn der Behandlung an gelingt, müssen die Behandler lernen, den Kranken im Kontext seines persönlichen Lebenszusammenhangs und in Wechselbeziehung zu seinen nächsten Bezugspersonen zu sehen.

Das heißt konkret, den Krebskranken gezielt zu unterstützen, setzt voraus:

- ihn in seinen Belastungen und Belangen wahrzunehmen,
- die nächsten Angehörigen in ihrer Mitbetroffenheit und ihren eigenen Belastungen zu erkennen,
- den Krebskranken und seine Angehörigen in ihrem gemeinsamen Bezugssystem, sei es Kernfamilie, Herkunftsfamilie oder Freundschaftsbeziehung, zu sehen,
- die Bedeutung der Stabilität sowie der Veränderbarkeit und Anpassungsfähigkeit dieses Systems in bezug auf die Krankheits- und Lebensbewältigung der Hauptbeteiligten anzuerkennen
- und ein Gefühl und ein Verständnis für das Ineinandergreifen des Familien- und des Behandlungssystems zu bekommen.

Der familienzentrierte Ansatz ist nicht nur eine neue Sicht- und Verständnisweise. Er beinhaltet konkrete Konsequenzen:

1. Die nächsten Angehörigen, zumindest der Partner oder der Freund, müssen von Anfang an und bei allen Schritten in die Behandlung miteinbezogen werden. Zumindest muß der Kranke auf sein Recht verwiesen und ihm nahegelegt werden, die nächsten Bezugspersonen in die Behandlung miteinbeziehen zu können.

2. Von seiten der Behandler muß alles getan werden, um das für den Krebskranken bedeutsame Bezugssystem zu stützen, und alles vermieden werden, was dieses System belasten könnte, z. B. dürfen keine widersprüchlichen Informationen an die Beteiligten gegeben werden. Auch darf den Angehörigen nicht mehr Information gegeben werden, als dem Patienten selbst. Man würde sonst nicht nur den Angehörigen die Last aufbürden, mehr zu wissen als der Patient und ihnen damit einen Teil der ärztlichen Verantwortung übertragen, sondern damit gleichzeitig einen Keil zwischen Angehörige und Patienten treiben.

3. Bei Belastungen und Überforderungen des Bezugssystems des Kranken, sei es erkennbar

- durch Vernachlässigung der Betreuung des Patienten,
- durch Überforderung und Überlastung eines Familienmitgliedes
- oder durch auftretende Spannungen zwischen Krankem, Familienmitgliedern und Behandlungsteam,

müssen die jeweiligen Symptome als Signal für den Unterstützungsbedarf verstanden und entsprechende Hilfen eingeleitet werden.

4. Entscheidend ist, eine offene und direkte Kommunikation zwischen dem Kranken und den Familienmitgliedern zu ermöglichen bzw. zu fördern. Der häufig von Krebskranken geäußerte Satz: „Ich muß für meine nächsten Angehörigen stark sein“, bringt die Not zum Ausdruck, die Sorgen nicht teilen und nicht über das, was am meisten belastet, sprechen zu können. Hier müssen die Behandler Vermittler sein, das Unaus-

gesprochene zur Sprache bringen und durch die Ermöglichung des geteilten Leides zur Stärkung der Partnerbeziehung und des familiären Zusammenhaltes beitragen.

In der klinischen Praxis sind in diesem Bereich gerade bei Menschen mit progredientem Krankheitsverlauf die meisten familienzentrierten Unterstützungen notwendig. Wie oft erleben wir, daß der Krebskranke seine Nöte für sich behält, sich in Gegenwart des Partners oder der Kinder zusammenreißt und aus dem Gefühl heraus, die Angehörigen nicht zusätzlich belasten zu dürfen, seine Angst vor dem Sterbenmüssen oder seinen Wunsch, sich nicht mehr behandeln lassen zu wollen, verschweigt. Auf der anderen Seite sind die Angehörigen selbst auch belastet, lenken aber von den schweren Themen ab und bringen zum Ausdruck, daß die Krankheit geheilt werde, weil sie aus einem falschen Verständnis heraus glauben, der Kranke würde sich aufgeben, wenn sie sich auf die belastenden Themen einlassen würden. Die Angehörigen haben zwar ein gutes Ziel, sie wollen um keinen Preis die Hoffnung aufgeben, der Kranke aber fühlt sich dabei unverstanden und in seiner Not alleingelassen. Bei diesem Beispiel wird deutlich, wie beide Seiten gleichermaßen die belastende Situation aufrechterhalten, die durch innere Not und Einsamkeit sowie Sprachlosigkeit in bezug auf die eigentlich belastenden Themen geprägt ist. Hier geht es darum, einen Weg zu finden, wie man miteinander über das Belastende sprechen kann. Durch das direkte Ansprechen beider Seiten, das Anerkennen der positiven Motive beider Haltungen, die mit bester Absicht das Familiensystem stabilisieren wollen, und den aufklärenden Hinweis, daß das Darüber-Sprechen kein Aufgeben, sondern Teilen und Gemeinsam-Tragen bedeutet, können die sich blockierenden Kräfte freigesetzt werden.

5. Stabilisierend ist auch, wenn die Behandler bei Bedarf die Berechtigung der Gefühle und Verhaltensweisen des Kranken den Familienmitgliedern gegenüber bestätigen und umgekehrt die Gefühle und Verhaltensweisen der Familienmitglieder dem Krebskranken gegenüber verständlich machen. Für die Familie bisher ungewohnte, unbekannte oder tabuisierte Gefühle und Verhaltensweisen werden so als normale und berechtigte Reaktionsweisen auf die durch die Krebserkrankung erfahrene Bedrohung und Lebensveränderung verstanden. „Ungute" Gefühle, Hilflosigkeit, Ängste, auch Aggressivität sowie Aufgeben- und Weglaufenwollen, von wem auch immer sie erlebt werden, dürfen sein und werden verständlich zur Sprache gebracht. Schwieriges Verhalten der Kinder wird nicht abgewertet, sondern als Hilferuf verstanden. Der Krebskranke soll beim Ausdruck von Ärger und Aggressivität nicht zurechtgewiesen, sondern verstanden werden. Damit die Angst vor dem Weiterschreiten des Tumors nicht lähmt, muß sie ausgedrückt werden können. Auch Belastungen, Überforderungen und Ambivalenzen der Angehörigen sind normal.

Dieses Vorgehen stabilisiert zum einen das Familiensystem, indem es jedem Familienmitglied Berechtigung zuspricht, indem gegenseitige Enttäuschungen verhindert und Schuldgefühle abgebaut werden. Zum andern fördert es die Entwicklungsfähigkeit der Familie, indem diese erlebt, auch ungewohnte Erlebens- und Verhaltensweisen integrieren zu können.

6. In Situationen, in denen der Kranke massiv durch die Angehörigen belastet wird, darf nicht abgewartet werden, ob sich eine Veränderung von seiten der Familie einstellt. Hier muß eine Vertrauensperson aus dem Behandlungsteam eindeutig für die Belange des Kranken eintreten. Die Kunst dabei besteht darin, trotz Parteiergreifung für den Kranken die Beziehung zu den Angehörigen zu halten und sie mit kompetentem Auftreten dazu zu bringen, sich auf eine Verhaltensänderung einzulassen.

7. Die Förderung einer offenen, das Familiensystem stabilisierenden Kommunikation setzt voraus, daß alle wichtigen Informationen möglichst von dem Arzt mitgeteilt werden, zu dem der Patient und die Familie Vertrauen haben. Diese Informationen dürfen nicht zwischen Tür und Angel, nicht im Beisein von Mitpatienten und auch nicht im Rahmen einer Visite gegeben werden. Die Mitteilung einer Diagnose oder eines Behandlungsvorschlags soll nach Möglichkeit in Anwesenheit eines Angehörigen und/oder eines vertrauten Betreuers erfolgen, um mit dem Kranken hinterher noch einmal in Ruhe darüber sprechen zu können. Im Anschluß an eine Diagnoseeröffnung soll ein differenzierter Therapievorschlag erfolgen. Ein bloßer Verdacht auf belastende Befunde sollte, um unnötige Belastungen zu vermeiden, zuerst abgeklärt und dann erst mitgeteilt werden. Zum Abschluß eines inhaltlich belastenden Gespräches soll die Möglichkeit eines weiteren Gespräches angeboten werden. Jedes aufklärende Gespräch mit dem Kranken und/oder einem Familienmitglied oder der gesamten Familie muß immer die Möglichkeit für Hoffnung lassen. Ein schwerer Fehler wäre, zu sagen: „Ich kann nichts mehr für Sie tun!“ Ein anderer Fehler wäre, eine zeitliche Angabe über die Überlebensdauer des Kranken zu machen (Holland u. Rowland 1989).

8. Auch im familienzentrierten Ansatz, bei dem die Gesamtfamilie die zu betreuende Einheit darstellt, ist die Arzt-Patient-Beziehung ein entscheidendes Teilsystem. Eine tragfähige Arzt-Patient-Beziehung stärkt nicht nur den Kranken, sondern fördert auch das Vertrauen der Angehörigen in die Behandlung und verleiht dem Gesamtsystem Stabilität. Die Arzt-Patient-Beziehung soll dabei geprägt sein vom Stil des „informed consent“, dem Konzept der geteilten Verantwortung (Verres 1986, Holland u. Rowland 1989). Vom Kranken wird nicht Mitmachbereitschaft (Compliance-orientierter Behandlungsstil) verlangt, vielmehr wird er in seiner Mitverantwortung angesprochen, indem Vor- und Nachteile der Therapieentscheidungen gemeinsam abgewogen werden und

ein Konsens erzielt wird. Diese grundlegende Beziehung zwischen Krebskrankem und Arzt begünstigt eine realitätsgerechte Anpassung des Kranken und des Gesamtsystems an die Erfordernisse der Krankheit und Behandlung, d. h., sie fördert die Krankheitsverarbeitung der Beteiligten.

Auch eine begründete Entscheidung gegen eine bestimmte Behandlung wird hier vom Arzt mitgetragen (Strittmatter 1990 a). Weil dadurch der Kranke nicht mehr in die Rolle eines Verweigerers zu kommen braucht, werden wichtige Energien, die sonst in Enttäuschungen, Abwertungen und Abgrenzungen verbraucht worden wären, für die Bewältigung der nächsten Schritte freigesetzt.

Auch beim Fortschreiten der Krankheit kommt im Spannungsfeld zwischen Hoffnung und Resignation der positiv erlebten Beziehung des Kranken zum behandelnden Arzt eine das Bezugssystem stabilisierende Bedeutung zu.

9. Eine offene Kommunikation zwischen Patient und Angehörigen kann nur gelingen, wenn auch zwischen Patient, Familie und Behandlern eine direkte und offene Kommunikation praktiziert wird. So wie der Kranke allein, braucht auch die Gesamtfamilie zu ihrer Stabilisierung eine gute Beziehung zum Behandlungsteam und insbesondere zum behandelnden Arzt, zu dem sie Vertrauen haben und mit dem sie über alles sprechen möchte. Das setzt voraus, daß die Familienmitglieder von seiten der Behandler direkt angesprochen, zu gemeinsamen Gesprächen eingeladen und aufgefordert werden, ihre Sorgen und Anliegen direkt zu formulieren. Gleichzeitig sollen die Familienmitglieder krankheits- und behandlungsbezogene Informationen unmittelbar vom zuständigen Arzt in Gegenwart ihres Kranken erfahren. Direktes und häufiges Sprechen ist deshalb auch wichtig, um der Gefahr vorzubeugen, daß nebenbei geäußerten Worten der Behandler von seiten der Familie falsche Bedeutung beigemessen wird und Nuancen in ihren Mitteilungen als heimliche Botschaften mißinterpretiert werden.

10. Sobald Spannungen zwischen Krebskrankem, Familie und Behandlern spürbar werden, seien es Konflikte, Vorwurfshaltungen, Reserviertheiten, betretenes Schweigen, gereizte Stimmungen, Rückzugstendenz oder aggressives oder in anderer Weise auffälliges Verhalten, muß sofort ein Gespräch mit den Beteiligten zum Schutz des Krebskranken, zur Entlastung der Gesamtfamilie oder zur Bereinigung der Atmosphäre zwischen Familie und Behandlern durchgeführt werden. Konflikte sind direkt und offen anzusprechen, unterschwellige Probleme explizit zu machen. Die Initiative für die Gespräche muß dabei vom Behandlungsteam in einer einladenden und vertrauensbildenden Weise ausgehen. Solche Gespräche sind auch indiziert, wenn z. B. auf seiten der Schwestern Gereiztheiten der Familie gegenüber auftreten. Ein psychoonkologisch geschulter Mitarbeiter sollte diese Gespräche in die Hand nehmen und die

jeweils Beteiligten zur Stabilisierung des Familie und Behandler umfassenden Gesamtsystems an einen Tisch bringen.

11. Dieser familienzentrierte Ansatz ist nur zu leisten, wenn das Behandlungsteam auch unterstützt wird. Dazu gehört es,

- die Mitarbeiter von fachfremden Verwaltungs- und Büroaufgaben zu entlasten,
- den Mitarbeitern ihre tägliche Pause (außerhalb der Station) zu ermöglichen,
- wöchentlich (mindestens) eine Mitarbeiterbesprechung auf der Station durchzuführen.

Wichtig für die Station ist eine angstfreie Atmosphäre unter den Mitarbeitern. Beziehungskonflikte unter den leitenden Ärzten müssen soweit geklärt sein, daß die Stationsmitarbeiter dadurch nicht belastet werden und diese wissen, an wen sie sich zu halten haben.

Inhaltlich wichtig für die Mitarbeiter sind Informationen über die Familienstruktur, Stärken und Besonderheiten der Familie, um die Reaktionsweisen der Familienmitglieder verstehen zu können. Entscheidend ist, daß die Mitarbeiter teamintern die Möglichkeit haben, ihre eigenen Gefühle und Auffassungen offen ausdrücken und besprechen zu können. Notwendig ist die Bereitstellung einer externen Supervision für das Behandlungsteam.

Literatur

Baider, L., A. Kaplan De-Nour: Couples reactions and adjustment to mastectomy. Int. J. Psychiat. Med. 14 (1984) 265–276

Baider, L., A. Kaplan De-Nour: Die Rolle des Ehepartners als emotionale Stütze des Krebspatienten. In Koch, U., F. Potreck-Rose: Krebsrehabilitation und Psychoonkologie. Springer, Berlin 1990 (S. 38–47)

Buddeberg, C.: Brustkrebs. Psychische Verarbeitung und somatischer Verlauf. Schattaner, Stuttgart 1992

Cassileth, B. R., E. J. Lusk, A. N. Tenaglia: Patients perceptions of the cosmetic impact of melanoma resection. Plast. reconstr. Surg. 71 (1981) 73–75

Cohen, J., J. W. Cullen, L. R. Martin: Psychosocial Aspects of Cancer. Raven, New York 1982

Coping with Cancer: A resource for the health professional. National Institutes of Health Publication No. 82-2080, reprinted September 1982

van Dam, F.: Implikationen psychoonkologischer Forschung für die klinische Praxis. Vortrag auf dem Symposium: Das biopsychosoziale Modell der Medizin: Exemplarische Forschungsfelder, Universitätskrankenhaus Hamburg-Eppendorf, 18. Januar 1991

Filipp, S.-H., T. Klauer: Ein dreidimensionales Modell zur Klassifikation von Formen der Krankheitsbewältigung. In Kächele, H., W. Steffens: Bewältigung und Abwehr. Springer, Berlin 1988 (S. 51–68)

Gerdes, N.: Der Sturz aus der normalen Wirklichkeit und die Suche nach Sinn. In: Ergebnisbericht der

2. Jahrestagung der Deutschen Arbeitsgemeinschaft für Psychoonkologie, Bad Herrenalb, 1.–4. November 1984 (S. 28 –56)

Gotay, C. C.: The experience of cancer during early and advanced stages: the views of patients and their mates. Soc. Sci. 18 (1984) 605–613

Greer, A. S., T. Morris, K. W. Pettingale: Psychological response to breast cancer: effect on outcome. Lancet 13 (1979) 785–787

Hasenbring, M.: Krankheitsverarbeitung bei Krebs. In Kächele, H., W. Steffens: Bewältigung und Abwehr. Springer, Berlin 1988 (S. 105–132)

Heim, E.: Coping and Adaptivität: Gibt es geeignetes oder ungeeignetes Coping? Psychother. Psychosom. med. Psychol. 38 (1988) 8–18

Helmkamp, M., H. Paul: Psychosomatische Krebsforschung. Eine kritische Darstellung ihrer Ergebnisse und Methoden. Huber, Bern 1984

Henrich, G., A. Sellschopp, M. Beutel: Verknüpfung von ambulanter und stationärer Behandlung durch Förderung der Beziehung zwischen Krebskranken und sozialem Umfeld im Rahmen einer onkologischen Tagesklinik. In Koch, U., F. Potreck-Rose: Krebsrehabilitation und Psychoonkologie. Springer, Berlin 1990 (S. 245–254)

Herschbach, P.: Psychosoziale Probleme und Bewältigungsstrategien von Brust- und Genitalkrebspatientinnen. Röttger, München 1985

Herschbach, P.: Psychische Belastung von Ärzten und Krankenpflegekräften. VCH, Weinheim 1991

Holland, J. C., J. H. Rowland: Handbook of Psychooncology. Oxford University Press, New York 1989

Kächele, H., W. Steffens: Bewältigung und Abwehr. Springer, Berlin 1988

Lewis, F. M.: Strengthening family supports. Cancer 65 (1990) 752–759

Morris, T., K. Pettingale, J. Haybittle: Psychological response to cancer diagnosis and disease outcome in patients with breast cancer and lymphoma. POJCEE 1 (2) (1992) 105–114

Pratt, L.: Family Structure and Effective Health Behavior: The Energized Family. Houghton Mifflin Company, Boston 1976

Rait, D., M. S. Lederberg: The family of the cancer patient. In Holland, J. C., J. H. Rowland: Handbook of Psychooncology. Oxford University Press, New York 1989 (pp. 585–597)

Rogentine, G. N., D. F. von Kammen, B. H. Fox, I. P. Dochery, I. E. Rosenblatt, S. C. Boyd, W. E. Bunney: Psychological factors in the prognosis of malignant melanoma: a prospective study. Psychosom. Med. 41 (1979) 647–655

Rowland, J. H.: Interpersonal resources: social support. In Holland, J. C., J. H. Rowland: Handbook of Psychooncology. Oxford Uiversity Press, New York 1989 (pp. 58–71)

Rüger, U., A. F. Blomert, W. Förster: Coping: Theoretische Konzepte, Forschungsansätze, Meßinstrumente zur Krankheitsbewältigung. Vandenhoeck u. Ruprecht, Göttingen 1990

Sabo, D., J. Brown, C. Smith: The male role and mastectomy: support groups and men's adjustment. J. psychosoc. Oncol. 4 (1986) 19–31

Schulz, K.-H., M. von Kerekjarto, H. Schulz, O. Schulz, G. Kastner: Der Krebskranke in seiner Familie: wechselseitige Belastung und Unterstützung. Psychosoziale Bedingungen und Auswirkungen ambulanter Tumortherapie. In Koch, U., F. Potreck-Rose: Krebsrehabilitation und Psychoonkologie. Springer, Berlin 1990 (S. 255–265)

Spiegel, D., J. Bloom, H. Kraemer, E. Gottheil: Effect of psychosocial treatment on survival of patients with metastatic breast cancer. Lancet (1989) 888–891

Strittmatter, G.: Anpassung und Verweigerung in der Akutphase der Krebserkrankung. In Strittmatter, G.: Ergebnisbericht der 5. Jahrestagung der Deutschen Arbeitsgemeinschaft für Psychoonkologie, 17.–20. Juni 1987. Münster 1990a (S. 33–60)

Strittmatter, G.: Psychosoziale Probleme bei Hauttumorpatienten und deren Bewältigung. Kampf d. Krebs 25 (1990b) 227–240

Strittmatter, G.: Bewältigung der Krebserkrankung aus psychologischer Sicht. Heilkunst 103 (1990c) 442–451

Strittmatter, G., R. Mawick, M. Tilkorn: Differentiated assessment of distress as indication of psychosocial interventions for skin-tumor patients. J. Cancer Res. clin. Oncol. 118, Suppl. (1992) R 66

Strittmatter, G.: Psychosoziale Belastungen und Betreuungsbedarf bei stationären Hauttumorpatienten. In Schwarz, R., S. Zettl: Praxis der psychosozialen Onkologie: Versorgungsangebote für Klinik, Praxis und häusliche Pflege. Psychosoziale Onkologie, Bd. 2. Verlag für Medizin, Heidelberg 1993

Verres, R.: Krebs und Angst: subjektive Theorien von Laien über Entstehung, Vorsorge, Früherkennung, Behandlung und die psychosozialen Folgen von Krebserkrankungen. Springer, Berlin 1986

Watzlawick, P., J. H. Beavin, D. D. Jackson: Menschliche Kommunikation: Formen, Störungen, Paradoxien. Huber, Bern 1969

Weismann, A. D., J. W. Worden: Psychological analysis of cancer deaths. Omega 6 (1975) 61–75

Wellisch, D. K., K. R. Jamison, R. D. Pasnau: Psychological aspects of mastectomy: II. The man's perspective. Amer. J. Psychiat. 135 (1978) 543–546

Wirsching, M.: Krebs – Bewältigung und Verlauf. Springer, Berlin 1990

Wright, K., S. Dyck: Expressed concerns of adult cancer patients family members. Cancer Nurs. 7 (5) (1984) 371–374

Ziegler, G.: Psychosomatische Aspekte der Onkologie. Institut für Psychosomatische Forschung, Stuttgart 1984

Ziegler, G., R. S. Jäger, I. Schüle: Krankheitsverarbeitung bei Tumorpatienten. Enke, Stuttgart 1990

Bewältigungshilfen bei krebskranken Kindern und deren Familien

S. Kochendörfer und D. Niethammer

Einleitung

Noch vor 15 Jahren bedeutete die Diagnose einer Krebserkrankung bei einem Kind den Beginn der Ausweglosigkeit, den Beginn des Sterbens. Heute können mit den modernen Methoden der Chemotherapie, Bestrahlung und Operation $^2/_3$ der neuerkrankten Kinder von ihrem Krebsleiden geheilt werden. Die Therapie ist aber meist äußerst eingreifend und belastend für das Kind, seine Eltern und auch für seine Geschwister. Die Manifestation der Erkrankung bedeutet immer, daß das Kind lebensbedrohlich erkrankt ist, auch wenn die Hoffnung auf Überleben – laut Statistik – groß sein darf.

Eine optimale medizinische Versorgung ist heute in den Behandlungszentren gewährleistet. Eine Medizin, die sich als ganzheitlich verstehen will, erfordert aber genauso, sich mit den psychologischen und sozialen Folgen, die eine solche Erkrankung für die Familien bedeutet, zu befassen. Es ist notwendig, den betroffenen Familien über die medizinische Behandlung hinaus Hilfe und Unterstützung anzubieten, sie zu begleiten.

Nur wenn die kranken Kinder wieder erfolgreich in ihren Alltag integriert werden können, wenn wir verhindern können, daß Familien unter der Last der Erkrankung auseinanderbrechen, wenn Lebenspläne nicht zerstört werden, dann ist die Kinderonkologie wirklich erfolgreich.

Aber auch denen muß die Kinderonkologie beistehen, denen sie nicht zum Überleben verhelfen kann, muß versuchen, die Not der Angehörigen zu lindern, und darf sie in den schlimmen Zeiten mit ihrer Verzweiflung nicht allein lassen.

Der Beginn der Erkrankung

Das krebskranke Kind

Das krebskranke Kind wird durch seine Erkrankung plötzlich aus seiner gewohnten Umgebung gerissen, es wird damit konfrontiert, daß auf seinen Körper kein Verlaß mehr ist, daß es lebensbedrohlich erkrankt ist. Auch ohne daß wir das dem Kind mitteilen müssen, weiß es um diese Bedrohung. Es sieht die anderen Kinder auf der onkologischen Station und zieht Rückschlüsse. Die sorgenvollen, überaktiven Ärzte signalisieren dies genauso klar wie die für die Kinder erschreckende Veränderung im Verhalten der Eltern. Diese glauben oft, sie könnten ihre Angst vor.den Kindern verbergen. Dies ist eine Selbsttäuschung, die helfen soll, Haltung in dieser Krisensituation zu bewahren.

Das Kind sieht die Veränderung im Gesicht und hört die erzwungene Tapferkeit in der Stimme der Eltern; beides paßt nicht zum beruhigenden Inhalt des Gesagten. Kinder spüren diese Dissonanz, haben aber nicht genug Lebenserfahrung, um damit umzugehen. Das Verhalten der Erwachsenen, die ganze Situation ist für sie äußerst bedrohlich. Kinder können viel verkraften, wenn sie sich auf andere Menschen, besonders ihre Eltern, verlassen können. Gerade diese Verläßlichkeit geht jedoch am Anfang einer Krebserkrankung verloren.

Die Eltern

Die Eltern sind gelähmt von der Angst, daß der Verdacht sich als wahr erweist, ihr Kind habe Krebs. Manche Eltern ahnen dies, gehen gedanklich schon damit um, andere verdrängen mit aller Macht diese schlimme Vorstellung. Die erste Reaktion auf die Diagnosemitteilung ist häufig ein Nicht-wahrhaben-Wollen, die Hoffnung, der Arzt könne sich irren.

Eltern, deren Kind neu erkrankt ist, fallen auf den onkologischen Stationen sofort ins Auge. Ihr Verhalten, ihre Mimik machen die Angst spürbar, die Angst vor dem Schlimmsten, was Eltern widerfahren kann, davor, ihr Kind zu verlieren. Eltern zeigen in dieser Phase der Erkrankung ihres Kindes alle Anzeichen eines Schocks, einer schweren Krise.

Das kranke Kind, die Eltern und die Geschwister brauchen Zeit, um mit diesem Einschnitt, mit dem Verlust des gewohnten Lebens, zurechtzukommen. Die Erwartung, daß Eltern und Kind sich sofort dem Klinikalltag entsprechend verhalten, ist eine Überforderung – ist doch für sie nichts mehr planbar, ist ihnen doch der Boden unter den Füßen weggezogen.

Es muß zunächst alles getan werden, um der erlebten Hilflosigkeit der Eltern entgegenzuwirken, ihre Autonomie wieder herzustellen und sie so wieder zu verläßlichen Partnern für ihr krankes Kind zu machen.

Eine Mitaufnahme eines Elternteils, einer Bezugsperson, während der stationären Aufenthalte des Kindes ist deshalb unerläßlich. Eltern leiden sehr unter dem Gefühl, diese Krankheit nicht verhindern zu können, ihr Kind nicht davor bewahren zu können. Es ist deshalb für Eltern hilfreich, wenn sie die Möglichkeit haben, während schmerzhafter Eingriffe und Behandlungen dabei zu sein und ihrem Kind beizustehen. Jeder Mutter, jedem Vater tut es weh, ihr Kind leiden zu sehen. Für das Kind ist der elterliche Beistand in solchen Situationen jedoch existentiell. Wenn Kinder spüren, daß ihre Eltern sie nicht ausliefern, daß sie hinter der Behandlung stehen, Verantwortung dafür übernehmen, dann können die Kinder vieles besser aushalten.

Auch haben vor allem Mütter oft intuitiv ein Verhaltensrepertoire erworben, das dem Kind hilft, mit Schmerzen besser umgehen zu können – diese Ressourcen sollten unbedingt genutzt werden.

Noch vor 15 Jahren war es unerwünscht, daß Eltern auf den Kinderstationen tagsüber ihr krankes Kind betreuen. Heute gehört es auf onkologischen Stationen dazu, daß Eltern partnerschaftlich und kooperativ in die Pflege des Kindes mit einbezogen werden. Auch dies wirkt dem Gefühl des Ausgeliefertseins, der Machtlosigkeit entgegen und aktiviert Eltern und Kind, gemeinsam gegen die Krankheit zu kämpfen.

Die Diagnose – Mut zur Offenheit

Grundvoraussetzung für die Behandlung von Kindern mit Krebs – überhaupt aller kranken Kinder – ist Offenheit und der Mut zur Wahrheit aller an der Behandlung Beteiligten. Dies setzt den Grundstein für gegenseitiges Vertrauen, auf das die Behandlung aufbaut.

- Bei wichtigen Gesprächen über die Erkrankung und ihre Behandlung sollten beide Elternteile, Vater und Mutter, einbezogen sein. Auch das kranke Kind selbst sollte nie ausgeschlossen werden. Wir sollten erreichen, daß das Kind und seine Eltern dasselbe wissen. Es ist immer fatal, wenn Kinder, die genau spüren, wie es um sie steht, ihre Angst verbergen, um ihre Eltern zu schützen. Viel wichtige Energie geht bei diesem „Theater- und Versteckspielen“ verloren. Kinder leiden unermeßlich unter dieser Situation, sie vereinsamen innerlich, wenn sie es nicht wagen dürfen, ihre Gefühle und Phantasien aus Rücksicht auf die Eltern auszusprechen. Es ist eine der wichtigsten Aufgaben, das Gespräch zwischen Eltern und Kind zu fördern und zu erhalten.
- Manche Eltern bringen es nicht übers Herz, ihrem Kind die Wahrheit über seine Erkrankung zu sagen. Dies zu tun, im Beisein und mit dem Einverständnis der Eltern, ist dann die Aufgabe des Arztes. Das kranke Kind weiß dann, daß alle Beteiligten Bescheid wissen, es weiß dann auch, daß es erlaubt ist, über alles zu sprechen.

- Offenheit im Gespräch bedeutet, die Dinge beim Namen zu nennen, sie nicht unausgesprochen im Raum stehen zu lassen, auch wenn dies zunächst Angst macht: „Ja, Leukämie ist Krebs" und „... an Krebs können Kinder sterben." Hilfreich ist es oft, Bilder und Metaphern in die Sprache einzuführen, um Sachverhalte zu verdeutlichen. Man sollte aber nie vergessen, daß die meisten Kinder und Eltern sich nie zuvor mit diesem Thema beschäftigt haben.
- Ebenso muß man sich darüber im klaren sein, daß Eltern sich gerade am Beginn der Erkrankung ihres Kindes in einem schockähnlichen, oft als „tranceartig" beschriebenen Zustand befinden. Die Aufnahme und Verarbeitung von Informationen ist meist krisenhaft eingeschränkt. Auch wenn Eltern außerordentlich vernünftige Fragen stellen, verstehen sie am Anfang nur, daß ihr Kind todkrank ist. Mit viel Geduld müssen wichtige Informationen mehrmals wiederholt werden, der Arzt sollte sich behutsam vergewissern, was von den Eltern und dem Kind verstanden wurde. Es liegt auf der Hand, daß das Diagnosegespräch kein einmaliger Vorgang sein sollte, sondern ein Prozeß, in dem sich eine tragfähige Beziehung zur Familie entwickeln kann.
- Als sehr hilfreich hat sich erwiesen, wenn bei den Gesprächen mit dem kranken Kind und seinen Eltern sowohl der behandelnde Arzt als auch die zuständige Zimmerschwester und der die Familie betreuende psychosoziale Mitarbeiter einbezogen sind. Die Familie erlebt so, daß wir sie als Ganzes wahrnehmen, keinesfalls in ihnen nur den medizinischen Fall sehen. Sie erlebt, daß auch ihre Ängste, Aggressionen, Wut und Trauer hier einen Platz haben, ja akzeptiert werden, und daß auch dafür auf der Station jemand für sie da ist. Auch wird dadurch deutlich, daß es erwünscht ist, daß Eltern und Schwestern gemeinsam die Pflege des Kindes übernehmen, daß ihre Rolle als betreuender Vater oder Mutter wichtig und für das Kind von existentieller Bedeutung ist. Manche Eltern fühlen sich jedoch entlastet, wenn – und dies kann man absprechen – unangenehme Dinge wie das Verabreichen von Tabletten von den Schwestern übernommen werden.

Adoleszenten

Ein besonderes Problem bei der Behandlung sind die Adoleszenten. Ausgerechnet zu einem Zeitpunkt im Leben, an dem sie ihre Unabhängigkeit von den Erwachsenen entwickeln wollen und Pläne für die Zukunft schmieden, werden sie auf ein Stadium der Abhängigkeit zurückgeworfen, das sie schon verlassen haben. Mühsam gewonnene Freiheiten gehen durch das überfürsorgliche Verhalten der Eltern verloren. Regression der Adoleszenten zu präpubertärem Verhalten ist häufig verbunden mit grenzenlosem Zorn und ohnmächtiger Wut. Dies kann zu schweren Konflikten in der Familie führen. Die hauptleidtragende Person, wie bei allen chronisch kranken Kindern, ist fast regelhaft die Mutter. Ausgerechnet die Person, die alles für ihr krankes Kind zu tun bereit ist, bekommt den Zorn und die Aggressionen in voller Stärke zu spüren. Unbewußt spürt das Kind, daß die Mutter wohl der einzige Mensch ist, dessen Kapazitäten zum Verzeihen fast grenzenlos sind. Kinder haben durchaus die Möglichkeit, ihre Wut auch an Schwestern und Ärzten, an Vater und Geschwistern auszulassen. Sie ahnen aber, daß hier Grenzen gesetzt sind durch die Abhängigkeit vom Behandlungsteam wie auch von der begrenzten Bereitschaft dieser Personen, sich alles gefallen zu lassen.

Adoleszenten leiden besonders unter der Behandlung, die sie als Verletzung ihres Selbstbildes erleben, das ja in dieser Phase ihres Lebens so wichtig ist. Haarausfall, Operationen, Amputation sind massive narzißtische Kränkungen.

Auch im Klinikalltag sollte versucht werden, die Intimsphäre, die beginnende Sexualität der Adoleszenten zu schützen. Oft wird zu sorglos damit umgegangen, Zimmertüren stehen offen, viel wird fremden Blicken preisgegeben.

Mit älteren Kindern und Jugendlichen schließen wir einen Vertrag, als ein Zeichen, wie sehr wir sie ernst nehmen, in ihnen auch den verantwortlichen, erwachsenen Anteil sehen.

Die wesentlichen Punkte sind:
1. Wir werden dir immer alles erklären und nie lügen.
2. Du kannst immer fragen.
3. Wir werden dir immer sagen, was wir über den Stand deiner Krankheit wissen, auch wenn es schlimme Nachrichten sind.
4. Wir werden dich nicht allein lassen mit deinen Problemen.
5. Du wirst so wenig wie möglich im Krankenhaus bleiben.

Meint man dies ehrlich, so schafft man eine solide Basis auch für schlimme Zeiten, wie vor allem für das Sterben. Auch und gerade das muß man mit den Jugendlichen besprechen, wenn es wirklich soweit kommt.

Der Alltag mit dem krebskranken Kind

Die meisten Eltern finden nach dem anfangs erlebten Schock schnell zu einer realitätsgerechten Einstellung gegenüber der Krankheit und dem Leben mit dem kranken Kind. Das Kind braucht Normalität, es ist wichtig, daß alle Einschränkungen vermieden werden, die nicht unbedingt nötig sind. Kinder oder Jugendliche mit einem normalen Blutbild können, auch wenn sie in der Dauertherapie sind, durchaus schwimmen oder Ski fahren.

Zur Normalität gehören auch der Kindergarten und die Schule. Auf der Station muß es den kleineren Kindern ermöglicht werden, sich im Spielzimmer so zu beschäftigen, wie sie dies aus ihrem Heimatkindergarten kennen.

Auch ist es sinnvoll, dafür zu sorgen, daß Kinder in der Klinik Schulunterricht haben und daß ihnen während der Zeit, in der sie die Schule nicht besuchen dürfen, konsequent Hausunterricht erteilt wird. Ein früher und intensiver Kontakt zwischen Klinik und Heimatschule bewährt sich sehr. Die Unterrichtung der Lehrer über Art und Folgen der Krankheit ist wichtig. Nur dann können sie adäquat reagieren, und unsinnige, für das Kind schlimme Entscheidungen, wie das oft unnötige Zurückstellen vom Schulsport, unterbleiben.

Aber auch die Klasse muß informiert werden. Tut man dies nicht, muß man damit rechnen, daß das Kind von unwissenden Klassenkameraden gehänselt wird, daß es sich zurückzieht und zum Außenseiter wird. Das Kind muß die Chance bekommen, sich zu seiner Krankheit zu bekennen, dann ist auch die Möglichkeit groß, daß die Klassenkameraden zu ihm stehen und ihm helfen, wenn es von fremden Kindern oder Erwachsenen bedrängt wird.

Eines der schlimmsten Dinge, die einem Kind passieren können, ist, daß es zum Außenseiter gestempelt wird. Die Krebserkrankung birgt in dieser Hinsicht große Gefahren. Unnötige Rücksichtsmaßnahmen tragen ebenso dazu bei wie die unbegründete Angst vor Ansteckung, die Eltern gesunder Kinder dazu veranlaßt, ihrem Kind den Kontakt mit dem krebskranken Kind zu verbieten.

Die Familie

Die schwere Erkrankung eines Kindes belastet stets die ganze Familie und führt nicht selten zu gravierenden Störungen.

Am Anfang steht vor allem für die Mutter die Frage im Raum, wieweit sie als Eltern selbst Schuld an der Erkrankung ihres Kindes haben. Es gibt fast keine Mutter, die nicht ihre eigene, meist gänzlich irrationale Hypothese zur Ursache der Krebserkrankung ihres Kindes hat. Die Schuld kann eigentlich nur bei ihr selbst liegen, denkt manche Mutter, aber sie wagt es nicht, dies gegenüber dem Arzt auszusprechen. Auch wenn oftmals die Schuldgefühle nicht vollständig aus dem Weg geräumt werden können, so ist es doch wichtig, zuzuhören, zu verstehen und zu versichern, daß diese Krankheit durch sie, die Eltern, nicht hätte verhindert werden können. Dies entlastet und macht den Weg frei für adäquate Bewältigungsstrategien.

Die Ehe – die Partnerschaft

Väter neigen dazu, sich in den Beruf, in Geschäftigkeit und Aktivität zu flüchten, während die Frau, die Mutter, die Betreuung des kranken Kindes in der Klinik und später zu Hause übernimmt. Gerade auch dann, wenn die Behandlung des kranken Kindes zum gewohnten Gang des Alltags geworden ist, ist es unumgänglich, daß auch der Vater immer wieder in Gespräche und Entscheidungen vom Behandlungsteam miteinbezogen wird. Es ist oft viel einfacher, mit dem Elternteil zu reden, der gerade da ist. Für die Zukunft der Ehe der Eltern eines kranken Kindes bedeutet es aber viel, daß beide, Mutter und Vater, Situationen gemeinsam erleben, Entscheidungen gemeinsam fällen und tragen, auf demselben Informationsstand sind und so dieselben Startchancen für die Bewältigung der Krankheit haben.

Während der Behandlung des kranken Kindes sind Belastungen, die zu Störungen des Ehelebens in allen Bereichen führen, an der Tagesordnung. Die Ehepartner sind während der stationären Aufenthalte oft getrennt, Zeit zum Aussprechen ist knapp, die Angst um das Kind, der auf den Kopf gestellte Alltag machen gereizt. Es ist aber eher die Regel, daß darüber fast nie gesprochen wird. Der Kontakt zu anderen Betroffenen, beispielsweise in Elterngesprächsgruppen, entlastet, das gemeinsame Schicksal und die gemeinsamen Probleme schaffen schnell eine große Nähe.

Die Geschwister

Die durch die Erkrankung eines Kindes veränderte Familiensituation belastet auch die gesunden Geschwister stark. Verhaltensauffälligkeiten und Beziehungsprobleme sind eher die Regel als die Ausnahme. Die Geschwister erleben, wie das kranke Kind im Mittelpunkt der Sorge und Liebe ihrer Eltern steht. Sie fühlen sich ausgeschlossen, können nicht teilhaben an der Behandlung und sind oft über die Sorgen und Ängste ihrer Eltern, die sie spüren, nicht ausreichend informiert. Dazu kommen Schuldgefühle und Strafängste, die Angst, ebenfalls krank zu werden oder schuld an der Erkrankung ihres Geschwisters zu sein. Vermehrte Rücksichtnahme auf das kranke Geschwister wird gefordert, Zuwendung und Verwöhnung des kranken Kindes geben oftmals Anlaß zu Neid- und Eifersuchtsgefühlen. Es gehört zu den bedrohlichsten Dingen im Leben eines Kindes, daß es die Liebe seiner Eltern verlieren könnte. Oft wagen es die gesunden Geschwister nicht, dies auszusprechen. Verhaltensauffälligkeiten wie Wieder-Einnässen, Schulprobleme, Aggressionen und psychosomatische Symptome wie Bauchschmerz, Migräne u. ä. sind nichts anderes als Appelle an die Eltern, auch sie in ihrer Liebe nicht zu vergessen. Dies den Eltern behutsam bewußt zu machen, ohne

Schuldgefühle und ein schlechtes Gewissen zu wecken, ist eine wichtige Aufgabe.

Besuche der gesunden Geschwister im Krankenhaus, das bewußte Einbeziehen in Ambulanzbesuche wie auch gezielte Unternehmungen eventuell einzelner Elternteile mit den gesunden Geschwistern können wesentlich dazu beitragen, deutlich zu machen, daß die Liebe der Eltern ihnen noch genauso gehört wie vor der Erkrankung ihres Geschwisters.

Die Freunde, Bekannten und Verwandten

Große Verunsicherung entsteht für viele Familien durch Freunde, Bekannte und Verwandte. Die Zeitungen sind heute voll von mehr oder weniger zweifelhaften Therapievorschlägen, und die Eltern werden mit Ratschlägen oft bombardiert. Dies führt dann immer wieder zu massiven Verunsicherungen. Hier müssen die Ärzte von Anfang an klar machen, daß sie immer offen sind, wenn Eltern mit solchen Fragen kommen, die sie bewegen. In der Regel kommen sie mit nichts Neuem. Sollte dies wirklich einmal der Fall sein, sollte man versprechen, sich zu informieren.

Auch sollten Eltern dazu ermuntert werden, sich vor belastenden, verunsichernden Kontakten mit Verwandten und Freunden zu schützen, man sollte ihnen versichern, daß sie ein Recht auf Abgrenzung und Ruhe haben und dies allen, vor allem auch dem kranken Kind, zugute kommt.

Immer wieder berichten Eltern, daß sie der Erkrankung ihres Kindes auch positive Seiten abgewinnen, ihr so im Nachhinein einen Sinn geben. Sie leben bewußter, können Wesentliches und Unwesentliches besser trennen. Der Freundeskreis verändert sich, wird oft kleiner, und Freundschaften werden intensiver.

Das Ende der Therapie

Das Ende der Intensivtherapie, der letzte stationäre Klinikaufenthalt wird von den Familien oft herbeigewünscht und herbeigesehnt. Alle Hoffnungen, alle Erleichterung konzentriert sich auf diesen Augenblick. Der Wunsch nach einem wieder normalen, harmonischen Familienleben soll sich nun erfüllen. Und doch ist gerade dieser Zeitpunkt auch gekennzeichnet von Angst, Unruhe und Anpassungsproblemen. Das kranke Kind muß allmählich seine Sonderstellung aufgeben, sich wieder einfügen in die Familie, den Kindergarten oder die Schule. Eltern berichten in dieser Phase oft von Einschlafproblemen des Kindes, von exzessivem Geschwisterstreit und Schulproblemen. Die während der Intensivtherapie nicht zugelassene, verdrängte Angst tritt nun zutage, führt vor allem bei Müttern zu Müdigkeit, Depression und Gereiztheit. Die Sicherheit vermittelnde Betreuung der onkologischen Station fehlt, stürzt vor allem Mütter oft in eine tiefe Krise. Die Angst vor dem Wiederauftreten der Krankheit ist als stete Bedrohung spürbar. Sinnvoll in dieser Phase der Behandlung ist es, Eltern und Kinder weiter engmaschig in die ambulante Sprechstunde der Poliklinik einzubestellen und ihnen so die Möglichkeit zu geben, sich allmählich und behutsam von der Klinik abzunabeln.

Hilfe in dieser Phase bieten auch die eigens dafür eingerichteten Familienkuren. Hier können Familien nach Abschluß der Intensivtherapie und nach den ständigen Trennungen wieder zusammengeführt werden. Der berufstätige Vater, die gesunden Geschwister, die Mutter und das kranke Kind können hier endlich wieder eine komplette Familie sein, sich in einem entspannenden Umfeld wiederfinden und erholen. Das Zusammenleben und der intensive Kontakt mit anderen Familien, die dasselbe Schicksal haben, schafft das Bewußtsein, nicht allein zu sein mit den Problemen, und ist oft eine Basis für das weitere Zusammenleben in der Familie.

Das sterbende Kind

Die Aufgabe des Arztes und des Behandlungsteams hört nicht auf, wenn klar wird, daß dem kranken Kind medizinisch nicht mehr zum Überleben verholfen werden kann, wenn die Unheilbarkeit der Krankheit evident wird.

Wenn von Anfang an Offenheit und Vertrauen die Beziehung der Familie zum Behandlungsteam geprägt hat, dann wird auch in dieser letzten Phase der Erkrankung der Dialog zwischen Eltern und Kind, zwischen Familie und Behandlungsteam nicht abgebrochen, er wird dann zur wichtigsten Stütze aller Beteiligten.

Es kommt vor, daß Kinder manchmal lieber mit dem Arzt oder einem anderen Mitarbeiter des Teams, dem sie vertrauen, über das bevorstehende Sterben sprechen. Sie tun dies, um ihre Eltern zu schonen, deren Angst sie spüren. Viel wichtiger ist aber, daß das Kind über diese Fragen, die es beschäftigt, mit seinen Eltern reden kann. Kinder brauchen in dieser Phase mehr denn je den physischen und psychischen Beistand der Eltern. Niemand aus dem Behandlungsteam kann und darf sich hier dazwischendrängen. Hilfe bedeutet hier zwischen Eltern und Kind vermitteln, die Sprachlosigkeit zu verhindern, den Dialog in Gang zu bringen und zu erhalten. Dies ist Aufgabe des Behandlungsteams, das mehr Erfahrung als die Eltern und auch mehr Abstand hat.

Gelingt dies nicht, stirbt das Kind in innerer Vereinsamung, verläuft meist auch der Trauerprozeß der Eltern nach dem Tod des Kindes pathologisch. Sozialer Rückzug, Depressionen, Partnerprobleme und seelische Verwahrlosung der gesunden Geschwister sind dann Symptome einer kaum wieder gutzumachenden Situation.

Ein sterbendes Kind bewegt vor allem zwei Fragen, über die es reden möchte, auf die es eine Antwort braucht: „Werde ich beim Sterben allein sein?" und „Tut Sterben weh?". Es erleichtert und tröstet, wenn man dem Kind versichern kann, daß die Eltern und das Behandlungsteam es nicht allein lassen und daß das Menschenmögliche getan wird, um ihm Schmerzen zu ersparen.

Ältere Kinder und Jugendliche beschäftigt die Frage, was nach dem Tod sein wird. Auch wenn dies niemand wissen kann, ist doch der Gedanke, die Hoffnung auf ein Wiedersehen tröstlich.

Auch wenn Kinder und Jugendliche genau über den kommenden Tod Bescheid wissen, auch wenn sie innerlich Abschied nehmen, haben sie doch noch ganz alltägliche Wünsche und Ziele, auf die einzugehen wichtig ist.

Es ist immer wieder beeindruckend, wie auch sterbende Kinder und Jugendliche Lebensfreude entwickeln, in die Zukunft planen und doch gleichzeitig um ihren baldigen Tod wissen. Dies wirkt auf den ersten Blick unvereinbar, ja paradox, es kennzeichnet jedoch diese letzte Phase und sollte von den Eltern und dem Behandlungsteam so akzeptiert werden.

Es ist der Wunsch der meisten Kinder und Eltern, die letzte Zeit zu Hause im Kreise der Familie zu verbringen. Dies bringt einige Probleme mit sich. Es ist für das Behandlungsteam oft nicht einfach, die Verbindung aufrechtzuerhalten, vor allem wenn die Familien von weit her kommen. Gerade in einer solchen Situation sind jedoch weitere, regelmäßige Vorstellungen wichtig, da sich die Familien sonst im Stich gelassen fühlen. Solange die Kinder ohne viel Mühe in die Klinik gebracht werden können, sollte man sie nicht nach Bedarf, sondern engmaschig einbestellen. Kann das Kind nicht mehr gebracht werden, sind telefonische Kontakte eine Möglichkeit der Betreuung sowie regelmäßige Besuche einzelner Mitarbeiter des Teams.

Hilfe von anderen Personen in dieser späten Phase ist oft unmöglich, Kinder und Eltern brauchen die bestehenden Beziehungen, wollen und können sich nicht auf neue Betreuer einstellen.

Nach dem Tod des Kindes ist für die verwaisten Eltern, für die Familie des toten Kindes der Kontakt zu den Menschen wichtig, die ihnen in dieser schweren Zeit beigestanden haben.

Sinnvoll ist es, einige Zeit nach dem Tod des Kindes die Eltern nochmals zu einem Gespräch zu bitten. Dabei wird immer wieder deutlich, wie wichtig und tröstend es für Eltern ist, über ihr verstorbenes Kind zu reden, die schweren und die schönen Zeiten mit ihrem Kind noch einmal gedanklich Revue passieren zu lassen. Genau dies tun aber die meisten Freunde und Verwandten nicht aus Angst, die Eltern traurig zu machen und weil das Sprechen über den Tod tabu ist. Eltern spüren dies genau und schweigen. Und so darf das tote Kind nicht einmal mehr in der Erinnerung leben, und gerade die Erinnerung an viele fröhliche und glückliche Stunden mit dem Kind vor und auch während der Erkrankung sind Hilfe und Trost für die verwaisten Eltern.

Auch die Vermittlung in eine der mittlerweile zahlreichen Selbsthilfegruppen für Eltern, die ein Kind verloren haben, ist eine sinnvolle Unterstützung. Das regelmäßige Gespräch, der Austausch, gemeinsame Unternehmungen mit Menschen, die dasselbe Schicksal erlitten haben, helfen den Familien, mit ihrer Situation besser fertig zu werden.

Die Aufgabe der Ärzte, Schwestern, Psychologen, Sozialarbeiter, Erzieherinnen und wer auch immer mit krebskranken Kindern und Jugendlichen und ihren Familien zu tun hat, muß sein, den Überlebenden zum Leben zu helfen, aber auch den Sterbenden beim Sterben.

Buchtips

Anschauliche, gut verständliche Broschüren für Eltern und Kinder:
- *Leukämie – was ist das?*
- *Leben mit einem Tumor.*

Erhältlich über:
Universitätskinderklinik
– Hämatologie und Onkologie –
Albert-Schweitzer-Straße 33
48149 Münster/Westfalen

- Sozialrechtliche Informationen für Familien mit einem krebskranken Kind.

Erhältlich über:
Deutsche Leukämie-Forschungshilfe
Aktion für krebskranke Kinder e. V.
Dachverband: Joachimstraße 20
53113 Bonn

Bücher, die sich eignen, mit älteren Kindern und Jugendlichen über Krankheit, Sterben und Tod ins Gespräch zu kommen:

- *Tränen im Regenbogen.*
  Phantastisches und Wirkliches – aufgeschrieben von Mädchen und Jungen der Kinderklinik Tübingen. Attempto, Tübingen 1989
- *Astrid Lindgren: Die Brüder Löwenherz.*
  Oetinger, Hamburg 1973

Adressen von Selbsthilfegruppen für verwaiste Eltern vermittelt:
Evangelische Akademie Vorderelbien
Esplanade 15
20354 Hamburg

Hilfen bei der Mobilisierung persönlicher und sozialer Ressourcen bei depressiven Krebspatienten

Monika Keller

Depression bei Krebskranken: Krankheit oder Notwendigkeit?

Der Begriff „Depression" bei Krebskranken umschreibt ein weites Spektrum verschiedener Symptome mit ganz unterschiedlicher Ausprägung und Dauer. Sie reichen von kurzen Phasen gedrückter Stimmung, Trauer, Niedergeschlagenheit über einen länger anhaltenden Verlust von Aktivität, Interesse und Leistungsfähigkeit bis zu andauernden schweren Zuständen völliger Apathie, Leere und Hoffnungslosigkeit.

Die meisten Patienten reagieren auf die Lebenskrise Krebs mit vorübergehenden depressiven Symptomen. Diese depressive Reaktion ist keine Krankheit, sondern eine normale, unvermeidliche Phase des Bewältigungsprozesses. Das zeigt auch die Erfahrung, daß es vielen Patienten gelingt, dieses „seelische Tief" aus eigener Kraft zu überwinden.

Demgegenüber sollte jedoch nicht übersehen werden, daß eine schwere Depression quälendes Leiden verursachen und die Lebensqualität schwer beeinträchtigen kann, mehr als die Krebserkrankung selber.

Immerhin rechnet man bei ca. 6% aller Tumorpatienten mit einer ausgeprägten Depression.

Dieses Leiden an einer Depression ist in Analogie zu Tumorschmerzen keine normale unvermeidliche Folge der Krebskrankheit. Sie kann und muß behandelt werden; mit psychotherapeutischen Methoden, gelegentlich unterstützt durch Antidepressiva.

Die Übergänge zwischen einer leichten, vorübergehenden depressiven Reaktion und schwereren Formen sind oft fließend und nicht leicht zu erkennen, eine Klärung wird manchmal erst im zeitlichen Verlauf möglich. Wichtig ist es, bei allen Tumorpatienten, besonders in fortgeschrittenen Krankheitsphasen, die Möglichkeit einer depressiven Entwicklung im Auge zu behalten.

Psychotherapeutische Betreuung von depressiven Krebskranken zielt in erster Linie auf eine Verringerung des seelischen Leidens, eine Verbesserung der Lebensqualität, ab. Von einer Auswirkung auf den Krankheitsverlauf, etwa die Überlebenszeit, auszugehen, ist bei dem derzeitigen Wissensstand psychoonkologischer Forschung nicht gerechtfertigt. Einige Studienergebnisse der letzten Zeit, die auf eine längere Überlebenszeit unter Psychotherapie hinweisen, sind aufgrund der kleinen Fallzahlen bisher nur als vorläufig anzusehen. Umgekehrt läßt sich die von Laien und Populärpsychologen häufig geäußerte Befürchtung nicht bestätigen, wonach sich Depression, Trauer, „negative Gefühle“ insgesamt nachteilig auf den Verlauf einer Krebserkrankung auswirken könnten.

Beschwerden und Symptome der Depression

Der Einzug von Begriffen wie „deprimiert“, „depressiv“ in die Alltagssprache hat zu einer gewissen Unschärfe geführt; bei genauer Befragung stellt sich heraus, daß fast jeder etwas anderes unter „Depression“ versteht. Deshalb sollen einige Beschwerden und Symptome, darunter auch weniger bekannte, kurz erläutert werden.

Nahezu alle Patienten berichten über eine veränderte *Stimmung*: Sie sind bedrückt, niedergeschlagen, mut- und antriebslos. Manche machen sich Vorwürfe, daß sie ständig, „ohne Grund“ weinen müssen.

Während schmerzliche Gefühle, Trauer und Traurigkeit eher für eine depressive Reaktion sprechen, ist es gerade der Mangel an lebendigen Gefühlen, der die schwerere Depression charakterisiert. Patienten beschreiben sich selbst als leer, starr, wie gelähmt, innerlich bewegungsunfähig oder völlig interesselos.

Besonders quälend sind Apathie und Antriebslosigkeit; das völlige Fehlen jeglicher Energie macht auch die kleinsten alltäglichen Aufgaben zu einer unüberwindlichen Kraftanstrengung. Weniger bekannt ist, daß es relativ häufig zu *kognitiven Defiziten* kommt: Konzentration und Denkvermögen können in unterschiedlichem Ausmaß beeinträchtigt sein. Manchmal macht das Patienten Angst, sie könnten den „Verstand verlieren“. Es erleichtert sie, zu erfahren, daß diese Defizite häufig bei der Bewältigung schwerer Krankheiten und vorübergehend sind.

Einige Patienten klagen zusätzlich über quälende innere Unruhe und Getriebenheit, mit mehr oder weniger ausgeprägter Angst. Oft erhält man wichtige Informationen und Hinweise von den Angehörigen, denen Veränderungen eher auffallen, während die Patienten selber ein unbestimmtes, schwer erklärbares Gefühl äußern, daß „etwas nicht in Ordnung“ ist. Gerade bei stillen, zurückgezogenen, vordergründig unauffällig wirkenden Patienten kann die zugrundeliegende Depression leicht übersehen werden; nicht selten ist sie auch in ausgedehnten Klagen über körperliche Beschwerden versteckt.

Schlafstörungen in unterschiedlichem Ausmaß, Erschöpfung und Müdigkeit, Appetitlosigkeit, oft auch Gewichtsverlust begleiten häufig schwerere Depressionen.

Da diese Symptome ebenso durch eine fortgeschrittene Tumorerkrankung bedingt sein können, kann die diagnostische Unterscheidung ausgesprochen schwer fallen. Die veränderte Stimmung hat dann diagnostisch die größte Aussagekraft. Auch ein plötzlicher Symptombeginn spricht eher für eine Depression.

Depression bei Krebserkrankungen: medizinische Ursachen

Eine ganze Reihe von auslösenden **Ursachen** für eine Depression stehen sowohl mit der Krebserkrankung, als auch mit der Behandlung in Zusammenhang. Alle in Frage kommenden Möglichkeiten müssen erwogen und alle vermeidbaren Ursachen behoben werden.

Die wohl häufigste krankheitsbedingte Ursache sind unzureichend behandelte *Tumorschmerzen*. Schwere Schmerzzustände können sowohl eine Depression mitverursachen als auch durch sie verstärkt werden. Die Erfahrung von Schmerzfreiheit (nicht nur Erleichterung!) kann die Stimmung schlagartig verbessern. In einigen Fällen können Antidepressiva die Analgetikawirkung verstärken.

Ein *organisches Psychosyndrom* unter dem Bild einer Depression kann sowohl durch Gehirnmetastasen als auch durch hormonelle oder Störungen des Stoffwechsels und Mineralhaushalts (z. B. Hyperkalzämie) ausgelöst werden.

Eine Reihe von üblicherweise in der Tumorbehandlung verwendeten *Medikamenten* können als pharmakologische Nebenwirkung, Depressionen auslösen oder verstärken. Dazu zählen vor allem Cortisonpräparate, Antihormone und, seltener, Zytostatika (Vincristin, Procarbazin, Asparaginase). Interferon führt in hohen Dosen fast regelmäßig zu schweren depressiven Zuständen. Auch lange *Krankenhausaufenthalte*, die den Patienten aus seinem sozialen Umfeld isolieren, können depressive Entwicklungen fördern.

Alle diese erwähnten Bedingungen und Auswirkungen von Krebserkrankung und Behandlung verdeutlichen, daß immer die *Gesamtsituation* des Patienten im Mittelpunkt aller therapeutischen Überlegungen stehen sollte, vorrangig bzw. gleichzeitig mit speziellen Behandlungsmaßnahmen. Damit läuft man weniger Gefahr, die Depression eines Tumorpatienten auf ein ausschließlich individuelles Problem zu reduzieren, das an die „Psycho-Spezialisten“ delegiert werden kann. Dabei wird offensichtlich, wie wichtig, fast unumgänglich, die enge Zusammenarbeit der verschiedenen Berufsgruppen ist.

Die Situation des Krebspatienten in seinen somatischen, psychischen und sozialen Aspekten im Auge zu behalten, sollte die Grundbedingung aller therapeutischen Bemühungen sein. Vor diesem Hintergrund sollte der nächste Abschnitt gelesen werden, der das subjektive Erleben depressiver Patienten und Ansätze für mögliche Hilfen eingehender erläutert.

Verlust, Trauer und Depression

Depression ist wie die Trauer als eine Antwort auf Verlusterlebnisse zu verstehen. Dabei ist die Bedeutung, der Wert des Verlorenen entscheidender als der tatsächliche Verlust.

Wer mit einer Krebserkrankung konfrontiert ist, muß sich mit einer Vielzahl von realen Verlusten auseinandersetzen, deren Bewältigung seelische „Schwerstarbeit" erfordert. Gerade bei progredienten Krankheitsverläufen stößt sie immer wieder an die Grenzen menschlicher Fähigkeiten, wenn innerhalb kurzer Zeit immer mehr Autonomie, körperliche Funktionen, soziale Rollen und Zukunftsperspektiven aufgegeben werden müssen.

Diese Bewältigungs- oder Trauerarbeit könnte man mit einer narbenbildenden Wundheilung nach einem schweren Trauma vergleichen. Sie macht den vorübergehenden Rückzug des Interesses an der Außenwelt, die Einschränkung von kognitiven Fähigkeiten, von Vitalität und emotionaler Schwingungsfähigkeit nicht nur zu normalen, nachvollziehbaren, sondern zu sinnvollen und notwendigen Begleiterscheinungen. Damit ein gebrochenes Bein heilen kann, muß es auch ruhiggestellt werden.

Dysfunktional und damit Ursache für weiteres seelisches Leiden wird die depressive Reaktion dann, wenn aus ursprünglich sinnvollen Schutzmechanismen ein Circulus vitiosus von Hemmungen und Einschränkungen von Ich-Funktionen (z. B. der Wahrnehmung und Realitätsbewältigung) entsteht, der das Selbstwertgefühl weiter labilisiert und eine adäquate Bewältigung gerade verhindert.

Die großen individuellen Unterschiede, mit denen Patienten eine Krebserkrankung bewältigen, machen deutlich, daß nicht allein der reale Verlust, sondern die individuelle Bedeutung, das subjektive Verlusterleben, den Ausschlag für eine depressive Verarbeitung gibt. Dieses subjektive Erleben steht nicht in einem linearen, logischen Verhältnis zum erlittenen Verlust; es kann zur Bagatelle oder zur Katastrophe werden, je nach dem *persönlichen und sozialen Hintergrund* (Tab. **1**).

Wirksame Unterstützung setzt die Kenntnis, das Verstehen dieses Hintergrunds, voraus. Was der Verlust, z. B. von Arbeitsfähigkeit, körperlicher Mobilität, von Zukunftsperspektiven für den einzelnen bedeutet, wird von vielen Faktoren beeinflußt: von der lebensgeschichtlichen

Tabelle **1** Subjektives Verlusterleben
Abhängig von: – lebensgeschichtlichen Prägungen und Vorerfahrungen – aktueller Lebenssituation – subjektiven Krankheitstheorien – Tragfähigkeit sozialer Beziehungen

Prägung, von Vorerfahrungen mit Krisen und Lebensereignissen, ganz besonders mit Erkrankungen in der Familie, von der aktuellen Lebenssituation, der Tragfähigkeit sozialer Beziehungen und der subjektiven Krankheitstheorie. Patienten, die ihre Krebserkrankung mit Vorstellungen von Strafe und Schuld in Zusammenhang bringen, neigen eher zu depressiver Bewältigung. Die Kenntnis der individuellen Lebensbedingungen ermöglicht prognostische Aussagen und die Indikationsstellung für psychosoziale Interventionen.

Das folgende Beispiel soll dies illustrieren: Die Verzweiflung eines 55jährigen Patienten über seinen dauerhaften Anus praeter, sein völliger sozialer Rückzug, seine Suiziddrohungen werden nachvollziehbar, als er von seinem beidseits beinamputierten pflegebedürftigen Vater berichtet, die ihn seine eigene Kindheit als „grauenhaft" erinnern läßt. Nach harten Arbeitsjahren hat er endlich eine befriedigende Lebens- und Arbeitssituation erreicht, die es ihm ermöglicht hatte, seine alte Mutter zu Hause zu versorgen. Mit den haßerfüllten Erinnerungen an das Siechtum des Vaters fühlt er sich jetzt genauso verstümmelt, hilflos, nichts mehr wert: „Lieber hänge ich mich auf."

Depressive Symptome treten vor allem in krisenhaften Phasen der Krebserkrankung auf. Etwas häufiger sind sie zu Erkrankungsbeginn bei Patienten, die schon früher depressive Episoden hatten. Im Erkrankungsverlauf können Belastungen, sowohl durch die Behandlung als auch durch zunehmende körperliche Einschränkungen, die Fähigkeit zur Bewältigung überfordern und erschöpfen. In fortgeschrittenen Krankheitsstadien werden Depressionen häufiger, in engem Zusammenhang mit der Beeinträchtigung des Allgemeinzustands. Besonders unerwartet und schwerwiegend sind depressive Einbrüche gerade bei solchen Patienten, die bisher unter dem Eindruck großer Stabilität die Krankheit geradezu vorbildlich gemeistert hatten. Die Angehörigen stehen solchen unerwarteten Einbrüchen meist hilflos gegenüber und brauchen ihrerseits Unterstützung.

Zentrale Themenbereiche bei depressiven Tumorpatienten

In den Schilderungen der Patienten werden einige immer wiederkehrende Themenbereiche depressiven Erlebens erkennbar (Tab. **2**). Sie können sowohl einzeln als auch gemeinsam auftreten und überschneiden sich teilweise. Ausgehend von den jeweils im Vordergrund stehenden Problemen sollen Ansätze für psychosoziale Unterstützung erläutert werden. Prinzipiell gilt, daß nahezu alle Hilfen nicht erst bei manifester Depression, sondern frühzeitig, bei Krisen und Schwierigkeiten, einsetzen sollten. Damit kann gerade eine depressive Entwicklung verhindert werden. Patientenzitate in den Tab. **3–6** erläutern jeweils das individuelle Erleben.

Körpererleben, Körperselbstbild

Verzerrungen in der Körperwahrnehmung führen zu einer Störung im Körperselbstbild (Tab. **3**). Die Beschädigung durch Erkrankung und Be-

Tabelle **2** Zentrale Themenbereiche bei depressiven Tumorpatienten

Körpererleben, Körperselbstbild
Verlust von Autonomie, Hilf- und Hoffnungslosigkeit
Selbstwerterleben
Isolation, Rückzug, Entfremdung

Tabelle **3** Körpererleben, Körperselbstbild

- *„Meine ganze linke Körperhälfte ist böse“*
- *„Ich komme mir vor wie ein grauenhaftes Monster“*
- *„An mir ist nichts mehr heil“*
- *„Mich ekelt, wenn ich in den Spiegel sehe“*

Hilfen:
- Fördern realistischer Körperwahrnehmung
- Akzeptieren von Verlust und Beschädigung
- Wahrnehmen gesunder Anteile und Funktionen
- positive Körpererfahrungen und Aktivitäten

Helfer:
- Selbsthilfegruppen, Mitpatienten
- Pflegepersonal, Physiotherapeuten
- psychosoziale Mitarbeiter

handlung wird dann nicht als umschrieben, begrenzt, sondern umfassend wahrgenommen, der ganze Körper wie fremd, monströs entstellt erlebt. Gesunde, funktionierende Bereiche des Körpers werden nicht wahrgenommen und können nicht positiv besetzt werden. Ziel psychotherapeutischer Unterstützung ist eine veränderte, realistische Körperwahrnehmung. Dazu ist es notwendig, den Verlust von Organen und Körperfunktionen anzuerkennen und zu betrauern. Bisher vernachlässigte Bereiche und körperliche Aktivitäten sollten unterstützt werden, damit sich neues Vertrauen in den Körper entwickeln kann. Je frühzeitiger Hilfen einsetzen, um so besser kann einer verzerrten Wahrnehmung und anhaltender Einschränkung vorgebeugt werden.

Dazu gehört der Einsatz aller verfügbaren Rehabilitationsmaßnahmen ebenso wie die einfühlsame Haltung des Pflegepersonals, z. B. beim ersten Blick in den Spiegel nach einer Mammaamputation oder beim Erlernen der Stomaversorgung. Die Bedeutung des Partners kann dabei nicht hoch genug eingeschätzt werden: Die meisten brustamputierten Frauen berichten, daß es ihnen ohne die Unterstützung und Bestätigung ihres Partners nicht möglich gewesen wäre, sich wieder als vollständige Frau zu erleben. Deshalb ist es so wichtig, daß Partner von Anfang an in den Aufklärungs- und Behandlungsprozeß miteinbezogen werden.

Im Austausch mit anderen Patienten, z. B. in Selbsthilfegruppen, können wichtige Erfahrungen und Möglichkeiten der Bewältigung vermittelt werden, die zum Modell für die eigene Entwicklung werden können.

Entspannungsverfahren, die eine differenzierte Wahrnehmung verschiedener Bereiche und Funktionen des Körpers (z. B. der Atmung) fördern, oder körperorientierte Therapiemethoden (z. B. konzentrative Bewegungstherapie), Gymnastik- und Sportgruppen sind besonders geeignet, die Beschädigung zu integrieren und neue Körpererfahrungen zu ermöglichen.

Verlust von Autonomie, Hilf- und Hoffnungslosigkeit

Für viele Patienten steht der Verlust von Autonomie ganz im Zentrum ihres Erlebens (Tab. **4**). Oft haben sie ihr Leben in größtmöglicher Unabhängigkeit und Selbständigkeit gestaltet, um eine Wiederholung hilflosen Ausgeliefertseins zu vermeiden, das sie vielleicht früher einmal erfahren haben. Der reale Autonomieverlust durch die Erkrankung wird im subjektiven Erleben überdimensional; das Gefühl, ohnmächtig, ausgeliefert zu sein, ist unerträglich und muß aus dem Bewußtsein ferngehalten, verdrängt werden; das Resultat ist ein schlechter Kompromiß mit quälenden Gefühlen von Lähmung, Leere und Stillstand.

Krebspatienten erleben den Verlust von Autonomie in mehrfacher Hinsicht: Nicht nur die Krebserkrankung selber, auch die medizinische

Tabelle **4** Verlust von Autonomie, Hilf- und Hoffnungslosigkeit

- *„Ich bin nicht mehr Herr im eigenen Haus“*
- *„Jetzt bestimmen der Krebs und die Ärzte über mein Leben“*
- *„Mein Leben ist mir entglitten“*
- *„Lebenslänglich Gefangener meiner Krankheit“*

Hilfen:
- Orientierung (Information/Aufklärung, Mitbeteiligung bei Therapieentscheidungen)
- verläßliche, stabile Beziehungen (Arzt/Betreuer – Patient, Angehörige, Freunde
- Unterstützung eigener Aktivitäten (Selbstbestimmung, Gestaltung eigener Lebensbereiche)
- Vertrauen in eigene Fähigkeiten
- realistische Hoffnung, Zukunftsperspektiven
- Austausch mit Mitpatienten

Helfer:
- medizinische Betreuer
- Angehörige, Freunde
- Patientengruppe
- psychosoziale Betreuer

Behandlung, das Medizinsystem insgesamt, schränken zusätzlich den Aktionsradius ein und fördern Abhängigkeit vom Rhythmus des Medizinbetriebs, der Zeiteinteilung, den Entscheidungen der Ärzte. Diese zusätzliche Einschränkung persönlicher Selbstbestimmung führt bei Patienten dazu, daß sie sich nicht allein dem Krebs, sondern auch den Ärzten und der Behandlung (besonders der Strahlen- und Chemotherapie) hilflos ausgeliefert fühlen. Sie läßt sich durch eine Reihe von Maßnahmen zwar nicht vermeiden, zumindest aber verringern: *Orientierung* und Mitbeteiligung bei Entscheidungen erleichtern es dem Patienten, die Krankheit und ihre Folgen zumindest gedanklich „in den Griff“ zu bekommen, Verantwortung mitzuübernehmen und damit einer depressiven Entwicklung vorzubeugen.

Dazu tragen angemessene Aufklärung und Information über alle krankheitsrelevanten Aspekte bei. Sie sollte, unter Berücksichtigung der individuellen Fähigkeiten des Patienten, so vermittelt werden, daß er sie intellektuell *und* emotional verstehen und verarbeiten kann. Dabei sollten auch mögliche seelische Nebenwirkungen einer Behandlung erwähnt werden, daß etwa mit zunehmender Behandlungsdauer unter Chemotherapie mit Erschöpfung, Niedergeschlagenheit bis hin zu Abneigung und Ekel gerechnet werden muß. Das hat einen weiteren stabilisierenden Effekt: Der Patient erfährt, daß sein Arzt psychische Folgeerscheinungen einer Behandlung nicht als Ausdruck von Schwäche, psychischer Labilität oder gar Krankheit ansieht, sondern daß sie „normale", der Schwere der Erkrankung und der Aggressivität der Behandlung angemessene und vorübergehende Begleiterscheinungen sind.

Diese kognitiven Hilfen befähigen den Patienten, sich eine eigene Vorstellung, ein Bild von seiner Erkrankung und Behandlung zu machen. So können in der gedanklichen Antizipation körperliche und seelische Folgen und Nebenwirkungen verarbeitet und Bewältigungsstrategien entwickelt werden. Das Bewußtsein der *Effektivität eigenen Handelns* ist ein zentraler Wirkfaktor gegen depressives Ohnmachtserleben.

Orientierung vermitteln auch klare und verbindliche Aussagen über die geplante Art und Dauer einer Behandlung. Wenn möglich, sollten Unsicherheiten vermieden werden. Die nicht selten angewandte „Salamitaktik", mit der die Therapiedauer ausgedehnt und für den Patienten scheinbar endlos wird, überfordert meist seine Anpassungsfähigkeit. Wenn das „Durchhalten" einer Behandlungsphase die Grenzen der Belastbarkeit erreichte, können unvorhergesehene Verlängerungen Zusammenbrüche bis hin zu depressiven Symptomen auslösen.

Orientierung ermöglicht vor allem die Sicherheit verläßlicher, stabiler *Beziehungen* zu den medizinischen Betreuern. Der Wunsch nach Halt, Sicherheit, Kontinuität und Vertrauen in die Arzt-Patient-Beziehung entspricht dem Ausmaß an Hilflosigkeit. Solche Wünsche äußern Patienten eher selten, deutlich werden sie meist in der Enttäuschung, wenn Patienten sich im Stich gelassen oder unverstanden fühlen.

In fortgeschrittenen Krankheitsphasen erzwingt die körperliche Beeinträchtigung immer mehr Verlust von Selbstbestimmung, immer größere Abhängigkeit von der Hilfe anderer. Wenn die Hoffnung auf Heilung kaum noch aufrechterhalten werden kann, wird es um so wichtiger, alle verbleibenden Möglichkeiten zu nutzen, die dem Patienten Selbstbestimmung, auch über beschränkte Bereiche ermöglichen. Er sollte z. B. darüber entscheiden können, ob er zu Hause oder im Krankenhaus sterben möchte, welche Menschen ihn betreuen und welche Maßnahmen unterbleiben sollen.

Angehörige tragen manchmal in gutgemeinter Überfürsorglichkeit zu einer weiteren Abhängigkeit des Patienten bei.

Die Hoffnungslosigkeit, die depressive Patienten erleben, ist vorrangig der Verlust ihrer Hoffnungsfähigkeit und nicht die zwangsläufige Folge einer unheilbaren Krankheit. Die Befürchtung mancher Ärzte, Patienten würden die „Hoffnung aufgeben", wenn sie nicht die Hoffnung auf Heilung aufrechterhalten, führt zunächst zu Illusionen, später zur unweigerlichen Enttäuschung des Patienten und verhindert gerade die Auseinandersetzung mit Abschied und Tod. Geht man davon aus, daß in der Depression die notwendige Trauerarbeit unbewußt vermieden wird, fördert die gemeinsame Verleugnung durch Patienten und Arzt eher eine depressive Entwicklung. Eine schrittweise Differenzierung und Neubewertung von Hoffnung, auf begrenzte, realistische Ziele, z. B. auf weitgehende Beschwerdefreiheit, auf Sicherheit in tragfähigen Beziehungen, setzt die Auseinandersetzung mit dem eigenen Tod voraus. Unterstützt und ermutigt man Patienten bei dieser Entwicklung, können sie ihre verloren geglaubte Fähigkeit zur Veränderung, auch angesichts realer Begrenzungen, wiederentdecken und erfahren dadurch einen Gewinn an Selbstwert und Selbstvertrauen.

Ebenso entspricht das umfassende Gefühl von Hilflosigkeit und Autonomieverlust im depressiven Erleben nicht immer der Wirklichkeit. Deshalb ist es wichtig, gemeinsam mit dem Patienten eine differenzierte, realistische Wahrnehmung zu fördern, die alle verbleibenden Möglichkeiten zu Selbstbestimmung und aktiver Lebensgestaltung ausschöpft.

Mitpatienten, etwa in Selbsthilfegruppen, können die Patienten besonders wirksam unterstützen und sie mit eigenen Erfahrungen ermutigen.

Selbstwerterleben

Eine Krebserkrankung führt immer zu einem Einbruch im Selbstwertgefühl, mit meist vorübergehenden Gefühlen von Wert- und Sinnlosigkeit (Tab. **5**).

Tabelle **5** Wertlosigkeit/Selbstwertverlust

- *„Entweder gesund oder tot, dazwischen gibt es nichts"*
- *„Ich tauge zu nichts mehr, bin nichts mehr wert"*
- *„Ich bin nur noch eine Zumutung, wenn ich tot wäre, bekäme meine Frau wenigstens die Lebensversicherung"*
- *„Seit ich krank bin, ist von mir nichts mehr übrig geblieben"*

Hilfen:
- Fördern realistischer Selbstwahrnehmung
- Umorientierung/Neudefinition von Wertvorstellungen
- Kommunikation fördern (Verlustängste, Suizidgedanken thematisieren)
- Wahrnehmen des eigenen Wertes in Beziehungen

Helfer:
- soziales Umfeld, Partner
- medizinische Betreuer
- Mitpatienten
- psychosoziale Betreuer

Patienten, die zu einer depressiven Verarbeitung neigen, erleben oft einen anhaltenden und schweren Verlust ihres Selbstwertgefühls; um so mehr, wenn sie vorher in besonderem Maß darauf angewiesen waren, ihren Wert von außen, von anderen bestätigt zu bekommen. Mit der Krebserkrankung scheint ihnen ihr eigener Wert vollständig und unwiederbringlich verlorengegangen zu sein, das Leben erscheint ihnen sinnlos, nicht mehr lebenswert. Gesellschaftlich vermittelte Werte und Ideale von Gesundheit, Jugendlichkeit und Leistungsfähigkeit können dieses Gefühl der Sinnlosigkeit noch verstärken. Viele dieser Patienten reagieren nach dem Alles-oder-nichts-Prinzip, in ihrer Vorstellung gibt es nur „gesund" oder „tot"; daß es möglich ist, mit der Krankheit zu leben, ist ihnen unvorstellbar. Sie haben, besonders in Krisen, also bei Diagnosestellung oder bei Auftreten eines Rezidivs, häufiger Suizidgedanken.

Der Selbstwertverlust ist eng mit sozialem Rückzug aus den meisten Beziehungen verbunden. Nicht selten wird die gesunde Umwelt als feindselig oder verständnislos erlebt. In einem Circulus vitiosus wird die Fähigkeit, sich mitzuteilen, immer mehr eingeschränkt.

Hilfen haben sich zunächst auf die verzerrte Wahrnehmung, auf den totalen Verlust des Selbstwerts zu konzentrieren. Sie haben zum Ziel, mit dem Patienten gemeinsam Anteile in der eigenen Person und Lebensbereiche zu identifizieren, die veränderbar und durch die Krebserkrankung nicht zerstörbar sind.

In einer Umorientierung von Werten kann die eingeengte Perspektive wieder erweitert und der eigene Wert neu definiert werden.

Partner, Angehörige und Freunde können mit tragfähigen Beziehungen ganz wesentlich dazu beitragen, daß der Patient sich angenommen und gehalten fühlen kann. Sie ermöglichen ihm so die Erfahrung, daß die Krankheit nichts an seinem Wert ändert, daß er sich wertvoll in der Beziehung zu andern erleben kann. Dabei sollte man nicht versuchen, „Überzeugungsarbeit" zu leisten; vielmehr sollte man den Patienten anregen, seine eigene Wahrnehmung in Frage zu stellen und zu korrigieren.

Zu beachten ist, daß häufig ausgeprägte Schamgefühle es zusätzlich erschweren, Wünsche, Schwäche, Angst vor dem Verlassenwerden, aber auch Suizidgedanken zu äußern. Deshalb sollten diese Themen, und die damit verbundenen Schamgefühle, von den Betreuern angesprochen werden.

Isolation, Rückzug, Entfremdung

Tumorpatienten, die zum ersten Mal eine depressive Phase erleben, fühlen sich oft entfremdet (Tab. **6**). Sie haben den Eindruck, als sei etwas Unfaßbares mit ihnen geschehen, als seien sie ganz verändert. Dieses depressive Erleben wird nicht selten mit der Krebserkrankung gleichge-

Tabelle **6** Isolation, Rückzug, Entfremdung

- *„Ich kenne mich selbst nicht mehr, bin nicht mehr der alte"*
- *„Kein Gesunder kann mich verstehen"*
- *„So soll mich keiner von meinen Freunden sehen"*
- *„In meiner Familie ist kein Platz mehr für mich"*

Hilfen:
- Empathie, Einfühlung vermitteln
- Fördern emotionaler Kommunikation
- tragfähige Beziehungen ermöglichen und aufrecht erhalten (medizinische Betreuer, Partner, Angehörige, Freunde)
- Austausch mit Mitpatienten

Helfer:
- medizinische Betreuer
- Angehörige, Freunde
- Mitpatienten (Patientengruppen)
- psychosoziale Betreuer

setzt, so, als sei das Gefühl von Antriebslosigkeit, Leere, Lähmung eine zwangsläufige, „natürliche" Folge der Krebserkrankung.

Je mehr sich Patienten für unzumutbar, für eine Belastung für die Umgebung halten, um so mehr ziehen sie sich von der Umwelt zurück. Sie haben große Angst, von nahen Menschen nicht mehr ausgehalten und verlassen zu werden. Je mehr ein Patient das eigene Erleben als fremd und unverständlich erlebt, um so mehr ist er davon überzeugt, daß seine Situation für keinen Gesunden einfühlbar und verstehbar ist. Hinter dieser Überzeugung verbirgt sich oft Feindseligkeit und Wut auf die Gesunden. Alle Erfahrungen von verständnislosen Reaktionen im sozialen Umfeld verfestigen das Gefühl von Einsamkeit und Isolation noch weiter.

Patienten fühlen sich besonders dann alleingelassen, wenn ihre eigene Wahrnehmung, z. B. des körperlichen Befindens, nicht mit den Äußerungen der Ärzte übereinstimmt. Wenn es etwa heißt, die Befunde seien zufriedenstellend oder es sei „alles in Ordnung", und der Patient sich seine zunehmende Schwäche, seine Schmerzen, den Gewichtsverlust nicht erklären kann. Er fühlt sich in seiner realistischen Wahrnehmung nicht bestätigt und ernstgenommen. Das Gefühl des Fremdartigen, Einsamen wird immer größer und engt die Kommunikation noch mehr ein. Auch eine ungünstige Mitteilung, etwa über eine schlechte Prognose, kann in solchen Fällen klärend und erleichternd wirken.

Deshalb sollten alle Hilfen darauf abzielen, emotionale Beziehungen und Kontakt zu ermöglichen bzw. aufrechtzuerhalten. Mit einer inneren Haltung von Aufrichtigkeit sollte man den Patienten in seiner Wahrnehmung bestätigen. Tröstungsversuche oder bagatellisierender Optimismus bewirken oft eher das Gegenteil. Die Patienten sehen sich in ihrer Überzeugung bestätigt, daß ihre Situation von Gesunden nicht nachvollziehbar sei.

Hinter der Tendenz zu Rückzug und Isolation, auch hinter einer feindseligen Haltung verbirgt sich fast immer die Angst, alleingelassen zu werden und der Wunsch nach Nähe, Halt und Sicherheit in einer tragfähigen Beziehung. Man sollte diese verschlüsselte Botschaft nicht überhören, auch wenn sie hinter einer aggressiven oder schweigsamen Fassade versteckt ist.

Allerdings sollte man sich vergewissern, ob tragfähige soziale Beziehungen vorhanden sind oder ob reale Ursachen zu Isolation und Einsamkeit führen. Gerade zerrüttete Beziehungen oder Konflikte mit Partner und Familie werden nicht selten verschwiegen oder verharmlost. Die Situation kann sich völlig verändert darstellen, wenn Angehörige miteinbezogen werden.

Durch gegenseitige Fehlwahrnehmung, Schonhaltung und harmonisierende Konfliktvermeidung kann die Kommunikation in einer Familie soweit eingeschränkt sein, daß der Patient sich wie abgeschnitten, nicht dazugehörig erlebt. Gemeinsame Gespräche mit neutralen Außenstehenden können Fehlwahrnehmungen aufklären oder zu Konfliktlösungen beitragen.

Die Erfahrungen, die Patienten in Gruppen im Austausch untereinander machen, können sie ermutigen, sich offener über ihre Krankheit und die damit verbundenen Gefühle mitzuteilen. Nicht selten ermöglichen sie damit offenere Kommunikation auch in anderen sozialen Bezügen.

Die „Haltung" gegenüber depressiven Krebspatienten

Einige Anmerkungen sollen zur inneren „Haltung" gegenüber depressiven Tumorpatienten angefügt werden: Gerade die Tendenz zu Rückzug und Isolation machen den Zugang zu ihnen oft schwer, ihre Schweigsamkeit und Wortkargheit, manchmal auch verdeckte Feindseligkeit schrekken ab und ermutigen nicht zum Gespräch (Tab. 7). Gutgemeinte Bemühungen erleben sie leicht als zudringliche Überfürsorglichkeit und wehren sie um so mehr ab, der Betreuer oder Angehörige ist verunsichert und zieht sich seinerseits zurück.

Mit einer ruhigen, sachlichen, dabei einfühlenden Haltung sollte dem Patienten Anteilnahme und die Bereitschaft zum Gespräch vermit-

Tabelle 7 „Haltung" gegenüber depressiven Krebspatienten

Aufrichtigkeit, Echtheit
Einfühlung, Empathie
Regulation von Nähe und Distanz
Stabilität, Kontinuität in der Beziehung
Wahrnehmen eigener Gefühle (z. B. Hilflosigkeit)
Aktivitäten fördern – nicht für den Patienten übernehmen

telt werden, die gleichzeitig das Recht des Patienten respektiert, sich abzugrenzen und zu entziehen. Wann immer Vermutungen über Suizidgedanken auftauchen, sollten sie, ohne zu dramatisieren, angesprochen und konkretisiert werden.

Es kann manchmal schwierig sein, die Balance zwischen Nähe und ausreichender Distanz zu halten. Sie ist notwendig, um eine realistische Wahrnehmung zu behalten und handlungsfähig zu bleiben. Einfühlung hat da ihre Grenzen, wo sich der Betreuer von Lähmung und Hoffnungslosigkeit anstecken läßt.

Der Betreuer sollte dem Patienten vermitteln, daß er sich in seinem Erleben verstanden und angenommen, gleichzeitig aber auch ermutigt fühlt, Anregungen, Aspekte von Zuversicht und Veränderungen aufzugreifen. Passivität und Leere beim Patienten verleiten leicht zu überschüttender, kompensatorischer Aktivität auf Seiten des Betreuers. Anzustreben ist dagegen, den Patienten zu eigener Aktivität anzuregen, sei es, in der Phantasie Alternativen zum depressiven Erleben zu ermöglichen oder auch reale Veränderungen anzugehen.

Entwicklungen im seelischen Bereich brauchen ihre eigene und oft lange Zeit, sie lassen sich nicht forcieren oder beschleunigen. Die Geduld und Zuversicht in die Fähigkeit zur Veränderung, die der Patient braucht, vermitteln sich eher unausgesprochen.

Da die Grenzen des Möglichen und Machbaren oft eng gesetzt sind, sollte man sich in kritischer Selbstreflexion vor eigenen überhöhten Ansprüchen und Rettungsphantasien in acht nehmen. Depression läßt sich selten eliminieren. Mißerfolge und Enttäuschung beim Betreuer sind nicht vermeidbar, sie sollten aber nicht als persönliches Versagen interpretiert werden.

Im Kontakt mit Tumorpatienten allgemein, besonders mit depressiven Patienten, sind alle Betreuer immer wieder mit ausgeprägten Gefühlen von Hilflosigkeit und lähmender Ohnmacht konfrontiert. Damit diese Hilflosigkeit nicht zum eigenen Grundgefühl wird, mit „burn-out" in der Folge, ist eine kompetente, regelmäßige Supervision notwendig, entlastend, und ermöglicht einen Zugewinn an eigener psychosozialer Kompetenz. Sie sollte die Regel für alle Teams sein, die mit Schwerkranken arbeiten.

„Ganzheitliche Betreuung“ versus „Interdisziplinarität“: Welche Personen- und Berufsgruppen sollten psychosoziale Unterstützung vermitteln?

Die Frage, wer die genannten Hilfen anbieten sollte, hat die Angst der Patienten vor psychischer Stigmatisierung zu berücksichtigen; es fällt ihnen wesentlich leichter, Hilfen von vertrauten Personen, in der Regel Pflegepersonal und Arzt, anzunehmen als von fremden „Psycho-Spezialisten“. Die medizinischen Betreuer sind auch am ehesten in der Lage, Veränderungen im Verlauf festzustellen und anzusprechen. Patienten wünschen sich eine „ganzheitliche“ Betreuung, vor allem stabile und verläßliche Beziehungen zu Pflegepersonal und Arzt. Aus diesen Gründen sollte es vorrangig der behandelnde Arzt oder die Pflegekraft sein, die den Patienten und die Angehörigen auch psychisch mitbetreut. Dem stehen, besonders in großen Kliniken, Diskontinuität der Betreuer, mangelnde Kapazität und Kompetenz gegenüber. Mit verbesserten Arbeitsbedingungen, Weiterbildung und regelmäßiger Teamsupervision können Ärzte und Schwestern eine effektive psychosoziale Betreuung gewährleisten. Wenn in einer Institution psychosoziale Mitarbeiter Krebspatienten betreuen, müssen sie in den klinischen Alltag integriert sein und in engem Kontakt und Austausch mit den medizinischen Betreuern stehen. Allerdings sollte bei unklaren oder schweren depressiven Symptomen sowie bei fraglicher Suizidalität immer ein Psychiater oder Psychosomatiker zugezogen werden, zur Klärung der Frage einer antidepressiven Medikation, gezielter psychotherapeutischer Betreuung und zur Abklärung von Suizidalität.

Angehörige geben den Patienten die vielleicht wichtigste Unterstützung bei der Krankheitsbewältigung, ohne sich dessen immer bewußt zu sein. Andererseits sind besonders die Partner ähnlich belastet wie Patienten. Sie neigen dazu, sich zu überfordern, auch über die Grenzen ihrer Belastbarkeit hinaus. Sie sollten daher möglichst immer in die psychosoziale Betreuung miteinbezogen und entlastet bzw. unterstützt werden.

Mitpatienten können die vielleicht wirksamsten Hilfen geben; viele Patienten machen in Gruppen ausgesprochen positive Erfahrungen. Mehrere Untersuchungen belegen die Wirksamkeit therapeutischer Gruppen, gemessen an verringerter Angst und Depressivität und einer verbesserten Lebensqualität. Bis jetzt scheuen die meisten Patienten vor Gruppen, aus Ängsten und Vorurteilen heraus, zurück. Nur ein sehr geringer Prozentsatz von vorwiegend weiblichen Patienten nimmt an solchen Gruppen teil. Um eine größere Akzeptanz zu erzielen, braucht es wohl noch einige Zeit und vermehrte Bemühungen, damit in Zukunft psychosoziale Betreuung, auch in Gruppen, zu einem festen und integrierten Bestandteil in der medizinischen Krebsbehandlung wird. Zumindest zu erhoffen wäre dann, daß Tumorpatienten seltener schwere Depressionen entwickeln.

Literatur

Andersen, B. L.: Psychological interventions for cancer patients to enhance the quality of life. J. consult. clin. Psychol. 60 (1992) 532–568

Becker, H.: Psychoonkologie. Springer, Berlin 1986

Bukberg, J., D. Penman, J. C. Holland: Depression in hospitalized cancer patients. Psychosom. Med. 46 (1984) 199–212

Derogatis, L. R., G. R. Morrow: The prevalence of psychiatric disorders among cancer patients J. Amer. med. Ass. 249 (1983) 751–757

Fawzy, F. I., M. E. Kemeny, N. W. Fawzy, R. Elashoff, D. Morton, N. Cousins, J. L. Fahey: A structured psychiatric intervention for cancer patients. Arch. gen. Psychiat. 47 (1990) 729–735

Holland, J. C., J. Rowland: Handbook of Psychooncology. Oxford University Press, London (1989)

Keller, M., W. Adermayer: Psychotherapeutische Betreuung während ambulanter Chemotherapie: Möglichkeiten und Grenzen. Vortrag, DGVT, Berlin 1992

Koch, U., C. Schmeling: Betreuung von Schwer- und Todkranken. Urban & Schwarzenberg, München 1982

Massie, M. J.: Assessment and management of the cancer patient with depression. Psychosom. Med. 18 (1988) 1–12

Meerwein, F.: Einführung in die Psychoonkologie. Huber, Bern 1985

Schleifer, S. J., S. E. Keller, R. N. Bond, J. Cohen, M. Stein: Major depressive disorder and immunity. Arch. gen. Psychiat. 46 (1989) 81–87

Spiegel, D., J. R. Bloom, H. C. Kraemer, E. Gottheil: Effect of psychosocial treatment on survival of patients with metastatic breast cancer. Lancet 14 (1989) 888–891

Stein, M., A. H. Miller, R. L. Trestman: Depression, the immune system, and health and illness. Arch. gen. Psychiat. 48 (1991) 171–181

Trijsburg, R. W., F. C. E. van Knippenberg, S. E. Rijpma: Effects of psychological treatment on cancer patients: a critical review. Psychosom. Med. 54 (1992) 489–517

von Uexküll, Th.: Lehrbuch der Psychosomatischen Medizin. Urban & Schwarzenberg, München 1989

Die psychosoziale Nachsorge: Anspruch und Auftrag für die Lebensqualität behandelter Krebspatienten

R. Schwarz

In jüngster Zeit hat sich eine zweifache Verwendung des Begriffes „Lebensqualität“ eingebürgert: einmal als ein neues Kürzel „LQ“, das als Bezeichnung einer numerischen Variablen eine Reihe relevant erscheinender Meßgrößen umschreibt, zum anderen als das konkrete und alltägliche Erleben von Krebskranken, das ebenfalls der ärztlichen Sorge anempfohlen ist. Wie sich dieses subjektive Erleben in der Meßgröße „LQ“ und im Begriff „Lebensqualität“ des allgemeinen Sprachgebrauchs oder auch der Sprache der Werbung oder der Politik, wo er ja herkommt, spiegelt, steht unter anderem hier zur Diskussion.

Der Begriffsrahmen

Der Wissenschaftler, der sich um die Messung der Lebensqualität bemüht, wird „analytisch“ vorgehen, d. h. den gesamten Komplex in einzelne Bereiche zerlegen. Auf diese Weise (Tab. **1**) verfuhr die Arbeitsgruppe um den Sozialwissenschaftler Zapf (1984) zur Beschreibung der gesamtgesellschaftlichen Wohlfahrtsentwicklung.

In einer Therapievergleichsstudie bei Patienten mit Bluthochdruck wurden von Croog u. Mitarb. (1986) in einem analogen Vorgehen verschiedene Parameter (Tab. **2**) zur Bewertung der Resultate herangezogen.

Eine mehr synthetische Sicht der „Lebensqualität“ ist Grundlage des Diagramms (Abb. **1**), in dem Küchler u. Schreiber (1989) verschiedene dazugehörige Dimensionen zusammenfassen. Die Merkmale werden in einer zeitlichen Entwicklung gesehen, und es wird unterstrichen, daß Lebensqualität nicht nur durch Fremdbeurteilung, sondern auch durch Selbsteinschätzung charakterisiert werden muß.

Tabelle **1** Schema der Grundbegriffe (nach Zapf u. Glatzer)

Sozialstruktur	Objektive Lebensbedingungen	Subjektives Wohlbefinden (wahrgenommene Lebensqualität)	Kontexte	Lebensqualität (individuelle Wohlfahrt)
Variablen: Alter Geschlecht Berufsstatus Ortstyp usw. *Konstrukte:* *Statuslagen* *Haushaltsformen* *Lebenszyklus* *(Problemgruppen)*	*Lebensbereiche* Wohnung Sozialkontakte Ehe, Familie Partizipation Gesundheit Bildung Arbeit usw. *Kumulationen* *Disparitäten*	Zufriedenheiten Bewertungen Vergleiche Glück Anomie Angst Konflikt *Kumulationen* *Disparitäten*	*Individuelle Kovariate:* Werteinstellungen Erwartungen, Ansprüche Aktivitäten Lebensereignisse *Institutionelle Kontexte:* (Markt) (Staat) (Organisationen) Haushalte	*Verteilungen:* Zusammenhang Lebensbedingungen subjektives Wohlbefinden *Kumulationen* *Disparitäten* *Problemgruppen*

Vor allem die Werbung bedient sich zunehmend des Begriffs „Lebensqualität", wobei Aspekte hervorgehoben werden, die dem jeweiligen kommerziellen Interesse entsprechen.

Die folgenden Industriefotos setzen werbewirksam verdichtete Schwerpunkte. Daneben stehen Bilder, die das Leben von Krebskranken aus deren Sicht darstellen.

Hier sehen wir
- soziale Unterstützung neben krebsbedingter Isolationserfahrung (Abb. **2a** u. **b**),
- das Erleben der Chemotherapie neben erotisierter Kleinkunst (Abb. **3a** u. **b**)
- und schließlich orale Exzesse neben krampfhaftem Erbrechen (Abb. **4a** u. **b**).

Tabelle **2** Parameter der Lebensqualität (nach Croog u. Mitarb.)

1. Allgemeines Wohlbefinden
- Ängstlichkeit
- Depression
- allgemeiner Gesundheitszustand
- positives Wohlbefinden
- Selbstbeherrschung
- Vitalität

2. Psychische Symptome
- Lethargie
- Mundtrockenheit
- Geschmacksverlust
- Alpträume
- Müdigkeit
- Benommenheit

3. Sexualfunktion
- verminderte Libido
- Erektionsschwierigkeiten
- Ejakulationsstörungen

4. Arbeitsleistung und -zufriedenheit
- Fähigkeit, Schritt zu halten
- Arbeitsunlust
- Konzentrationsfähigkeit
- Zufriedenheit am Arbeitsplatz

5. Schlafstörungen
- Probleme beim Ein- und Durchschlafen
- vorzeitiges Aufwachen
- unausgeschlafenes Erwachen

6. Wahrnehmungsvermögen
- Reproduzierbarkeit graphischer Darstellungen/visuelle Merkfähigkeit
- visuell-motorische Geschwindigkeit
- visuell-motorische Integration

7. Zufriedenheit bezüglich
- Ehe
- Finanzen
- Lebensstandard
- Wohnung
- gesellschaftlicher Betätigung

8. Gesellschaftliche Betätigung
- gesellschaftliche Aktivitäten gemeinsam mit Freunden, Verwandten und in der Öffentlichkeit

Auf der einen Seite das pralle Leben, auf der anderen Seite vom Tod gezeichnete Patienten, deren „Lebensqualität" gewiß ein anderes Aussehen hat.

Die bisherigen Erörterungen zum Thema „Lebensqualität" lassen drei Auffassungen von der Medizin und damit vom Menschen unterscheiden:

1. Die von Patienten gemalten Bilder stehen in der Tradition einer krankenzentrierten, personalen und Begegnungsmedizin im Sinne von Viktor von Weizsäcker, der gleichgewichtig neben die objektiven Befunde das subjektive Empfinden stellte.
2. Überlegungen zur Messung von Lebensqualität repräsentieren die Auffassung von Medizin als einer angewandten, objektivierenden Naturwissenschaft, wo es konkret eher um „Therapie-Qualität" oder „Or-

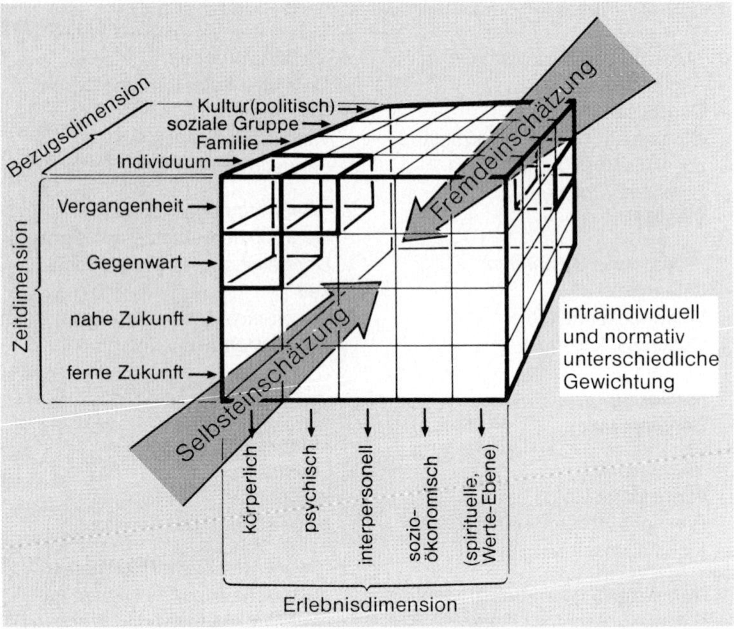

Abb. **1** Dimensionen der „Lebensqualität" im Modell

gan-Qualität" geht und wo Rezept-Wissen vor einem Beziehungs-Wissen rangiert – und wo die Gefahr besteht, den Menschen als Maschinenanalogie zu begreifen.

3. In den Darstellungen der Werbung haben wir es mit dem Bild vom Menschen zu tun, wie es eine wachstumsorientierte Wirtschaftspolitik vorgibt, die sich zur Verkaufsförderung vor allem der suggestiven Kraft des Wortes „Lebensqualität" bedient. Bezogen auf die Medizin kann das heißen, daß jeder Arzt glauben darf, daß er ein besonders guter, d. h. humaner Arzt sei, wenn er möglichst oft von Lebensqualität spricht.

Immer wenn von Lebensqualität die Rede ist, müssen wir uns klarmachen, um welchen Kontext es geht – also um:

- den synthetischen Aspekt oder den leidenden Menschen,
- den analytischen Aspekt oder den funktionierenden Menschen und schließlich
- einen manipulativen Aspekt, den konsumierenden Menschen oder den Menschen als Wirtschaftsfaktor.

a

b

Abb. **2a** u. **b**

a

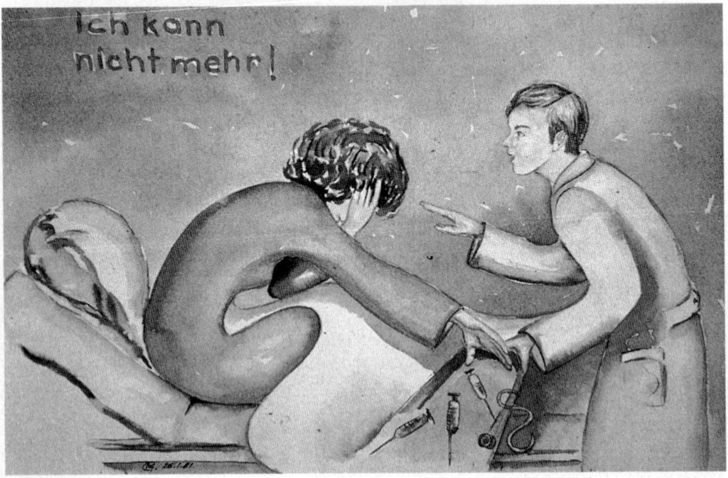

b

Abb. **3a** u. **b**

a

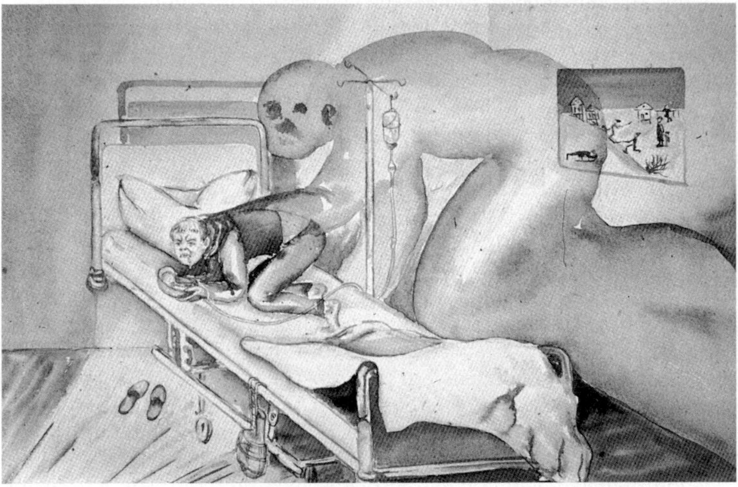

b

Abb. **4a** u. **b**

Im politischen, im alltäglichen und im Werbejargon ist gedacht an eine Genußmaximierung bei tragfähiger materieller, d. h. quantitativer Basis im Sinne von Lebensstandard; zur Quantität soll Qualität hinzukommen – im Sinne von Wohlbefinden, Glück und Zufriedenheit.

Am Krankenbett, bei der Behandlung und Betreuung chronisch Kranker aber haben wir es vor allem mit Defekten und Defiziten, mit einem schmerzlichen Mißverhältnis zwischen Wunsch und Wirklichkeit zu tun, wobei Gefühle wie Todesangst, Einsamkeit, Schmerzen, Verlust, Trauer, Wut, Haß, Neid, Scham, Schuld – die Liste ließe sich noch verlängern – dominieren.

Hier geht es um existentielle Krisen mit Anstrengungen um eine Schadensminimierung und die Gefahr, daß einseitiges Bemühen um Quantität auf Kosten von Qualität geht – und es gibt Situationen, wo Überlebenszeit und Lebensqualität Gegenbegriffe werden.

Die psychosoziale Onkologie sieht sich hier in zwei Lagern zugleich; einmal ist sie interessiert daran, in der naturwissenschaftlichen Tradition Probleme der Meßbarkeit von Lebensqualität lösen zu helfen (u. a. vermöge ihrer Kompetenz in der Psychometrie), zum anderen hat sie es als eine Disziplin der psychosomatisch orientierten Krankenversorgung mit individuellen, menschlichen Notlagen zu tun.

Gerade die betreuerisch tätigen Psychoonkologen begegnen dem Begriff „Lebensqualität", vor allem wegen dessen suggestiven, bagatellisierenden und oft auch sentimentalen Konnotationen mit großer Skepsis, während andererseits sehr begrüßt wird, daß auf dem Wege der interdisziplinären Kooperation der Patient die Chance erhält, auch als Subjekt Eingang zu finden in die Onkologie, die dadurch ein wenig mehr „ganzheitlich" wird.

Lebensqualität durch psychosoziale Betreuung

Auf welche Weise kann nun die psychosoziale Betreuung zu einem besseren leib-seelischen, gesundheitlichen Befinden der Patienten beitragen, was einen wesentlichen Teil der Lebensqualität darstellt? Leitlinie und Ansatzpunkt gibt eine Definition von Gesundheit, die von Geissler (1987) entnommen ist und die lautet: „Gesundheit ist nicht die Abwesenheit von Störungen, sondern die Kraft, mit ihnen zu leben."

Im folgenden soll nun das Aufgabenspektrum, mit dem wir uns in der psychosozialen Betreuung krebskranker Menschen konfrontiert sehen, kurz umrissen werden, um dann auf einzelne Aspekte gründlicher einzugehen; wo kann also psychosoziale Betreuung Einbußen an Lebensqualität kompensieren bzw. überwinden helfen?

Zum ersten begegnen wir dem Problem, wie sich die speziellen, die Lebensqualität mindernden Notlagen von Krebspatienten beschreiben, also diagnostizieren lassen, und welche mit einzelnen Krebslokalisatio-

Tabelle **3** Psychische Störungen bei Krebskranken

Psychische Vor- oder Zweiterkrankungen

Psychische Folgeerkrankungen (sekundär-psychische Rückwirkungen)
- seelische Überforderungsreaktionen: z. B. depressive, phobische, anakastische Reaktionen
- Krebs als Auslöser psychischer Leiden: Depression, Angst, Hypochondrie, sekundäre Alexithymie
- psychosomatische Störungen, Sexualstörungen (z. B. Potenz, Libido)

Psychische Symptomatik als Therapiefolgen
- konditionierte Reaktionen: Übelkeit, Erbrechen, Angst, seelische Labilität
- paranoide Entwicklungen nach entstellenden Eingriffen wie z. B. Stoma, Amputationen, Gesichtsoperationen
- sexuelle Störungen, z. B. infolge von Mammaoperation, Genitaloperation; Potenzprobleme nach Rektum und anderen Operationen

(Die „Krebspersönlichkeit" – Krebs als primär-psychische Erkrankung)

nen und Krebstherapien verbundenen Traumatisierungen einer besonderen betreuerischen Aufmerksamkeit bedürfen. Hier geht es um Aspekte der „Psychopathologie" oder der „Nosologie" (Tab. **3**).

Theorien zu einer primär psychischen Verursachung von Krebs („Krebspersönlichkeit") haben äußerst spekulativen Charakter und lassen sich aufgrund der aktuellen empirischen Datenlage nicht aufrechterhalten (Schwarz 1989).

Als nächstes stellt sich die Frage der Zuständigkeit für die Betreuung von Krebskranken; wo reicht die mitmenschliche Anteilnahme aus, und wo ist der speziell ausgebildete Betreuer gefragt – und in letzterem Falle, welcher Berufsgruppe soll er angehören? Hier geht es also um die Professionalität der Betreuung und verbunden damit um Fragen der Aus- und Weiterbildung.

Psychotherapie und psychosoziale Betreuung stützen sich auf eine professionelle Haltung und bedienen sich therapeutischer Techniken, die von rationalen Indikationskriterien abgeleitet sind. Wohlgemeintes Mit-Leid aus Identifikation mit den Kranken verfehlt meist deren Bedürfnisse und muß einer empathischen Einstellung Platz machen, die nur aufgrund umfassender Kenntnisse über den Lebenszusammenhang des Kranken gewonnen werden kann. Von grundlegender Bedeutung in diesem Zusammenhang ist die Technik des „helfenden Gesprächs", zu charakterisieren mit den Stichwörtern: aktives Zuhören, offene statt geschlossene Fragen und keine Suggestivfragen stellen, auch keine persönlichen Erlebnisse beisteuern. Ein solches Gespräch kann nur zustande kommen in einer entspannten und ungestörten Atmosphäre und muß getragen sein durch Wertschätzung, Echtheit und Aufmerksamkeit auch für das emotionale Geschehen (Tausch 1991). Ein solcher Umgang mit Patienten ist durchaus lernbar. Die Tab. **4** enthält die Inhalte des Weiterbildungsangebotes des Heidelberger Seminars für psychosoziale Krebsnachsorge, das sich an Angehörige aller Berufsgruppen wendet, die mit Krebskranken zusammenarbeiten, wie auch an Laienhelfer und Angehörige von Selbsthilfegruppen (Schwarz u. Wechsung 1993).

Tab. **5** gibt eine knappe Zusammenfassung der in der Onkologie angewandten psychotherapeutischen Ansätze.

Tabelle **4** Heidelberger Seminar für psychosoziale Krebsnachsorge

I. Informations- und Wissensvermittlung aus den Bereichen
Onkologie
Krankenpflege
Psychologie
Psychotherapie
Sozialarbeit
Sozialrecht
Theologie
Ethik
Gesundheitswesen
Selbsthilfe
II. Einüben und Erproben von Fertigkeiten in:
Gesprächsführung
Anamnesetechnik
ausgewählte Psychotherapieformen
Fremd- und Selbstwahrnehmung
Einzel-, Familien-, Gruppengespräche
III. Reflexion der eigenen Berufspraxis:
Erfahrungsaustausch
Kasuistik
Fragen der Be- und Entlastung
Kooperation
Berufsbezogene Selbsterfahrung
– berufliche Motivation
– persönliche Werthaltungen
– individuelle Fragen

Tabelle **5** Psychotherapeutische Ansätze in der psychosozialen Onkologie

1. Notfallpsychotherapie, Krisenintervention
2. Verhaltenstherapie
– Entspannung, Desensibilisierung, ggf. Biofeedback
– Selbstsicherheitstraining
– „Gesundheitstraining“
– kognitive Therapie
3. Konfliktorientierte Therapie, psychodynamische Ansätze
– Einzel-, Paar-, Familien-, Gruppentherapie
– Kunst-, Musik-, Bewegungstherapie

Ein weiterer Fragenkomplex bezieht sich auf die Ergebnisse und den „Nutzen“ der Betreuung und die Überlegungen, wie sich deren Resultate wissenschaftlich erfassen lassen. D. h., auch psychosoziale Arbeit bedarf der Evaluation, die sich jedoch wegen der Vielfalt der Variablen ungleich schwieriger gestaltet als im rein naturwissenschaftlichen Kontext (Koch u. Wittmann 1990). Weder auf den Problembereich der Evaluation noch auf Fragen der möglichen Lebensverlängerung als mögliches Erfolgskriterium psychotherapeutischer Interventionen kann hier weiter eingegangen werden (vgl. dazu Spiegel u. Mitarb. 1989).

Prinzipien der psychosozialen Onkologie

Im folgenden werde ich mich auf die Darlegung einiger Prinzipien der psychosozialen Patientenbetreuung beschränken, die in jedem Betreuungs- und Behandlungsfall eine Rolle spielen.

Eines dieser Prinzipien können wir bereits bei Viktor von Weizsäcker (1935) entlehnen, der das Gedankengut der „Heidelberger Schule“ in dem Hinweis zusammenfaßte, daß es nicht zwei oder drei unterschiedliche Sorten von Krankheitsfällen gäbe, also organisch Kranke, psychisch Kranke oder womöglich sozial Kranke, sondern daß diese drei Momente in der konkreten Krankheit, im konkreten Kranken stets zusammenträfen (Schipperges 1990). Damit skizzierte von Weizsäcker bereits 1935 das, was heute anthropologische Heilkunde oder bio-psychosoziale Medizin genannt wird – oder was unter kranken- im Gegensatz zu krankheitszentrierter Medizin verstanden wird. Dabei geht es um die Krankheitsgeschichte, um die Krankengeschichte und um die Lebensgeschichte des Patienten im Zusammenhang mit seinen biographisch gewachsenen zwischenmenschlichen Beziehungsmustern.

Die Konsequenz aus diesem Modell ist eine zweifache: Wir können dem Krebskranken nur gerecht werden in einer interdisziplinären Kooperation, die von gegenseitiger Wertschätzung der somatischen, psychotherapeutischen und sozialen Helfer geprägt ist. Zugleich muß der na-

Tabelle **6** Heidelberger Seminar für psychosoziale Krebsnachsorge: Fort- und Weiterbildungsveranstaltungen

Seminar für Mitarbeiter im Gesundheitswesen:
Drei aufeinander aufbauende einwöchige Seminare für Krankenschwestern, Pfleger, Sozialarbeiter(-innen), Sozialpädagogen(-innen), Seelsorger(-innen), Psychologen(-innen), u. a.

Wochenendseminar:
Für Absolventen des Seminars für Mitarbeiter im Gesundheitswesen

Psychoonkologisches Kolloquium für Ärzte:
Wochenendseminar für niedergelassene Ärzte und Klinikärzte der onkologischen Disziplinen

Psychoonkologische Arbeitstagung für Psychologen:
Dreitägiges Seminar für Dipl.-Psychologen(-innen) in onkologischen Arbeitsfeldern

Seminar: Umgang mit Schwerkranken und Sterbenden:
Dreitägiges Seminar für Mitarbeiter(-innen) in onkologischen Arbeitsfeldern

Seminar für Mitarbeiter in der Pädiatrischen Onkologie:
Grund und Aufbaukurse
Einwöchiges Seminar für Kinderkrankenschwestern, Pfleger, Ärzte, Pädagogen(-innen), Psychologen(-innen), Seelsorger(-innen) u. a.

Seminar für psychosoziale Fachkräfte in Beratungstellen:
Dreitägiges Seminar für Sozialarbeiter(-innen), Sozialpädagogen(-innen), Psychologen(-innen) u. a.

Seminar für Selbsthilfegruppen:
Grund- und Aufbaukurse
Einwöchiges Seminar für Mitglieder von Selbsthilfegruppen in der Krebsnachsorge

Familienseminar für Elternselbsthilfegruppen:
Wochenendseminar für Familien mit krebskranken Kindern und verwaiste Eltern

Supervisionsgruppen:
Fortlaufende Gruppen für Mitarbeiter in onkologischen Arbeitsfeldern und für Leiterinnen von Selbsthilfegruppen

turwissenschaftlich-diagnostische und therapeutische Zugang eingebettet sein in eine verstehende empathische Haltung im Sinne einer „Beziehungsmedizin“.

Die Heidelberger Psychosoziale Nachsorgeeinrichtung für Tumorkranke, aus deren Erfahrung ich berichte, versucht dieses Prinzip z. B. durch Liaisondienste auf einigen Krankenstationen und durch Konsiliarangebote zu realisieren. Der kooperative Aspekt des Heidelberger psychosozialen Betreuungskonzeptes kommt vor allem in den Stationskonferenzen zum Tragen, die einmal wöchentlich mit allen interessierten Mitarbeitern der im Liaisondienst betreuten Krankenstation stattfinden und die unter anderem dafür gedacht sind, problematische Betreuungssituationen und Kooperationsentwicklungen mit Krebspatienten und deren Angehörigen zu diskutieren und zu klären. Der Fortbildungsaspekt, der in diesen fallbezogenen Konferenzen liegt, wird in speziellen Seminaren im Rahmen des Heidelberger Seminars für psychosoziale Krebsnachsorge weiter vertieft (Tab. **6**).

Das Ziel, auf das alle Hilfen ausgerichtet sind, besteht darin, Beeinträchtigungen zu minimieren oder dem Kranken wirksam zu helfen, die unvermeidlichen Belastungen, die mit einem Krebsleiden verbunden sind, zu ertragen und ihn darin zu unterstützen, eine für ihn akzeptable Form des Weiterlebens zu finden. Kurz gesagt heißt das, Hindernisse der Krankheitsbewältigung beseitigen helfen oder Hilfe zur Selbsthilfe zu leisten.

Die Anstrengungen der psychosozialen Betreuung konzentrieren sich also auf die Beseitigung seelischer und mitmenschlicher Barrieren der Krankheitsbewältigung („Coping“) – und versucht dadurch, zusammen mit dem Patienten, Voraussetzungen zu schaffen, das zu verwirklichen, was dem einzelnen Kranken ganz persönlich Lebensqualität bedeutet.

Literatur

Croog, S. H., S. Levine, M. A. Testa, et al.: The effect of antihypertensive therapy on the quality of life. New Engl. J. Med. 314 (1986) 1657–1664

Geissler, L.: Arzt und Patient – Begegnung im Gespräch. Pharma, Frankfurt 1987

Glatzer W., W. Zapf: Lebensqualität in der Bundesrepublik. Wissenschaftliche Buchgesellschaft, Darmstadt 1984

Koch, U., W. Wittmann: Evaluationsforschung. Springer, Berlin 1990

Küchler, Th., H. W. Schreiber: Lebensqualität in der Allgemeinchirurgie. Hamburg. Ärztebl. (1991) 246–250

Schipperges, H.: Medizin in Bewegung. Verlag für Medizin, Heidelberg 1990

Schwarz, R.: Stand der Forschung zur sogenannten prämorbiden Krebspersönlichkeit. Jb. d. med. Psychol. 3 (1989) 30–42

Schwarz, R., P. Wechsung: Heidelberger Seminar für psychosoziale Krebsnachsorge. Psychosoziale Nachsorgeeinrichtung und Fortbildungsseminar an der Chirurgischen Universitätsklinik, Heidelberg 1993

Schwarz, R., H. Flechtner, Th. Küchler, J. Bernhard: (1990) Stellenwert des Begriffes „Lebensqualität" in der Onkologie. In Schwarz, R., H. Flechtner, Th. Küchler, J. Bernhard, Ch. Hürny: Lebensqualität in der Onkologie. Zuckschwerdt, München 1991

Spiegel, D., J. Bloom, H. C. Kraemer, et al.: Effect of psychosocial treatment on survival of patients with metastatic breast cancer. Lancet 1989/II, 888–891

Tausch, R.: Professionelle oder persönlich-reale Haltung in der Psychotherapie von Tumorpatienten. In Schwarz, R., S. Zettl: Psychosoziale Krebsnachsorge in Deutschland. Verlag für Medizin, Heidelberg 1991

von Weizsäcker, V.: zit. nach Schipperges 1990

Seelsorgerliche Unterstützung bei der Krankheitsbewältigung

F. Salomon

Fragen

Seelsorge? – Warum *Seel*sorge, wenn es um die Bewältigung einer Krankheit geht, die unseren Körper auffrißt? Geht es um die Rettung von etwas Unzerstörbarem aus den zusammenstürzenden Trümmern des verfallenden Leibes? Geht es um tröstende Hinweise auf eine sichere Zukunft in einem Jenseits angesichts der Unsicherheit der Gegenwart im Diesseits? Was kann Seelsorge angesichts der Bedrohung unseres Lebens tun? Was kann sie insbesondere dann tun, wenn sie und ihre Vertreter in den Zeiten des Wachstums und der Blüte nicht gefragt oder sogar als störende Belästigung empfunden wurden?

Die Macht der Krankheit

Jede Krankheit ist Verunsicherung, Störung von eingefahrenen Abläufen und gewohnten Ordnungen. Sie zwingt, den Tagesablauf anders zu gestalten, sich anders zu orientieren und sich anders im Leben einzurichten.

Eine lebensbedrohliche Krankheit zerstört nicht nur unsere Gewohnheiten, sie nimmt uns auch die Perspektive. Denn sie bedroht unser Leben und macht viele unserer Hoffnungen und Zukunftspläne zunichte. Sie gewinnt Macht über uns. Sie raubt uns so die Zeit, unser Leben neu einzurichten. Lebensbedrohliche Krankheiten sind bösartig, auch wenn sie nicht immer im medizinischen Sprachgebrauch maligne sind. Lebensbedrohliche Krankheiten infiltrieren unser Denken, unser Befinden und unser Verhalten, auch wenn es nicht immer ein Tumor sein muß, der Organe durchsetzt und deren Grenzen überschreitend unseren ganzen Körper durchzieht. Sie bringen den Tod ins Bewußtsein, auch wenn niemand ihn beim Namen nennt.

Lebensbedrohliche und in diesem Sinne bösartige Krankheiten können uns körperlich, psychisch, emotional und sozial vernichten und uns sterben lassen, ehe das Herz aufhört zu schlagen. Sie können uns die Freude an unseren Hobbys rauben, die Kraft zum morgendlichen Aufstehen, die Bereitschaft zur Körperpflege oder die Offenheit für die Menschen neben uns. Sind wir gesund, können wir uns kaum vorstellen, uns derart lähmen zu lassen. Und wenn wir mit einem Kranken zu tun haben, dessen Leben bedroht ist, fällt es uns schwer, einen solchen Rückzug, eine derartige Selbstaufgabe zu verstehen und zu billigen. Wir suchen Wege, ihn zu aktivieren, und werden aggressiv und verzweifelt, wenn dies nicht auf Anhieb gelingt. Die Last und Hoffnungslosigkeit des Kranken zerstört nicht nur seine eigenen sozialen Bezüge zur Familie, zu Arbeitskollegen und -kolleginnen sowie Freunden und Freundinnen. Sie belastet auch die Menschen untereinander, die mit ihm zusammenleben, auch wenn der Kranke gerade nicht zugegen ist. Die bösartige Krankheit infiltriert nicht nur den Körper und das Leben des Betroffenen, sondern auch das Leben in seiner Umgebung. Ungewißheit, Angst und Hilflosigkeit befallen auch die Angehörigen und Freunde. Und Ratlosigkeit macht sich breit, wie man miteinander die existentielle Bedrohung in Worte faßt oder sich in ihrer Gegenwart verhalten soll.

Wieso Seelsorge?

Die Suche

Nach Eröffnung der Diagnose beginnt eine vielschichtige Auseinandersetzung mit der Krankheit: Leugnung der Realität, Aufbäumen gegen die Bedrohung, fieberhaftes Suchen nach Auswegen und Hilfen, Suche nach Schuldigen, Rückzug in die Gleichgültigkeit sowie innere Annahme der Erkrankung wechseln miteinander ab. Diese Phasen der Trauer und des Umgangs mit einer lebensbedrohlichen Krankheit, die besonders von Kübler-Ross herausgearbeitet wurden, laufen nicht nach einem festen Schema ab. Sie prägen mit je unterschiedlichem Gewicht die Haltung der Betroffenen, sowohl des Kranken als auch der Angehörigen. Einmal gewinnt die eine Reaktion auf die Krankheit, ein andermal die andere die Überhand. Und immer wieder werden Wege aus der Hilflosigkeit gesucht.

In der Zerstörung gewohnter Ordnungen und Lebensinhalte taucht das Bedürfnis auf, einen neuen Halt zu finden. Dabei kommen verschüttete religiöse Vorstellungen, Elemente einer früher vielleicht erfahrenen kindlichen Frömmigkeit und selbstgebastelte religiöse Ideen und Wunschbilder ans Licht, aus denen Zusammenhänge konstruiert und Erklärungen abgeleitet werden, die in dem empfundenen Chaos der Gefühle ein notdürftiges Gerüst bilden. Hier öffnet sich dann auch das Ohr für religiöse Inhalte und Lebensdeutungen. In der Konfrontation mit den Sinnfragen des Lebens wird der Religion selbst dann eine Kompetenz zugesprochen, wenn sie vorher bestenfalls nur eine mehr dekorative Rolle bei Familienfesten spielen durfte. „Vielleicht ist ja doch etwas dran!" oder bestimmter: „Es muß doch etwas geben, das mit unseren fünf Sinnen nicht zu erkennen ist!" So kann es sein, daß der Seelsorger gefragt wird, indirekt oder offen.

Der Hinweis

Der Seelsorger kann auch von anderen gebeten werden, ratlosen Angehörigen, sensiblen Ärzten und Pflegekräften im Krankenhaus oder anderen, die dem Kranken Hilfe in seiner Erschütterung zukommen lassen möchten und sich selbst dazu nicht in der Lage sehen.

Das Angebot

Seelsorge beginnt jedoch nicht nur auf Bestellung als Dienstleistung nach Auftragseingang. Der Seelsorger besucht den Kranken auch, weil er sich als Botschafter seines Gottes versteht, in dessen Namen er zuhört, spricht, handelt und mitgeht, wo es nötig wird. So kann es zu einer Begegnung zwischen dem Seelsorger und dem Kranken kommen, die über den Moment des ersten Kontakts hinaus für einen gemeinsamen Weg andauert. Das entscheidende Angebot ist die Bereitschaft des Seelsorgers, den kranken Menschen zu begleiten, auch wenn es auf dem Weg bedrohlich und finster wird. Weil der Kranke diese Finsternis vorahnt und den Schritt vorwärts deshalb scheut, kann ihm die Gewißheit, daß jemand auch in der Tiefe der Nacht bei ihm sein wird, Hilfe in der Krankheitsbewältigung sein.

Der Mensch

Was ist das Anliegen, das den Seelsorger veranlaßt, auf die Fragen und Hilferufe des Kranken oder seiner Umgebung zu antworten oder auch selbst aktiv zu werden?

In der Theologie geht es um das Verhältnis des Menschen zu sich, seiner Mitwelt und zu Gott. Seelsorge ist praktische Theologie. Sie will dem Menschen dort zur Seite stehen, wo er seinen Platz in dieser Welt hat und seine Rolle in diesen Verhältnissen erlebt oder erleidet. Sie ist insofern gelebter christlicher Glaube.

Christlicher Glaube sieht den Menschen unter verschiedenen Blickrichtungen. Wir sind in erster Linie Geschöpfe Gottes. Das meint, wir haben unser Leben nicht durch uns selbst. Wir sind eingebunden in einen größeren Sinnzusammenhang. Wir sind Partner in einer Beziehung, die nicht von uns ausgeht und deren Erhalt nicht an unserer Leistungsfähigkeit oder an unserem Wohlverhalten hängt. Das beinhaltet der Begriff „Gnade", der besonders in der reformatorischen Theologie Luthers eine zentrale Bedeutung hat. Wir haben einen Auftrag im Gesamtentwurf der Schöpfung und tragen Verantwortung für uns und das, was uns anvertraut ist, die Welt, die Tiere und die Menschen neben uns. Wir sind als Individuen einzigartig und einmalig. Unser Dasein in der Welt hat einen Anfang und ein Ende. Das Leben ist uns geschenkt und anvertraut. Wir sind frei, es zu gestalten. Dennoch sind wir eingebunden in Grenzen, am deutlichsten erkennbar an dem zeitlichen Rahmen zwischen Werden und Sterben. Wir Menschen sind nicht das Maß aller Dinge, wie es in der Philosophie des Griechen Protagoras (ca. 480–421 v. Chr.) der Fall ist.

Der christliche Glaube versteht uns als ganzheitliche Person. Wir bestehen nicht aus verschiedenen Teilen, von denen einer weltlich und einer göttlich ist. Sondern wir sind immer eine untrennbare Einheit unter verschiedenen Blickwinkeln oder in verschiedenen Ausrichtungen. Wo wir sind und was wir sind, das sind wir immer mit unserem ganzen Wesen. Wir sind als Erdenkloß durch die göttliche Zuwendung zu einer lebendigen Seele geworden (1. Mose 2,7). Wir *haben* nicht einen Körper und eine Seele, sondern wir *sind* sowohl Körper als auch Seele, und zwar jeweils ganz. So wie wir manchmal auch ganz Ohr sind, wenn wir uns auf etwas voll konzentrieren. Wir *haben* keinen kranken Magen, sondern wir *sind* krank, ganz und gar. Wir sind ganz Körper, insofern wir begrenzt, vergänglich, triebhaft und selbstsüchtig sind. Wir sind ganz Seele in unserer Bedürftigkeit und Offenheit für die göttliche Zuwendung und Führung. So ist Seelsorge nicht Pflege eines umschriebenen Bestandteils des Menschen, mit Blick aufs Jenseits, während alle anderen Elemente unseres Wesens nicht interessieren. Seelsorge bedeutet, sich um den Menschen in seinem Hier und Jetzt zu kümmern, in allen seinen Bezügen, Tätigkeiten und Bedrohungen. Seelsorge ist handfeste Diesseitigkeit, allerdings im Bewußtsein, daß diese Diesseitigkeit nicht alles ist und wir in einen größeren Zusammenhang eingebettet sind.

Wir Menschen sind Mitmenschen und leben als solche in Bezügen zu anderen. Jeder ist Geschöpf wie wir, ebenso Partner Gottes und damit auch unser Partner. Kein Mensch ist die Verfügungsmasse eines anderen. Jedem kommt die gleiche Würde zu, aus der sich Achtung und Ehrfurcht voreinander ableiten. Als Mitmenschen leben wir nicht nur in Beziehung zu unseren Nachbarn nah und fern, sondern sind auch eingebunden in die zeitliche Kette zu unseren Vorfahren und unseren Nachkommen.

In allen diesen Bezügen sind wir nach Aussagen der Bibel Gottes Kinder. Gott hat uns zugesagt, bei uns zu sein, auf welchen Wegen wir auch immer gehen mögen, welche Freuden uns beflügeln oder welche Widerwärtigkeiten uns auch begegnen mögen. Diese Zusage ist in der Person Jesu menschlich faßbar geworden. Und diese Zusage ist durch die Solidarität im Leiden und Sterben Jesu auch für die dunkelsten Stunden des Lebens, das Sterben, gültig geworden. Gott ist auch in unserem Sterben bei uns. Er geht mit uns in die Dunkelheit. Das sagen die Passionsberichte. Und weil Gott uns im Tod nicht verläßt, wird das Leben anders, kommt Licht in das Dunkel. Das sagt die Botschaft von der Auferstehung.

Auferstehung meint nicht nur ein Leben *nach* dem Tod, sondern wesentlich auch eine Umwertung des Lebens *vor* dem Tode. Christliche Botschaft ist kein Vertrösten auf ein goldenes Jenseits, weil das Diesseits als deprimierendes Jammertal erlebt und erlitten wird. Christliche Hoffnung ist eine Hoffnung gegen die Dunkelheiten und gegen den Tod, wo immer wir davon bedroht werden. Sie will uns mitteilen, daß unser Leben wichtig ist, auch in Behinderung, Krankheit und Vergänglichkeit. Sie will uns Kraft und Mut geben, daß wir diese Bedrohungen nicht endgültige Macht über uns gewinnen lassen. Hier setzt Seelsorge an.

Was ist Seelsorge?

Seelsorge ist Begegnung

Seelsorge ist Interaktion. Seelsorge als gelebter christlicher Glaube macht in der Begegnung zweier Menschen, dem Seelsorger und z. B. dem Krebskranken, erfahrbar, wie Gott sich dem Menschen zuwendet. Das gewinnt Gestalt in der Vielschichtigkeit der Beziehung zwischen denen, die sich begegnen, nicht in erster Linie in den Worten, die gewechselt werden.

Eine partnerschaftliche Beziehung muß wachsen. Das geht nur, wenn beide Partner sich gegenseitig ernst nehmen und es merken, daß sie ernstgenommen werden. Partnerschaft verlangt, daß einer den anderen nicht bedrängt und einsperrt. Das gilt insbesondere im Blick auf den Kranken, der mit der Eröffnung der Diagnose und der Übernahme der Patientenrolle nicht selten von anderen bevormundet und abhängig gemacht wird. Ihm wird nicht nur vom Arzt gesagt, was er tun oder mit sich geschehen lassen muß. Ihm wird vielleicht die Diagnose oder Prognose vorenthalten, die er im Innersten ahnt oder weiß. Er wird mit fürsorglichen Argumenten überbehütet und an Aktivitäten gehindert, die ihn seine vorhandenen Kräfte spüren ließen.

In der seelsorgerischen Begegnung liegt die Chance, diese künstlichen Fesseln zu durchbrechen. Die Begegnung zwischen Seelsorger und Kranken kann nur dann eine tragfähige Beziehung in der Zeit der Krankheit werden, wenn der Seelsorger sich nicht in die Reihe derer einreiht, die dem Kranken vorschreiben, was er tun muß. Seelsorge kann schon allein dadurch helfen, daß der Kranke als Person geachtet und seine Gefühle, Bedürfnisse und Entscheidungen beachtet und ernstgenommen werden.

Das bedeutet: Der Kranke ist nicht Objekt seelsorgerlicher Aktivität, sondern Partner. Er ist Geschöpf Gottes wie der Gesunde neben ihm und wie der Seelsorger. Er ist Mitmensch wie wir alle, und er lebt in denselben Begrenzungen wie wir alle, wenn sie ihm vielleicht auch in der Situation der bedrohlichen Krankheit deutlicher werden oder näherrücken als manchem anderen. In der seelsorgerlichen Beziehung sind beide Partner Gebende und Empfangende. Die Begegnung hinterläßt auch im Seelsorger Spuren.

Seelsorge ist Zuwendung

Begegnung geschieht zuerst im Hören und Wahrnehmen dessen, was der Kranke mit Worten oder durch Gesten ausdrückt. Das ist nicht leicht, denn Zuhören und Beobachten bedarf Zeit, die wir uns bewußt nehmen müssen. Der Kranke braucht die Zeit, sich mitzuteilen, denn es fällt nicht leicht, Ängste und Hoffnungen auszudrücken. Dann fehlt uns oftmals auch die Fähigkeit, unausgesprochene Worte und angedeutete Hinweise zu erkennen, weil wir in der Fülle der auf uns einstürmenden Informationen die vielsagenden Kleinigkeiten nur zu leicht übersehen. Uns fehlt die Übung der Wahrnehmung. Und vieles, was wir hören und sehen, deuten wir falsch. Denn wir filtern das, was wir mit unseren Sinnen aufnehmen, durch unsere vorgebildete Meinung oder durch unsere eigenen Ängste und Wünsche.

In der Seelsorge steht nicht der Seelsorger im Mittelpunkt, sondern der Umsorgte. Seine Ängste, seine Zwiespälte und seine Hoffnung bestimmen, was in der Interaktion zwischen den Partnern geschieht. Dazu müssen diese Emotionen zur Sprache kommen. Seelsorge als praktische Theologie ist nicht zuerst Rede von Gott, sondern Hinwendung zum und Solidarität mit dem Menschen. In der bedrohlichen Krankheit braucht er den Raum und die Freiheit, seine Gefühle äußern zu können.

Studien zum Interaktionsgeschehen bei den ärztlichen Visiten im Krankenhaus zeigen, daß die Begegnung zwischen Arzt und Patient das oftmals nicht leistet. Sie ist meist nicht patientenorientiert und gibt dem Kranken oft nicht genügend Raum. Seelsorge ist von ihrem Selbstverständnis patientenorientiert. Als solche stellt sie im Krankenhaus nicht nur die notwendige Ergänzung zu den sonstigen Interaktionen dar, sondern sie ist in ihrer patientenzentrierten Zuwendung beispielgebend dafür, wie wir in unseren Kliniken mit den Patienten umgehen sollten. Seelsorge will dem Kranken den Raum eröffnen, den er in der beengenden und beklemmenden Situation der ihn bedrohenden Krankheit dringend braucht. Und der Seelsorger kann in der Zusammenarbeit Ärzte, Pflegekräfte, Krankengymnasten und Sozialarbeiter dazu veranlassen, dabei mitzuhelfen. Seelsorgerliche Arbeit mit Kranken kann es so ermöglichen, die Ängste und Sorgen überhaupt einmal zur Sprache zu bringen, auch im betreuenden Team, und ein Gespräch der Beteiligten darüber beginnen zu lassen.

Seelsorge ist Begleitung

Seelsorge redet nicht zuerst davon, daß Gott mit mir ist, sondern sie zeigt es. Die Zusage Gottes, in Freude und Leid an unserer Seite zu sein, kann in der seelsorgerlichen Begegnung erlebbar werden. Indem der Seelsorger dem Kranken die Wärme seiner Hand spüren läßt, ihm die Hand auf die Schulter legt oder über den Arm streicht, ihm offen in die Augen sieht und seinem Blick nicht ausweicht und ihn die Nähe spüren läßt, vermittelt er diese Zusage vielleicht besser als in vielen Worten. Es geht ums Nahesein in einer beängstigenden Situation, um nicht mehr, aber auch nicht weniger. Ein Stück des Weges mitgehen durch kürzere oder längere Besuche, durch Anwesenheit am Bett oder im Zimmer, durch Gesprächsbereitschaft, durch Mittragen einer Last. Nahe sein, als stützende Hand in der Gefahr des Stolperns, als schützender Arm in der Kälte der Bedrohung, als offener Blick in der Isolation der Einsamkeit. So läßt sich Seelsorge charakterisieren.

Der Seelsorger bestimmt nicht den Weg, der zu gehen ist. Den Kranken ernstnehmen heißt, ihn selbst planen und entscheiden zu lassen, welches der nächste Schritt ist, welche Hilfen er auf dem Weg annehmen möchte und wer ihn begleiten soll. Und man muß auch akzeptieren, wenn der Kranke (ein Stück weit) allein gehen will oder sich einen anderen Begleiter wählt.

Begleiten ist keine leichte Aufgabe, verlangt sie doch große Aufmerksamkeit, Rücksicht und Zurückhaltung. Der Kranke darf und muß sein Leben selbst gestalten, auch wenn ihm wegen seiner Krankheit vielleicht nur noch wenige Kräfte zur Verfügung stehen. Er darf nicht entmündigt werden. Seelsorge kann ihm vom personalen Ansatz her helfen, Raum zur Ruhe, zum Gespräch, zum Nachdenken, zum Weinen, zum Planen und Phantasieren, Raum zum Kraftschöpfen, aber auch zum Rückzug vor allen anderen zu finden. Doch wird sie von ihrem Auftrag her auch immer wieder anbieten, eine Tür ins Tagesgeschehen zu öffnen.

Auch das Tempo der Auseinandersetzung mit der Krankheit sollte der Kranke selbst bestimmen können. Für den Begleiter ist es schwer, das durchzuhalten. Denn er sieht vielleicht den nächsten Schritt, zu dem er den Kranken antreiben möchte. Doch der Kranke hat noch nicht die Kraft oder den Mut, diesen Schritt zu tun. Hier haben die Worte des Predigers Salomo ihre Bedeutung: Alles hat seine Zeit (Prediger 3,1 ff): Die Auseinandersetzung mit der Krankheit hat ihre Zeit, das Schließen der Augen vor der Bedrohung, die Aufklärung, der Widerstand gegen die

Diagnose, die Suche nach Auswegen, die Phasen des Innehaltens und des Zurückblickens.

Seelsorge ist Angebot

Daß der Kranke das Tempo und die Form der Auseinandersetzung mit seiner Lage bestimmt, bedeutet nicht, daß er selbst sehen muß, wie er zurechtkommt, und wir uns passiv verhalten. Begleitung ist aktives Tun. Sie ist Hilfestellung, die dem Kranken Sicherheit bietet und ihm Mut machen kann, sich an Hürden zu wagen, die er allein als zu bedrohlich empfände. Begleitende Seelsorge hat insofern Ähnlichkeit mit der Hilfestellung im Schulsport. Sie ist da, macht dem Menschen durch ihre Gegenwart Mut und packt zu, wenn es nötig wird.

Die Aktivität des Seelsorgers ist zunächst seine Bereitschaft zur Nähe und zur Gegenwart, das Angebot zum Gespräch. Das drückt sich darin aus, daß der Kranke ernstgenommen wird, so wie er ist, sei er ängstlich, sei er aggressiv, lehnt er die Bedrohung durch die Krebserkrankung ab oder fühlt er sich durch sie gelähmt. Wenn der Kranke spürt, daß er ernstgenommen, gehört und verstanden wird, kann er besser das Bedrohliche, das ihm in der Krankheit begegnet, wahr- und ernstnehmen. Im Gespräch können Anmerkungen, behutsame Fragen oder Hinweise den Blick des Kranken auf diese Bedrohung richten und ihm helfen, in der offenen Auseinandersetzung mit seiner Krankheit seine Lebenskräfte und seine Grenzen zu spüren. Das Angebot der Seelsorge ist auch die Bereitschaft, vor dem Dunklen nicht die Augen zu verschließen, nicht auszuweichen, sondern hinzusehen, Tod, Schmerz und Angst beim Namen zu nennen und mit in die Tiefen der Nacht unseres Lebens zu gehen. Die gewünschte Nähe zum Leidenden kann für den Seelsorger sehr spannungsgeladen werden, denn er braucht dabei noch die notwendige Distanz, um nicht selbst von der Nacht verschlungen zu werden.

Wenn der Krebskranke seine Kraft verbraucht, um sich vor anderen Menschen zu verstellen oder bei anderen Aufmerksamkeit zu erlangen, dann fehlt ihm diese Kraft für die Umgestaltung seines Lebens. Wenn er befürchten muß, in der versuchten Neuorientierung seines Alltags von anderen nicht ernstgenommen zu werden, dann wagt er diesen Schritt auch nicht. Wenn ich lange Jahre nur über Äußerlichkeiten oder materielle Angelegenheiten gesprochen habe, brauche ich jemanden, der mich ernst nimmt und mich nicht belächelt oder sich zurückzieht, wenn ich angesichts einer schweren Lebenskrise beginne, über Sinnfragen nachzudenken und dafür Worte zu suchen.

Seelsorge meint dieses Gegenwärtigsein in der Krise, sie ist dieses Angebot. Seelsorge konkretisiert die Zusage Jesu „Ich bin bei euch" (Matth. 28,20), ohne sie als billige Bibelrezitation ständig auf den Lippen zu führen.

Seelsorge ist Wegweisung

Dabei ist Seelsorge auch Orientierungshilfe. Christlicher Glaube hat etwas zum Leben und Sterben des Menschen zu sagen. Die göttliche Zusage, daß wir nicht auf uns selbst angewiesen, sondern in einen größeren Sinnzusammenhang eingeordnet sind, ist nicht nur der Hintergrund seelsorgerlichen Umgangs mit anderen Menschen, sondern kann auch in Worten Ausdruck finden. Seelsorge ist auch Verkündigung der biblischen Aussagen, ein Weitersagen dessen, was mein Leben bestimmt.

So kann der Begleiter des Kranken auch Wegweiser sein. Er kann dem Kranken helfen, die eigenen Quellen der Hoffnung und Orientierung wiederzufinden und daraus Kraft und Erfrischung zu schöpfen. Er kann auch ein Bibelwort auslegen, ein Gebet formulieren oder einen Segen sprechen. Hier gilt es jedoch, wachsam und behutsam zu sein. Es lauert die Gefahr, aus dem Füllhorn geschliffener oder inhaltsschwerer Formulierungen etwas über das „seelsorgerliche Objekt“ auszugießen, ohne darauf zu achten, was der Schwerkranke fassen und begreifen kann. Die Bemerkung: „Wie kann Gott das zulassen, daß ich so krank bin, wo ich doch nie einem Menschen etwas zuleide getan habe“, wird leicht durch die Vokabel „Gott“ zu einem Auslöser für einen theologischen Exkurs über Sünde, Strafe, Gnade oder ähnliches, ohne den Menschen erst einmal als Klagenden ernst zu nehmen. Es ist auf das zu hören, was in den Worten mitschwingt, und das wahrzunehmen, was als Kummer und Sorge hinter dem Gesagten steht. Es geht nicht zuerst um Gott, sondern um das zerbrochene eigene Lebenskonzept. An dieses Konzept und die Inhalte, die dem Kranken vertraut sind, müssen wir als Seelsorger anknüpfen, um von ihm verstanden zu werden.

Gerade an dieser Stelle ist vor theologisch beladenem Vokabular zu warnen. Es dient bestenfalls dazu, unsere eigenen Ängste und Unsicherheiten angesichts der Konfrontation mit der Lebensbedrohung hinter der Fassade einer Traktatsprache verbergen zu können. Aber den meisten Menschen heutzutage, denen eine theologische Sprache fremd ist oder bestenfalls liturgisch feierlich anmutet, verbauen wir damit das nötige Gespräch. Die Sprache des Seelsorgers muß auch in der Verkündigung christlicher Inhalte für jeden verstehbar sein. Gott wurde Mensch und redete wie ein Mensch.

Erklärungsmuster, die aus dem Buch Hiob im Alten Testament bekannt sind, wie Krankheit als Strafe oder Leid als Prüfung sind gelegentlich zu hören. Sie sollten vom Seelsorger auf keinen Fall als Erklärungsversuch für die Krebserkrankung herangezogen werden. Manchmal werden solche Zusammenhänge vom Kranken selbst angesprochen, der in seiner Verunsicherung nach jedem Halt oder jeder Sinndeutung für seine Katastrophe sucht, um wenigstens in der logischen Verstehbarkeit eine Ordnung zu entdecken, der er sich ergeben kann. Auch dann sollte der Seelsorger sehr behutsam damit umgehen. Ein Gott, der seine Geschöpfe quält, um sie zu bessern, unterscheidet sich nicht von den Folterknechten des Mittelalters, die Frauen quälten, um aus den vermeintlichen Hexen den bösen Geist zu vertreiben. Der Gott Jesu Christi ist kein Sadist oder Folterer.

Im menschlichen Miteinander sind zeichenhafte Handlungen von großer Bedeutung. Handauflegen, Betrachten der eigenen Hände, Anzünden von Kerzen, Betasten von Steinen oder Hölzern mit ihren glatten, rauhen, brüchigen und splitternden Oberflächen. Formen mit Ton, Malen oder ähnliche symbolhaltige Handlungen eröffnen Kommunikationswege und Erfahrungen, die in unserer intellektualisierten Lebensweise leider allzuoft verschüttet sind. Durch sie können Kräfte und Gedanken geweckt werden, die auch in der Krankheit die Erkenntnis von eigener Vielseitigkeit und überraschender Fülle des Lebens vermitteln. Dadurch können Gefährdung und Einengung des Lebensraumes in den Hintergrund treten. Zeichen und Symbole können durch ihre überzeitliche Gültigkeit und Wahrheit gerade in der Bedrohung durch eine schwere Krankheit tiefliegende Saiten in uns zur Resonanz anregen, verborgene Erkenntnisse zum Klingen bringen und vorhandene Energien zum Leben erwecken.

Die Erkenntnisse sind in der katholischen Kirche schon länger vorhanden. Auch in der evangelischen Kirche gewinnen diese Symbole in den letzten Jahren eine zunehmende Beachtung. Durch neue liturgische, musikalische und sakramentale Entwürfe auf den Kirchentagen haben sie Eingang in die Arbeit vieler Gemeinden gefunden und dort auch die Seelsorge beeinflußt.

Hoffnung und Realität

Ein alter Satz beschreibt auch heute noch die Vorstellung mancher Menschen, wenn sie an Seelsorge im Krankenhaus denken: „Der Arzt geht, der Priester kommt." Darin drückt sich aus, daß der Arzt sich zurückzieht, wenn er den Krankheitsverlauf nicht mehr bessern kann, und der Pfarrer somit Bote des nahenden Todes ist. Für beide Berufsgruppen ist dieser Satz nach unserem heutigen Verständnis falsch und entschieden abzulehnen. Der Seelsorger hat zu jeder Zeit seine Aufgaben. Die seelsorgerliche Begegnung darf nicht per se Hinweis auf den nahenden Tod sein. Seelsorge ist Begleitung im Leben, die allerdings angesichts des Sterbens nicht endet. Der Arzt darf sich andererseits nicht zurückziehen, wenn er den Tod nahen sieht. Er muß die Diagnose vermitteln und verarbeiten helfen, er kann Schmerzen behandeln, Leid mindern und als Person des Vertrauens auch im Sterben solidarischer Partner des Kranken sein.

Der oben genannte Satz beinhaltet auch die Erwartung, daß der Seelsorger selbst angesichts des drohenden Todes noch Hoffnung vermitteln kann, weil er die Zusage seines Gottes kennt. Ob er mit den Glaubensinhalten, auf die er selbst sein Leben gründet, dem Patienten wirklich Hoffnung vermitteln kann, hängt wesentlich davon ab, worauf der Kranke selbst hoffen kann und was ihm Halt vermittelt. Diese Hoffnung kann dem Patienten nicht übergestülpt werden, sondern muß in ihm geweckt und von ihm im Innersten angenommen werden. Es geht nicht um irgendwelche Illusionen oder Vertröstungen, die für den Kranken keine existentielle Bedeutung haben.

Dennoch kann der Begleiter dem Kranken auch Hoffnung eröffnen, wenn die Grundlage für eine Hoffnung bei beiden ganz unterschiedlich ist. Wesentlich für die Vermittlung einer tragfähigen Hoffnung ist zunächst die Bejahung der Realität. Das meint, die Krankheit zu sehen, sich der Einschränkungen bewußt zu werden und darin die eigenen Möglichkeiten zu erkennen. Mitgehen in die Dunkelheit als Angebot der Seelsorge beinhaltet diese Hinwendung zur Realität mit all ihren Problemen. Dadurch, daß der Seelsorger dem Kranken dabei zur Seite steht, ihn stärkt, nicht die Augen vor der Wirklichkeit mit ihren Belastungen, Schmerzen und ihrer Todesbedrohung zu verschließen, dadurch, daß der Seelsorger sich nicht zurückzieht und ihn im Leid nicht allein läßt, kann der Kranke in dieser Begegnung erfahren, was christliche Hoffnung bedeutet. Die göttliche Zusage „Ich bin bei euch" muß im Augenblick der Krankheit zwischenmenschlich erlebt werden, um für die ungewisse Zukunft tragfähig zu sein.

Amtshandlungen in der seelsorgerlichen Begegnung

In der seelsorgerlichen Begleitung kann beim Kranken auch der Wunsch aufkommen, das Abendmahl oder die Krankensalbung zu empfangen. Sakramente sind auch Symbole, die durch ihre Form und den liturgischen Rahmen Halt vermitteln können. Kann der Seelsorger nicht selbst die Sakramente austeilen, so sollte er den entsprechenden Kontakt herstellen, um den Wunsch des Kranken zu erfüllen. Wo und in welchem Kreis das Abendmahl gefeiert wird, muß dem Kranken überlassen bleiben. Es ist auch im Krankenhaus durchaus denkbar, daß Familienangehörige oder vertraute Mitglieder des betreuenden Stationsteams dabei sind.

Der Seelsorger wird, wenn er Pfarrer oder Priester ist, vielleicht auch in den Gesprächen über das befürchtete oder erwartete Sterben gebeten, die Beerdigung vorzuplanen. Ob er das selbst übernehmen sollte oder doch besser dem Gemeindepfarrer am Wohnort des Kranken überläßt, bedarf einer genauen Überlegung. Der Klinikseelsorger ist dem Kranken vielleicht der Vertrautere. Die Trauerfeier ist jedoch nicht in erster Linie Abschluß der Begleitung des Gestorbenen, sondern sollte Beginn einer Begleitung der Überlebenden sein. Und die ist Aufgabe des Gemeindepfarrers am Wohnort. In der Planung der Beerdigung drückt sich jedoch ein Stück der Annahme des Todes aus. Insofern sind die Vorüberlegungen zu Recht Inhalt der seelsorgerlichen Gespräche zwischen Klinikseelsorger und Krankem, wenn auch die Beerdigung dann jemand anderes übernimmt.

Wer kann seelsorgerlich helfen?

Seelsorge wird gemeinhin als spezifische Aufgabe eines Pfarrers, Priesters oder Angehöriger nahe verwandter Berufsgruppen verstanden, z. B. Gemeindereferenten oder -pädagogen. In den Kliniken unterstreicht die Bezeichnung „Krankenhausseelsorge" für das Klinikpfarramt diese Meinung. Und die intensive Ausbildung, die in den letzten Jahren die Mehrzahl der Krankenhausseelsorger absolviert hat, macht sie in der Tat zu „Experten" im Umgang mit den spezifischen Problemen kranker Menschen.

Doch birgt jedes Expertentum die Gefahr, daß alle übrigen sich als Laien nicht mehr für diese Aufgaben zuständig fühlen. Gerade im Bereich der seelsorgerlichen Unterstützung geht es jedoch um etwas, das viele Menschen leisten können und das von vielen gefordert wird, weil in einer bestimmten Situation gerade sie bei dem Kranken sind und nicht der Seelsorgeexperte: Begegnung, Zuwendung, Begleitung und Angebot. Die seelsorgerliche Begegnung enthält alle Elemente, die für eine gute zwischenmenschliche Begegnung wünschenswert sind. Wesentlich dabei sind Offenheit und die Bereitschaft, den anderen in *seiner* Lage ernst zu nehmen und über Sinnfragen, Lebenskonzepte, Emotionen und auch über unsere Begrenzungen durch Leid, Krankheit und Tod zu sprechen, solange der Partner es will. In diesem Sinne kann jede Krankenschwester im Krankenhaus oder in der Gemeindekrankenpflege, jeder Arzt zu Hause oder in den Kliniken sowie Freunde und Angehörige eines Patienten seelsorgerliche Funktionen wahrnehmen. Auch die wegweisende Orientierungshilfe bis hin zur Verkündigung von Glaubenszusagen kann ein Nichtexperte leisten.

Wer in dieser Situation gefordert ist, hängt wesentlich vom Kranken selbst ab. Patienten mit lebensbedrohlichen Krankheiten geraten im Krankenhaus oftmals durch eigenes oder fremdes Verhalten in eine regressive Rolle, in der sie als Abhängige einen sehr niedrigen Platz in der hierarchischen Ordnung einer Station einnehmen. In dieser von ihnen so erlebten Rolle suchen sie sich Kontakt, Verständnis und Solidarität bei den Mitarbeiterinnen und Mitarbeitern, die sie auch als nachgeordnet in der Hierarchie erleben. Chefarzt oder Oberarzt werden zwar nach den medizinischen Aspekten gefragt, die menschliche Hilfestellung wird jedoch eher bei anderen gesucht, was durch eine gewisse Unnahbarkeit vieler Ärzte noch unterstützt wird.

Gerade Krankenpflegeschülerinnen und -schüler sowie junge Schwestern und Pfleger erfahren plötzlich die Anforderungen, die der Patient an sie stellt, als Bedrohung. Ihnen wird ihre eigene Hilflosigkeit bewußt. Sie meinen, die Begleitung des Patienten, die nötig wäre, nicht leisten zu können. Diese Hilflosigkeit gilt jedoch nicht nur für die Anfänger im Beruf, sondern veranlaßt auch erfahrene Ärzte und Pflegekräfte, sich aus solchen Situationen zurückzuziehen, Abwehrhaltungen einzunehmen oder Vermeidungsstrategien zu aktivieren (Klapp 1985). Die ärztliche Unnahbarkeit ist zum Teil auch Folge dieser Hilflosigkeit.

Wir alle werden uns in der Begegnung mit dem Kranken unserer eigenen Grenzen gewahr. Unsere Ohnmacht angesichts dieser Wahrnehmung vor uns selbst zuzugeben, eröffnet den Weg, dem Kranken in seiner Hilflosigkeit solidarisch zu werden und sich im betreuenden Team der grundlegenden Gemeinsamkeit, Mensch zu sein, bewußt zu werden. Die erlebte Ohnmacht kann über Berufsgrenzen und hierarchische Ebenen hinweg helfen zusammenzustehen.

So wird besonders deutlich, daß wir in unseren Kliniken verstärkt unseren Blick auf den zwischenmenschlichen Umgang richten müssen. Bereits in der Ausbildung der Pflegekräfte sowie der Ärzte müssen die vernachlässigten Bereiche unserer Arbeit stärker einbezogen werden. In der täglichen Arbeit mit Kranken muß das regelmäßig aufgefrischt werden. Berufsbegleitende Weiterbildung zur seelsorgerlichen Unterstützung von bedrohlich Kranken kann von den Experten, den Klinikseelsorgern, organisiert und angeboten werden.

Um solchen Weiterbildungen oder Gruppenarbeiten einen festen Platz in unseren Kliniken oder Diakoniestationen zu geben, ist es zunächst erforderlich, daß wir die Notwendigkeit dieses Interaktionsfeldes anerkennen und unsere eigene Weiterbildungsbedürftigkeit eingestehen.

Konfessionszugehörigkeit und Seelsorge

Ist Seelsorge an die Zugehörigkeit des Kranken und Seelsorgers zur selben Konfession gebunden? Viele Aspekte der seelsorgerlichen Unterstützung sind unabhängig davon, wie der Kranke zu der Weltanschauung oder der Konfession des Begleiters steht. Da es nicht darum geht, den Kranken von der Haltung des Seelsorgers zu überzeugen oder ihn dazu – im negativen Sinne dieses Wortes – zu bekehren, kommt es zunächst auch gar nicht darauf an, ob der Betreute einer Kirche angehört oder welcher. Seelsorge in diesem weiten Sinne ist konfessionsunabhängig.

Es handelt sich in vielem um die rein humane Unterstützung, die besondere Aspekte des Menschseins in den Blick nimmt und so auch von vielen geleistet werden könnte. Spezifisch christlich ist die Motivation des Seelsorgers und dessen Bereitschaft, die Aussagen seines Glaubens auch zur Sprache zu bringen. Und spezifisch christlich und sogar konfessionsspezifisch sind sakramentale Handlungen. Wenn der Kranke dabei jedoch Maßstab dessen bleibt, was ich als Seelsorger tue, dann besteht keine Gefahr, daß ich dem Kranken das Gefühl vermitteln könnte, er werde vereinnahmt, religiös überrumpelt oder zum Streitobjekt verschiedener Konfessionen.

Kann man seelsorgerliche Unterstützung lernen?

Ja! Doch geht es dabei nicht in erster Linie um bestimmte Techniken und Fertigkeiten, sondern um eine innere Haltung zu Menschen, zu Leben und Tod, zu Sinn und Ziel unseres Daseins und zu uns selbst. Der seelsorgerliche Begleiter muß in der Lage sein, sich ganz auf den Kranken einzulassen. Das kann er ungezwungen nur, wenn er sich seiner eigenen Probleme, Schwierigkeiten, Ängste und Hoffnungen bewußt ist und sie bedenken kann.

Ein Pianist, der einen Sänger auf seinem Instrument begleitet, darf nicht dauernd mit den Problemen seines Instrumentes kämpfen. Denn dann brächte er den aus dem Takt, den er begleiten will. Wenn der Kranke seinen Weg souverän selbst gehen will, darf der seelsorgerliche Begleiter ihn nicht durch seine eigenen Stolpersteine behindern. Selbsterfahrung und begleitete Analyse seiner selbst eröffnen dem Seelsorger bessere Möglichkeiten, hilfreicher Begleiter eines anderen zu sein. Der professionelle Seelsorger braucht auch weiterhin selbst eine Begleitung in Form einer Supervision oder regelmäßiger Gruppengespräche zur Aufarbeitung seiner eigenen Belastungen. Auch nichtprofessionelle Seelsorger, Ärzte, Schwestern und Angehörige, bedürfen einer solchen begleitenden Hilfe für sich selbst. Der Zusammenarbeit im Krankenhaus könnte es förderlich sein, wenn im Team einer Station derartige Bemühungen berufsübergreifend stattfänden.

Literatur

Klapp, B. F.: Psychosoziale Intensivmedizin. Springer, Berlin 1985

Koch, U., Ch. Schmeling: Betreuung von Schwer- und Todkranken. Ausbildungskurs für Ärzte und Krankenpflegepersonal. Urban & Schwarzenberg, München 1982

Kübler-Ross, E.: Interviews mit Sterbenden. Kreuz, Stuttgart 1971

Lückel, K.: Begegnung mit Sterbenden, 3. Aufl., Kaiser, München 1990

Roth, E.: Neue Rezepte vom Wunderdoktor. Hanser, München 1959

Schweidtmann, W.: Sterbebegleitung – Menschliche Nähe am Krankenbett. Stuttgart 1991

Sigrist, J.: Aufklärung in Grenzsituationen. In Kruse, T., H. Wagner: Sterbende brauchen Solidarität. Beck, München 1986 (S. 25–40)

Sölle, D.: Leiden. Kreuz, Stuttgart 1973

Steiger, W.: Umgang mit Sterben, Akzeptanz, Belastungen für Pflegende und Ärzte – aus theologischer Sicht. In Windels-Buhr, D.: Grenzen der Behandlung – in der Anaesthesie. Intensivmedizin und Dialyse. Pabst, Lengerich 1990 (S. 70–74)

Krankheitsbewältigung im Kreise der Selbsthilfegruppe

Marina Schnurre

„Der Krebs ist nur die körperliche Illustration für meinen seelischen Zustand.“ (Fritz Zorn in seiner Autobiographie „Mars“)

Zum Sinn der Gruppenarbeit

„Gehen Sie nur nicht in eine Selbsthilfegruppe. Dort hören Sie schlimme Krankengeschichten, und das wird sie nur verunsichern. Seien Sie froh, daß es Ihnen gut geht. Vergessen Sie Ihre Krankheit und beschäftigen Sie sich jetzt mit den schönen Seiten des Lebens. Tun Sie Dinge, die Ihnen Spaß machen. Reisen Sie, treiben Sie Sport, aber vergessen Sie dabei nicht, Ihre regelmäßige Nachsorge. Mit einem Wort: Leben Sie wie zuvor.“ Solche und ähnliche „gutgemeinten“ Ratschläge habe ich als Krebspatientin vor 14 Jahren von meinem Arzt gehört, und auch heute noch ist das oft die Meinung der Mediziner und der Angehörigen.

Die Betroffenen selbst sehen das anders. Wenn sie erst einmal den Versuch gewagt haben, eine Selbsthilfegruppe kennenzulernen, sind sie überrascht von der Offenheit und Empathie, die ihnen entgegengebracht wird. Andere Betroffene können Modell für eigene Coping-Prozesse werden (Matzat 1988) und so eine positivere Verhaltensweise aktivieren, die zu prognostisch günstigeren Ergebnissen führen kann. Nach einer Untersuchung von Spiegel (1991) hatten Frauen mit Metastasen, die sich einer Selbsthilfegruppe angeschlossen hatten und mit deren Angehörigen Gespräche geführt wurden, eine doppelt so hohe Überlebensrate wie eine Kontrollgruppe ohne Gruppenbezug. Den meisten Betroffenen wird in einer Gruppe sehr bald deutlich, daß „leben wie zuvor“ gar nicht mehr möglich, ja oft gar nicht wünschenswert ist (Schnurre 1991).

„Ich habe schon direkt darauf gewartet, daß etwas passiert“ oder „Die Krankheit mußte einfach kommen, allein wäre ich sonst nie aus dem Schlamassel rausgekommen“ sind Hinweise in diese Richtung. Der „Sturz aus der normalen Wirklichkeit“ (Gerdes 1984) in eine neue Normalität, kann um so leichter glücken, je intensiver der Krebskranke sich mit der Realität auseinanderzusetzen beginnt. Das ist im Kreise Betroffener auf überzeugendere und wirksamere Weise möglich. Oft entdecken Krebskranke erst in der Krise ihren persönlichen Weg und können, trotz der Bedrohung, ein reicheres, manchmal sogar intensiveres Leben führen (Schnurre u. Kreibich-Fischer 1987).

Verschiedene Arten von Gruppen

Es gibt drei Formen von Selbsthilfegruppen:

1. Die *autonomen* und *selbstregulierten* Gruppen von Betroffenen, die sich zusammenfinden ohne professionelle und kontinuierliche Begleitung.
2. Die *teilweise autonomen*, die als *angeleitete* Gruppen oft einen Therapeuten, Psychologen, Arzt usw. als Leiter oder Betreuer haben.
3. Die Gruppen mit festen Strukturen, die in der Regel ein *eingetragener Verein* sind.

Gruppe 2 und 3 werden häufig vom Staat bezahlt oder von der Krebshilfe, Krebsgesellschaft und ähnlichen Institutionen unterstützt.

Die Krankheitsbewältigung der Betroffenen in einer Selbsthilfegruppe ist als Prozeß zu verstehen, in dem es nicht darauf ankommt, die Krankheitssymptome zu beseitigen, sondern gemeinsam nach Antworten zu suchen auf Fragen nach Lebensqualität, Lebenssinn und Lebenszielen.

Wichtig dabei ist, daß man sich aus der Vielzahl der Angebote für seine Bedürfnisse die adäquate Gruppe sucht.

In den autonomen Gruppen stehen *Information* und persönliche *Gespräche* im Vordergrund.

Gruppe 2 und 3 bieten den Teilnehmern meist ein breites Angebot von *Gesprächs-* über *Körperarbeit, Atemtherapie, Visualisations-* und *Gestalttherapie* bis hin zu *Musik-* und *Kunsttherapien* usw.

Alle diese Gruppen haben ihre Berechtigung und alle haben eines zum Ziel: mit ihren Möglichkeiten die Lebensqualität von Krebskranken zu verbessern und sie vor „Entmündigung durch Experten" (Illich 1979) zu bewahren.

Der therapeutische Prozeß in der Gruppenarbeit

Meine Beobachtungen in angeleiteten Selbsthilfegruppen stützen sich auf kontinuierliche Arbeit während mehr als 12 Jahren und beziehen ihre Informationen und Kenntnisse aus einer Vielzahl von Begebenheiten, Situationen und Therapieerfahrung. Die Daten, die ich für eine Arbeit erhoben habe (Affektive und kognitive Verarbeitung des Krankheitsgeschehens krebskranker Patienten, Universität Saarbrücken), haben das Bild vervollständigt. Auf der Grundlage dieser praktischen Erfahrung mit Patienten und Angehörigen und meiner ebensolangen Auseinandersetzung mit dem Thema habe ich folgendes Erklärungsmodell entwickelt.

Fast alle Betroffenen durchlaufen in der Selbsthilfegruppe mehrere Stufen. Ich fasse sie im *Fünfphasenmodell* zusammen. Mit diesem Ansatz zur Typisierung der Betroffenensituation im Verlauf der Selbsthilfegruppenarbeit soll erreicht werden:

- eine *genauere Erfassung* des therapeutischen Prozesses;
- eine *systematischere Beobachtung* und Auswertung der Gruppenarbeit;
- eine bessere *Darstellung* und Berücksichtigung sich wandelnder Interdependenzen zwischen den einzelnen Betroffenen, diesen und den begleitenden Bezugspersonen oder Therapeuten sowie des sozialen Umfelds der Betroffenen;
- eine angemessenere *Berücksichtigung* der Ungleichzeitigkeit und daraus resultierender Verständnis-, Toleranz- und Konfliktprobleme im Verlauf der Gruppenarbeit;
- ein genaueres *Eingehen* auf die jeweils spezifischen Bedürfnisse der einzelnen Teilnehmer durch den verschiedenen Phasen entsprechende Gesprächs-, Arbeits- bzw. Therapieforderungen;
- bessere Grundlagen für effektivere *Zeitplanung* und Zeiteinteilung in der Gruppenarbeit;
- bessere *Erfolgskontrolle*.

Die fünf Phasen

1. Die Eingangsphase

Die Betroffene stellt sich vor, schildert, oft sehr detailliert, den Krankheitsverlauf. Meist eher emotionslos, als berichte sie von einer fremden Person. Es erfolgt ein Austausch mit der Gruppe, wobei sich die „Neue" sehr oft durch ähnliche Erfahrungen der einzelnen Gruppenmitglieder bestätigt fühlt. Schließlich werden Informationen ausgetauscht über Ärzte, Kuren, Ernährung, Schwerbehindertenausweis, alternative Heilmethoden usw.

Die Zielsetzung des Therapeuten ist in diesem Moment eine anamnestisch-diagnostische.

Die Vorgehensweise: beobachtende Teilnahme, Empathie. Ich achte auf verbale Äußerungen, Verhalten, Körpersprache, Stimme usw.

2. Die Reflexionsphase

Die Betroffene beginnt nach dem *Warum* zu fragen. Warum bekomme gerade ich diese Krankheit? Warum gerade jetzt? Warum Krebs? Das soziale Umfeld wird beschrieben, Partnerschaft und Arbeit rücken in den Vordergrund. Die Betroffenen schildern sich meist als rigide und pflichtbewußt.

Die Zielsetzung des Therapeuten ist jetzt *Vertrauensaufbau und Kontaktvertiefung.*

*Die Vorgehensweise: erlebnis*zentriertes Arbeiten, z. B. mit bestimmten Wahrnehmungs- und Atemübungen, Gesprächen, Malen, Gestalttherapie usw.

3. Die Handlungsphase

Die Betroffene beginnt, sich mit ihrer eigenen Lebensgeschichte auseinanderzusetzen. Die Fragestellung verändert sich. Aus dem *Warum* wird ein *Was*. Was hat die Krankheit mit mir zu tun? Was will sie mir sagen? Sinnfragen werden wichtig. In diese Phase fallen oft emotionale Schilderungen, die mit Depression und Resignation einhergehen. Vermeidungsstrategien werden brüchig, des Lebens Sinnlosigkeit wird als Schock erlebt.

Die Zielsetzung des Therapeuten ist jetzt eine eher *kathartisch-emotional* orientierte.

*Die Vorgehensweise: konflikt*orientiertes Arbeiten mit den Mitteln der Gestalttherapie und des Psychodramas. Bestimmte Wahrnehmungsübungen, konfliktzentrierte Körperarbeit, Rollenspiele usw. Meist ist das die längste Phase.

4. Die Integrationsphase

Die Betroffene beginnt in dieser Phase mit einer eher objektiveren Rückschau. Rationale Einsichten machen sich breit, Zukunftsmodelle werden angedacht und in kleinen Schritten erprobt.

Die Zielsetzung des Therapeuten ist eine *kommunikativ-analytische*, sie besteht jetzt im Wiederholen, Durcharbeiten, Integrieren.

*Die Vorgehensweise: verhaltens*orientierte Rollenspiele werden gespielt. Ich arbeite mit Phantasiereisen, Entspannungsübungen.

5. Die Neuorientierung

Die Betroffene beginnt sich zu akzeptieren. Ihr Selbstbewußtsein wächst. Sie sorgt für sich. Kann es sich gestatten, ohne schlechtes Gewissen zu genießen. Sinnfragen werden neu definiert. Neue Haltungen ergeben neue Einstellungen, oft auch zu Partnern, Kindern, Freunden, Arbeitskollegen.

Die Zielsetzung des Therapeuten ist *verhaltens*orientiertes Arbeiten.

Die Vorgehensweise: Es werden *neue Verhaltensmuster* ausprobiert im Rollenspiel, als Aufgabe. Veränderungen, Experimente, Flexibilität wird eingeübt.

Wie jede Theorie läuft auch das Fünfphasenmodell nicht immer nach Plan. Oft überschneiden sich die Phasen, sehr oft fällt die Krebskranke wieder auf eine schon längst überwunden gemeinte Stufe zurück. Am häufigsten ist das in Zeiten der Metastasierung zu beobachten. Auch in der Gruppe selbst konstatiere ich dann eine Art Stillstand. Und es bedarf besonderer Anstrengung in solchen Momenten, die Betroffenen zu motivieren, ihre eigene Krankengeschichte nicht mit der der Wiedererkrankten zu vergleichen.

Fallbeispiele aus der Selbsthilfegruppe

(aus meinem Protokoll)
Besonders typisch für das Verhalten in den verschiedenen Phasen ist Gisela M., 46 Jahre alt, Lehrerin, verheiratet, 2 Kinder.

Diagnose: Mammakarzinom links, pT2 G1 pNO pMO.

Bisherige Therapie: partielle Mastektomie mit anschließender Radiatio.

Die Eingangsphase

Gisela stellt sich vor, erzählt, daß sie während der Bestrahlung von dieser Gruppe gehört und da sie sonst keine Informationen von Ärzten und Pflegepersonal bekommen hätte, würde sie gern etwas über Ernährung, Kuren, Ausweis usw. erfahren.

„Am liebsten wär' mir ja ein Rezept", sagt sie lächelnd, „wie ich jetzt gleich alles schnell und gründlich in meinem Leben verändern und vernünftiger leben könnte. Aber über meine Krankheit will ich auf keinen Fall sprechen", fügt sie hinzu, „diesen Bissen habe ich noch nicht verdaut."

Meine Versicherung, daß das oberste Prinzip der Gruppe Freiwilligkeit sei und jeder selbst entscheiden könne, was und wieviel er von sich erzählen möchte, läßt sie sichtbar entspannen. Sie lehnt sich zurück und beobachtet aufmerksam den Verlauf des Abends.

Nachdem Margot ihre Freude über die guten Nachsorgeergebnisse losgeworden ist, Anke im Rollenspiel nochmals das bevorstehende Gespräch mit ihrem Arbeitgeber wegen der verweigerten Kur geübt hat, mache ich eine Atemübung mit der Gruppe. Danach verteile ich zwei Rosinen und zwei Kirschen an jede Teilnehmerin und bitte sie, mit geschlossenen Augen diese ganz langsam und aufmerksam nacheinander zu essen.

„So bewußt habe ich ja noch nie einen Bissen im Mund gespürt und die Verschiedenartigkeit mit der Zunge ertastet", sagt Gisela überrascht. „Ich esse sonst immer viel zu schnell und zu hastig, weil ich wenig Zeit habe."

„Hast du so wenig Zeit oder nimmst du sie dir nicht?" frage ich. „Letzteres, ja das stimmt. Bei mir muß alles gleich ruck, zuck! gehen. Pausen kann ich nicht ertragen, sonst denke ich, ich versäume was."

„O, das kennen wir auch." Sie bekommt Unterstützung von einigen Frauen. „Selbst bei meiner Erkrankung habe ich alles und sofort hinter mich bringen wollen, genau wie du", sagt Birgit. „Es hat lange gedauert, bis ich gelernt habe, daß alles seine Zeit braucht. Vor allem sich an den Gedanken zu gewöhnen, nicht mehr dieselbe zu sein wie vorher", sie legt die Hand auf ihre Prothese, „das war das Schwerste für mich."

Gisela schaut in die Runde: „Ja, das ist auch für mich ein harter Brocken."

„Teil dir doch den Brocken in kleine Portionen auf, um ihn besser zu verdauen, so habe ich das gemacht", schlägt Karin vor, „und heute kann ich sogar sagen, mir hat die Krankheit auch Positives gebracht."

„Du meinst, man kann seine Enttäuschung und seine Angst auch irgendwann loswerden?"

„Loswerden sicher nicht, aber lernen, besser damit zu leben, ja."

Nachdenklich verabschiedet sich Gisela von den Frauen.

Die Reflexionsphase

Beim nächsten Treffen ist Gisela eine der ersten, die sich zu Wort meldet:

„Erst wollte ich ja gar nicht wiederkommen, weil ich alles erfahren hatte, was mir wichtig war. Aber dann begannen die Zweifel und Ängste sich wieder zu melden, und ich hab' mir gedacht, das kennt ihr auch alle. Und vielleicht kann ich hier Hilfe bekommen, weil ihr alle schon ein Stück weiter seid. Mir ist die Idee nicht aus dem Kopf gegangen, sich das Problem in kleine Stückchen zu zerlegen. Das könnte ich hier sicher besser lernen. Denn mit meinem Mann kann ich darüber nicht reden, der sagt nur immer wieder: ‚Du brauchst doch jetzt keine Angst mehr zu haben. Die haben doch den Krebs rausgeschnitten. Denk einfach nicht mehr daran, du bist doch jetzt gesund.' Aber meine Gedanken lassen sich nicht so ohne weiteres abstellen. Ich kann es einfach nicht verstehen, warum ich diese Krankheit bekommen habe. Ich hab doch vernünftig gelebt, nicht geraucht, gesund gegessen, bin regelmäßig zur Nachsorge gegangen.

Warum erwischt es mich gerade jetzt? Unsere Beziehung haben wir wieder ganz gut im Griff, mit den Kindern gibt's im Augenblick keine besonderen Probleme und in der Schule läuft's auch leidlich. Und plötzlich, ohne die geringste Vorwarnung, von einem Tag zum anderen, bin ich eine Betroffene. Mein Gott, wie ich das Wort hasse, Betroffene! Wie eine Aussätzige komme ich mir vor."

„Ich bin *betroffen*, was fällt euch zu dem Wort noch ein", frage ich in die Runde.

„Ich bin geschockt", sagt Gisela, „erstarrt, gelähmt."

„Angefaßt, verwundet, berührt, verängstigt", kommen Zurufe aus der Gruppe, „verunsichert, entwurzelt, neben mich gestellt. Etwas hat mich bis ins Mark getroffen, mir meine Grenzen gezeigt, mich unter einen Glassturz gesetzt, mich abgesondert, mich den anderen entfremdet, verletzt. Ich bin gezeichnet, nicht mehr dieselbe, bestraft, ausgeliefert."

Ich bitte die Frauen, die Augen zu schließen und darauf zu achten, was sie dabei empfinden und was sie an ihrem Körper wahrnehmen, wenn ich langsam Wort für Wort wiederhole.

„Neben mich gestellt. Genau das ist es, was auf mich zutrifft", sagt Gisela. „Seit Jahren schon habe ich das Gefühl, nicht mehr ich selber zu sein. Ich lebe gar nicht richtig, ich schau' mir aus weiter Ferne zu. Es gibt kein Auf und Ab, keine tiefere Freude, keine Trauer. Alles bleibt an der Oberfläche. Meinen Körper spüre ich kaum noch, so, als gehöre er nicht zu mir. Es muß schon was ganz Kräftiges passieren, damit ich merke, daß es mich noch gibt."

„Das Gefühl kenne ich genau", sagt Ilona. „Manchmal denke ich, meine Krankheit habe ich nur deswegen bekommen, um endlich aufzuwachen."

Einige Frauen nicken. Gisela schweigt nachdenklich. Ich nehme mir vor, die Gruppenabende regelmäßig mit einer Körperwahrnehmungsübung zu beginnen.

Die Handlungsphase

Anna, 54 Jahre alt, getrennt lebend, Kauffrau, selbständig.

Diagnose: Mammakarzinom, pT1 G2 pN1 MO.

Therapie: Ablatio, Chemo und Radiatio.

„Als ich die Diagnose erfuhr, der Doktor hat es mir fast nebenbei gesagt und gleich von der Operation geredet, war es, als hätte der Blitz eingeschlagen."

„Hast du es schon mal erlebt, daß der Blitz irgendwo eingeschlagen hat?"

„Ja. Ich komme doch vom Dorf. Und bei uns hat mal nach einem Gewitter die Scheune gebrannt."

Sie starrt auf ihre Schuhspitzen.

„Wo bist du jetzt mit deinen Gedanken?"

„Also, ich weiß nicht wie ich das sagen soll, es ist so wie damals."

„Was erinnert dich an damals?"

„Es gab ein fürchterliches Durcheinander und Gebrüll, als der Blitz einschlug. Jeder schrie was anderes und rannte in eine andere Richtung. Ich war noch ganz verschreckt und konnte gar nichts begreifen. So ist das heute auch. Ich bin zwar kein Kind mehr, aber ich kann es trotzdem noch nicht fassen, was da mit mir passiert ist, und schon reden sie alle auf mich ein und haben ihre eigene Vorstellung. Ich hab' gar keine Chance, selbst darüber nachzudenken, was der Krebs mir sagen will und wie es nun weitergehen soll. Ich bin nämlich sicher, daß diese Krankheit nur mit mir was zu tun hat. Aber was?"

„Möchtest du versuchen, das rauszubekommen?" Anna nickt.

„Dann laß uns die Situation noch einmal nacherleben, als der Blitz in die Scheune eingeschlagen hat."

Anna und vier Frauen aus der Gruppe führen uns in einem Psychodramaspiel noch einmal den Gewitterabend vor Augen. Bei dem anschließenden Gespräch sieht Anna Parallelen zwischen den Reaktionen ihrer Familie damals und heute.

Nach dem Schock, als die Scheune ein Trümmerhaufen war, sagte die *Mutter:* „Ich hab's euch ja schon immer gesagt, es wird noch was passieren, wenn ihr nicht endlich einen Blitzableiter auf dem Scheunendach anbringen laßt. Aber auf mich hört ja keiner.

Na ja, jetzt ist das Unglück geschehen, und nun können wir nur noch das Beste draus machen.

Wir werden die Mauern sofort mit Knöterich begrünen, der wächst am schnellsten. Dann sehen wir die Trümmer wenigstens nicht mehr."

– *Und heute:* „Du hörst ja nie auf mich, ich hab' schon immer gesagt, daß du nicht genug schläfst, zuviel rauchst, ungesund lebst. Aber nun ist es mal passiert und jetzt machen wir das Beste draus. Gott sei Dank gibt es ja Prothesen, so daß niemand was sieht."

Die Großmutter jammerte: „O Gott, o Gott, daß uns das wieder passieren muß. Da werden die Leute im Dorf sich ja wieder die Mäuler zerreißen. Wir sollten uns nicht anmerken lassen, daß es uns so getroffen hat."

– *Und heute:* „Mein Gott Kind. Wie konntest du nur so eine entsetzliche Krankheit bekommen. Keiner in unserer Familie hat bisher so etwas gehabt. Am besten, wir tun so, als sei alles in Ordnung, dann können die Leute auch nicht darüber reden."

Der Großvater meinte: „Na ja, nun können wir es nicht mehr ändern. Vielleicht sollten wir uns mit Onkel Theodor besprechen, was wir machen sollen. Der hat immer so gute Ideen. Die in der Stadt wissen doch immer das Neuste."

– *Und heute:* „Das Kind muß sofort zu anderen Ärzten. Es gibt noch so viele Methoden, von denen die in unserem Krankenhaus noch nichts gehört haben. In Amerika sollen sie doch gerade ein neues Mittel entdeckt haben."

Der Vater sagte: „Ach, wer weiß wozu das gut ist. Eigentlich war die Scheune uns doch schon immer zu klein und stand im Wege. Wir sollten sie abreißen und die Steine verwerten, um sie größer und bequemer hinter dem Stall wieder aufzubauen. Dann kann Mutter endlich auch ihre Töpferwerkstatt bekommen."

– *Und heute:* Annas Vater ist inzwischen verstorben, aber ihre Freundin hat eine ähnliche Haltung und sagt: „Du mußt akzeptieren, was da passiert ist. Nimm das als Hinweis, dein Leben noch intensiver nach deinen Bedürfnissen zu leben."

„Anna, und was ist deine Meinung?"

Anna weint. „Da geht es in meinem Kopf noch hin und her. Manchmal möchte ich wie meine Mutter reagieren. Nur keinem was sagen, mit der Prothese kaschieren, und alles läuft wieder wie gehabt. Das war ja bisher immer meine übliche Haltung. Nur keinem mit meinen Problemen auf den Wecker fallen. Schon gar nicht mit so einer belastenden Geschichte wie Krebs. Aber ich weiß jetzt auch genau, daß mir das gar nicht guttut. Ich denke, ich muß mich noch stärker als bisher daranmachen, endlich die alten Steine zu sortieren, und mir zu überlegen, wie mein zukünftiges Haus aussehen soll."

„Du könntest doch auch zur Untermiete wohnen, dann hast du keine Arbeit und keinen Dreck."

„Nein", sagt Anna heftig, „nein, damit ist jetzt Schluß. Den Rest meines Lebens will ich in einem von mir entworfenen Haus leben, auch wenn es noch eine Menge zu entrümpeln und zu bauen gibt. Aber ohne Hilfe schaff' ich das wohl nicht so schnell".

Sie wischt sich über die Augen. Liebevoll legt ihr die Nachbarin den Arm um die Schulter.

„Rate mal, warum wir hier alle in die Gruppe kommen", sagt Birgit, „als Hilfsmaurer haben wir inzwischen schon ganz gute Erfahrung." Und da muß selbst Anna wieder lachen.

Die Integrationsphase

Margot S., 42 Jahre alt, verheiratet, ein Kind, MTA.

Diagnose: Kolonkarzinom. Operation.

Margot hat endlich ihre Bestätigung für die Kur bekommen und erkundigt sich bei den anderen Teilnehmern nach Einzelheiten. Zwischen freudiger Erwartung und Besorgnis hin- und herschwankend, sagt sie: „Ich bin sehr gespannt auf die Kur, denn ich bin noch nie allein verreist. Aber ich denke, so wie ich es hier gelernt habe, auch mal ab und zu für mich etwas zu machen, so werde ich es wohl auch schaffen, dort genußvolle Tage zu verleben. Nur mein Sohn macht mir Sorgen. Ob er es wohl allein mit der Schule packt?"

„Wieso allein", fragt Uta, „du hast doch einen Mann, und deine Schwiegermutter wohnt auch noch bei euch."

„Ja, stimmt schon. Aber ihr wißt doch, die Schularbeiten kann nur ich kontrollieren."

„Na, dann wird's ja wohl Zeit, daß das arme Kind sich von dir erholt. Einen neuen Einstein aus ihm zu machen, überlaß das uns Lehrern, sonst werden wir arbeitslos."

Ich unterbreche das Geplänkel und schlage eine Übung vor.

„Bitte setzt euch bequem hin, verändert so lange eure Stellung, bis ihr euch gut fühlt, und nun legt, mit geschlossenen Augen, beide Hände auf den Tisch. Stellt euch vor, der Tisch ist etwas, was ihr in eurem Leben festhaltet: ein Gefühl beispielsweise, Trauer, Wut, Enttäuschung usw., oder eine Eigenschaft, einen Menschen oder auch eine Idee. Konzentriert euch darauf und nun haltet den Tisch ganz fest. Fest, noch fester, noch ein wenig fester!"

Minutenlang sitzen zwölf Frauen und halten sich am Tisch fest, bis die Hände anfangen zu schmerzen.

„Und jetzt laßt langsam los und beobachtet, was passiert."

Eine nach der anderen öffnen die Frauen ihre Augen und blinzeln in die Runde.

„Es fiel mir schwer loszulassen", sagt Margot. „Mein Leben lang habe ich doch darauf trainiert, auf die anderen zu achten und sie zu beschützen. Einer muß doch dafür sorgen, daß aus dem Kind was wird", setzt sie entschuldigend hinzu.

„Und was hast du losgelassen?"

„Noch nicht viel. Aber ich hab' mir vorgenommen, mein Kind weniger zu kontrollieren und auch meinem Mann nicht dauernd zu sagen, was das Beste für ihn ist."

„Ich hab' die Enttäuschung festgehalten. Die Enttäuschung über mich selbst, daß ich es nicht gepackt habe, gesund zu bleiben. Das hat ganz schön wehgetan", sagt Gisela, „und als ich anfing loszulassen, hat's immer noch wehgetan. Bis mir auf einmal klar wurde, daß ich mich ganz schön unter Druck gesetzt habe, mein Leben lang. Immer fühl' ich mich für alles verantwortlich. Selbst für Dinge, für die ich nichts kann. Jetzt hab' ich so ein leeres Gefühl in den Händen. Mal sehen, was ich da hineintun werde in Zukunft."

„Mir hat die Übung richtig gutgetan", meldet sich Anna. „Ich hab' gemerkt, daß ich die Idee endlich loslassen kann, weiterhin wie verrückt ackern zu müssen. In letzter Zeit habe ich mich schlapp und unwohl gefühlt. Wenn ich mich weiterhin so unter Streß setze, weiß ich genau, daß ich wieder krank werde. Ich arbeite seit dreißig Jahren. Das reicht jetzt. Diese Krankheit ist für mich ein Hinweis, ein wenig mehr auf mich zu achten und für mich zu sorgen. Wenn ich jetzt nicht aufhöre, wann dann?"

Sie streichelt mit der Rechten liebevoll über die linke Hand. „Das ist so ein wunderbares leichtes Gefühl, sich nicht mehr an ein Programm klammern zu müssen, das zu Ende gegangen ist."

Die Neuorientierung

Als die Gruppe sich nach der Sommerpause wieder trifft, erzählt Anna, daß sie dabei ist, ihr Geschäft zu verpachten. Zu schaffen macht ihr nur der Gedanke, so ganz ohne Beschäftigung ihre Tage zu verbringen.

„Könnt ihr mir vielleicht ein paar Tips geben, was ich dann machen soll mit so viel Freizeit? Ich bin das gar nicht gewöhnt, so ohne Arbeitsstreß zu leben."

„Möchtest du es nicht selbst rausfinden?“

Ich mache mit der Gruppe eine Phantasiereise in die Zukunft. Annas Kommentar: „Mir ist klargeworden, daß ich mein Geschäft verkaufen sollte. Verpachten ist doch wieder so eine halbherzige Sache unter dem Motto: Wenn's schief läuft, dann übernehm' ich den Laden wieder. Nein, nein, ich muß da einen Strich unter dieses Kapitel meines Lebens ziehen. Klar geworden ist mir auch, daß ich mir endlich einen Herzenswunsch erfüllen und einer Theatergruppe beitreten werde. Ich habe mich gerade auf der Bühne gesehen.“

„Zur Premiere wollen wir dann aber alle Karten haben“, lacht Uta.

Ein Jahr später

Gisela kommt regelmäßig zur Gruppe. Sie beginnt, langsam das distanzierte Verhältnis zu ihrem Körper zu verändern und sich stärker als bisher wahrzunehmen. Auch das Gefühl, sich für alles verantwortlich zu fühlen und dadurch ständig unter Druck zu sein, verändert sich zugunsten einer freiwilligen Eigenverantwortung.

Anna taucht nur noch sporadisch auf. Sie hat sich einer Frauentheatergruppe angeschlossen und auch deren Management übernommen. Mit großem Vergnügen haben wir sie im Theater bewundert.

Margot ist ziemlich regelmäßig in der Gruppe. Zusätzlich dazu ist sie in eine Einzeltherapie gegangen, weil sie das Problem der alles kontrollierenden Übermutter verändern möchte.

Allen drei Frauen geht es gesundheitlich gut. Die Nachsorgetermine waren o. B.

Zusammenfassung

Diese wenigen, sehr gekürzten Beispiele aus der Selbsthilfe mögen zeigen, daß die Arbeit in den Gruppen nichts Spektakuläres an sich hat, wovon sich Ärzte oder Angehörige ausgeschlossen fühlen müßten. Wer wirklich daran interessiert ist, Menschen zu begleiten und sie als ganzheitliche Individuen zu respektieren, wird sie unterstützen in der Suche nach den für sie bestmöglichen Lebensformen. Das am eigenen Leibe „gelebte Expertentum“ der Betroffenen könnte als Anregung dienen für eine ganz neue Qualität der Beziehungen, sowohl mit den Angehörigen als auch mit den Ärzten. Wer ohne Vorbehalte offen ist für Gedanken und Bilder von Betroffenen, hat die Chance, seine eigenen Ängste und Vorbehalte besser zu verstehen und sie für sich lebbarer zu gestalten. Krise bedeutet im chinesischen Zeichenalphabet „Bedrohung“ und „Chance“ zugleich, im griechischen „Wandlung“.

Krebskranke, die sich mit ihrer Krankheit auseinandersetzen, in welcher Form auch immer, machen Mut, auch den Gesunden!

Literatur

Eckesberger, L., R. Kreibich-Fischer, G. Gaul, M. Schnurre: Affektive und kognitive Verarbeitung des Krankheitsgeschehens krebskranker Patienten. In Koch, U., F. Potreck-Rose: Krebsrehabilitation und Psychoonkologie. Springer, Berlin 1990

Gerdes, N.: Der Sturz aus der normalen Wirklichkeit und die Suche nach Sinn. In Bettex, M. C.: Ergebnisbericht der 2. Jahrestagung der Deutschen Arbeitsgemeinschaft für Psychoonkologie e.V., Bad Herrenalb 1984. Städtisches Krankenhaus München-Schwabing

Matzat, J.: Selbsthilfe-(gruppen) im Krebsbereich. In Möhring, P.: Mit Krebs leben. Springer, Berlin 1988

Moeller, M. L.: Selbsthilfegruppen. Rowohlt, Reinbek 1978

Illich, I.: Entmündigung durch Experten. Zur Kritik der Dienstleistungsberufe. Rowohlt, Reinbek 1979

Schnurre, M.: Sprich mit mir, damit ich mich fühle (Wie Krebskranke und Angehörige eine neue Beziehung finden können). Herder, Freiburg 1991

Schnurre, M., R. Kreibich-Fischer: Ich will fliegen, leben, tanzen (Zwei Frauen arbeiten mit Krebskranken). Herder, Freiburg 1987

Spiegel, D.: Expressive, supportive Therapie in self-help groups. Lancet 1991

Zorn, F.: Mars. Kindler, München 1977

II. Linderung der veränderlichen tumorbedingten und therapiebedingten Beschwerden

Palliative internistisch-onkologische Therapie unter dem Gesichtspunkt einer erleichterten Krankheitsbewältigung

E. Aulbert

Ein gnadenloses Zuviel an Therapie?

Therapie um jeden Preis?

Nicht der Krebs soll behandelt werden, sondern der Mensch, der Krebs hat, der Schmerzen hat und der mehr oder weniger behindert ist!

Bei Tumorerkrankungen, bei denen eine realistische Heilungschance besteht, liegen in der Regel klare, standardisierte Behandlungsrichtlinien vor, die wenig Raum für Entscheidungsunsicherheiten lassen. Bei Vorliegen eines solchen kurativen Therapiekonzeptes wird mit multimodalen, zum Teil einschneidenden Therapieformen versucht, den Patienten langfristig von seiner Tumorerkrankung zu befreien, d. h. definitiv zu heilen. Hierbei werden zum Teil erhebliche Nebenwirkungen der Therapie in Kauf genommen, um die Heilungschance zu verbessern. Eine hiermit verbundene vorübergehende Einschränkung der Lebensqualität, zum Teil jedoch auch bleibende Therapiefolgen und Behinderungen werden ertragen, solange die definitive Heilung dadurch erreichbar erscheint.

Demgegenüber bedeutet ein palliatives Therapiekonzept, daß eine realistische Heilungsmöglichkeit nicht mehr besteht. Hier liegt das Therapieziel in einer Linderung von Leiden und Beschwerden – wenngleich ohne Möglichkeit einer Heilung und zum Teil sogar ohne Möglichkeit einer Lebensverlängerung. Es sind dementsprechend die Ermessensspielräume, aber auch die Entscheidungsunsicherheit hier viel größer. In dieser Situation ist die Erhaltung oder Gewinnung von Lebensqualität sowie hiermit verbunden die Krankheitsverarbeitung und -bewältigung das angestrebte Ziel. Hierbei sind besonders schonende Therapieformen mit möglichst geringen Nebenwirkungen und geringer Toxizität angezeigt, um den Patienten nicht noch zusätzlich zu belasten. Die Abb. **1** zeigt die Modellvorstellung einer derartigen sinnvollen palliativen Therapie.

Wo es hinsichtlich der Tumorerkrankung und der zur Verfügung stehenden Therapiemodalitäten möglich ist und wo es hinsichtlich der Belastungen und Nebenwirkungen für den Patienten vertretbar ist, stellt auch in fortgeschrittenen Krankheitsstadien die antineoplastische Therapie

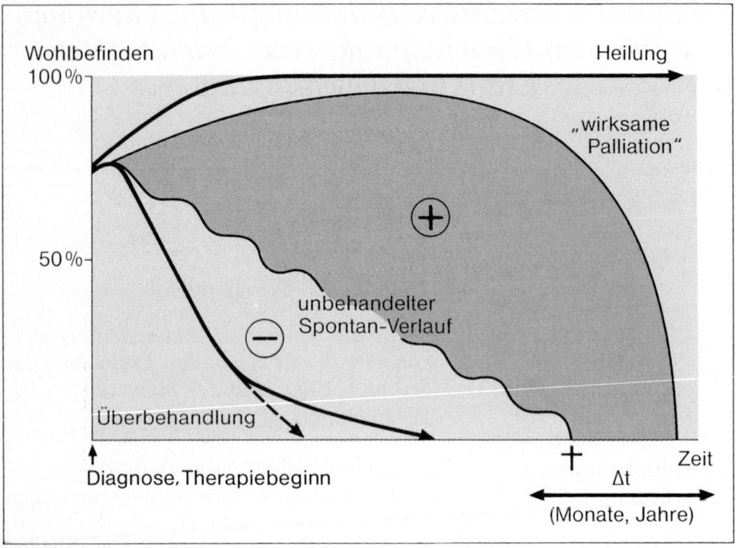

Abb. **1** Darstellung der Möglichkeiten eines Behandlungserfolgs bzw. -mißerfolgs bei Tumorkrankheiten (nach Senn)
⊕ „Gewinn an Überlebensqualität" = Hauptziel
Δt „länger leben" = vielfach Nebenziel
⊖ „Verlust an Lebensqualität" = zu vermeiden

die wirksamste Möglichkeit zur Verhinderung und Behandlung tumorbedingter Beschwerden dar. Dabei ist jedoch immer wieder neu für jeden einzelnen Patienten die sinnvolle Abwägung zwischen eventuell noch nicht voll ausgeschöpften antineoplastischen Maßnahmen und der reinen symptomatischen Behandlung der Beschwerden erforderlich (Tab. **1**).

Die in der internistischen Onkologie üblicherweise genutzten Erfolgsparameter wie Tumorrückbildung, Remissionsgrad, Remissionsdauer und Überlebenszeit treten daher in dieser Situation für die Beurteilung des Therapieerfolges in den Hintergrund. Wichtig ist vielmehr die Frage der Nebenwirkungen und der Verträglichkeit der Therapie, d. h. der Einfluß der therapeutischen Maßnahmen auf die Lebensqualität. In der palliativen Therapie ist dementsprechend die Lebensqualität nicht selten das einzige Kriterium, an dem der Erfolg der Therapie gemessen werden kann – insbesondere dann, wenn eine meßbare Tumorrückbildung nicht erreicht werden konnte. Dabei kann eine erfolgreiche palliative Therapie emotional genauso gewinnbringend sein wie eine Heilung.

Tabelle **1** Palliative Krebstherapie unter dem Gesichtspunkt der Lebensqualität

- Wie einschneidend darf die Therapie sein, um was zu erreichen?
- Ist noch eine Heilung zu erzwingen?
- Um welchen Preis kann eine Lebensverlängerung erreicht werden?
- Muß ich überhaupt therapieren?
- Sind vorhersehbare tumorbedingte Komplikationen zu verhindern?
- Wie kann ich möglichst effektiv bereits bestehende Schmerzen und Beschwerden lindern?

Eine erfolgreiche und befriedigende Palliation setzt die sorgfältige Beachtung und Abwägung verschiedener grundsätzlicher Faktoren voraus, auf die im Folgenden näher eingegangen werden soll.

Prinzipien der palliativen Chemotherapie

Die Entscheidung, ob und wann eine internistische Tumorbehandlung eingeleitet wird, ist immer komplex und muß individuell getroffen werden. Sie beruht auf folgenden Faktoren:

- Behandlungswunsch des Patienten,
- klinischer Status des Patienten,
- zytostatische oder strahlentherapeutische Vorbehandlung,
- biologische Eigenschaften des Tumors,
- Wirksamkeit der zur Verfügung stehenden Medikamente.

Behandlungswunsch des Patienten

Die selbstverständliche Voraussetzung für die Einleitung einer internistischen Krebstherapie ist der Behandlungswunsch und das Einverständnis des Patienten. Basis hierfür ist eine sorgfältige und ausgewogene, von Wahrhaftigkeit getragene Aufklärung des Patienten über seine Krankheitssituation und die Therapiemöglichkeiten.

Eine problematische Situation entsteht, wenn der Behandlungswunsch des Patienten und seiner Angehörigen im Einzelfall nicht den bei realistischer Einschätzung nur sehr beschränkten Behandlungsmöglichkeiten entspricht und in eine Behandlung sehr hohe Hoffnungen gesetzt werden und sich hieran auch eine positive Krankheitsverarbeitung und -bewältigung knüpft. Aus dieser Konstellation ergibt sich nicht selten für den Arzt ein Entscheidungsnotstand, der noch verstärkt wird, wenn beispielsweise unter dem Eindruck eines sehr jungen, hoffnungsvollen Lebensalters, aber auch einer sehr lebenszugewandten und aktiven Lebenshaltung eines schon älteren Patienten auch bei dem Arzt selbst der Wunsch besteht, durch eine aktive Therapie den schicksalhaften Verlauf der Krankheit noch abwenden zu können.

Im Einzelfall wird es in einer solchen Situation gerechtfertigt sein, eine nebenwirkungsarme Therapie mit nur marginaler Wirksamkeit einzuleiten, in der Vorstellung, daß dem Patienten hierdurch die schrittweise Anpassung an die infauste Situation und das Leisten der erforderlichen Trauerarbeit besser gelingt. Es ist sicher auch unter derartigen Umständen sehr wichtig, den Patienten nie in eine Situation zu bringen, in der er sich aufgegeben fühlt und sieht, daß nichts mehr für ihn getan werden kann.

Klinischer Status des Patienten

Eine sorgfältige Einschätzung des körperlichen und seelischen Befindens des Patienten, insbesondere auch die Kenntnis von Begleiterkrankungen sowie von vorausgegangenen onkologischen Therapien ist eine wesentliche Voraussetzung für die Therapieentscheidung für eine palliative internistische Therapie. Das Alter, der Allgemeinzustand sowie organische Vor- oder Begleiterkrankungen von Leber, Nieren, Herz und Knochenmark, die sich mit dem Nebenwirkungsspektrum der vorgesehenen Zytostatika überschneiden, haben einen Einfluß auf die Durchführbarkeit der Therapie und den Therapieerfolg. Bleiben sie unberücksichtigt, kann aus einem erhofften palliativen Therapiegewinn ein schwerer und nicht selten irreversibler Schaden für den Patienten entstehen, der schwererwiegende Folgen hat als die bösartige Grunderkrankung.

Ebenso hängt die Therapieentscheidung wesentlich von den bereits durchgeführten onkologischen zytostatischen oder strahlentherapeutischen Vorbehandlungen ab: Kumulative Höchstdosen müssen berücksichtigt werden. Auch sich überschneidende organspezifische Toxizitäten können (wie beispielsweise eine Mediastinalbestrahlung und der Einsatz kardiotoxischer Antracycline) die Auswahl der vorgesehenen Zytostatika limitieren. Nicht zuletzt wird man von dem erneuten Einsatz einer Substanz, deren Tumorwirksamkeit bereits in vorhergegangenen Therapien ausgeschöpft wurde oder deren ungenügende Wirksamkeit bereits durch eine Tumorprogression belegt wurde, keinen erneuten Behandlungsgewinn erwarten können.

Biologische Eigenschaften des Tumors

Die verschiedenen Tumorentitäten weisen ein sehr unterschiedliches Ansprechen auf die Chemotherapie auf. In der Regel nimmt die Empfindlichkeit gegenüber der zytostatischen Chemotherapie mit steigender Entdifferenzierung und Proliferation der Tumoren zu. Die Wirksamkeit der Chemotherapie steht in reziprokem Verhältnis zur Größe des Tumors bzw. zur Anzahl der Tumorzellen. Die histologische Differenzierung sowie eine sorgfältige Tumorausbreitungsdiagnostik sind daher wesentliche Voraussetzungen für eine internistische Tumortherapie. Hiervon läßt sich die Möglichkeit einer Beeinflussung des Tumorwachstums durch eine Hormon- oder Chemotherapie weitgehend voraussagen.

Tabelle **2** Beeinflußbarkeit maligner Tumoren durch die Chemotherapie (nach Schmoll u. Mitarb.)
Potentiell heilbare Tumoren (10–12% aller Neoplasien)

Tumor	Komplette Remissionen (%)	Überleben nach ≥Jahren
Chorionkarzinom (Frau)	80– 90	80–90
Hodentumoren	90– 90	75–90
Akute lymphatische Leukämie (< 20 Jahre)	90– 90	50–90
Morbus Hodgkin III-IV	80– 90	50–80
Burkitt-Lymphom III-IV	80– 90	50–70
Non-Hodgkin-Lymphome II-IV	70– 90	30–40
Akute myeloische Leukämie	70– 90	10–20
Kleinzelliges Bronchialkarzinom	60– 90	⩽ 10

Palliative Therapie mit Verlängerung der Überlebenszeit; ganz selten „Heilungen" möglich (ca. 40% aller Neoplasien)

Tumor	Ansprechrate (%)	Mittlere Überlebenszeit bei Remission (Jahre)
Chronische Leukämien (CML, CLL)	90–100	3– 5
Prostatakarzinom	70– 80	2– 3
Multiples Myelom	60– 70	2– 3
Mammakarzinom	60– 70	2
Embryonale Tumoren des Kindesalters, ohne Wilms-Tumor	60– 70	1– 2
Ovarialkarzinom FIGO III-IV	60– 70	1– 2
Endometriumkarzinom	50	1– 2
Sarkome des Stützgewebes	40	1– 2
Plattenepithelkarzinome des HNO-Bereiches	50	1– 2
Medulloblastom	40– 50	1– 2

Tabelle **2** (Fortsetzung)
Palliative Chemotherapie ohne Verlängerung der Überlebenszeit, aber mit subjektiver und objektiver Verbesserung der Überlebensqualität (ca. 30% aller Tumoren)

Tumor	Remissionsrate	Mittlere Überlebenszeit bei Remission (Monate)
Adenokarzinom des Magens	40(–50)	10–12
Urothelkarzinom	40(–50)	8–10
Nichtkleinzelliges Bronchialkarzinom	30(–40)	8–12
Nebennierenrindenkarzinom	30–40	8–12
Übrige Adenokarzinome des Gastrointestinaltrakts	20(–30)	6–8
Malignes Melanom	20–40	6–8
Plattenepithelkarzinom im gynäkologischen Bereich	(10–)20	5–6

Durch Chemotherapie nicht deutlich beeinflußbare Tumoren (ca. 20% aller Tumoren)

Tumor (inoperabel, metastasierend)	Teilremissionsrate (%)
Nierenkarzinom	10–25
Primäre ZNS-Tumoren (außer Medulloblastom)	10–20
Leberkarzinom	10–20
Langsam wachsende Sarkome (z. B. Chondrosarkom)	10
Anaplastisches Schilddrüsenkarzinom	10–20

Zu unterscheiden sind dabei Tumorerkrankungen, die selbst im fortgeschrittenen, disseminierten Stadium durch eine Chemotherapie geheilt werden können, von Tumorerkrankungen, bei denen durch eine Hormon- oder Chemotherapie keine Heilung, jedoch eine Lebensverlängerung erreicht werden kann sowie von Tumorerkrankungen, bei denen chemotherapeutisch keine gesicherte Verlängerung der Überlebenszeit, jedoch eine Linderung tumorbedingter Beschwerden und dadurch eine Verbesserung der Lebensqualität ermöglicht wird, und schließlich von Tumorerkrankungen, die durch eine Hormon- bzw. Chemotherapie nicht beeinflußt werden können (Tab. **2**).

Die ersten drei genannten Gruppen weisen eine mehr oder weniger gute Sensibilität gegenüber einer systemischen Hormon- oder Chemotherapie auf. Hier hat die internistische Krebstherapie ihren anerkannten Stellenwert, bei der vierten Gruppe dagegen nicht.

Wirksamkeit der zur Verfügung stehenden Therapie

Im Gegensatz zu einer kurativ konzipierten Chemotherapie, die das Ziel hat, den Patienten langfristig von seiner Tumorerkrankung zu befreien, d. h. zu heilen, hat eine palliative Chemotherapie das vorrangige Ziel, tumorbedingte Beschwerden und Schmerzen zu lindern. Dieses Ziel ist in den meisten Fällen nur erreichbar, wenn es gelingt, den Tumor zu verkleinern oder ein weiteres Fortschreiten des Tumorwachstums zu verhindern, setzt also das Vorhandensein eines wirksamen Therapieregimes voraus. Dennoch ist in dieser palliativen Situation nicht unbedingt diejenige Tumortherapie die bessere, die mit einer höheren Remissionsrate verbunden ist, sondern es ist oft die, bei der die Qualität des verbliebenen Lebens am wenigsten eingeschränkt wird. In dieser Situation müssen sich Patient und Arzt darüber klar werden, um welchen Preis eine Tumorrückbildung – wenngleich ohne echte Heilungsmöglichkeit – erreicht werden kann und soll.

Verträglichkeit der Therapie

Im Gegensatz zur reinen symptomatischen Tumortherapie befinden wir uns bei der palliativen internistisch-onkologischen Therapie in der Regel im Spannungsfeld zwischen einer unheilbaren, oft mit Schmerzen und Beschwerden einhergehenden Erkrankung und einer mehr oder weniger einschneidenden, teils aggressiven Therapie. Beides ist zwangsläufig mit einer Einschränkung der Lebensqualität verbunden – eine dritte Alternative gibt es nicht.

Diese Situation reduziert den Spielraum der Handlungsmöglichkeiten enorm. Jede Therapieentscheidung im Rahmen der palliativen Therapie setzt daher unabdingbar eine selbstkritische Einschätzung des erreichbaren Therapieziels und eine realistische Kenntnis der möglichen Therapiefolgen voraus. Die Bedeutung und Wertigkeit der zu erwartenden Nebenwirkungen für den einzelnen Patienten kann nur im sorgfältigen aufklärenden Gespräch mit ihm selbst herausgefunden werden. Sind die möglichen oder zu erwartenden Therapienebenwirkungen sowie die Belästigung durch die damit verbundenen wiederholten Krankenhausaufenthalte nicht wesentlich geringer als die erreichbare Linderung tumorbedingter Beschwerden, so ist von einer Chemotherapie abzusehen.

Therapiemodalitäten in der internistischen Tumortherapie

In der internistischen Tumortherapie stehen uns im wesentlichen 3 Therapiemodalitäten zur Verfügung: die Hormontherapie, die Chemotherapie und die gegenwärtig noch weitgehend experimentelle immunmodulatorische Therapie.

Hormonelle Tumortherapie

Bei hormonsensiblen Tumoren kann durch den Einsatz von Hormonen, Hormonanalogen und Hormonantagonisten eine antiproliferative Wirkung auf die Tumorzellen erreicht werden. Es handelt sich dabei sowohl um eine hormonrezeptorvermittelte Wirkung als auch um direkte rezeptorunabhängige Effekte. In erster Linie wird die Differenzierung und Ausreifung von Zellen angeregt. Gleichzeitig besteht ein antimitotischer Effekt. Bei den Glucocorticoiden kommt ein direkter zytotoxischer Effekt auf lymphatische Zellen dazu.

Als hormonsensible Tumoren sind in erster Linie das Mammakarzinom, Prostatakarzinom, Endometriumkarzinom und – mit Einschränkungen – das Ovarialkarzinom bekannt. Ein geringfügiges Ansprechen auf hormonelle Therapien weist auch das Nierenzellkarzinom auf. Die chronisch-lymphatische Leukämie, maligne Lymphome und das Plasmozytom lassen sich erfolgreich mit Glucocorticoiden – oft in Kombination mit Zytostatika – behandeln.

Glucocorticoide haben außerdem eine positive Wirkung bei perifokalen Entzündungsreaktionen bei Weichteilinfiltrationen und beeinflussen das perifokale Ödem bei Hirntumoren und Hirnmetastasen, sie haben einen günstigen Effekt in der Therapie des Hyperkalzämiesyndroms, üben einen palliativ analgetischen Effekt bei Skelett- und Lebermetastasen aus und werden bei immunhämolytischer Anämie in der Folge von malignen Lymphomen eingesetzt. Gestagene werden – wenngleich nicht unumstritten – zur Verhinderung der Tumorkachexie propagiert.

Die verschiedenen Möglichkeiten von Hormontherapien, die sich in der internistischen Onkologie bewährt haben, gehen aus der Tab. **3** hervor. Im Gegensatz zur Chemotherapie setzt der Effekt einer Hormontherapie protrahiert ein. Eine erste Erfolgsbeurteilung sollte daher bei einer Hormontherapie erst nach 8–10 Wochen vorgenommen werden, während bei einer zytostatischen Chemotherapie in der Regel schon nach 3–4 Wochen eine erste Aussage über das Ansprechen des Tumors gemacht werden kann. Im Falle eines positiven Ansprechens wird die hormonelle Behandlung kontinuierlich bis zum Nachweis einer erneuten Tumorprogredienz fortgesetzt.

Tabelle **3** Hormontherapie in der internistischen Onkologie

Additive Hormontherapie:
- Östrogene (Prostatakarzinom)
- Androgene (Mammakarzinom)
- Gestagene (Mammakarzinom, Endometriumkarzinom, Ovarialkarzinom)
- Corticoide (Lymphome, Plasmozytom)

Ablative Hormontherapie (chirurgisch):
- Ovarektomie (Mammakarzinom)
- Orchiektomie (Prostatakarzinom)

Ablative Hormontherapie (radiologisch):
- Radiomenolyse (Mammakarzinom)

Ablative Hormontherapie (medikamentös):
- Antiöstrogene (gesichert: Mammakarzinom, Endometriumkarzinom, fraglich: Ovarialkarzinom, gering: Nierenzellkarzinom)
- Antiandrogene (Prostatakarzinom)
- Aromatasehemmstoffe (Mammakarzinom)
- LH-RH-Analoge (Mammakarzinom, Prostatakarzinom)

Die Nebenwirkungen der Hormontherapien sind zum Teil Ausdruck der physiologischen Wirkung des Hormons. Bei den Androgenen stehen Virilisierung, Zunahme der Libido, Haarausfall und Akne im Vordergrund. Die Östrogene/Gestagene werden neben einer Feminisierung bei Männern von kardiovaskulären Komplikationen und Flüssigkeitsretention begleitet. LH-RH-Analoge zeigen die Erscheinungen der Wechseljahre mit Hitzewallungen und Kopfschmerzen. Bei Aromatasehemmstoffen werden häufig Müdigkeit und in einzelnen Fällen ein Exanthem beobachtet. In der Regel sind die unerwünschten Nebenwirkungen der Hormontherapien deutlich geringer als die der Chemotherapien. Es bietet sich daher an, zuerst alle Möglichkeiten hormoneller Tumortherapien nacheinander auszuschöpfen, bevor der Wechsel auf eine zytostatische Chemotherapie vollzogen wird.

Zytostatische Chemotherapie

Sind die Möglichkeiten einer Hormontherapie ausgeschöpft oder handelt es sich um primär hormonunabhängige Tumoren, so kann häufig mit einer Chemotherapie ein erneutes Ansprechen des Tumors und damit ein erneuter lindernder Effekt erzielt werden. Entschließt man sich zu einer Chemotherapie, so sollte diese in der vollen Dosierung durchgeführt werden. Eine unter dem Gesichtspunkt besserer Verträglichkeit durchgeführte Unterdosierung dient dem Patienten nur scheinbar, da bei Verminderung der Dosis die therapeutischen Chancen drastisch sinken und sich die noch verbliebenen Nebenwirkungen – bezogen auf den geringen Nutzen der Therapie – ungünstig für den Patienten auswirken.

Am gebräuchlichsten ist eine Kombinationschemotherapie (Polychemotherapie), bei der simultan oder sequentiell je nach Therapieprotokoll 2–5 Zytostatika kombiniert verabreicht werden. Kriterium einer sinnvollen Kombination ist, daß

- jedes Medikament allein auch einen antineoplastischen Effekt entfaltet,
- zwischen den verschiedenen Substanzen keine Kreuzresistenz besteht,
- unterschiedliche Wirkungsmechanismen vorliegen,
- das Toxizitätsspektrum variiert und damit eine Addition der Toxizität vermieden wird.

Auch wenn die erreichbaren Remissionsraten bei den chemosensiblen Tumoren durch die Kombination mehrerer Zytostatika in der Regel höher liegt, ist in der palliativen Situation, in der das Ziel der Lebensqualität ganz in den Vordergrund gerückt ist, oft eine nebenwirkungsärmere Monotherapie vorzuziehen, da sie den Patienten weniger belastet.

Nicht selten wird man im Hinblick auf die Lebenserwartung auch zu Therapiekompromissen – beispielsweise in Form von verlängerten Therapieintervallen – bereit sein. In diesem Sinne wird auch die schonendere, auf wöchentliche Applikation gesplittete „low dose"-Therapie, beispielsweise von Adriamycin, mit Erfolg angewandt, wobei jedoch die gesamte kumulative Dosis nicht wesentlich unter der der Intervalltherapie liegt.

Als wesentlicher Fortschritt in der Chemotherapie ist auch die Entwicklung verschiedener Zytostatikaderivate (Epirubicin, Carboplatin) bzw. neu entwickelter Substanzen (Mitoxantrone) mit reduzierter Toxizität anzusehen. Hierdurch werden zum einen subjektiv belastende Nebenwirkungen (Brechreiz, Haarausfall, Polyneuropathie) deutlich reduziert, so daß die Entscheidung zu einem Einsatz der Chemotherapie im Rahmen der Beschwerdelinderung erleichtert wird. Zum anderen wird durch eine Verringerung der spezifischen organbezogenen Toxizität (Kardiotoxizität, Nephrotoxizität, Neurotoxizität) die Anwendung dieser Substanzen auch in den Fällen ermöglicht, wo die chemotherapeutischen Möglichkeiten durch das Vorliegen entsprechender organischer Begleiterkrankungen limitiert ist.

Auf die einzelnen Chemotherapieprotokolle, die in der Anwendung bei den verschiedenen Tumorentitäten erprobt sind und empfohlen werden können, kann an dieser Stelle nicht im einzelnen eingegangen werden. Es muß hier auf die einschlägige internistisch-onkologische Literatur verwiesen werden. Es sei darauf hingewiesen, daß die Durchführung zytostatischer Chemotherapien gerade im Rahmen der palliativen Situation einer ganz besonderen onkologischen Erfahrung bedarf, um nicht den Gefahren einer ungenügenden Nutzung therapeutischer Chancen, aber auch einer Übertherapie zu erliegen.

Möglichkeiten onkologisch-supportiver Begleittherapien

Die sorgfältige Anwendung supportiver Begleitmaßnahmen während der Chemotherapie verbessert die Verträglichkeit und erleichtert die Entscheidung zum Einsatz von Zytostatika im Rahmen der palliativen internistischen Therapie. Hervorzuheben sind in diesem Zusammenhang besonders die supportiven Maßnahmen, durch die die Toxizität und Nebenwirkungen verschiedener Zytostatika verhindert oder verringert werden können. Die verschiedenen supportiven Möglichkeiten gehen aus der Tab. **4** hervor.

Gerade die in den letzten Jahren erreichte Verringerung der Toxizität und der Nebenwirkungen der onkologischen Therapieformen ist insbesondere der palliativen Therapie zugute gekommen. Speziell auch die Chemotherapie hat dadurch wesentlich von ihrem früheren Schrecken verloren. Durch die Möglichkeiten des Einsatzes schonender palliativer Therapieformen wird daher heute die Entscheidung für eine palliative internistische Therapie deutlich vereinfacht.

Eine besondere Bedeutung supportiver Möglichkeiten kommt der psychosozialen Betreuung und Begleitung zu. Die mit der Tumorerkrankung und den onkologischen Therapien verbundenen psychischen und sozialen Folgen stellen eine besondere zusätzliche Belastung für den Betroffenen dar. Die reduzierte Belastbarkeit, häufige Arztbesuche und Krankenhausaufenthalte belasten die beruflichen Fähigkeiten und bedingen Veränderungen der Lebensgewohnheiten im persönlichen Bereich sowie im Zusammenleben. Die Diagnose „Krebs“ stigmatisiert und isoliert. Oft isoliert sich der Patient innerhalb der Familie. Oft isoliert sich die Familie innerhalb der sozialen Umgebung. Trennungs- und Isolationsängste belasten den Patienten. Eine angemessene Verarbeitung und Bewältigung der Krankheit und dieser Krankheitsfolgen ist das Ziel der supportiven, psychosozialen Betreuung und Rehabilitation.

Schwerpunkte psychosozialer Hilfen sind daher
- der Aufbau einer stabilen zuversichtlichen ausgeglichenen Stimmungs- und Bewußtseinslage des Patienten,
- die Verarbeitung und Kompensation der krankheits- und behandlungsbedingten Behinderungen,
- der Abbau sozialer Ängste,

Tabelle **4** Möglichkeiten supportiver Begleittherapie

Stomatitisprophylaxe durch Mundspülungen mit Kamille/Oberflächenanästhetika/ggf. Mykostatika
Alopezieprophylaxe durch Kühlhauben
Uroprotektion durch Mesna (Uromitexan) zur Verhinderung einer hämorrhagischen Zystitis durch Cyclophosphamid und Ifosfamid
Verhinderung von bleomycininduziertem Fieber durch die intravenöse Gabe von Cortison
Vorbeugung von psychotischen Zuständen unter hochdosierter Ifosfamidtherapie durch die Kurzinfusion von Piracetam
Hemmung der Osteoklastentätigkeit durch Biphosphonate mit dem Effekt einer Schmerzlinderung und Verhinderung einer Hyperkalzämie bei osteolytischen Metastasen
Verhinderung des zytostatikainduzierten Erbrechens durch die hochpotenten Antiemetika der Gruppe der 5-HT_3-Rezeptoren-Hemmstoffe.
Linderung der Tumorkachexie durch orale Zusatzernährung (angereicherte Zutaten, Formuladiäten, ggf. Sondenkost)
Verkürzung der zytostatikainduzierten Myelosuppression durch die hämatopoetischen Wachstumsfaktoren
Antibiotische Behandlung von Infektionen infolge einer tumorbedingten bzw. zytostatikainduzierten Abwehrschwäche
Substitution von Blutbestandteilen bei Knochenmarkkarzinose oder Knochenmarkschädigung durch eine Chemotherapie und/oder Radiotherapie

- die Stützung der nächsten Bezugspersonen und Stabilisierung der Partnerbeziehung,
- die soziale Reintegration in Familie, Nachbarschaft, Freundeskreis,
- die soziale und – soweit möglich – berufliche Reintegration in Beruf und Gesellschaft.

Dieses ist nur erreichbar, wenn der Patient nicht zum „Betreuungsobjekt“ gemacht wird. Er muß als selbständig entscheidender Mensch ernst genommen und ermutigt werden, sich mit eigener Initiative diesen Problemen zuzuwenden. Gelingt dieses nicht, gerät der Patient oft in eine passive und resignative Lebenseinstellung. Eine selbstgewählte Isolation ist die Folge. Eine Krankheitsverarbeitung und -bewältigung ist in dieser Situation nicht mehr möglich.

Zeitpunkt der palliativen Chemotherapie

Da die Wirkung einer zytostatischen Chemotherapie um so größer ist, je kleiner die Tumormasse ist, ist es grundsätzlich richtig, bei entsprechender Indikationsstellung sobald wie möglich mit der Therapie zu beginnen. Dieses gilt um so mehr, solange ein kuratives Therapieziel besteht.

Bestehen dagegen nur noch palliative Therapiemöglichkeiten, so muß der Zeitpunkt des Therapiebeginns sehr sorgfältig bedacht werden. Selbst wenn der betroffene Patient in Kenntnis der lebensbedrohenden Tumorerkrankung auf eine umgehende Therapie drängt, gilt es zumindest, die im Einzelfall trotz Kenntnis der Tumorhistologie nicht sicher voraussehbare Wachstumsgeschwindigkeit des Tumors über einen gewissen Zeitraum zu beobachten und abzuschätzen. Nur so lassen sich unter Berücksichtigung des Tumorsitzes, der Tumorausbreitung und der Wachstumsgeschwindigkeit einigermaßen verläßliche Voraussagen über zu erwartende tumorbedingte Komplikationen und Beschwerden machen.

So ist es beispielsweise bei schneller proliferierenden Tumoren, insbesondere wenn seitens ihrer Histologie ein gutes bis befriedigendes Ansprechen auf eine Chemotherapie erwartet werden kann, durchaus sinnvoll, frühzeitig und beispielsweise schmerzvorbeugend mit einer zytostatischen Chemotherapie zu beginnen, noch bevor klinisch manifeste Komplikationen aufgetreten sind. Dieses Vorgehen dient dem Erhalt von Lebensqualität besser als ein Therapiebeginn erst nach Eintreten von Komplikationen und Beschwerden (Tab. **5**).

Anders ist die Situation bei Tumoren, die sehr langsam wachsen und keine Beschwerden verursachen bzw. keine baldige Komplikation erwarten lassen. Hier empfiehlt es sich, bei Beschwerdefreiheit erst abzu-

Tabelle **5** Zeitpunkt der palliativen Chemotherapie

Frühzeitiger Therapiebeginn:
- gutes Ansprechen des Tumors zu erwarten
- schnelles Tumorwachstum
- drohende oder bereits eingetretene Komplikationen
- Eintreten von Schmerzen und Beschwerden

Später Therapiebeginn:
- geringeres Ansprechen des Tumors zu erwarten
- langsames Tumorwachstum
- keine Komplikationen zu erwarten
- Beschwerdefreiheit

warten, engmaschig zu beobachten und erst dann mit der Therapie zu beginnen, wenn Schmerzen auftreten oder wenn es zu einer akzelerierten Tumorprogression kommt. So können bestimmte Tumoren einen langsam progredienten und oft jahrelang indolenten Verlauf zeigen. Dazu kommt, daß bei derartig langsam wachsenden Tumoren das Ansprechen auf die uns zur Verfügung stehenden Chemotherapien meist niedrig ist. Hier würde ein vorschnelles Einsetzen einer zytostatischen Chemotherapie den langsam progredienten natürlichen Verlauf auch kaum beeinflussen – wobei jedoch der Patient infolge der therapiebedingten Nebenwirkungen eher noch zusätzlich belastet wird.

Der Zwang zu einem umgehenden Beginn einer palliativen Therapie tritt freilich auch bei derartig langsam wachsenden Tumoren in dem Augenblick ein, wo hierdurch eine lebensbedrohende Komplikation abgewendet werden kann wie beispielsweise eine obere Einflußstauung (nichtkleinzelliges Bronchialkarzinom, malignes Lymphom) oder ein drohendes Querschnittssyndrom (rückenmarknahe Tumoren). Beim Auftreten von Schmerzen sollte bei langsam wachsenden Tumoren nur dann eine onkologische Therapie eingeleitet werden, wenn effektive Hormon- oder Zytostatikatherapien zur Verfügung stehen, die ein Ansprechen des Tumors erwarten lassen. Ist dieses nicht der Fall, sollte von vornherein einer symptomatischen regionalen oder systemischen Schmerztherapie der Vorrang gegeben werden.

Stellenwert der regionalen Chemotherapie

Besteht ein regional begrenztes Tumorwachstum oder rücken auf eine Region begrenzte Komplikationen des Tumorwachstums in den Vordergrund, so besteht in einzelnen Sonderfällen die Möglichkeit einer regionalen Chemotherapie. In der Tab. **6** sind die mit palliativem Erfolg angewandten Formen regionaler Chemotherapie aufgeführt.

Tabelle **6** Möglichkeiten der regionalen Chemotherapie

Regionale intraarterielle Chemotherapie (Lebermetastasen)
Regionale Zytostatikaperfusion einer Extremität (malignes Melanom)
Intratumorale Zytostatikaapplikation (Kopf/Halstumoren)
Intrathekale Chemotherapie (Meningiosis Carcinomatosa)
Intravesikale Zytostatikainstillation (Blasenkarzinom)
Intrakavitäre Chemotherapie der Pleura, des Perikards und des Peritoneums bei malignen Ergüssen (Mammakarzinom, Bronchialkarzinom, Ovarialkarzinom, gastrointestinale Karzinome, maligne Lymphome)

Die Vorteile einer regionalen gegenüber einer systemischen Chemotherapie liegen in der Möglichkeit, besonders hohe Zytostatikakonzentrationen im Tumorgewebe zu erreichen, indem die Zytostatika direkt in den Tumor, in die den Tumor versorgende Arterie oder intrakavitär appliziert werden. Im Gegensatz zu den auf diese Weise im Tumor erreichbaren hohen Wirkspiegeln wird die Gesamtdosis und damit die systemische Toxizität niedrig gehalten. Hierdurch ist die Verträglichkeit der regionalen Chemotherapie in der Regel sehr gut. Selbst bei Tumoren mit geringer Ansprechrate bei einer systemischen Therapie kann auf diese Weise nicht selten durch die höheren lokalen Wirkspiegel doch noch ein Ansprechen erreicht werden.

Regionale Perfusion

Bei der regionalen Perfusion wird das Zytostatikum selektiv in das zum Tumor führende Gefäß appliziert (z. B. regionale Therapie von Lebermetastasen). Nach der primären Passage durch den Tumor tritt das Zytostatikum mit entsprechender Verdünnung in den systemischen Kreislauf über. Durch hohe zytostatische Bolusgabe oder durch kontinuierliche intraarterielle Infusion kann eine regional gute Tumorrückbildung erreicht werden. Bei der regionalen Perfusion beispielsweise einer Extremität beim Melanom besteht ein extrakorporales Kreislaufsystem, so daß der restliche Organismus nicht dem Zytostatikum und seinen Nebenwirkungen ausgesetzt ist. Hierbei kann zusätzlich durch ein überwärmtes Perfusat eine begrenzte Hyperthermie zur Wirkungssteigerung der Zytostatika erzeugt werden. Es bleibt jedoch zu berücksichtigen, daß ein Effekt auf das häufig gleichzeitig bestehende generalisierte Tumorwachstum nicht zu erwarten ist. Somit kann eine regionale Chemotherapie nur einen begrenzten palliativen Therapieeffekt erzielen. Dennoch ist bei Ansprechen des Tumors auf die eingesetzte regionale Chemotherapie mit einer Verminderung tumorbedingter Beschwerden zu rechnen. Nebenwirkungen und Komplikationen einer regionalen Chemotherapie der Leber können in Form einer toxischen Hepatitis, sklerosierenden Cholangitis, Thrombosen von V. portae oder A. hepatica sowie verschiedenen katheterbedingten Komplikationen auftreten.

Intrakavitäre Chemotherapie

Maligner Aszites und maligne Pleuraergüsse sind keine seltenen Komplikationen beim Mammakarzinom, Bronchialkarzinom, Ovarialkarzinom, malignen Lymphomen sowie gastrointestinalen Tumoren. Dyspnoe, Husten, Thoraxschmerzen bzw. Motilitätsstörungen des Darms können dabei eine wesentliche Beeinträchtigung der Lebensqualität zur Folge haben.

Eine regionale intrakavitäre Chemotherapie ist wegen der sehr begrenzten Diffusion des Zytostatikums in das Gewebe bei größerem solidem Tumorbefall nur begrenzt wirksam. Trotz des sehr hohen Konzentrationsgefälles des Zytostatikums zwischen der Peritonealflüssigkeit und dem Plasma kommt es nur zu einer Penetration der Wirksubstanz durch 4–6 Zellschichten, wobei jedoch in diesen Schichten eine 2- bis 8fach höhere Zytostatikakonzentration vorliegt als bei systemischer Gabe erreicht werden kann. Aufgrund dieser Situation ist bei Vorliegen von malignem Aszites oder Pleuraerguß ohne größere solide Tumorherde nicht selten eine Palliation der durch den Erguß und die Serositis bedingten Beschwerden und Schmerzen erreichbar.

Durch ein möglichst vollständiges Ablassen der Ergußflüssigkeit kann eine sehr hohe intrakavitäre Zytostatikakonzentration erreicht werden, ohne daß relevante systemische Wirk- und Toxizitätsspiegel entstehen. Außerdem kann hierdurch verhindert werden, daß eine unkontrollierte Eiweißbindung einzelner Zytostatika innerhalb der eiweißreichen Ergußflüssigkeit eintritt. Die Verdünnung des Zytostatikums in einem vorgewärmten Instillationsvolumen von 500–1000 ml ist für eine homogenere Verteilung des Zytostatikums im Peritonealraum förderlich. Dennoch bleibt eine inhomogene Verteilung infolge örtlicher Verklebungen, insbesondere bei wiederholter Anwendung ein großes Problem. Es wird daher von manchen Autoren empfohlen, die ungehinderte intraperitoneale Verteilung durch die vorherige Applikation von ^{99}Tc-markiertem Albumin zu prüfen. Die Instillation erfolgt am besten über einen intraperitonealen oder intrapleuralen Katheter. Über diesen können auch nach einer 4- bis 6stündigen Verweildauer etwa 60–80% des Zytostatikums wieder zurückgewonnen werden. Dieses ist sinnvoll, um die systemische Toxizität auch längerfristig gering zu halten und einer Pleuritis bzw. Peritonitis vorzubeugen.

Intraperitoneale bzw. intrapleurale Anwendung fanden bisher die zytostatisch wirksamen Substanzen 5-Fluorouracil, Adriamycin, Bleomycin, Cisplatin, Cytarabin, Mitoxantron sowie Methotrexat. Die häufigsten Nebenwirkungen der intrapleuralen oder der intraperitonealen Chemotherapie sind chemische und bakterielle Pleuritiden bzw. Peritonitiden. Ihr Auftreten hängt im wesentlichen von der Verweildauer des Zytostatikums in der jeweiligen Körperhöhle ab.

Stärker noch als der antineoplastische Effekt ist bei den intrapleuralen Therapiemaßnahmen der sklerosierende Effekt im Sinne einer Pleurodese wirksam. Die Pleuraverklebung erfolgt durch eine unspezifische chemische Pleuritis, die durch die Instillation des Zytostatikums, aber besonders auch von Tetracyclinen oder durch eine direkte Fibrinverklebung provoziert wird. Besonders wichtig für eine Pleuraverklebung ist die vorherige vollständige Entleerung des malignen Pleuraergusses durch eine – oft mehrtägige – Saugdrainage, damit die Pleurablätter sich berühren. Zur Verhinderung der bei der chemischen Pleurodese entstehenden pleuritischen Schmerzen ist die vorherige intrapleurale Instillation eines Lokalanästhetikums erforderlich. Die Erfolgsraten der verschiedenen Formen der Pleurodese liegen etwa gleich hoch bei 75%.

Intrathekale Chemotherapie

Die Meningiosis lymphomatosa, Meningiosis leucaemica wie auch die Meningiosis carcinomatosa treten in 20–50% der akuten Leukämien, der hochmalignen Non-Hodgkin-Lymphome sowie verschiedener solider Tumoren (malignes Melanom, Mammakarzinom, kleinzelliges Bronchialkarzinom, Nierenkarzinom) auf. Sie gehen häufig mit starken, quälenden Schmerzen einher. Die Behandlungsmöglichkeiten für die Meningiosis sind die Strahlentherapie, die intrathekale Chemotherapie oder ihre kombinierte Anwendung.

Da das Zentralnervensystem als ein „pharmakologischer Schutzraum" angesehen wird, in den die meisten Zytostatika bei systemischer Verabreichung in konventioneller Dosierung nicht in therapeutisch wirksamen Konzentrationen gelangen, können nur durch die intrathekale Zytostatikaapplikation unter Umgehung der Blut-Liquor-Schranke therapeutische Wirkspiegel erreicht werden. Intrathekal einsetzbare Substanzen sind Methotrexat, Cytosinarabinosid und Thiotepa.

Die Applikation kann durch lumbale Instillation erfolgen. Nachteile der lumbalen Punktion sind die variable und häufig unzureichende Verteilung in fernere Liquorgegenden sowie bei wiederholter Punktion die Bildung von arachnoidalen Kammerungen, in denen durch hohe lokale Konzentrationen vermehrte lokale Nebenwirkungen auftreten können. Besser als die lumbale Instillation ist die intraventrikuläre Instillation nach Implantation eines subkutan gelegenen Ommaya-Reservoirs, dessen Katheter entweder parietal oder frontal in den Seitenventrikel führt. Dieses Vorgehen garantiert die beste Verteilung des Medikaments in den Liquorräumen. Die Nachteile dieser Methode sind in erster Linie die Infektionsgefahr sowie Katheterdislokationen.

Da die Meningiosis carcinomatosa (Mammakarzinom, kleinzelliges Bronchialkarzinom) im Vergleich zur Meningiosis leucaemica eine wesentlich ungünstigere Prognose aufweist, ist hier häufig ein kombiniertes Vorgehen mit intrathekaler Chemotherapie und zusätzlicher Bestrahlung indiziert. Die meistgefürchtete Komplikation nach kombinierter Schädelbestrahlung und intrathekaler Methotrexatgabe ist die Leukenzephalopathie, deren Manifestation häufig erst Monate bis Jahre nach Abschluß der Behandlung erfolgt.

Dauer der palliativen Chemotherapie

Es liegt nahe, daß man bemüht sein wird, eine palliative Chemotherapie bis zum Erreichen einer Schmerzbeseitigung oder Beschwerdelinderung durchzuführen. Je nach Ansprechen des Tumors auf die eingeschlagene Therapie ist nach spätestens 2–3 Kursen ein zumindest klinisch erkennbarer Therapieeffekt zu erwarten. Ist nach diesem Zeitraum kein sichtbarer Therapieerfolg eingetreten, so ist in der Regel auch durch eine Weiterführung der Chemotherapie kein Ansprechen mehr zu erzwingen. Es sollte daher nach etwa 2 Therapiekursen die Entscheidung gefällt werden, ob die eingeschlagene Therapie weitergeführt werden sollte, ob ein Wechsel auf eine potentiell wirksame andere Chemotherapie sinnvoll ist oder ob der Abbruch der chemotherapeutischen Bemühungen zugunsten einer rein symptomatischen Schmerztherapie angezeigt ist.

Im Falle eines befriedigenden palliativen Effektes sollte die Therapie über eine vertretbare Serie von beispielsweise 6 Kursen weitergeführt werden, solange die mit der Therapie verbundenen Belastungen und Nebenwirkungen in Relation zum Therapieeffekt vertretbar sind. Durch beispielsweise 6 Therapiekurse läßt sich in der Regel eine Remission gut konsolidieren.

Ob danach eine „Erhaltungstherapie“ mit verlängerten Therapieabständen oder ein längeres therapiefreies Intervall bis zum erneuten Auftreten von Beschwerden vorzuziehen ist, bleibt eine vom individuellen Krankheitsfall und von der Absprache mit dem Patienten abhängige Entscheidung. Vor einer Weiterführung einer „milderen“ Chemotherapie mit unterdosierten Zytostatika sei hingegen an dieser Stelle gewarnt: Auch eine scheinbar reduzierte Toxizität der unterdosierten Zytostatika stellt bei dem dann meist fehlenden zytostatischen Effekt eine ungünstige Bilanz für den Patienten dar. Darüber hinaus werden durch unterdo-

Tabelle **7** Sinnvolle Dauer einer palliativen Chemotherapie

Weiterführen der Chemotherapie:
- solange Tumorrückbildung bzw. Beschwerderückgang anhält
- solange Therapieeffekt in vernünftiger Relation zu den therapiebedingten Belastungen steht
- Cave: „milde“ unterdosierte Dauertherapie

Abbrechen der Chemotherapie
- (nach 2 Kursen) kein sichtbarer Therapieeffekt
- ungünstige Relation zwischen Therapienebenwirkungen und Therapieeffekt
- kritische Verschlechterung des Befindens des Patienten

sierte zytostatische Dauertherapien Resistenzentwicklungen provoziert, die die Möglichkeiten, ein eventuelles späteres Rezidiv noch einmal chemotherapeutisch zu beherrschen, zum Scheitern verurteilen (Tab. **7**).

Hat sich im Verlauf einer chronischen Tumorerkrankung die persönliche Situation des Patienten in Richtung auf eine Terminalphase verschlechtert, wird man sich auch im Falle eines früher gut auf eine Chemotherapie reagierenden Tumors überlegen müssen, ob der Patient von einem weiteren Ausschöpfen chemotherapeutischer Möglichkeiten hinsichtlich seiner Lebensqualität profitiert oder nicht. Stellt nicht in einer derartigen Situation eine vielleicht noch machbare, begrenzte Lebensverlängerung eher nur eine Verlängerung des Sterbens dar? In vielen Fällen wird man sich dann – auch im stillen Einvernehmen mit dem Betroffenen – für eine rein symptomatische, lindernde Therapie entscheiden.

Literatur

Aulbert, E., N. Niederle: Die Lebensqualität des chronisch Krebskranken. Thieme, Stuttgart 1990

Gallmeier, W. M., U. Bruntsch: Unnötige Diagnostik (Überdiagnostik) in der Onkologie. Münch. med. Wschr. 127 (1985) 390–394

Martz, G.: Übertherapie in der internistischen Onkologie. Münch. med. Wschr. 127 (1985) 385–389

Niederle, N., E. Aulbert: Der Krebskranke und sein Umfeld. Thieme, Stuttgart 1987

Sauer, H.: Chemotherapie bei soliden Tumoren und malignen Systemerkrankungen. Karger, Basel 1990

Sauer, H., W. Wilmanns: Internistische Therapie maligner Erkrankungen. Urban & Schwarzenberg, München 1987

Senn, H. J.: Führung und Betreuung des Krebskranken. Z. Allg.-Med. 55 (1979) 284

Schmoll, H. J., H. D. Peters, U. Fink: Kompendium internistische Onkologie, Teil 1. Springer, Berlin 1986

Zielinski, H., M. Pfreundschuh, S. Schug, D. Zech: Palliative Therapie bei Krebspatienten. Karger, Basel 1990

Palliative Strahlenbehandlung

Karin Schüle-Hein

Einleitung

Das Unbehagen gegenüber der Strahlentherapie – unter Patienten und Ärzten gleichermaßen – ist sehr verbreitet und hat innerhalb der letzten Jahre im Rahmen einer allgemeinen Strahlenangst eher noch zugenommen. Mitverantwortlich ist auch ein gewisses Umdenken hinsichtlich der vermeintlichen Unwirksamkeit der klassischen Tumortherapie in Richtung „weicher" alternativer oder Naturheilverfahren. Die Angst gegenüber einer Behandlung, deren Mittel man nicht sehen oder unmittelbar auch nicht fühlen kann, ist groß. Bei operativen oder chemotherapeutischen Maßnahmen tritt das Medium der Behandlung viel vordergründiger in Erscheinung. Vorstellungen von „Ausgeliefertsein, Alleingelassensein in einem unwirtlichen Strahlenbunker, Verbranntwerden, radioaktiver Verseuchung" sind zu festgefahren.

Im täglichen Betrieb einer strahlentherapeutischen Abteilung kostet es daher häufig große Anstrengung und Geduld, diese Vorurteile auszuräumen und dem Patienten und seinen Angehörigen zu versichern, daß der Patient nach einer perkutanen Strahlentherapie nicht radioaktiv verseucht sein wird, einer normalen familiären und häuslichen Kommunikation nichts im Wege steht, die Bestrahlung in einem hellen freundlichen videoüberwachten Raum mit wechselseitigem Sprechkontakt erfolgt und nicht zwangsläufig mit „Verbrennung" einhergeht. Daß Bestrahlung – wie alle anderen Therapieverfahren auch – nicht ganz ohne Nebenwirkungen bleiben kann, gilt es, dem Patienten schonend zu vermitteln, wobei wir zunehmend durch juristische Regreßansprüche gezwungen scheinen, den Patienten durch Aufklärung auch über die seltensten Komplikationen zu erschrecken und ihn möglicherweise damit einer erforderlichen Therapie entziehen. Eine gewisse Hoffnungslosigkeit bereitet hier den Boden durch die gängige Vorstellung, daß eine Bestrahlung erst dann durchgeführt wird, wenn keine anderen Therapieverfahren mehr helfen können.

Stellenwert der palliativen Strahlentherapie

Auch im alltäglichen Klinikbetrieb ist immer wieder die Erfahrung zu machen, daß im Rahmen palliativer therapeutischer Maßnahmen an die Möglichkeit einer Bestrahlung zuletzt gedacht wird.

Zu Unrecht ist die Strahlentherapie häufig letztes Glied in einer Kette palliativ wirksamer Therapieverfahren, deren sinnvoller und zeitgerechter Einsatz jedoch *primärer interdisziplinärer Absprache* bedarf, um jeweils ein Optimum an Palliation für den individuellen Patienten zu erreichen (Tab. **1**). Dabei konkurrieren die Verfahren weniger als sie sich ergänzen, und häufig ist auch erst durch die Kombination das therapeutische Ziel erreichbar.

Das bedeutet, daß Tumorpatienten je nach Tumorerkrankung und Ansprechen auf die Therapie noch mehrere Jahre am Leben sind in einer häufig weitgehend normalen und aktiven Lebensphase. Man kann hier

Tabelle **1** Palliative Therapiemaßnahmen

Chirurgische Intervention
– z. B. Tumorreduktion, Metastasenresektion, Umgehungsanastomosen, Laser-, Elektro-, Kryoresektion, plastische Rekonstruktion, Epithesen
Endoskopische Eingriffe
– z. B. Bougierung, Endotubus, perkutane endoskopische Gastrostomie (PEG)
Interventionelle radiologische Eingriffe
– z. B. regionale Zytostatikaperfusion, Embolisation
Orthopädisch-stabilisierende Maßnahmen
– z. B. Endoprothesen, Verbundosteosynthesen, Hilfsmittelversorgung, Prothesen, Orthesen
Strahlentherapie
Internistische Therapie
– Chemo- und Hormontherapie, Immunstimulation, zelluläre Wachstumsfaktoren
Spezifische Schmerzbehandlung
– anästhesiologisch; neurochirurgisch
Psychologische Mitbetreuung
– z. B. Einzel-, Gruppengespräche; Hypnose, autogenes Training
Einbindung in Selbsthilfegruppen
– psychosoziale Stabilisierung, Freizeitgestaltung, Sportgruppen, Bewältigungsstrategien

Tabelle **2** Leitlinien kurativer und palliativer Strahlentherapie

Bestrahlung	kurativ	palliativ
Ziel	Heilung	Linderung von Beschwerden
Dosis	50 Gy adjuvant hoch: ≥ 70 Gy definitiv	mittelhoch: 30–50 Gy
Fraktionierung	multiple Einzelfraktionen 1,8–2 Gy 5×/Wo.	höhere Einzeldosen 3–5 Gy 3–4×/Wo.
Dauer	mehrere Wochen	so kurz wie möglich
Akute Nebenwirkungen	gewisses Maß	möglichst keine
Spätfolgen	möglichst keine	evtl. zu riskieren

von einer neuen Gruppe chronisch oder Langzeitkranker sprechen, deren Leiden durch gutgeführte medikamentöse Tumortherapie, verbunden mit phasenweisem Einsatz weiterer palliativer Maßnahmen, stabilisiert oder eingestellt werden müssen (Senn 1979).

Der *Stellenwert* palliativer strahlentherapeutischer Maßnahmen zeigt sich in der Tatsache, daß im Rahmen der Palliativtherapie durch Bestrahlung der wirksamste Effekt zu erzielen ist. Etwa 50–60% der Patienten einer strahlentherapeutischen Abteilung leiden an einer fortgeschrittenen bzw. bereits metastasierten Tumorerkrankung, und Therapiemaßnahmen unter kurativer Zielsetzung sind nicht mehr möglich. Das darf jedoch keinesfalls bedeuten, daß die Behandlung dann weniger überlegt und weniger sorgfältig durchgeführt werden kann.

Die wesentlichen *Unterschiede zwischen kurativer und palliativer Bestrahlung* liegen im Behandlungsziel, der erforderlichen Strahlendosis, der Fraktionierung und somit der Gesamtdauer der Strahlenbehandlung sowie dem Ausmaß an tolerierbaren Nebenwirkungen (Tab. **2**).

Zielsetzung der palliativen Strahlentherapie

Die palliative Behandlung von Tumorpatienten gehört mit zu den dankbarsten Aufgaben eines Strahlentherapeuten. Die Patienten leiden unter den verschiedensten Beeinträchtigungen ihrer Tumorerkrankung und hoffen auf Linderung. Die subjektive Erfolgsquote palliativer Bestrahlung liegt bei etwa 60–80% (Erleichterung bzw. Freiheit von Beschwerden), die objektive Nachweisbarkeit bei etwa 50–60%.

Diejenigen Patienten, die durch eine frühere Bestrahlung bereits eine Rückbildung ihrer Symptome erfahren haben, verlieren ihre Angst vor Strahlen und sind zu einem späteren Zeitpunkt bei neuen Symptomen bereitwillig mit einer erneuten Bestrahlung einverstanden. Je rascher und eindrucksvoller der Erfolg war, desto eher wird man auch vom Patienten gedrängt, erneut eine Therapie zu versuchen. Um so wichtiger ist die Einschätzung der klinischen Situation, der Erfolgswahrscheinlichkeit und damit der Indikation zur Bestrahlung.

Ziel der palliativen Bestrahlung ist nicht die Heilung des Patienten, sondern die Verbesserung der *Lebensqualität* für die mutmaßlich verbleibende Lebensspanne, nicht jedoch die Hinauszögerung des Todeszeitpunktes um jeden Preis. Lebensqualität ist eine durchaus subjektive Erfahrung, daher schlecht meßbar und vergleichbar. Entsprechende Versuche, dies in Studien zu erfassen, sind innerhalb der letzten Jahre zunehmend erfolgt (Aulbert u. Niederle 1990).

Im Vordergrund steht also die Besserung bereits bestehender oder aber die Abwendung unmittelbar drohender Symptome (antizipatorische Palliation, präsumptive Palliation). Im Einzelfall ist es manchmal schwierig, den richtigen Zeitpunkt für die palliative Bestrahlung zu finden. (Verhindern von Symptomen oder Besserung von solchen?)

Erst in zweiter Linie ist ein Einfluß auf die *Lebensdauer* (Lebensquantität) zu erwarten, wobei in Einzelfällen durch anhaltende lokale Tumorvernichtung und damit Minderung des Disseminationsrisikos durchaus eine Lebensverlängerung erzielt werden mag.

Indikationen zur palliativen Strahlentherapie

Indikationen zur palliativen Bestrahlung sind die Behandlung von Schmerzen sowie die Besserung, Beseitigung oder Verhinderung unterschiedlichster Befindlichkeitsstörungen und Symptome wie Bewegungseinschränkung durch schmerzhafte Knochen- und Weichteilmetastasen, drohende Frakturen, tumoröse Raumforderungen mit Kompression von Gefäß- und Nervenstrukturen, Hirndruckzeichen, Exophthalmus, Visusminderung bzw. Visusverlust, Kompression von Hohlorganen mit Abflußbehinderung, Luftnot, poststenotische Pneumonie und Tumorblutungen.

Hauptindikationen im einzelnen sind:
- schmerzhafte oder frakturgefährdete Knochenmetastasen (osteolytisch oder osteoplastisch),
- drohende Querschnittlähmung (ossär oder epidural),
- Hautmetastasen, Lymphangiosis cutis carcinomatosa,
- Hirnmetastasen,
- Orbita- und Aderhautmetastasen,
- obere Einflußstauung,
- Rektumkarzinomrezidive,
- ausgedehnte Organtumoren bzw. Rezidive.

Seltenere Indikationen sind:
- Knochen- und Gelenkschmerzen bei Leukämien,
- Milztumor bei Leukämien, Osteomyelofibrose,
- Hautinfiltrate bei Leukämien und Non-Hodgkin-Lymphom (Mycosis fungoides, Kaposi-Sarkom),
- diffuser Hautbefall bei Mycosis fungoides (evtl. Ganzhautbestrahlung mit Elektronen),
- Lungeninfiltrationen mit Kaposi-Sarkom (niedrigdosierte Lungenganzbestrahlung),
- meningeale Infiltration (Mammakarzinom, Non-Hodgkin-Lymphom, Bronchialkarzinom), evtl. in Kombination mit intrathekaler Chemotherapie,
- rezidivierende Perikardergüsse.

Keine Indikation sind:
- Aszites, Peritonealkarzinose,
- Pleuraergüsse, Pleurakarzinose,
- ausgedehnte Wandinfiltration von Hohlorganen (Fistelgefahr),
- Therapiefolgezustände.

Grundregeln der palliativen Strahlentherapie

Die palliative strahlentherapeutische Behandlung sollte nach einheitlichen Grundregeln erfolgen, im Einzelfall jedoch auf den individuellen Patienten abgestimmt sein. Das erfordert eine gründliche Abschätzung seiner Gesamtsituation unter sorgfältiger Abwägung einer Reihe von Faktoren.

- Art und Stadium der Tumorerkrankung,
- prognostische Wahrscheinlichkeit,
- Alter, Allgemeinzustand,
- psychische Verfassung des Patienten,
- Art und Ausmaß der Vorbehandlung,
- Toxizität der angebotenen Therapiemaßnahmen,
- soziale Einbindung,
- zeitliche Beeinträchtigung,
- Organisations- und Kostenfaktoren.

Erforderlich ist stets eine *exakte Abklärung der Symptomursache,* sofern es dem Patienten zumutbar ist und therapeutische Relevanz besitzt.

Therapiefolgezustände (z. B. radiogene oder Druckulzera, radiogene Nervenschädigung, zytostatikabedingte Polyneuropathien, Lymphödeme, Fibrosen) gilt es sorgfältig abzugrenzen; sie lassen sich durch Bestrahlung nicht bessern, sondern nur verschlimmern.

Das bedeutet, daß bei *weit fortgeschrittener Erkrankung* und schlechtem Zustand des Patienten die Therapie möglichst rasch und wenig belästigend erfolgen sollte. Für Palliativpatienten muß ein möglichst umgehender Behandlungsbeginn angeboten werden, da in der Regel Handlungsbedarf durch die bestehende Symptomatik besteht. Eventuelle Wartezeiten können durch entsprechende analgetische Medikation überbrückt und erleichtert werden.

Bei fehlender Symptomatik, fraglichem Erfolg der vorgesehenen Bestrahlung oder moribundem Zustand des Patienten ist im Einzelfall das Unterlassen oder Abbrechen der Bestrahlung sinnvoller und menschlicher. „Scheinbestrahlungen" sollten auf keinen Fall durchgeführt werden – hier müssen andere geeignete Therapieverfahren in den Vordergrund treten. Gelegentlich ist allerdings eine palliative Bestrahlung aus rein kosmetischen Gesichtspunkten (äußerlich sichtbare, entstellende, blutende, exulzerierende Tumormanifestation (Abb. **1** u. **2**) ohne Beeinflussung des Gesamtzustandes zu rechtfertigen, um dem Patienten das Gefühl „ansehnlichen" Wohlbefindens – wenn auch eventuell nur vorübergehend – zu vermitteln.

Bei *prognostisch günstigen Faktoren* – wie z. B. langem tumorfreiem Intervall, Metastasierung in nur einem Organsystem, gutem Allgemeinzustand – kann die Strahlenbehandlung durchaus etwas länger dauern und sollte höher dosiert werden unter der Erwartung einer eventuell länger anhaltenden Remission.

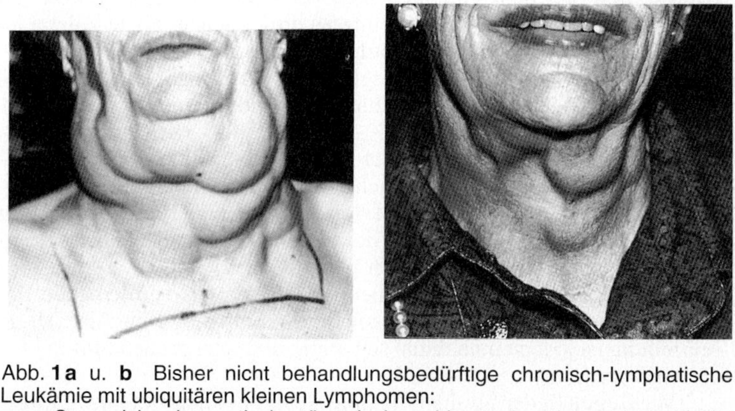

a b

Abb. **1a** u. **b** Bisher nicht behandlungsbedürftige chronisch-lymphatische Leukämie mit ubiquitären kleinen Lymphomen:
a große, weiche, kosmetisch störende Lymphknotenkonglomerate beidseits (zervikal/supraklavikulär),
b weitgehende Rückbildung nach lokaler Bestrahlung mit 30 Gy (später Dosiserhöhung erforderlich)

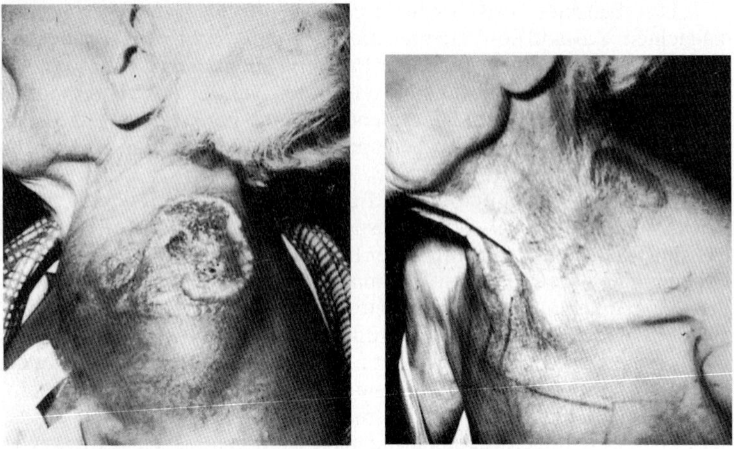

a b

Abb. 2a u. b Intermediär malignes Non-Hodgkin-Lymphom Stadium I, links zervikal:
a großes exulzerierendes Lymphknotenkonglomerat, Symptome: Sekretion, Blutung, lokale Schmerzen, Bewegungseinschränkung;
b nahezu vollständige Rückbildung und Reepithelisierung nach lokaler Bestrahlung mit 50 Gy

Die Bestrahlung sollte – solange es irgend geht – *ambulant* durchgeführt werden, um dem Patienten den Aufenthalt in seiner gewohnten häuslichen und familiären Umgebung zu ermöglichen. Nicht zuletzt ist auch aus Kostengründen eine ambulante Behandlung zu bevorzugen.

Spätfolgen sollten nach Möglichkeit *vermieden* werden: Atrophien, Lymphödeme, Fibrosen, schlecht heilende Ulzerationen und Nekrosen, Nervenschädigungen, Kataraktbildung, radiogenes Querschnittssyndrom stellen insbesondere bei günstiger Prognose und längerer Lebenserwartung eine zusätzliche Beeinträchtigung der verbleibenden Lebensqualität dar. Bei weit fortgeschrittener Tumorerkrankung und absehbar kurzer Lebensdauer des Patienten kann allerdings im Einzelfall, um einen vorübergehenden palliativen Effekt voll auszuschöpfen, von diesem Prinzip abgewichen werden, da das verbleibende Lebensintervall für die Ausbildung solcher Spätfolgen zu kurz ist. Diese Beurteilung ist jedoch manchmal schwierig und setzt große klinische Erfahrung voraus.

Vor Beginn jeder Strahlentherapie steht die *Aufklärung des Patienten,* die möglichst in einer partnerschaftlichen Atmosphäre erfolgen und einmal Art, Dauer und Ziel sowie mögliche Nebenwirkungen der geplanten Bestrahlung transparent machen muß. Daneben ist es wichtig, dem

Patienten wahrheitsgemäß über seine Erkrankung Rede und Antwort zu stehen, am zweckmäßigsten, indem man erst einmal den Patienten selbst seine Situation, seine Kenntnis der Erkrankung, seine Ängste und Hoffnungen schildern läßt. Von besonderer Bedeutung ist die Stärkung bestehender Hoffnungen, beispielsweise durch Aufzeigen eines Nahziels, das es zunächst zu erreichen gilt, um dann wiederum ein nächstes (Nah-)Ziel aufzuzeigen und anzustreben.

Die Erfahrung lehrt, daß sich *Aufrichtigkeit dem Patienten gegenüber* bewährt, auch wenn das einführende Gespräch dann häufig zeitaufwendig und psychisch belastend sein kann. Leichtfertig gegebene Versprechungen zu irgendeinem Zeitpunkt nicht mehr einhalten zu können, hat oft später einen Vertrauensverlust zur Folge.

Nach einer ausführlichen Aufklärung, die Empathie und Einfühlungsvermögen erkennen lassen sollte, (Perez u. Brady 1987) gibt der Patient sein – schriftliches – Einverständnis zu der geplanten Strahlenbehandlung und erhält ein Merkblatt mit Hinweisen und Verhaltensempfehlungen für die Bestrahlung in unterschiedlichen Lokalisationen.

Anwendungsverfahren und Durchführung der Bestrahlung

Jede palliative strahlentherapeutische Maßnahme muß sorgfältig geplant, nach Möglichkeit röntgengezielt eingestellt und exakt dokumentiert werden (Simulator-, Feldkontrollaufnahmen; Fotodokumentation klinischer und einstellungstechnischer Parameter, Aufzeichnung von Remission, Progression und Nebenwirkungen). Die entsprechenden Unterlagen müssen 30 Jahre aufbewahrt werden (im Gegensatz dazu besteht in der Röntgendiagnostik eine Aufbewahrungspflicht von nur 10 Jahren).

Nach dem Prinzip der Anwendung der Strahlentherapie unterscheidet man:

- perkutane Bestrahlung (Bestrahlung von außen mit Photonen, Elektronen oder Neutronen),
- intrakavitäre Bestrahlung (Einführung von Strahlenquellen in präformierte Körperhöhlen),
- interstitielle Bestrahlung (Implantation von Strahlenquellen in das Gewebe, temporär oder permanent).

Auch die *palliative perkutane Strahlentherapie* sollte heute Megavolttechniken (Beschleuniger, Telekobaltgeräte) bevorzugen wegen ihres hautschonenden Effekts, der besseren Tiefendosis, der gleichmäßigeren Strahlenabsorption in Knochen-und Weichteilgewebe und damit homogeneren Dosisverteilung. Bei Kutis- bzw. Subkutisinfiltration sind zur Minderung des Aufbaueffekts bei der an sich hautschonenden Hochvoltbestrahlung Moulagen (Auflegen gewebeäquivalenten Materials, z. B.

Wachs, Kunststoffolie) zur Dosiserhöhung im Hautniveau erforderlich. Bei oberflächlich lokalisierten Prozessen können schnelle Elektronen eingesetzt werden mit dem Vorteil begrenzter je nach Elektronenenergie wählbarer Eindringtiefe und dadurch weitgehender Schonung von Umgebungsstrukturen durch den relativ steilen Dosisabfall.

Das Bestrahlungsfeld soll den Tumorbereich mit einer Sicherheitszone (= *Zielvolumen*) umfassen, so klein wie möglich und so groß wie eben erforderlich sein.

Nach Möglichkeit sollte über *ein Feld* (Stehfeld) bestrahlt werden; bei ausgedehnteren Feldern oder großen Herdtiefen empfehlen sich jedoch opponierende Felder bzw. eine Mehrfeldertechnik. Bei komplizierten Tumorlokalisationen und Zielvolumina ist zur kleinräumigen Dosiskonzentration mit Schonung der Eintrittspforten und Umgebungsstrukturen eine CT- und rechnergesteuerte Bestrahlung zu bevorzugen.

Bei Knochenmetastasen ist aufgrund kleiner Herde in der Umgebung der Läsion der befallene Knochen großräumig einzuschließen (bei Wirbelsäulenmetastasen 1–2 gesunde Wirbelkörper ober- und unterhalb des befallenen Bezirks). Eine Ausnahme von dieser Regel stellt eine eingeschränkte Knochenmarkreserve, beispielsweise infolge einer vorhergegangenen oder gleichzeitig durchgeführten Chemotherapie, dar.

Bei der Bestrahlung abdomineller Prozesse sollten benachbarte Risikoorgane (Nieren, Dünndarm, Harnblase, Rektum) soweit wie möglich geschont werden. Die unterschiedlichen Toleranzdosen der verschiedenen Organe sind zu berücksichtigen, ebenso eine Vor- und Begleitbehandlung mit Zytostatika (Gefahr der Myelosuppression, zusätzliche Schädigung von Magen-Darm-und Urogenitaltrakt, Herz- und Lungenschädigung, Neurotoxizität) (Tab. **3**).

Tabelle **3** Organbezogene Nebenwirkungen verschiedener Zytostatika

Organ	Zytostatika
Haut, Schleimhaut	5-Fluorouracil, Methotrexat, Adriamycin, Actinomycin D
Knochenmark	Adriamycin, Cyclophosphamid, 5-Fluoruracil, Mitomycin C, CCNU
Lunge	Bleomycin, Methotrexat, Busulfan
Herz	Adriamycin
Niere und ableitende Harnwege	Cyclophosphamid, Cisplatin
Periphere Nerven	Vincristin, Cisplatin

Die zur palliativen Strahlenbehandlung erforderliche *Dosis* liegt im allgemeinen zwischen 30 und 50 Gy, appliziert in 2–5 Wochen. Die Einzeldosis richtet sich nach Ausmaß und Lokalisation des Tumors, einer etwaigen Strahlenvorbelastung und liegt zwischen 1,8–2 und 5 Gy, appliziert 5- bis 2mal pro Woche. In geeigneten Einzelfällen (z. B. einzeitige präoperative Bestrahlung, schlechter Zustand des Patienten) sind hohe einmalige Einzeldosen von 10–15 Gy anwendbar. Gelegentlich sind trotz palliativer Indikation zum Erreichen einer guten und möglichst anhaltenden Remission hohe Gesamtdosen von bis zu 70 Gy erforderlich.

Bei lokalisierten stenosierenden oder blutenden tumorösen Prozessen in gut zugänglichen Hohlorganen (Bronchialsystem, Gastrointestinaltrakt, Gallenwege, Genitaltrakt) können Kontaktbestrahlungen mit beweglichen Strahlenquellen im Afterloading-Verfahren (^{60}Co, ^{137}Cs, ^{192}Ir) durchgeführt werden, eventuell in Kombination mit Laserresektion oder kryochirurgischen Maßnahmen. Vorteile sind die lokal hohe Dosis mit steilem Dosisabfall zur Umgebung, die zeitliche Streckbarkeit der Fraktionen (Protrahierung) und die kurze Zeitdauer des Eingriffs.

Zur lokalen Dosiserhöhung bei großen, aber umschriebenen Tumoren (z. B. HNO-Tumoren, Mammakarzinome, Pankreaskarzinome, Lymphknotenmetastasen) kann eine interstitielle Bestrahlung (z. B. mit ^{125}J, ^{198}Au) angewandt werden, auch intraoperativ, wenn der Tumor nicht in toto bzw. ohne Verletzung von Umgebungsstrukturen (z. B. große Gefäße, Nerven) entfernbar ist.

Neuere Entwicklungen in der Strahlentherapie

An großen Behandlungszentren können in ausgesuchten Indikationen auch neuere bzw. technisch, personell und zeitlich aufwendige Bestrahlungsverfahren zur Anwendung kommen. Aus Gründen der begrenzten Verfügbarkeit, des häufig noch experimentellen Charakters und damit der Forderung, über solche Verfahren kontrolliert in Studien Erfahrung zu sammeln, sollen sie hier nur kurz mit ihren jeweiligen Hauptindikationen erwähnt werden.

1. Kombinierte Radiochemotherapie (z. B. bei Kopf-Hals-Tumoren, gastrointestinalen Tumoren, Harnblasenkarzinomen):
- simultan oder konsekutiv,
- niedrig dosiert zur Radiosensibilisierung,
- volldosiert, um zusätzlichen Effekt auszunützen,
- präoperativ (Resektabilität ↑, Disseminationsrisiko ↓).

2. Kombinierte Radiothermotherapie (z. B. bei schlecht ansprechenden bzw. vorbehandelten zervikalen oder axillaren Lymphknotenkonglo-

meraten, malignen Melanomen, Lokalrezidiven von Mamma- oder Rektumkarzinomen):
- lokale Überwärmung auf 41–43 °C ca. 30–60 min nach der Bestrahlung 2–3 x/Woche,
- lokale Tumorkontrolle (Verstärkungsfaktor = TER thermal enhancement ratio 1,4–2,0),
- direkter zytotoxischer Effekt, Radiosensibilisierung nutritiv unterversorgter chronisch hypoxischer Zellen,
- Nachteile: invasive Temperaturmessung mit lokaler Blutungs- und Infektionsgefahr. Thermotoleranz des Gewebes (Hautverbrennung Grad I–II, Fettgewebsnekrosen).

3. Bestrahlung mit schnellen Neutronen (z. B. bei Weichteilsarkomen, adenoidzystischen Speicheldrüsenkarzinomen):
- dicht ionisierende Strahlung mit höherem RBW-Faktor (= relative biologische Wirksamkeit),
- evtl. in Kombination mit Photonen (mixed beam),
- oberflächlich – halbtief liegende, hochdifferenzierte wenig strahlensensible Tumoren.

4. Intraoperative Bestrahlung (z. B. bei lokalisatorisch und prognostisch ungünstigen Tumoren wie Pankreaskarzinom, Magenkarzinom, Gallengangskarzinom, Nieren-Nebennieren-Karzinom):
- mit schnellen Elektronen lokal hohe Tumordosis (10–20 Gy) einzeitig applizierbar, Schonung der Nachbarorgane, Nebenwirkungen ↓.

5. Hyperfraktionierte, akzelerierte Bestrahlung (z. B. bei rasch wachsenden aggressiven Tumoren, eventuell in Kombination mit Chemotherapie bei HNO-Tumoren, Bronchialkarzinomen):
- Bestrahlung 2-(bis 3-)mal täglich, Abstand > 6 h,
- Effektivität ↑, akute Nebenwirkungen ↑, Spätfolgen ↓, Bestrahlungsdauer ↓.

Biologische Wirkung der Bestrahlung

Der biologische Effekt der Bestrahlung beruht auf der Absorption der Strahlenenergie im Gewebe und den daraus folgenden Wechselwirkungen auf zellulär-molekularer Ebene. Der zeitliche Ablauf erfolgt in mehreren Schritten, wobei die ersten 3 Phasen (physikalisch, physikalisch-chemisch, biochemisch) in Bruchteilen von Sekunden ablaufen, die letzte biologische Phase dagegen bis zu mehreren Jahren dauern kann.

Die biologischen Veränderungen beruhen im einzelnen auf einer Schädigung der DNS und anderer Kern- und Zellbausteine mit Beeinträchtigung von Zellproliferation, Zellteilung und Auswirkungen auf die Zellerholung. Erholungsvorgänge sind abhängig von der Reparaturfähigkeit des zellulären Systems. Die beschriebenen 4 Phasen laufen nicht nur im Tumorgewebe, sondern auch im mitbestrahlten Normalgewebe ab.

Die Strahlentherapie nutzt die Unterschiede in Strahlensensibilität und Reparaturfähigkeit der verschiedenen Gewebe aus mittels unterschiedlicher zeitlicher Fraktionierung und Protrahierung der Bestrahlungen. (Die Tumorvernichtungsdosis ist in der Regel niedriger als die zur irreversiblen Schädigung gesunden Gewebes erforderliche Dosis.)

Die unterschiedliche Strahlensensibilität maligner Tumoren stellt die Summe aus klinischen, histologischen und zytologischen Gegebenheiten dar (Tumorgröße, Ausbreitungsstadium, Differenzierungsgrad, Durchblutung, Oxygenierung, pH-Wert, eventuelle Vorbehandlung). Die Erholungszeit von Tumorgewebe und gesundem Gewebe beeinflußt den zeitlichen Abstand der einzelnen Bestrahlungsfraktionen.

Häufig ist es so, daß Metastasen (z. B. in Knochen, Gehirn, Lymphknoten) aufgrund ihres höheren Entdifferenzierungsgrades besser auf die Bestrahlung ansprechen als der jeweilige Primärtumor, d. h., daß im Einzelfall durch palliative strahlentherapeutische Maßnahmen gute Remissionen erzielt werden können.

Nebenwirkungen und begleitende Behandlung

Die Nebenwirkungen und eventuelle Spätfolgen der Bestrahlung sind organ- und gewebespezifisch und in ihrer Ausprägung abhängig vom Ausmaß des bestrahlten Körpervolumens und der applizierten Dosis. Bei palliativer Bestrahlung sollten die akuten Nebenwirkungen nach Möglichkeit vermieden werden, Spättoxizität kann unter Umständen – je nach Abschätzbarkeit der Prognose – riskiert werden. Im Einzelfall ist ein höheres Risiko in Abwägung und Wichtung des akuten palliativen Gewinns mit dem Patienten abzusprechen.

Die Bestrahlungsfelder werden zur täglichen Reproduzierbarkeit auf der Haut markiert; es empfiehlt sich eine trockene Behandlung mit Puder (bei Pilzbefall antimykotischer Puder), bei stärkerem Erythem und feuchten Epitheliolysen panthenolhaltige Salbe bzw. fett- und antibiotikahaltige Gaze. Besonders gefährdete Hautareale sind dabei die Interglutäalregion, Perineum, Leisten, Axillen, Submammärfalten und Retroaurikulärregion. Waschen, Seifen, Kosmetika, reibende enge Kleidung sowie direkte Sonneneinstrahlung auf bestrahlte Hautareale müssen vermieden werden. Am besten bewährt sich lose Baumwollkleidung. Exulzerierte, superinfizierte Bezirke sollten mit Antiseptika und Antibiotika behandelt werden.

Frühreaktionen wie Abgeschlagenheit und Müdigkeit sowie Nausea, Erbrechen, Anorexie, Mukositis, gastrointestinale Störungen bei Mitbestrahlung von Teilen des Gastrointestinaltrakts können durch eine konsequent durchgeführte begleitende Behandlung in den meisten Fällen in für den Patienten kaum belastenden Grenzen gehalten werden.

Die bei Bestrahlung im Mund- und Hals-Nasen-Ohren-Bereich beeinträchtigte Speicheldrüsenfunktion mit reduzierter Sekretion von zähflüssigerem Speichel erschwert die Nahrungsaufnahme sowie die physiologische Mundreinigung, was zu Schädigung von Zahnfleisch und Zahnhalteapparat führt. Um so wichtiger ist eine intensive Mundhygiene mit adstringierenden bzw. antiseptisch/antimykotischen Mundspülungen und Kariesprophylaxe durch tägliche Fluorbehandlung der Zähne. Vor hochdosierter Bestrahlung im Kieferbereich empfiehlt sich zur Vermeidung einer Osteoradionekrose eine Zahnsanierung.

Bei Bestrahlung im Becken-Genital-Bereich bewähren sich gegebenenfalls die Applikation von Suppositorien und Vaginalovula sowie Sitzbäder mit Kamillenextrakt, bei bakteriell besiedelter radiogener Zystitis die gezielte antibiotische Therapie und Anwendung von Spasmolytika.

Bei ausgedehnten Bestrahlungsfeldern (Schädigung des blutbildenden Knochenmarks) sind 1- bis 2mal wöchentlich Blutbildkontrollen angezeigt.

Bei massivem therapieinduziertem Zellzerfall (z. B. große Bestrahlungsfelder bei Non-Hodgkin-Lymphomen und Leukämien) muß mit einem Tumorlysesyndrom gerechnet werden mit massiver Freisetzung zellulärer Bestandteile und deren Ausschwemmung im Blut mit entsprechender Symptomatik (z. B. Hyperurikämie, Hyperkaliämie, Hyperphosphatämie).

Bei gezieltem Einsatz und sachgemäßer Durchführung der palliativen Bestrahlung können heute Spätfolgen wie Atrophien, Fibrosen, Nervenschädigungen, Nekrosen, Ulzera, Stenosen und Fistelbildungen weitgehend vermieden werden. Zu solchen therapeutisch kaum zu beeinflussenden Veränderungen kann es jedoch gelegentlich kommen, insbesondere bei fehlerhafter Bestrahlung, Fehleinschätzung der Gesamtprognose bei Überschreiten der Toleranzdosen und fehlender Berücksichtigung von Vorbestrahlungen.

Literatur

Aulbert, E., N. Niederle: Die Lebensqualität des chronisch Krebskranken. Thieme, Stuttgart 1990

Bates, T. D.: Radiotherapy in terminal care. In Saunders, C.: The Management of Terminal Malignant Disease, 2nd ed. Arnold, Baltimore 1984 (pp. 133–138)

De Vita jr., V. T., S. Hellman, S. A. Rosenberg: Cancer – Principles and Practice of Oncology. Lippincott, Philadelphia 1985, 1989

Dobbs, J., A. Barrett: Practical Radiotherapy Planning, Royal Marsden Hospital Practice. Arnold, London 1985

Dold, U., P. Hermanek, K. Höffken, H. Sack: Praktische Tumortherapie, 4. Aufl. Thieme, Stuttgart 1992

Firusian, N.: Radionuklid-Behandlung von Skelettmetastasen. Nuklearmediziner 4/2 (1979) 314–327

Fitzpatrick, P. J., W. D. Rider: Half body radiotherapy. Int. J. Radiat. Oncol. Biol. Phys. 1 (1976) 197–207

Gallmeier, W. M., U. Bruntsch, E. M. Röttinger, M. Betzler: Praktische Onkologie – Jahrbuch 1982. MMW Medizin Verlag, München 1982

Gilbert, H. A.: Modern Radiation Oncology. Classic Literature and Current Management, vol II. Harper & Row, Philadelphia 1984

Heilmann, H. P.: Palliative Therapie – Indikation, Probleme, Ergebnisse. In Heilmann, H. P.: Aktuelle Onkologie, Bd. 23. Zuckschwerdt, München 1985

Hendrickson, F. R.: The optimum schedule of palliative radiotherapy for metastatic brain cancer. Int. J. Radiat. Oncol. Biol. Phys. 2 (1977) 265

Keen, C. W.: Half body radiotherapy in the management of metastatic carcinoma of the prostate. J. Urol. 123 (1980) 713–715

Molls, M., H. J. Feldmann, M. Bamberg, H. Sack: Hyperthermie als Radiosensibilisator. Tumordiagn. u. Ther. 9 (1988) 41–48

Montague, E., L. Delclos: Palliative radiotherapy in the management of metastatic disease. In Fletcher, G. H.: Textbook of Radiotherapy. Lea & Febiger, Philadelphia 1980 (pp. 943–948)

Perez, C. A., L. W. Brady: Principles and Practice of Radiation Oncology. Lippincott, Philadelphia 1987

Pichlmaier, H.: Palliative Krebstherapie. Springer, Berlin 1991

Robinson, R. G., J. A. Spicer, D. F. Preston, A. V. Wegst, N. L. Martin: Int. J. Radiat. Appl. Instrum. Part B 14 (1987) 219–222

Rubin, P., C. Salazar, G. Zagars: Systemic hemibody irradiation for overt and occult metastases. Cancer 55 (1985) 2210–2221

Salazar, O. M., P. Rubin, F. R: Hendrickson, et al.: Single dose half body irradiation for palliation of multiple bone metastases from solid tumors. Cancer 56 (1986) 29–36

Scherer, E.: Strahlentherapie – Radiologische Onkologie. Springer, Berlin 1987

Senn, H. J.: Therapiefortschritte beim Mammakarzinom. Klinikarzt 8 (1979) 348–362

Sholl, B. A., S. Parbhoo: Bone Metastasis: Monitoring and Treatment. Raven, New York 1983

Winkler, C.: Nuclear Medicine in Clinical Oncology – Current Status and Future Aspects. Springer, Berlin 1986

Palliative chirurgische Therapie maligner Erkrankungen

J. Horn

Definition

Der Begriff der palliativen Therapie ist gut definiert und gegen jede Form der kurativen Therapiezielsetzung abzugrenzen. Abgeleitet vom lateinischen pallium (= Mantel) soll zum Ausdruck kommen, daß nur die die Krankheit begleitenden Beschwerden im therapeutischen Blickfeld stehen, nicht dagegen die kurative Therapieabsicht.

Palliative Therapieüberlegungen sind demnach dann in Erwägung zu ziehen, wenn eine Kuration nicht mehr erreicht werden kann. Während die Feststellung einer chirurgisch nicht kurativen Therapie in aller Regel Überlegungen hinsichtlich einer möglichen Zusatztherapie – medikamentös oder aktinisch – impliziert, verfolgt die palliative Therapievorstellung unabhängig von der Krankheitsbeherrschung symptomlindernde Ziele oder aber das Ziel, vital gestörte Funktionen wieder herzustellen, um ein Weiterleben zu ermöglichen.

In der Alltagsterminologie wird die unterschiedliche Bedeutung der beiden Begriffe „nicht kurativ" und „palliativ" nicht immer ausreichend gewürdigt; mit beiden Begriffen wird in aller Regel die Erfolglosigkeit einer Therapie zum Ausdruck gebracht. Während „nicht kurativ" eine Aussage über die Therapieeffizienz beinhaltet, definiert der Begriff der „Palliation" eine Therapieabsicht. Diese Therapieabsicht kann entweder die Wiederherstellung von gestörten vitalen Funktionen bedeuten (Ikterus, Ileus, Dsypnoe, venöse Einflußstauungen usw.), das Abwenden akut lebensbedrohlicher Zustände (Blutungen, Perforationen, Rükkenmarkkompressionen usw.) oder aber allgemein qualitätsverbessernde Maßnahmen (Schmerzlinderung, Prothesen usw.). Das Ziel einer palliativen Therapie ist somit nicht die Behandlung der Krankheit selbst, vielmehr die Verbesserung der individuellen Krankheitssituation.

Allgemeine Anmerkungen zur Indikation und zur Durchführung

Während alle Therapiemaßnahmen mit kurativer Zielsetzung nahezu jedes Risiko rechtfertigen, macht jeder palliative Eingriff die Abwägung und die Einschätzung aller individuellen Bezugsgrößen notwendig: Allgemein- und Ernährungszustand, Tumorprogression, voraussichtliche Lebenserwartung, Lebensqualität, Leidensintensität, Operationsrisiko, Lebensmotivation, Lebenswille. Ebenso leicht zu verstehen wie schwer zu verwirklichen ist das Anliegen, der jeweiligen individuellen Situation gerecht zu werden. Nicht nur theoretisch fachliche Abwägungen, vielmehr menschliches Einfühlungsvermögen und konkrete Erfahrungswerte sind dabei vonnöten. Es stellt sich die Frage, ob Leben oder aber nur Leiden verlängert wird; ob der Lebenswille nur leidensbedingt eingeschränkt oder definitiv erloschen ist; inwieweit Therapieabsicht und Lebenserwartung in Einklang zu bringen sind; inwieweit die Schaden-Nutzen-Abwägung eines palliativen Eingriffes auf dem Hintergrund der individuellen Konstellation klare Entscheidungen möglich macht.

Ganz offensichtlich gestalten sich solche Entscheidungen in Grenzsituationen als besonders schwierig. Bedeutet eine akut auftretende Komplikation einer schon längerzeitig bestehenden Tumorerkrankung (Ileus, Blutung, Peritonitis u. a.) ein gnädiges, krankheitserlösendes Ereignis oder aber eine Aggravation, welche durch einfache Maßnahmen beherrscht und damit eine Verlängerung eines qualitativ zu akzeptierenden Zustandes erreicht werden kann? Dieses Problem stellt sich keineswegs nur bei alten Menschen, stellt doch das Alter an sich bei dieser Fragestellung – entgegen einer verbreiteten leichtfertigen Einschätzung – kein wirkliches Entscheidungskriterium dar.

Das alleinige Zugrundelegen des numerischen Alters läßt nur individuell in Erfahrung zu bringende Entscheidungskriterien außer acht: Lebenswille, partnerschaftliche Bindungen, subjektive Bedeutungsinhalte, Qualitätsverständnis u. a. Lebensqualität leitet sich nicht allein aus körperlicher und geistiger Unversehrtheit her, vielmehr resultiert sie aus der subjektiven Lebenseinstellung und dem jeweils sehr eigenen Lebensverständnis. Jede Auslotung der palliativen Möglichkeiten einerseits und der sinnvollen Maßnahmen andererseits verbietet Pauschalierung und leichtfertiges Urteil. Jede Entscheidung bezieht allein aus den individuellen Determinanten die Voraussetzung für ihre Richtigkeit.

Aus der theoretischen Überlegung der im allgemeinen eingeschränkten bzw. nur kurzen Lebenserwartung ergibt sich die Konsequenz des möglichst risikoarmen Eingriffes. Der aus auftretenden Komplikationen resultierenden Verlängerung der stationären Behandlungszeit (nicht weniger die damit verbundene Einschränkung der Lebensqualität) kommt in der palliativen Situation ein besonderer Stellenwert zu. Palliative Eingriffe sollten demnach stets vom erfahrensten Operateur durchgeführt werden. Des weiteren erfordert jede palliative Operation einen besonders intensiven Kontakt zum Patienten, wenn möglich zu den Angehörigen. Das Vorgehen bei der Aufklärung verlangt besondere Umsicht und ein sehr sorgfältiges Abwägen der Aufklärungsinhalte; was im einen Fall sinnvoll und angemessen ist, kann im anderen als demotivierend oder gar als verletzend empfunden werden (Horn 1990 b).

Klinische Beispiele

Die tumorbedingte Ösophagusstenose

Die Frage der Resektabilität ist meist vor der eigentlichen Therapieentscheidung zu beantworten; gelegentlich aber ist diese erst durch den operativen Eingriff selbst zu klären. Ist eine Resektion nicht mehr möglich, müssen nichtoperative palliative Therapiemaßnahmen zum Einsatz kommen (Strahlentherapie, Laser, endoskopische Tubuseinlage oder kombinierte Verfahren (Jung u. Mitarb. 1990) (Abb. **1** u. **2**). Der Celestin-Tubus hat heute weitgehend seine Bedeutung verloren (Abb. **3** u. **4**).

In Situationen allerdings, in denen eine Resektion zwar möglich, aufgrund der nachgewiesenen heterotopen Tumorprogression eine kurative Therapie jedoch ausgeschlossen ist, entsteht die Frage nach der sinnvollen Differentialtherapie: operative Resektion, Deviation im Sinne des operativen Bypass oder nichtoperative Palliativmaßnahmen (Siewert 1990). Die Beantwortung dieser Frage basiert auf der Berücksichtigung einer Vielzahl individueller Entscheidungskriterien: Anamnese, Tumorprogression, Allgemein- und Ernährungszustand, patienteneigenes Operationsrisiko, technisches Operationsrisiko, bisherige und zu erwartende Lebensqualität, Lebenswille, lokaler Befund u. a. (Struthers 1988). In jedem Fall – insbesondere bei geplanter Resektion – müssen die Überlegungen Gegenstand einer offenen Aussprache mit dem Patienten und, wenn möglich, mit den Angehörigen sein. Zu bedenken ist, daß eine Ösophagusresektion zwar mit einem höheren Risiko behaftet ist, daß aber durch diesen palliativen Eingriff definitiv die Nahrungsaufnahme gewährleistet wird (Abb. **5**). Die nichtoperativen Palliativmaßnahmen gewähren in aller Regel nur eine befristete Wiederherstellung der Passage; insbesondere die Lasertherapie macht eine regelmäßige Wiederholung nötig, was von den Patienten nicht selten als belastend empfunden wird.

Die tumorbedingte Passagestörung im Bereich des Magens

Das Auftreten einer tumorbedingten Passagestörung im Bereich des Magens führt zu einer schnell progredienten Gewichtsreduktion; zu der Tu-

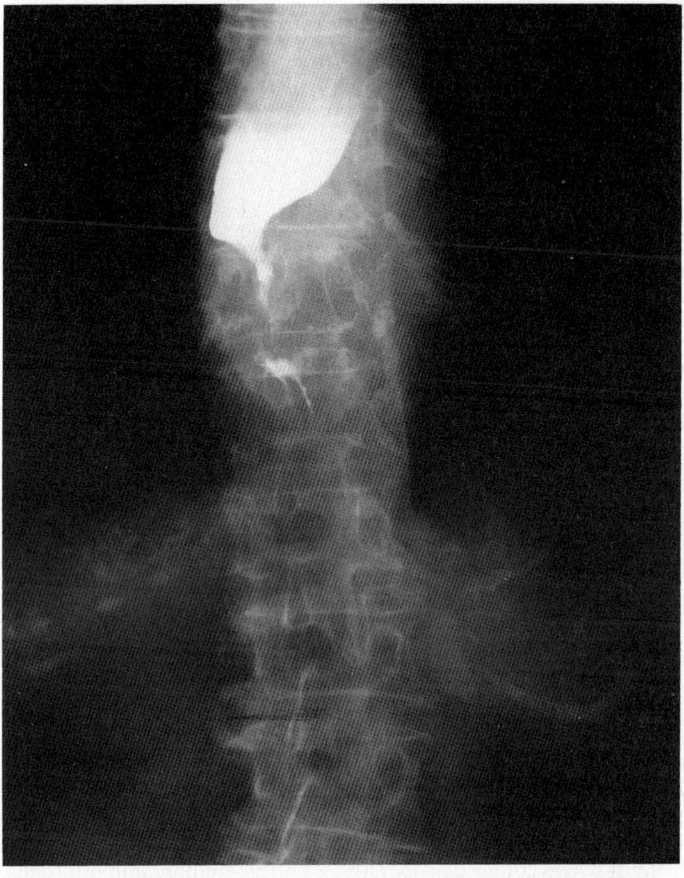

Abb. **1** Dysphagieverursachende Stenose bei distalem Ösophaguskarzinom (78jähriger Patient). Wiederherstellung der Passage durch wiederholte Lasertherapie

morkonsumption addiert sich die weit schwerwiegendere Reduktion infolge der eingeschränkten Nahrungsaufnahme (zudem rezidivierendes Erbrechen). Vornehmlich in solchen Situationen läßt sich durch die Wiederherstellung einer freien Passage oft eine sinnvolle Verlängerung eines qualitativ befriedigenden Lebens erreichen.

Ist die tumorbedingte Stenosierung funktionell relevant, ist in aller Regel ein operativer Eingriff unumgänglich. Zwar gibt es immer wieder

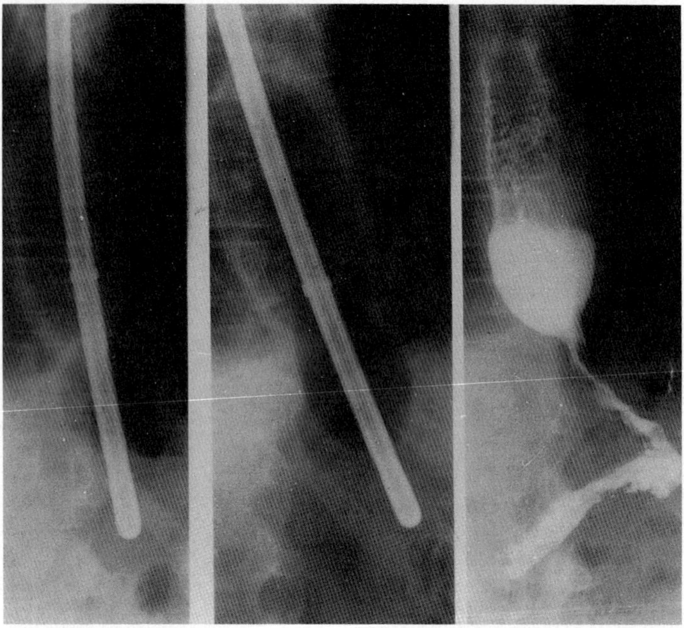

Abb. **2** Endoskopische Einlage eines Tubus bei distalem, stenosierendem Ösophaguskarzinom mit diffuser Lebermetastasierung (72jähriger Patient)

Hinweise, daß auch Stenosen im Bereich des Magens durch eine Laserbehandlung vorübergehend behoben werden können, doch ist nicht zu verkennen, daß das Perforationsrisiko als sehr hoch einzuschätzen ist.

In der Abwägung der operativen Differentialtherapie gilt, daß die Resektion der Deviation vorzuziehen ist, nachdem die vordere Gastroenterostomie mit Braunscher Fußpunktanastomose meist weniger effektiv ist als die Magenresektion nach Billroth I oder Billroth II. Letztere ist allerdings in der palliativen Situation der Billroth-I-Resektion vorzuziehen, nachdem diese eher von tumorbedingten Stenoserezidiv bedroht ist (die Passage führt durch das ehemalige Tumorlager; die Resektion beim Billroth II kann ausführlicher erfolgen). Selbst eine Gastrektomie kann als ein palliativer Eingriff sinnvoll sein, wenn dadurch die ungehinderte Nahrungsaufnahme gewährleistet wird. Ein wichtiges Entscheidungskriterium ist dabei die operationsbedingte Mortalität und Letalität, die vor allem bei palliativer Zielsetzung gering zu sein hat, um die Operation als palliativen Eingriff zu rechtfertigen.

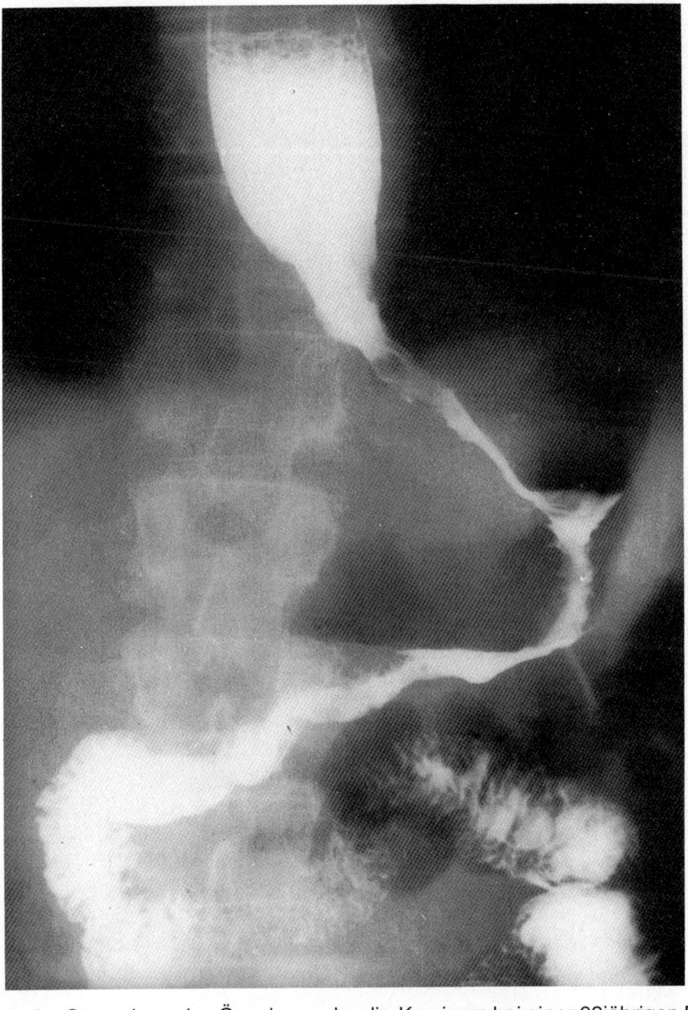

Abb. **3** Stenosierendes Ösophagus-kardia-Karzinom bei einer 68jährigen Patientin

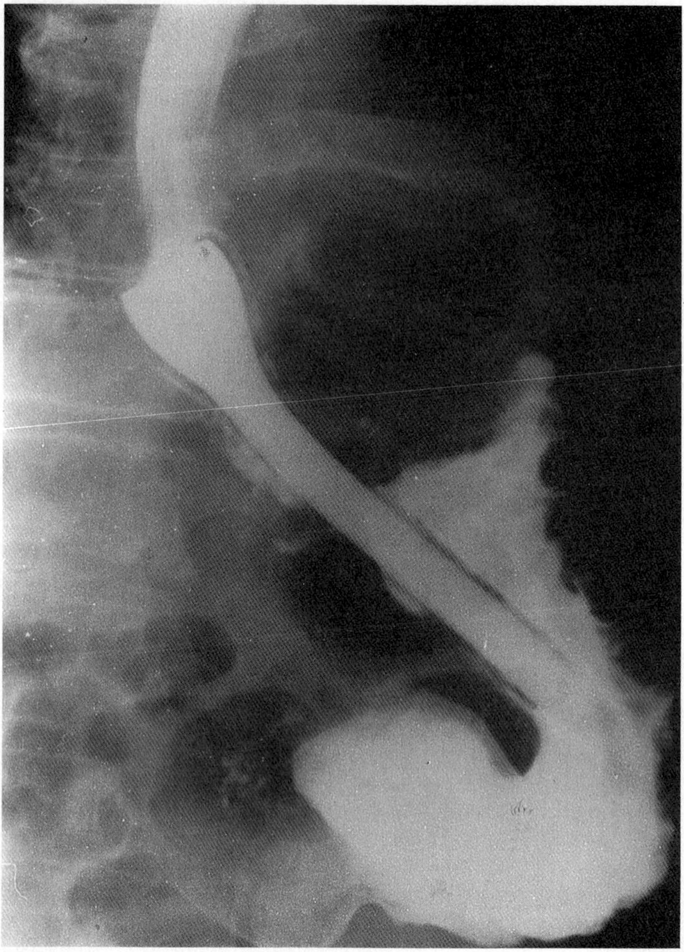

Abb. **4** Einlage eines Celestin-Tubus bei derselben Patientin wie in Abb. **3**

Weit schwerer fällt die operative Therapieentscheidung in jenen Situationen, in denen eine intraperitoneale Tumorprogression eine kurative Therapie unmöglich macht, die primäre Tumormanifestation im Magen jedoch noch keine Passagestörung verursacht (Abb. **6**). Diese Entscheidung ist individuell vom Ausmaß der Tumorprogression, vom All-

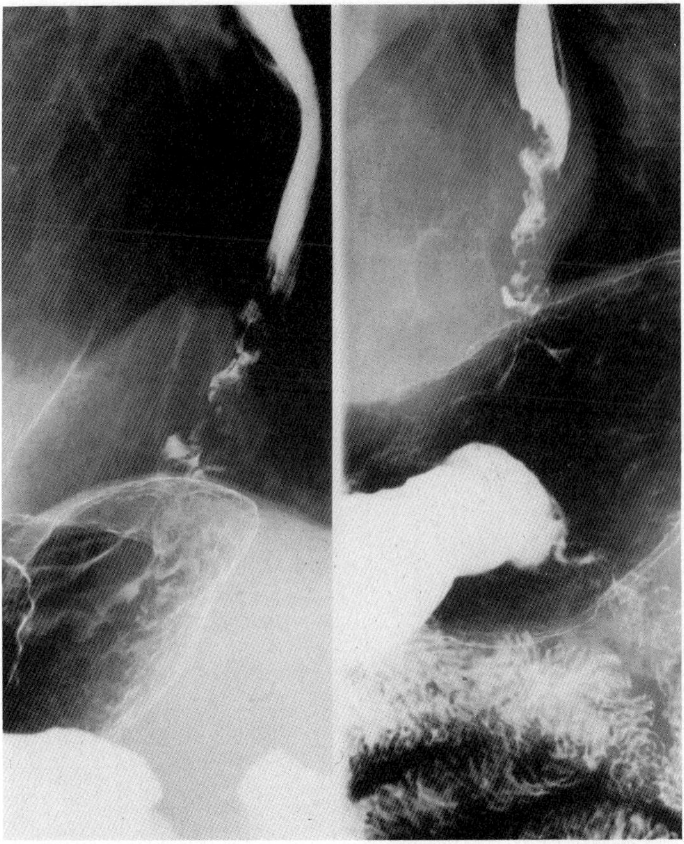

Abb. **5** Langstreckige Stenosierung durch ein distales Ösophaguskarzinom bei einem 56jährigen Patienten; gleichzeitig diffuse Lebermetastasierung. Es wurde eine palliative Ösophagusresektion durchgeführt (Magenhochzug). Der Patient lebte noch 2 ½ Jahre ohne dysphagische Beschwerden

gemein- und Ernährungszustand, von der zu erwartenden Prognose und nicht zuletzt von der Absehbarkeit einer eventuell drohenden Stenosierung abhängig zu machen. In jedem Fall aber ist daran zu denken, daß man auch im Falle einer ausschließlichen explorativen Laparotomie repräsentatives Tumorgewebe gewinnen sollte, um eine histologische Typisierung zu ermöglichen. Gelegentlich eröffnen sich dadurch neue, unerwartete Behandlungsmöglichkeiten.

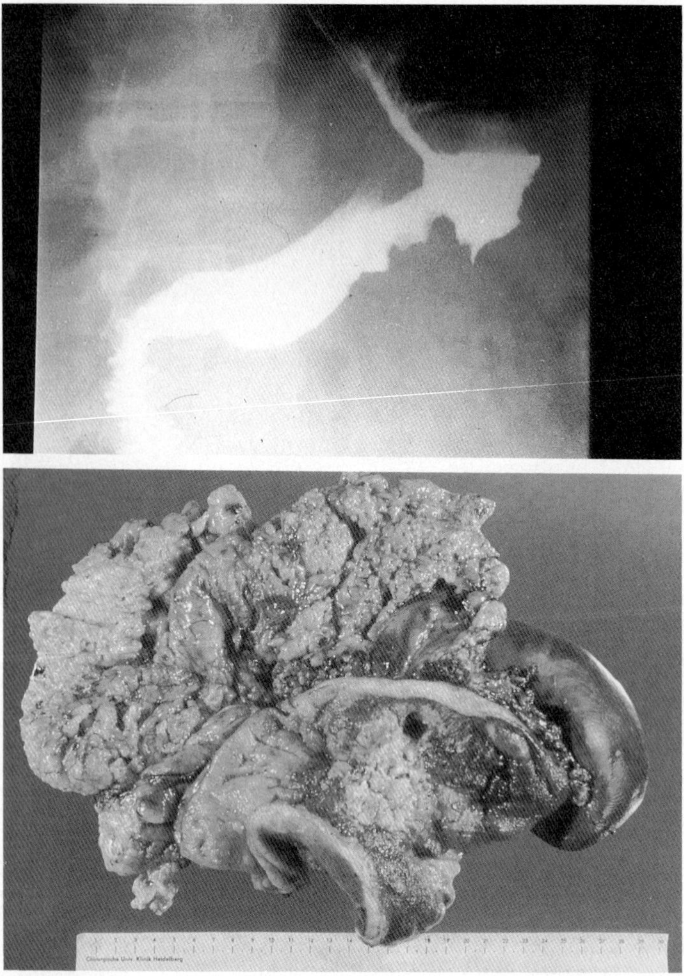

Abb. **6** Ausgedehntes, zirrhöses Magenkarzinom eines 48jährigen Patienten mit Infiltration des Pankreas und des Retroperitoneums. Palliative Gastrektomie. Der Patient lebte noch knapp 2 Jahre ohne Auftreten von dysphagischen Beschwerden

Der tumorbedingte Ileus

Bei einer ausgedehnten intraperitonealen Tumorprogression sind ileusverursachende Obstruktionen, Kompressionen oder Infiltrationen keine Seltenheit. Das Operationsziel besteht in der Wiederherstellung der Passage, wobei zunächst unerheblich ist, ob ein kurativer Eingriff möglich ist oder nicht. Unabhängig von der Frage, inwieweit eine Chemotherapie längerfristigen Erfolg verspricht, gilt es, die Ileussituation aktuell zu beherrschen.

Besonders dann, wenn mit größeren Tumorformationen im kleinen Becken zu rechnen ist, bringt neben der rektalen digitalen Untersuchung ein retrograder Gastrografineinlauf Klarheit über den intrapelvinen Anteil des Rektums, der sich intraoperativ der Beurteilung entzieht (Abb. **7**). Es macht keinen Sinn, höhergelegene Stenosen zu beseitigen und eine Rektumkompression bzw. -infiltration unberücksichtigt zu belassen.

Das operative Vorgehen ist abhängig von der Höhe des Stenosierungsprozesses einerseits und der Resektabilität des ileusverursachen-

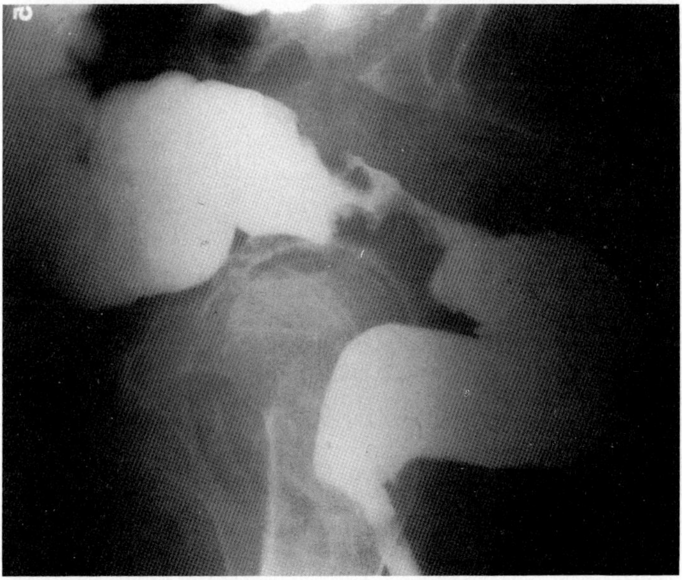

Abb. **7** Stenose des Rektums bei gleichzeitig bestehender disseminierter Peritonealkarzinose mit Ausbildung eines hohen Dünndarmileus als Folge einer Tumorkompression im Bereich des proximalen Jejunums

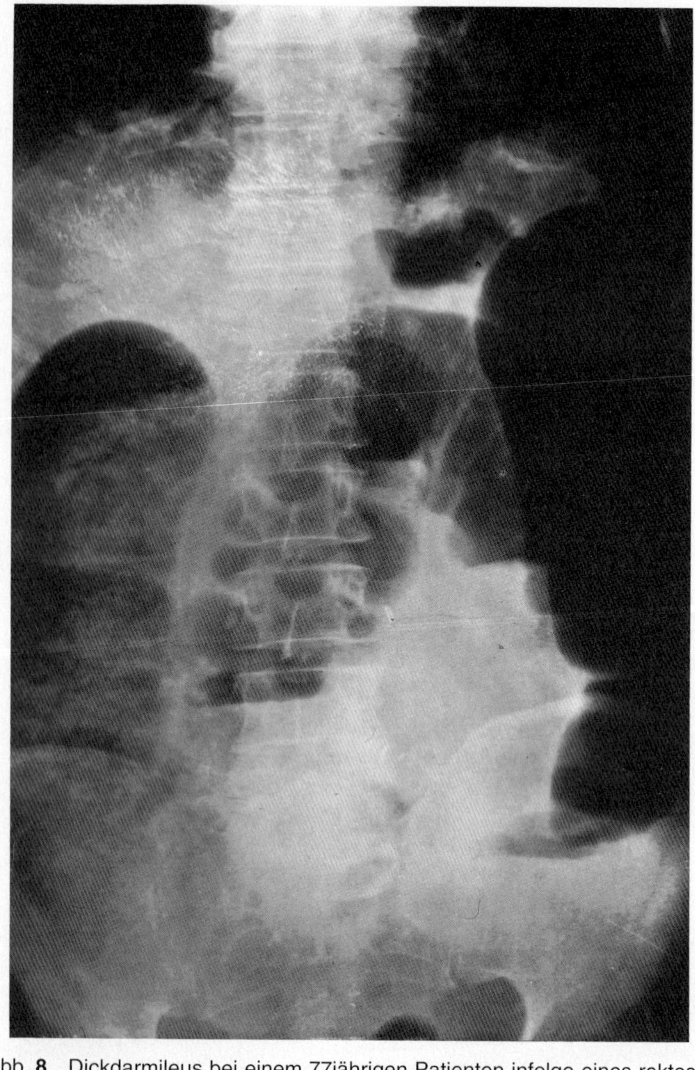

Abb. **8** Dickdarmileus bei einem 77jährigen Patienten infolge eines rektosigmoidalen Karzinoms mit diffuser Peritonealkarzinose

den Tumoranteils andererseits (Abb. **8** u. **9**). Die Resektion ist, wenn möglich, der Deviation vorzuziehen; die Passage kommt schneller in Gang, das Entstehen eines Blindsacksyndroms wird auf diese Weise vermieden.

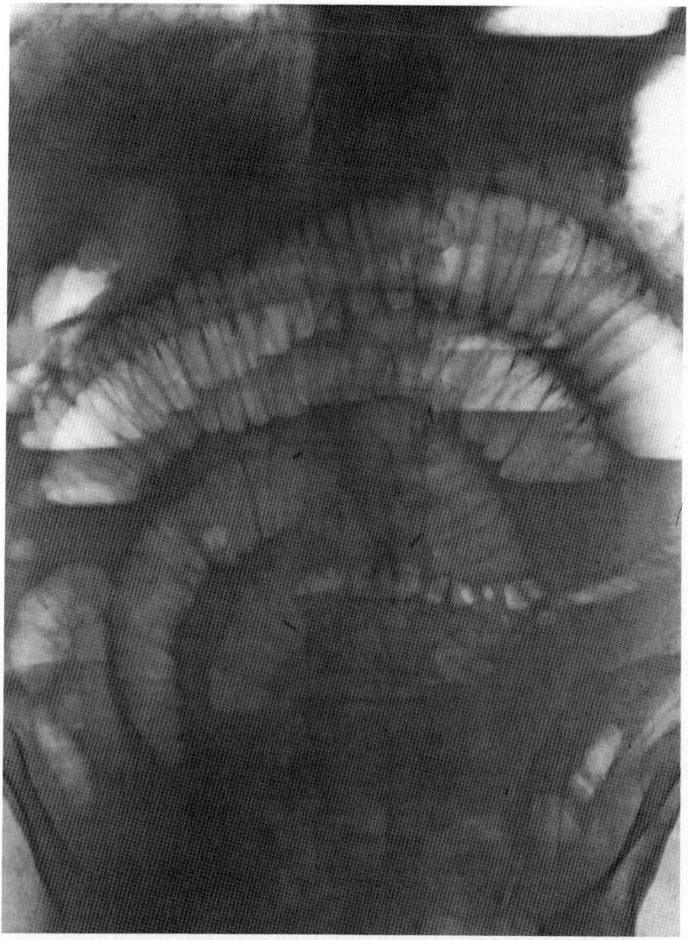

Abb. **9** Dünndarmileus bei einem 56jährigen Patienten; intestinale Metastase eines bereits disseminiert-metastasierenden Hypernephroms

Ist eine Resektion bei kontinuierlicher intraperitonealer Tumorausbreitung nicht möglich, läßt sich eine Deviationsoperation nicht umgehen. Wenn im allgemeinen eine innere Deviation im Sinne einer Enteroanastomose (jejunoileal, ileoileal- ileotransversal, ileosigmoidal) versucht werden soll, kann die Deviation im Bereich des distalen Ileums und des Kolons auch die Anlage eines doppelläufigen Anus praeter bedeuten, dann, wenn eine Enteroanastomose nicht angelegt werden kann.

Gelegentlich ist die Tumorausbreitung so fortgeschritten, daß ein Zugang lediglich zu einzelnen Jejunumschlingen hergestellt werden kann. Hier sind der palliativen Zielsetzung insofern Grenzen gesetzt, als durch das Ausleiten des Jejunums ein funktioneller „Kurzdarm" entsteht, welcher dem Patienten zwar die Überlebensmöglichkeit, langfristig aber keine Lebensqualität vermittelt. In diesen Fällen sollte das Therapieziel neu überdacht werden.

Der tumorbedingte Ikterus

Ein auftretender Ikterus impliziert die Notwendigkeit der Wiederherstellung eines unbehinderten Galleabflusses. Die palliative Situation ist dadurch gekennzeichnet, daß dieses Therapieziel auch unabhängig von der eigentlichen Tumorbehandlung erreicht werden muß. Die Ursache für einen tumorbedingten Ikterus kann verschieden sein, abhängig von der Lokalisation der primären oder sekundären Tumormanifestation.

Primäre Tumormanifestationen sind das Pankreaskopfkarzinom, das Papillenkarzinom, das Ductus-choledochus- bzw. das Ductus-hepaticus-Karzinom oder auch das Leberzellkarzinom, welches zu einer Kompression bzw. Infiltration der Gallenwege führt und damit einen Ikterus verursacht. Sekundäre Tumormanifestationen bedeuten Tumoren, die nicht ihren Ausgang von den genannten Organstrukturen haben (Lymphome, Rezidive eines Magenkarzinoms, Lebermetastasen u. a.), die ihrerseits zu einer Beeinträchtigung eines Galleabflusses Anlaß geben.

Aus therapeutischer Sicht bieten sich prinzipiell 3 Möglichkeiten an, das palliate Therapieziel zu erreichen: die Resektion, die Deviation (Hepatikojejunostomie, Choledochoduodenostomie, Cholezystojejunostomie) oder die endoskopische Einlage einer Endoprothese (Abb. **10**). Unabhängig von den Vor- und Nachteilen der einzelnen Vorgehensweisen stellt sich jeweils die Frage nach der technischen Durchführbarkeit.

Vor allem bei langstreckigen Stenosen im Bereich der extrahepatischen Gallenwege mißlingt oft die Einlage einer Endoprothese. Die Anlage einer Cholezystojejunostomie macht nur einen Sinn bei ungestörter Zystikuspassage, wobei darauf zu achten ist, daß diese nicht unmittelbar durch eine bevorstehende Tumorausbreitung gefährdet sein darf. Vor allem große und nah an den Leberhilus heranreichende Tumoren machen die Anlage einer Hepatikojejunostomie unmöglich, wobei mitunter al-

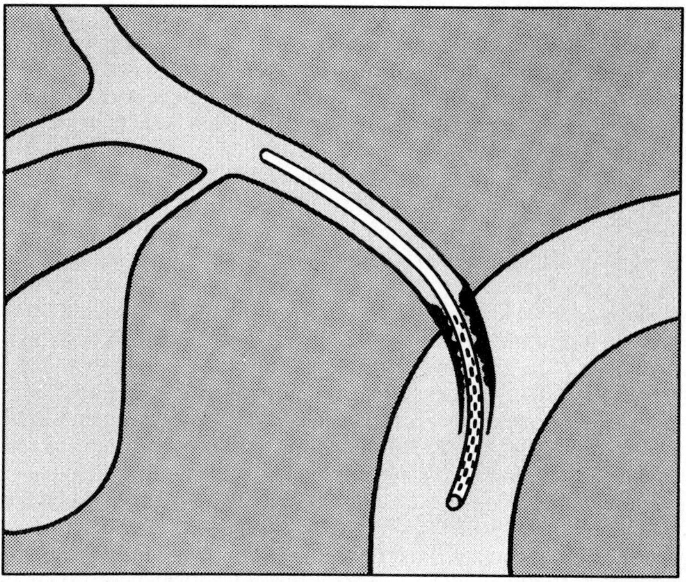

Abb. **10** Darstellung einer Endoprothese bei stenosierendem distalem Choledochuskarzinom

lein schon ein zu kurzes Mesenterium des Jejunums ein Grund für die technische Undurchführbarkeit sein kann. (Die Schrumpfung und die Verkürzung des Mesenteriums resultieren nicht selten aus einem lymphatischen Aufstau infolge retroperitonealer Tumorokkupation.) Der durch eine vorausgegangene Billroth-II-Magenresektion entstandene Duodenalstumpf bietet sich gelegentlich für eine Deviation im Sinne einer Choledochoduodenostomie an; das technische Vorgehen ist einfach, eine zusätzliche Ausschaltung der drainierenden Dünndarmschlinge ist nicht erforderlich.

Ausgehend von einer richtigen Indikationsstellung und einer sorgfältigen technischen Durchführung stellt sich die Frage nach dem Stellenwert der beiden Palliativverfahren: der operativen Deviation und der endoskopisch eingelegten Endoprothese. Von der operativen Wiederherstellung des Galleabflusses im Sinne einer biliodigestiven Anastomose kann erwartet werden, daß die Passage langfristig gewährleistet und der Ikterus damit nicht zu einem lebenslimitierenden Faktor wird. Die Endoprothesen hingegen müssen wegen Inkrustationen und Verstopfungen etwa alle 6–8 Wochen gewechselt werden; ein auftretender Prothesenverschluß macht sich in Form von Schmerzen und Fieberschüben bemerkbar (infektiöse Cholangitis). So ist die Maßnahme der endoskopischen Protheseneinlage zwar mit einem geringeren Risiko verbunden, macht aber im Unterschied zur operativen Deviation in regelmäßigen Abständen weitere Eingriffe notwendig. Neben den belastenden Cholangitisschüben können die wiederholt notwendig werdenden interventionellen Eingriffe für den Patienten sehr beeinträchtigend sein.

Überlegungen hinsichtlich einer Resektion in palliativer Absicht stellen sich nahezu ausschließlich bei Malignomen im Bereich des Pankreaskopfes. Auf dem Hintergrund einer allgemein schlechten Prognose eines Pankreaskarzinoms gilt es, die Ausgangssituation näher zu definieren. Nicht gemeint kann in diesem Zusammenhang die Pankreaskopfresektion sein, die mit dem Ziel der potentiellen Kuration durchgeführt wird. Andererseits kann auch nicht jener Zustand gemeint sein, der von einer weit fortgeschrittenen Tumorprogression gekennzeichnet ist; die in diesen Fällen in aller Regel nachweisbare Metastasierung in die Leber begrenzt die Überlebenszeit statistisch auf wenige Monate, so daß resektive Maßnahmen kaum gerechtfertigt sind. Gemeint sind vielmehr jene Situationen, die einerseits durch das Auftreten eines Ikterus einen therapeutischen Eingriff notwendig machen, andererseits aber nachweisbare regionale Lymphknotenmetastasen einer kurativen Zielsetzung entgegenstehen. Bis vor wenigen Jahren war die Frage »Deviation« oder »Resektion« zugunsten der Deviation zu entscheiden, nachdem das Operationsrisiko der sogenannten Whippleschen Operation (partielle Duodenopankreatektomie) im Vergleich zu den Deviationseingriffen als unvergleichlich höher zu beziffern war. Inzwischen konnte das Operationsrisiko (Operationsletalität) der Pankreaskopfresektion in Schwerpunktkliniken auf unter 1% gesenkt werden, was die Fragestellung „Deviation" oder „Resektion" in einem anderen Licht erscheinen läßt (Trede u. Mitarb. 1990, Van Heerden 1984). Zwar ist davon auszugehen, daß beide Verfahrensweisen nichts an der prospektiven Überlebenszeit ändern, doch ergeben sich nach unseren Erfahrungen Vorteile für die Resektion dann, wenn von einer Operationsletalität unter 1% ausgegangen werden kann.

Die Vorteile sind: freier Galleabfluß, ungestörte Nahrungsaufnahme (Billroth-II-Situation) und längere Schmerzfreiheit (Beseitigung der Tumorhauptmasse). Bei 45 auf diese Weise behandelten Patienten der vergangenen 5 Jahre haben wir operativ keinen Patienten verloren. Die durchschnittliche Überlebenszeit betrug 1 Jahr und 2 Monate. Im Vergleich zu 37 ausschließlich durch eine Deviationsoperation behandelten Patienten war bei den erstgenannten Patienten nahezu die gesamte Überlebenszeit von Schmerzfreiheit und ungestörter Nahrungsaufnahme gekennzeichnet. Die „Deviations"-Patienten hingegen benötigten eine intensive Schmerztherapie; bei 12 von ihnen war eine nochmalige Operation zur Anlage einer vorderen Gastroenterostomie erforderlich.

Durch die Pankreaskopfresektion auch unter palliativen Bedingungen erübrigt sich die immer wieder gestellte Frage, inwieweit es sinnvoll und notwendig ist, neben der erforderlichen biliodigestiven Anastomose prophylaktisch eine Gastroenterostomie anzulegen. Erfahrungen wie auch Empfehlungen diesbezüglich sind sehr unterschiedlich (Horn 1990 a), wobei stets zu bedenken ist, daß alle theoretischen und statistischen Überlegungen dem Einzelfall nicht gerecht werden müssen und eine Berücksichtigung der jeweils individuellen Situation notwendig machen.

Die tumorbedingte Blutung

Im Zusammenhang mit malignen Tumorerkrankungen lassen sich direkt und indirekt verursachte Blutungen unterscheiden. Die Blutung aus einem fortgeschrittenem Rektumkarzinom kann als Beispiel für eine direkt verursachte Blutung gelten; die Blutung aus einem aktinisch geschädigten Darmsegment oder aus einem Ulcus duodeni bei gleichzeitig bestehendem Pankreaskarzinom charakterisiert die indirekte Kausalität.

Während die Ulkusblutung bei konsequentem therapeutischem Vorgehen meist unproblematisch ist (endoskopische Lasertherapie, wenn erforderlich lokale Umstechung mit jeweils begleitender H2-Blockade) ist die Kontrolle von Blutungen vor allem nicht resektabler Tumoren häufig mit großen Problemen verbunden.

Nicht selten sind es im Gastrointestinaltrakt angesiedelte Metastasen, die zu massiven Blutungen führen können. Als Beispiel seien die zu Blutung neigenden Metastasen eines Hypernephroms erwähnt (nicht selten einhergehend mit Invaginationserscheinungen [Krämer u. Mitarb. 1985]). In aller Regel läßt sich eine solche Komplikation durch eine oder mehrere Darmsegmentresektionen beherrschen. Anders verhält es sich bei dem schon erwähnten inoperablen blutenden Rektumkarzinom oder großen, vom Retroperitoneum ausgehenden sarkomatösen Tumoren, die in den Gastrointestinaltrakt eingebrochen sind und dort Blutungen verursachen (Horn 1987).

Während Blutungen im Rektum instrumentell zugänglich sind, was meist eine lokale Blutstillung möglich macht (Kryotherapie, Laser, lokale Unterspritzung) entziehen sich intra- oder retroperitoneale Tumorblutungen der einfachen Kontrollmöglichkeit. In diesen Fällen hilft die selektive Angiographie, die für die Blutung verantwortlichen Gefäße zu identifizieren. Auf diese Weise sind gezielte Gefäßligaturen, gelegentlich auch Embolisierungen möglich; letztere jedoch nur, wenn es sich um Gefäße handelt, die nicht für die Versorgung des Gastrointestinaltraktes verantwortlich sind. Kein Zweifel besteht aber, daß es sich dabei um meist verzweifelte Situationen handelt, die eine klare Abwägung zwischen dem, was möglich, und dem, was als sinnvoll gelten kann, notwendig macht.

Die tumorbedingte Perforationsperitonitis

Perforationen und durch sie verursachte Peritonitiden können in jedem Stadium einer Tumorerkrankung auftreten. Unabhängig von der dadurch zusätzlich entstandenen und behandlungsbedürftigen Erkrankungsentität geht es darum, der onkologischen Erkrankung gerecht zu werden. In einem Fall bedeutet dies, bei allen Behandlungsmaßnahmen, die der Peritonitis gelten, die Radikalitätskriterien für die Therapie eines noch potentiell-kurativ zu behandelnden Tumors nicht aus dem Auge zu verlieren; im anderen Fall fokussieren sich, bei Feststellung einer inkurablen Situation, alle Behandlungsmaßnahmen auf die Beherrschung der Komplikation: die Behandlung der Peritonitis. Sie richtet sich nach den allgemein gültigen Prinzipien.

Durch die inkurable Grunderkrankung ist jedoch die Ausgangssituation wesentlich eingeschränkt, so daß der Peritonitis ein ganz anderer Stellenwert zukommt, als dies bei behandelbaren Malignomen der Fall ist. Somit wird die Frage, ob in solchen Fällen der nicht beherrschbaren Grunderkrankung und der schwerwiegenden Peritonitis als Folgeerkrankung das Leben oder aber nur das Leiden verlängert wird, zu dem wichtigsten Entscheidungskriterium.

Die tumorbedingten Schmerzen

Neue Vorstellungen und Konzeptionen hinsichtlich einer wirksamen medikamentösen Analgesie haben sich für den Patienten als sehr hilfreich erwiesen. Der Schmerz hat bei einer großen Anzahl von nicht kurablen Tumorerkrankungen eine zentrale Bedeutung; er stellt damit den Arzt vor ein großes therapeutisches, aber auch menschliches Problem, läßt der Schmerz doch den Patienten in ganz besonderer Weise abhängig und sich seiner Hilfsbedürftigkeit bewußt werden.

Die chirurgischen Einflußmöglichkeiten sind gering; sie erschöpfen sich in aller Regel in lokalen Maßnahmen (Infiltrationen, Nervenblockaden u. a.), erwähnt sei die Schmerzsymptomatik des inoperablen progredienten Pankreaskarzinoms. Die Plexusblockade durch die CT-gesteuerte Injektion einer 50%igen alkoholischen Lösung vermag in Fällen für mehrere Monate Schmerzfreiheit bzw. Schmerzlinderung zu vermitteln. Die Schmerzbehandlung wird eine interdisziplinäre Aufgabe bleiben. Während der chirurgische Beitrag in aller Regel beschränkt ist, bleibt eine jeweils interdisziplinäre Absprache und Einschätzung notwendig, um der ganzen, meist komplexen Situation eines Patienten gerecht zu werden und die jeweiligen palliativen Möglichkeiten voll auszuschöpfen.

Allgemeine Schlußfolgerungen

Es konnte nicht darum gehen, alle palliativen Möglichkeiten darzustellen. Es war vielmehr das Anliegen, an einigen Beispielen die besondere Problematik aufzuzeigen, die in palliativer Situation erforderlichen Entscheidungskriterien verständlich zu machen. Viel wichtiger als die Komplettheit der technischen und methodischen Details ist das Bewußtsein um die besondere Verantwortung. So sehr es der medizinischen Erfahrung und der technischen Versiertheit bedarf, so wichtig ist die Bereitschaft zur partnerschaftlichen Beziehung zwischen Arzt und Patient (Jaspers), zur Einsicht, daß sich das medizinische Tun an der individuellen, grenzwertigen Situation eines Patienten zu messen hat. Das Machbare bemißt sich an dem, was erreichbar, das Mögliche an dem, was im Einzelfall sinnvoll ist.

Literatur

Horn, J.: Operationstechnik bei retroperitonealen Tumoren. Chirurg 58 (1987) 441

Horn, J.: Diagnostische und therapeutische Verfahrensweisen beim Pankreaskarzinom. Interdisziplinäres Gespräch. Chir. gastroenterol. 3 (1990 a) 421

Horn, J.: Das Aufklärungsgespräch. Der Arzt zwischen Verantwortung und Versagen. Zlbl. Chir. 115 (1990 b) 257

Jung, M., P. Dierzler, B. C. Manegold, M. Georgi: Endo-Tuben und kombinierte Strahlentherapie. In Langhans, P., H. W. Schreiber, R. Häring, R. Reding, J. R. Siewert, H. Bünte: Aktuelle Therapie des Oesophagus-Karzinoms. Springer Berlin 1990

Krämer, K.-L., J. Horn, R. Waldherr, G. Feichter: Multiple Dünndarmmetastasen eines Nierenzellkarzinoms als Ursache für einen Invaginationsileus. Tumordiagn. u. Ther. 6 (1985) 199

Siewert, J. R.: Oesophaguscarcinom. In Siewert, J. R., F. Harder, M. Allgöwer, A. L. Blum, W. Creutzfeld, L. F. Hollender, H.-J. Peiper: Chirurgische Gastroenterologie. Springer. Berlin 1990

Struthers, J. E.: Erkrankungen des Oesophagus. In Levine, J. S.: Gastroenterologische Entscheidungsprozesse. Schattauer, Stuttgart 1988

Trede, M., G. Schwall, H.-D. Saeger: Survival after pancreatoduodenectomy: 118 consecutive resections without an operative mortality. Ann. Surg. 211 (1990) 447

Van Heerden, J. A.: Pancreatic resection for carcinoma of the panreas: whipple versus total pancreatectomy – an institional perspective. Wld J. Surg. 8 (1984) 880

Supportivmedizinische Behandlungsmaßnahmen

R. Hartenstein

Der Begriff „Supportivmedizin“ ist seinem Wesen und Umfang nach nicht klar definiert.

Bedeutet das Ergreifen supportiver Maßnahmen im engeren Sinne die symptomatische Behandlung von Beschwerden, die durch die Krebserkrankung oder deren spezifische Therapie ausgelöst werden, wie Schmerzbekämpfung, antiemetische Therapie, Substitution von Blutkomponenten, Behandlung der Tumorkachexie, mit dem Ziel der Verhütung bzw. Behebung von Komplikationen und der Linderung von Beschwerden?

Oder ist die Supportivmedizin ein holistischer Begriff für interdisziplinäre, vielfältig unterstützende und ergänzende Maßnahmen im Verlauf einer Krebserkrankung unter Einschluß psychosozialer Betreuung, wie Aufklärung und ärztliche Führung des Kranken zur Erhaltung seiner persönlichen Würde und Integrität, Familienberatung und Sterbebegleitung, ebenso wie der Support des betreuenden Personals?

In Abgrenzung zum umfassenden „palliative care“ des spezifisch ausbehandelten, unheilbaren Krebskranken wird hier „supportive care“ im engeren Sinne als unterstützende therapeutische Begleitmaßnahme verstanden.

Zielsetzung aller supportivmedizinischen Aktivitäten ist die Behebung oder Prävention von Beschwerden und Komplikationen der Krebserkrankung zur Erhaltung oder Verbesserung der Lebensqualität des Kranken.

Gerade in den letzten Jahren gelang es, diesem Ziele entscheidend näher zu kommen durch die Entwicklung effektiverer Supportivtherapeutika, z. B. der antiemetisch wirksamen 5-Hydroxytryptamin-Antagonisten und der hämatopoetischen Wachstumsfaktoren, wie auch durch die Verfügbarkeit neuer, tumorreduktiver, jedoch durch unerwünschte Wirkungen weniger belastende Chemotherapeutika, wie z. B. Carboplatin.

Damit wird ein wichtiger Beitrag zur sozialmedizinischen Forderung einer humaneren, nebenwirkungsärmeren Krebsbehandlung geleistet – ohne Einschränkung ihrer objektiven Effektivität.

Dadurch sollte es möglich sein, der konventionellen Chemotherapie etwas von ihrem gesellschaftspolitischen Stigma eines Horrortrips zu nehmen.

Zytostatikainduziertes Erbrechen

Das sogenannte ANE-Syndrom, bestehend aus Anorexie, Nausea und Erbrechen, gehört zur häufigsten und am meisten belastenden Begleiterscheinung einer antineoplastischen Chemotherapie. Nicht selten führen diese zytostatikainduzierten Beschwerden zu einer reduzierten Compliance des Patienten gegenüber der Behandlung, die Inkonsequenzen bei der Zytostatikatherapie mit Dosisreduktion bis hin zum Behandlungsabbruch nach sich zieht, was gerade bei intensiveren Chemotherapien mit kurativer Intention die Erfolgsaussichten herabsetzt. Darüber hinaus können schwere Formen des Erbrechens zu akuten, bedrohlichen Elektrolyt- und Volumenverschiebungen oder chronisch zu Mangelernährung und Prognoseverschlechterung der zumeist tumorkachexiebedrohten Patienten mit prolongierter Hospitalisation führen.

Pathogenese des Erbrechens

Erbrechen durch Zytostatika wird zentral induziert über eine hämatogene Reizung der sogenannten Chemorezeptortriggerzone (CTZ) in der Area postrema am Boden des 4. Ventrikels (Abb. **1**). Die CTZ selbst erzeugt allerdings unmittelbar noch kein Erbrechen. Sie ist über den Fasciculus solitarius mit dem übergeordneten Brechzentrum (BZ) in der dorsolateralen Formatio reticularis der Medulla oblongata in Höhe der Olivenkerne verbunden. Dieses Brechzentrum kontrolliert die reflektorischen Vorgänge beim Brechakt über efferente Nervenbahnen im Verlauf des N. vagus zu den Muskeln von Larynx, Pharynx, Magen und Ösophagus, im Verlauf der Spinalnerven zur Muskulatur des Zwerchfells und der Bauchdecken sowie über andere vegetative Bahnen zur Haut (kalter Schweiß, Blässe).

Das Brechzentrum erhält zentrale Afferenzen von der CTZ, vom Zwischenhirn und limbischen System, von intrakraniellen Druckrezeptoren sowie von der Großhirnrinde. Außerdem werden periphere afferente Impulse über viszerale sensible Fasern im Verlauf des Sympathikus, N. vagus und N. glossopharyngieus vom Bauchraum, Becken, Magen, Pharynx und Labyrinth dem Brechzentrum zugeführt.

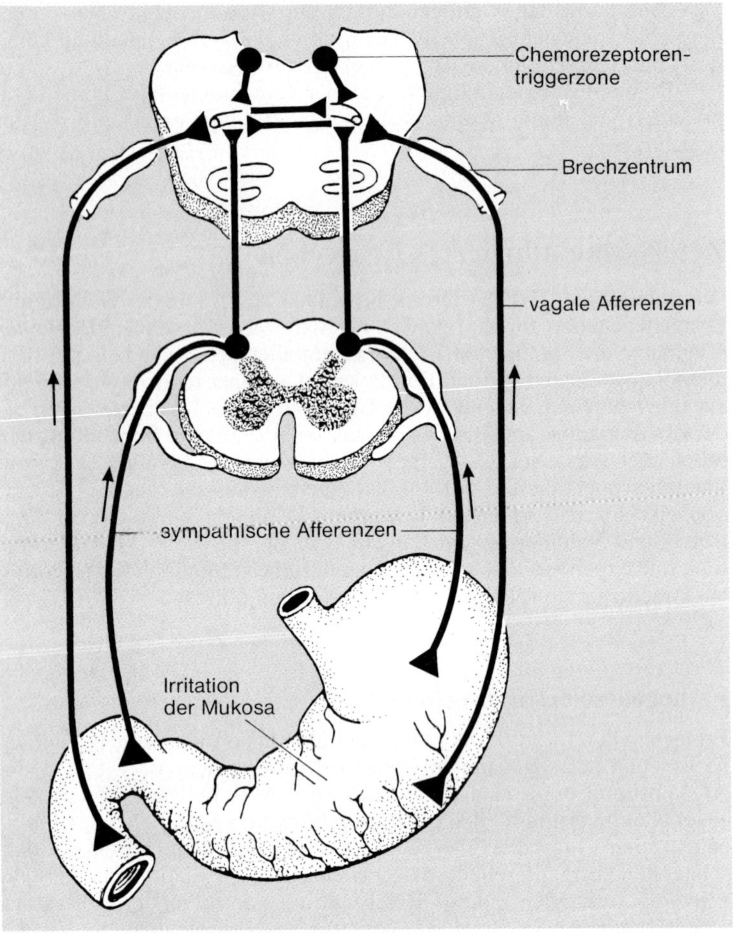

Abb. **1** Regelkreis des Erbrechens (nach Ganong)

Im CTZ wurden H_1- und H_2-Rezeptoren sowie dopaminerge, adrenerge, cholinerge und serotonerge (5-HT_3-)Neurotransmitter nachgewiesen. H_1-Rezeptor-Antagonisten entfalten antiemetische Aktivität allerdings nur bei Kinetosen und vestibulären Störungen. H_2-Antagonisten sind nicht antiemetisch wirksam (Hartenstein u. Abenhardt 1990).

Obwohl sich durch die Dopaminantagonisten, wie Metoclopramid, eine Besserung von Übelkeit und Erbrechen erreichen läßt, kann für das zytostatikainduzierte Erbrechen als gesichert gelten, daß hier nicht Dopaminrezeptoren die entscheidende Rolle spielen, sondern daß der entscheidende pathogenetische Mechanismus der zytostatikainduzierten Emesis den 5-HT_3-Rezeptoren zukommt. Dafür spricht die bessere therapeutische Wirksamkeit hochselektiver 5-HT_3-Antagonisten vom Typ des Ondansetrons und Granisetrons. 5-HT_3-Rezeptoren zur Bindung von Serotonin finden sich in großer Zahl auch peripher vor allem im Gastrointestinaltrakt, so daß das zytostatikainduzierte Erbrechen sowohl zentral im Gehirn wie auch peripher im Gastrointestinaltrakt pathogenetisch verankert ist (Andrews u. Mitarb. 1986, Fozard 1984, Miner u. Mitarb. 1987).

Emetogene Substanzen und Arten des Erbrechens

Zytostatika verursachen Übelkeit und Erbrechen in sehr unterschiedlichem Ausmaß. Auch der zeitliche Ablauf des Erbrechens weist erhebliche Unterschiede auf. Als zytotoxische Substanzen mit hohem emetischem Potential gelten Cisplatin, Dacarbacin und Streptozotocin (Tab. **1**). Diese Substanzen sind nicht nur durch schwere Formen des Erbrechens, sondern auch durch eine hohe Inzidenz gekennzeichnet.

Üblicherweise ist mit dem Erbrechen 1–4 Stunden nach Applikation des Zytostatikums zu rechnen. Das Maximum wird nach ca. 4–10 Stunden erreicht und kann bis zu 24 Stunden nach Applikation mit individueller Streubreite andauern.

Patienten mit langjährigem hohem Alkoholkonsum leiden signifikant weniger unter Übelkeit und Erbrechen als Patienten ohne Alkoholanamnese (D'Aquisto u. Mitarb. 1986).

Patienten mit unzureichender supportiver, antiemetischer Behandlung in vorangegangenen Chemotherapiezyklen, neigen häufig zu sogenanntem antizipatorischem Erbrechen. Diese psychologisch-reflektorische Konditionierung bewirkt, daß die Patienten schon die Erinnerung an Chemotherapie mit Übelkeit und Erbrechen verbinden. Antizipatorisches Erbrechen wird am ehesten durch ausreichende Antiemese bei vorangegangenen Chemotherapien vermieden. Therapeutisch präventiv kommen Psychopharmaka vom Typ der Benzodiazepine zur Anwendung (Moher u. Mitarb. 1984).

Relativ häufig, besonders nach Behandlung mit stark emetogenen Zytostatika, kann eine sogenannte verzögerte Emesis (delayed emesis) 2–5 Tage nach Applikation auftreten. Obwohl diese verzögerten Symptome oftmals nicht ganz so schwerwiegend sind wie die akuten, sind sie für den Patienten mehr als lästig und beeinträchtigen seine Lebensqualität ganz erheblich. Die Behandlung der verzögerten Emesis ist über-

Tabelle **1** Emetogenes Potential verschiedener Zytostatika

Zytostatikum	Emetogenes Potential
Cisplatin	hoch
Dacarbazin	↓
Streptozotocin	
Procarbazin	
Dactinomycin	
Cyclophosphamid	
Lomustin	
Carboplatin	
Doxorubicin	
Daunorubicin	
Epirubicin	
Cytarabin	
Etoposid	
Mitomycin-C	
Methotrexat	
5-Fluorouracil	
Hydroxyurea	
Vinblastin	
Vincristin	
Chlorambucil	niedrig

aus problematisch und erfordert eine antiemetische Behandlung über die Dauer der zytostatischen Therapie hinaus.

Prophylaxe und Therapie des zytostatikainduzierten Erbrechens

Zahlreiche Medikamente haben sich in der Mono- und Kombinationstherapie zur Reduktion des zytostatikainduzierten Erbrechens als wirksam erwiesen (Übersicht bei Ludat u. Riess 1991) (Tab. **2**). Derzeit stellen hochselektive 5-HT_3-Rezeptorantagonisten vom Typ des Ondansetrons (Zofran) und Granisetrons (noch nicht im Handel) die wirksamsten Antiemetika dar und sind Therapeutika der ersten Wahl. Diese Serotoninantagonisten erwiesen sich den bisherigen Standardtherapeutika gegenüber, wie Metoclopramid, Alizaprid oder Dexamethason, als deutlich überlegen (Bonneterre u. Mitarb. 1990, Bremer u. Uhlenbusch 1991). Klinisch ebenfalls von Bedeutung ist das geringe Nebenwirkungsspektrum mit völligem Fehlen von extrapyramidal-motorischen Reaktionen und relativ selten auftretenden Kopfschmerzen, Diarrhoen oder Obstipa-

Tabelle **2** Antiemetisch wirkende Substanzen zur Behandlung des Zytostatikainduzierten Erbrechens

Substanz	Dosierung	Applikationsweg	Applikationsabstand (h)
5-HT,-Antagonisten			
Ondansetron (Zofran)	4–8 mg	p.o., i.v.	8–12
Graniseton (vor Zulassung)	3 mg	p.o., i.v.	8–12
Substituierte Benzamide			
Metoclopramid (Paspertin)	1–3 mg/ kg	i.v.	2
	1–3 mg/ kg	p.o.	2–4
Alizaprid (Vergentan)	50–100 mg	i.v., p.o., i.m.	4–8
	1 (3–4) mg/ kg	i.v.	5–6
Neuroleptika, Phenothiazine			
Promethazin (Atosil)	25 mg	rectal, p.o., i.m., i.v.	4 –6
Triflupromazin (Psyquil)	10–20 mg	p.o., rectal, i.v., i.m.	8
Levomepromazin (Neurocil)	10–25 mg		
Thiethylperazin (Torecan)	10 mg	p.o., rectal, i.v., i.m.	8
Butyrophenone			
Haloperidol (Haldol)	1–3 mg	i.v.	2–6
Droperidol (Dehydro-	1–2 mg	p.o., i.m.	3–6
benzperidol)	0,5–2 mg	i.v., i.m.	4
Domperidon (Motilium)	10–20 mg	p.o.	8
Corticoide			
Dexamethason (Fortecortin)	4–20 mg	i.v.,p.o.	einmalig 4–8
Methylprednison (Urbason)	250–500 mg	i.v.	einmalig 4–6
Prednisolon (Solu-Decortin H)	250–500 mg	i.v.	einmalig 4–6
Benzodiazepine			
Lorazepam (Tavor)	1–2 mg/m^2	i.v.	4
	1–2,5 mg	p.o.	8
Diazepam (Valium)	10 mg	p.o., rectal, i.v., i.m.	4

Tabelle **2** (Fortsetzung)

Cannabinoide			
Tetrahydrocannabinol (nicht im Handel)	5–10 mg/ m^2	p.o.	3–4
Levonantradol	0,25 mg	i.m.	8
(nicht im Handel)	5 mg/m^2	p.o.	4
Nabilon (Cesament)	12–2 mg	p.o.	12

tion. Lediglich die hohen Kosten der neu entwickelten 5-HT$_3$-Antagonisten rechtfertigen die Empfehlung zur üblichen antiemetischen Standardtherapie mit substituierten Benzamiden vom Typ des Metoclopramids und Alizaprids, mit Neuroleptika vom Typ der Phenotiazine (Triflupromazin als Psyquil) und Butyrophenone (Haloperidol als Haldol) oder Benzodiazepinen (wie Lorazepam als Tavor) und Corticosteroiden (Dexamethason als Fortecortin) bei Chemotherapien mit weniger emetogenen Substanzen.

Phenothiazine wirken dopaminantagonistisch auf die CTZ. Ihre dämpfende Wirkung auf das Brechzentrum ist fraglich. Als Psychopharmaka haben sie zugleich einen positiven Einfluß auf die psychogene Komponente des Erbrechens. Üblicherweise werden Substanzen wie Promethazin (Atosil), Triflupromazin (Psyquil) und Levomepromazin (Neucocil) verwendet. Als Nebenwirkungen verursachen diese Substanzen eine dosisabhängige Sedierung, orthostatische Dysregulation, vereinzelt toxische Blutbildveränderungen und extrapyramidal-motorische Reaktionen.

Vor allem in den USA werden Butyrophenone vom Typ des Haloperidols (Haldol) und Benzodiazepine vom Typ des Lorazepams (Tavor) mit stark antipsychotischer und anxiolytischer Wirkung als Antiemetikum eingesetzt. Sie dämpfen die CTZ deutlich stärker als Phenothiazine. Zu dieser Klasse gehört auch das als rein peripherer Dopaminantagonist wirkende Domperidon (Motilium), das zusätzlich die gastroduodenale Passage beschleunigt und den Druck des distalen Ösophagusspinkters erhöht. Es hat keine Wirkung auf das zentrale Nervensystem und daher auch keine zentralen Nebenwirkungen.

Mit einem in 50–80% der Behandlungsfälle guten antiemetischen Effekt, insbesondere bei Cisplatin-haltiger Chemotherapie, wird Metoclopramid (Paspertin) in hoher Dosierung eingesetzt (Gralla u. Mitarb. 1981, Sturm u. Mitarb. 1982). Dieser Dopaminantagonist unterscheidet sich in konventioneller Dosis nicht von Placebo, entfaltet aber in hoher Dosis eine ausgeprägte Dämpfung der CTZ sowie eine zentrale Stimulation der Darmperistaltik. Dosisunabhängig treten bei zu 15% der Patienten Nebenwirkungen in Form von extrapyramidal-motorischen Symptomen wie Dyskinesien, Akathisie, Tortikollis und Trismus auf. Die Injektion von Biperiden (Akineton) als Antidot löst diese Reaktion. Es verhindert allerdings gleichzeitig auch den antiemetischen Effekt, so daß eine prophylaktische Gabe von Biperiden nicht sinnvoll ist (Kleeberg u. Mitarb. 1983).

Bisher nicht durchgesetzt als Antiemetika haben sich die Cannabinoide vom Typ des Nabilons und Levonantradols. Sie bewirken zwar eine gute Protektion gegen Cisplatin-bedingtes Erbrechen, verursachen allerdings auch erhebliche Nebenwirkungen wie Müdigkeit, Somnolenz, Mundtrockenheit und Hypotonie sowie Apathie, Euphorie, Ataxie und Halluzinationen (Niederle u. Mitarb. 1986).

Corticosteroide vom Typ des Dexamethasons (Fortecortin) bewirken, vermutlich über die Hemmung der Prostaglandinsynthese, in 50–60% eine Verminderung des zytostatikabedingten Erbrechens allein oder in Kombination mit anderen Antiemetika, wobei die Nebenwirkungen der Kombinationspartner eher vermindert werden. Daher bietet sich Dexamethason besonders zur Kombination mit konventionellen Antiemetika an (Allan u. Mitarb. 1984). Wegen ihrer unerwünschten Wirkungen, wie Immunsuppression, Ulkusentstehung, Auslösung von Psychosen und aseptischen Knochennekrosen, sollten Corticosteroide nur streng indiziert und nicht langfristig angewendet werden.

Grundsätzlich ist bei Patienten, die eine zytostatische Therapie erhalten, die Frage einer prophylaktischen antiemetischen Behandlung zu diskutieren. Dabei bietet sich die vorbeugende Gabe eines Sedativums, Neuroleptikums oder Antiemetikums 4–12 Stunden vor Beginn der Chemotherapie an. Vor allem kann damit der Entwicklung eines antizipatorischen Erbrechens entgegengewirkt werden.

Die vielfältigen Einflüsse der Psyche im Rahmen einer Chemotherapie unterstreichen die Notwendigkeit, eine angenehme Umgebung während der Chemotherapie zu vermitteln und vor allem auf eine von Ruhe und Sicherheit geprägte Atmosphäre im persönlichen Umgang zwischen Patient und medizinischem Personal hinzuwirken. Nur ein positiv konditionierter und informierter Patient wird den Sinn einer belastenden Chemotherapie begreifen und die Auswirkungen besser verarbeiten können.

Zytostatikainduzierte Knochenmarksuppression (Myelotoxizität)

Neben Übelkeit und Erbrechen ist der antiproliferative Effekt durch Zytostatika auf das Knochenmark mit Hemmung der Blutzellbildung aller drei Zellsysteme die häufigste unerwünschte Wirkung einer zytostatischen Behandlung. Mit Ausnahme weniger Substanzen, wie z. B. Bleomycin und Vincristin, hemmen alle Zytostatika die Blutbildung im Knochenmark in unterschiedlicher Ausprägung (Tab. **3**). Dadurch kommt es

Tabelle **3** Myelotoxizität gebräuchlicher Zytostatika

Zytostatikum	Myelotoxisches Potential
Vincristin	niedrig
Cytosinarabinosid	↓
VP-16	
VM-26	
Vindesin	
Methotrexat	
Procarbazin	
Dacarbazin	
5-Fluorouracil	
Epirubicin	
Doxorubicin	
Mitoxantron	
Cyclophosphamid	
Ifosfamid	
Lomustin (CCNU)	
Carmustin (BCNU)	
Mitomycin-C	
Vinblastin	
Cisplatin	▼
Carboplatin	hoch

im peripheren Blut zumindest intermittierend zu einem zahlenmäßigen Abfall vor allem der Leukozyten, der Thrombozyten und protrahiert auch der Erythrozyten. Daraus resultieren erhöhte Gefahr einer Infektion, einer Blutung und kontinuierlich Ausbildung einer Anämie. Wegen der langen Überlebenszeit der Erythrozyten von etwa 120 Tagen entwickelt sich die Anämie eher langsam, die Erythrozytenrestitution im therapiefreien Intervall einer intermittierenden Chemotherapie tritt kaum in Erscheinung. Außer der akuten, reversiblen Myelosuppression tritt bei längerer zytostatischer Behandlung eine kumulative Knochenmarksuppression mit zunehmender Verschlechterung der Erholungsfähigkeit des Knochenmarks ein.

Neben der direkten blutzelldepletorischen Wirkung von Zytostatika mit Blutung und Infektion als Folge können ursächlich auch Plasmakomponenten wie Gerinnungsfaktoren und humorale Antikörper durch Zytostatika alteriert sein und diese Komplikationen bedingen.

Verbesserte, supportive Maßnahmen wie die Entwicklung neuer antibiotischer, fungistatischer und antiviraler Substanzen, die Verfeinerung der Blutzellseparationstechniken und die Verfügbarkeit hämatopoetischer Wachstumsfaktoren zur Stimulation des Knochenmarks haben dazu beigetragen, die Komplikationsrate durch Blutung und Infektion erheblich zu senken.

Blutzellersatz

Infolge der myelotoxischen Wirkung der meisten Zytostatika mit der Entwicklung von Anämie, Thrombozytopenie und Granulozytopenie kommt dem Blutzellersatz in der Supportivmedizin besondere Bedeutung zu. Im Vordergrund steht die gezielte Hämotherapie („Hämotherapie nach Maß") mit Konzentraten der verschiedenen Blutzellsysteme, die mit Hilfe von speziellen Zellseparationstechniken getrennt und angereichert werden können.

Anämie

Die besonders bei Anwendung von Cisplatinderivaten oder bei länger andauernder Chemotherapie beobachtete Anämisierung von Patienten bietet meist keine wesentlichen Probleme. Sie bedürfen bei Abfall des Hämoglobins auf ≤ 8 g% der Substitution mit Erythrozytenkonzentraten oder gewaschenen Erythrozyten. Beim Erwachsenen führt die Substitution von einem Erythrozytenkonzentrat zu einem Anstieg des Hämoglobins um ca. 1 g%.

Bei Patienten mit hämatologischen oder lymphatischen Systemerkrankungen sollte im Transfusionssystem immer ein Filter zur Depletion von Eiweißkörpern eingeschlossen sein, um die Möglichkeit einer Alloimmunisierung gegen Leukozyten und Thrombozyten zu reduzieren. Dies gilt besonders für Patienten, die längerfristig auf Thrombozytensubstitution angewiesen sind oder bei denen eine Knochenmarktransplantation vorgesehen ist (Behr 1988, Übersicht bei Sauer u. Wilmanns 1991).

Neben der Sensibilisierung gegenüber zellulären und humoralen Antigenen sind besonders Volumenüberlastung und die Übertragung von Infektionskrankheiten als Risiken einer jeden Transfusion von Blutzellkonzentraten oder Vollblut zu beachten. Über das Restrisiko einer Übertragung von Hepatitis und AIDS ist der Empfänger aus forensischen Gründen gesondert aufzuklären.

Thrombozytenersatz

Thrombozyten lassen sich am besten durch mit Hilfe der Zellseparation angereicherte Zellpräparationen gewinnen. Wegen des geringeren Immunisierungsrisikos und der höheren Effektivität werden Präparate von

Einzelspendern bevorzugt. Eine Kompatibilitätstestung der AB0-Gruppen ist bei Kontamination mit Erythrozyten erforderlich. Thrombozytenkonzentrate stehen aufgrund technischer Probleme und wegen Mangels an Spendern nicht unbegrenzt zur Verfügung, so daß die Indikation zur Thrombozytensubstitution besonders kritisch gestellt werden muß. Die Verabreichung von Thrombozyten wird notwendig bei manifester Blutung infolge Thrombozytopenie. Die prophylaktische Gabe von Thrombozytenkonzentraten wird bei drohender hämorrhagischer Diathese ab einer Thrombozytenzahl von $\leq 20\,000/\mu l$ empfohlen.

Während substituierte Erythrozyten eine mittlere Überlebenszeit von etwa 120 Tagen haben, überleben Thrombozyten im Empfänger maximal eine Woche.

Die Gefahr einer Alloimmunisierung durch Thrombozytenkonzentrate ist höher als bei Erythrozytenkonzentraten, da Thrombozyten wie auch Leukozyten Transplantationsantigene tragen, die den Erythrozyten fehlen. Die Überlebenszeit der Thrombozyten ist günstiger, wenn histokompatible Spender verfügbar sind. Die Gabe von HLA-identischen Thrombozyten ist besonders dann indiziert, wenn der Patient gegenüber Thrombozytenkonzentraten durch Alloimmunisierung refraktär wird (Übersicht bei Schaefer u. Mahmoud 1986).

Granulozytenersatz

Das Risiko und der Schweregrad einer Infektion korrelieren eng mit dem Grad der Granulozytopenie (Bodey u. Mitarb. 1966). Der Einsatz von Granulozytenkonzentraten ist jedoch wegen der kurzen Überlebenszeit der Spenderzellen, der geringen Ausbeute bei der Zellgewinnung und der begleitenden, auch letalen Komplikationen während der Granulozytentransfusion problematisch (Karp u. Mitarb. 1982). Häufigste Transfusionsreaktionen sind Fieber und Schüttelfrost.

Die Neueinführung von besonders die Granulozytopoese stimulierenden hämatopoetischen Wachstumsfaktoren bedingt das fast völlige Verlassen der Granulozytenspende bei zytostatikainduzierter Leukopenie.

Hämatopoetische Wachstumsfaktoren

Mit der Verfügbarkeit der sogenannten koloniestimulierenden Faktoren in Form der hämatopoetischen Wachstumsfaktoren für den klinischen Einsatz ist eine bedeutsame und vielversprechende Entwicklung auf dem pharmakologischen Sektor der letzten 5 Jahre vollzogen worden. 1987 wurden erstmals klinische Studien mit G-CSF und GM-CSF durchgeführt, die zeigten, daß die hämatopoetischen Hormone bei der klinischen Anwendung in der Lage sind, defekte Blutzellbildung zu kompensieren. Die Korrektur der renalen Anämie mit dem gentechnologisch hergestellten physiologischen Wirkstoff Erythropoetin (Erypro, Recormon) wurde seither in zahlreichen klinischen Untersuchungen weltweit bestätigt (Übersicht bei Pagel u. Jelkmann 1989). Inzwischen haben die myelopoetischen Wachstumsfaktoren G-CSF, das seit 1991 als Neupogen im Handel ist, GM-CSF und Interleukin 3 ihren Wert bei der Restitution der zytostatikainduzierten Granulozytopenie bestätigt (Groopman u. Mitarb. 1989).

Hämatopoetische Wachstumsfaktoren gehören zu den Zytokinen. Das sind Polypeptide mit hormonähnlichem Charakter, die von aktivierten Zellen produziert werden. Sie dienen der interzellulären Kommunikation und Aktivierung einer Vielzahl verschiedener Zellen des hämatopoetischen Systems einschließlich immunkompetenter Zellen (Rosenthal u. Mitarb. 1991). Sie stimulieren Wachstum und Differenzierung der hämatopoetischen Stamm- und Vorläuferzellen. Die einzelnen Wachstumsfaktoren werden nach der hämatopoetischen Zellinie benannt, auf die sie selektiv einwirken. Der granulozytenkoloniestimulierende Faktor (G-CSF) beeinflußt also vorwiegend die neutrophilen Granulozyten, der granulozytenmakrophagenkoloniestimulierende Faktor (GM-CSF) dagegen die Zellinie der Neutrophilen, Eosinophilen und Makrophagen (Abb. **2**).

Erythropoetin reguliert die Proliferation und Differenzierung von roten Vorläuferzellen zu reifen Erythrozyten. Außerdem konnte nach Gabe von Erythropoetin eine Zunahme von myeloischen und megakaryozytären Knochenmarkprogenitorzellen beobachtet werden.

Durch die Applikation von GM-CSF oder G-CSF (z. B. Neupogen 5 μg/kg Körpergewicht s. c.) kann die Dauer der zytostatikainduzierten Granulozytopenie signifikant verkürzt werden. Der Granulozytennadir ist ebenfalls deutlich geringer ausgeprägt (Antman u. Mitarb. 1988).

Der Wirkungseintritt von G-CSF erfolgt unmittelbar, sichtbar am Anstieg der Zahl zirkulierender Leukozyten. GM-CSF wirkt, verglichen mit G-CSF, um Tagesdistanz verzögert. Die Substanzen wirken nur über die Dauer ihres Applikationszeitraums. Die Applikationsdauer kann entsprechend der zytostatikainduzierten granulozytopenischen Phase bis zu 14 Tage betragen (Herrmann u. Mitarb. 1989).

Durch Anwendung von G-CSF bzw. GM-CSF werden nicht nur die Risiken einer schweren Infektion signifikant vermindert, sondern es wird auch die Hospitalisierungszeit des Erkrankten abgekürzt (Gattringer u. Mitarb. 1989). Die Inzidenz einer febrilen Granulozytopenie kann um 50% verringert werden.

Die Wirkungsweise von G- und GM-CSF legt eine prophylaktische Anwendung der Substanzen noch vor Eintritt der zytostatikainduzierten Granulozytopenie nahe, wobei als Behandlungsbeginn mit Wachstumsfaktoren der 5. Tag nach Beginn der Chemotherapie und die Fortsetzung

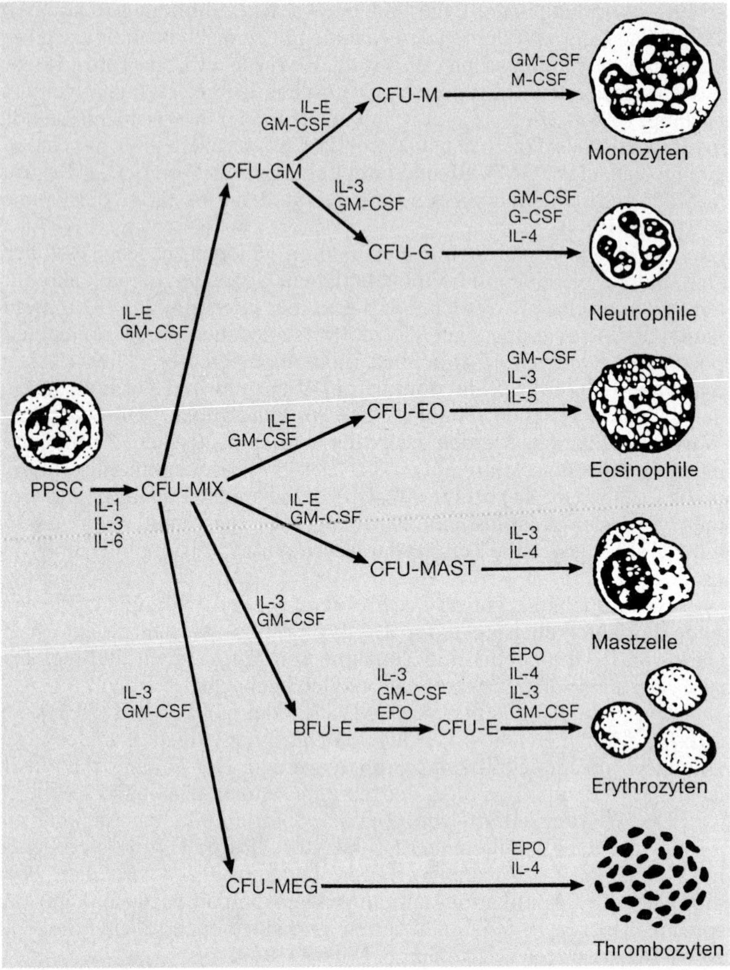

Abb. **2** Angriffspunkte von Zytokinen im hämatopoetischen System (aus Oncol. Rev. 5 [1990] No 2)
PPSC pluripotente Stammzellen, CFU kolonieformende Zellen, IL Interleukine, BFU „burst"-formende Zellen, CSF koloniestimulierende Faktoren (G-CSF, M-CSF, GM-CSF)

der Behandlung über etwa 10 Tage in Abhängigkeit von der Leukozytenzahl im peripheren Blut empfohlen wird.

Das Nebenwirkungsspektrum von G-CSF und GM-CSF ist relativ gering und dosisabhängig. Gelegentlich werden Knochen- und Gelenkschmerzen sowie gastrointestinale Beschwerden beklagt. Unter GM-CSF kann es zu Fieberepisoden kommen.

Unter Erythropoetin wurden gelegentlich Blutdruckanstieg, aber auch Thrombosen und apoplektische Insulte beobachtet (Pagel u. Jelkmann 1989, Rosenthal u. Mitarb. 1991).

Schon jetzt kann festgestellt werden, daß die Behandlung mit hämatopoetischen Wachstumsfaktoren durch Reduktion der zytostatikainduzierten Morbidität einen erheblichen Zuwachs an Lebensqualität für den Krebskranken bringt. Der Gewinn derartiger Supportivbehandlungen beim zytostatisch behandelten Krebspatienten liegt nicht nur in der Vermeidung und Abschwächung von Anämie, Granulozytopenie und granulozytopenieassoziierten Infekten, sondern auch in der Umgehung von Dosisreduktionen der Zytostatika, in der Möglichkeit der Zytostatikadosisintensivierung und in der Steigerung der Chemotherapiefrequenz. Ob durch die damit ermöglichte Intensivierung der Krebsbehandlung einschließlich autologer Knochenmarktransplantation eine Verbesserung der Therapieeffektivität verbunden ist, läßt sich derzeit noch nicht abschließend beurteilen. Bekannte Zytostatikanebenwirkungen anderer Art, wie Thrombozytopenie, Schleimhauttoxizität, kardiovaskuläre Nebenwirkungen und zentralnervöse Komplikationen könnten für durch hämatopoetische Wachstumsfaktoren mögliche Dosiseskalationen limitierend sein.

Das Potential von Zytokinen als spezifische Tumortherapeutika, besonders unter dem Aspekt der Induktion eines Tumorzell-Recruitments in das proliferative Kompartment und damit einer erhöhten Empfindlichkeit gegenüber antiproliferativen zytotoxischen Substanzen, bedarf ebenfalls noch der Bestätigung durch klinische Untersuchungen.

Für die Zukunft wird, analog dem physiologischen Zusammenwirken der Zytokine, in der Klinik versucht werden, Kombinationen von Zytokinen oder Kombinationen von Zytokinen mit Zytostatika therapeutisch zu nutzen, sobald mehr über deren Synergismus und Interaktion bekannt ist.

Infektionen

Infektionen bakterieller, viraler, mykotischer oder parasitärer Genese stellen häufige Komplikationen bei Krebspatienten, insbesondere im Rahmen einer zytostatischen Therapie dar. Bei Patienten mit akuten Leukämien stehen Infektionen als unmittelbare Todesursache an erster Stelle.

Infektionsursachen und Erregerspektrum

Häufigste Ursache der Infektion ist die Granulozytopenie als Folge der Zytostatikabehandlung oder als Folge einer Infiltration des Knochenmarks durch maligne Zellen. Eine verminderte zelluläre oder humorale Immunität ist besonders bei Erkrankungen an malignem Hodgkin- und Non-Hodgkin-Lymphom sowie bei Paraproteinämien, aber auch als Folge einer langdauernden und intensiven Chemotherapie für Infektionen disponierend. Wenn die Granulozytenzahl im peripheren Blut durch Zytostatikatherapie oder spontan krankheitsbedingt unter 1000/μl absinkt, ist mit einer zunehmenden Infektgefährdung zu rechnen. Fallen die Granulozytenzahlen unter 100/μl ab, ist bei jedem Patienten eine Infektion zu erwarten.

Zusätzlich disponierend für Infektionen bei granulozytopenischen Patienten ist die Zerstörung anatomischer Barrieren, z. B. der Haut und Schleimhäute, durch infiltratives Tumorwachstum, die lokale, tumorbedingte Obstruktion von Hohlorganen mit Sekret- oder Flüssigkeitsstau oder auch Mangelernährung und Tumorkachexie mit entsprechender Schwächung des Immunsystems. Wesentliche Faktoren für die Einschleppung von Infektionserregern stellen iatrogene Eingriffe dar, wie Operationen, venöse Zugänge und Katheter („Plastikinfektion"), antibiotische Therapie mit der Selektion von antibiotikaresistenten Bakterien sowie von Pilzen und die Hospitalisierung selbst mit der Aussetzung des Patienten gegenüber antibiotikaresistenten Hospitalkeimen.

Das Erregerspektrum bei granulozytopenischen, abwehrgeschwächten Patienten reicht von pathogenen Keimen bis hin zu für gesunde Menschen weitgehend apathogenen Mikroorganismen. Bevorzugt werden folgende Erreger gefunden (Übersicht bei Kurrle 1986):

1. grampositive Bakterien wie Staphylokokken, Streptokokken, Enterokokken und Korynebakterien,
2. gramnegative Bakterien wie Enterobakterien und Pseudomonaden,
3. anaerobe Bakterien,
4. Pilze wie Candida, Aspergillen und Cryptococcus,
5. Viren wie Herpes-simplex-, Zytomegalie-, Epstein-Barr-, Adeno- oder Influenzaviren und
6. Parasiten wie Pneumocystis carinii, Toxoplasma gondii und Strongyloides stercoralis.

Prophylaxe von bakteriellen Infektionen

Als potentiell hochgradig infektionsgefährdet gelten zytostatisch behandelte Patienten mit einer Granulozytenzahl von 500/μl und weniger. Sie sollten in sogenannter Umkehrisolation untergebracht werden. Darunter wird die räumliche Trennung von anderen Patienten durch Unterbringung im Einzelzimmer, das Anlegen von Mundschutz und die Händedesinfektion bei Pflegekräften, Ärzten und Besuchern und die sorgfältige Raumhygiene, besonders von Toilette, Waschbecken und Dusche sowie ein Verbot für das Aufstellen von Topfpflanzen, verstanden. Eine aufwendigere Raumisolation hat sich nicht als sinnvoll erwiesen, da die eigentliche Infektionsgefahr bei granulozytopenischen Patienten die körpereigene, endogene Mikroflora, besonders des Gastrointestinaltrakts, darstellt. Mit dem Ziel, die Mikroorganismen der körpereigenen Flora durch antimikrobielle Substanzen zu eliminieren und die Darmkolonisation mit exogenen Erregern zu verhindern, wird vorbeugend die selektive Darmdekontamination (SDD) empfohlen. Dadurch werden fakultativ pathogene Keime wie Enterobacteriaceae, Pseudomonaden, Staphylokokken, Klebsiellen, Coli-Bakterien und Candida unter Konservierung der apathogenen anaeroben Restflora eliminiert. Als etablierte Medikamentenkombination von Antibiotika und Antimykotika zur selektiven Darmdekontamination gilt die Verabreichung von Colistinsulfat (Colistin) 2×10^6 IE/Tag, entsprechend 2 × 2 Tabletten täglich, Neomycinsulfat (Neomycin) 400 mg/Tag, entsprechend 4 × 2 Tabletten täglich, Nystatin (Moronal) 3×10^6 IE, entsprechend 3 × 2 Dragees täglich, und Amphotericin B (Ampho-Moronal-Suspension) 2400 mg/Tag, entsprechend 24 ml Suspension über den Tag verteilt (Sauer u. Wilmanns 1991).

Zur Prophylaxe gegen eine Infektion mit Pneumocystis carinii kann zusätzlich Co-Trimoxazol (Bactrim, Eusaprim), bestehend aus 1600 mg Sulfamethoxazol und 320 mg Trimethoprim, entsprechend 4 × 1 Tablette, eingesetzt werden. Da dieser massive Einsatz von Antibiotika schon rein mengenmäßig vom Patienten als sehr belastend empfunden wird, werden Colistinsulfat und Neomycin zunehmend durch neuere, äquieffektive Antibiotika aus der Gruppe der Gyrasehemmer wie Ciprofloxacin (Ciprobay), 2 × 500 mg per os täglich, ersetzt (Dekker u. Mitarb. 1987). In einer prospektiv randomisierten klinischen Studie hat sich die Behandlung mit Ciprofloxacin gegenüber der konventionellen Antibiotikaprophylaxe in bezug auf die Inzidenz grampositiver Infektionen allerdings als unterlegen erwiesen (Maschmeyer u. Mitarb. 1990).

Das Antimykotikum Amphotericin B kann durch neuerdings verfügbares und einfacher applizierbares Fluconazol (Diflucan) in der Präventivdosis von 100 mg täglich ersetzt werden.

Eine Prophylaxe gegenüber Virusinfektionen ist anerkanntermaßen nur im Rahmen von Knochenmarktransplantationen und Organtransplantationen sinnvoll. Bei granulozytopenischen Patienten mit malignen hämatologischen Systemerkrankungen oder soliden Tumoren gilt eine antivirale Prophylaxe nicht als indiziert (Sacral u. Mitarb. 1981).

Diagnostik bei Infektionen

Jeder Fieberanstieg bei einem granulozytopenischen Patienten ist zunächst als infektionsbedingt anzusehen. Bei dieser Patientengruppe ist Fieber oft das einzige Symptom einer Infektion. Klassische Infektionszeichen wie Schmerz, Hautrötung und Schwellung fehlen oft. Nur etwa 60% aller fieberhaften Erkrankungen können einer mikrobiologischen Ursache zugeordnet werden. 40% der Fieberzustände bleiben ursächlich ohne mikrobiologischen Nachweis (Calandra 1991). Diese Fieberzustände ungeklärter Ursache (FUO, „fever of unknown origin") werden „empirisch" mit Antibiotika behandelt. In jedem Fall muß vor Beginn der Antibiotikabehandlung die Abnahme für die erforderlichen Kulturen zur mikrobiologischen Diagnostik erfolgt sein, da von unter antibiotischer Therapie abgenommenem Untersuchungsmaterial kein verwertbares Testergebnis zu erwarten ist.

Diagnostische Maßnahmen

Erste und wichtigste Maßnahme ist die gründliche körperliche Untersuchung unter besonderer Beachtung und Inspektion der potentiellen Eintrittspforten von Infektionen.

Darauf folgen diagnostische Maßnahmen mit bildgebenden Verfahren wie Röntgenthorax, Sonographie des Abdomens und gegebenenfalls Computertomographie der infektionsverdächtigen Körperareale. Bei klinischem Verdacht auf eine Meningitis oder Enzephalitis sind die entsprechenden neurologischen Untersuchungen unter Einschluß von Liquorpunktion und Schädelcomputertomographie durchzuführen.

Der Versuch einer Erregerisolierung erfolgt durch entsprechende mikrobiologische Untersuchungen auf Bakterien, inklusive säurefeste Stäbchen, Pilze und Viren durch mindestens 3malige Abnahme von Blutkulturen für Aerobier und Anaerobier, möglichst im Fieberanstieg ab einer Körpertemperatur von 38 °C, von Urinkultur, von Sputumkultur sowie Abstrichen aus Rachen, Anus, intertriginösen Körperbereichen und gegebenenfalls Venenkathetereintrittsstellen.

Bei radiologisch nachgewiesenem Lungeninfiltrat kann eine Bronchiallavage mit Ansetzen einer bakteriologischen Kultur sowie zum Nachweis von Pneumocystis carinii, Legionellen, säurefesten Stäbchen und zur Virusanzüchtung erforderlich sein.

Häufige Infektionsquelle sind Urinkatheter und venöse Zugänge, die gezogen und der mikrobiologischen Untersuchung zugeführt werden müssen. Bei Diarrhoen sind zusätzliche Stuhluntersuchungen erforderlich. Ebenso muß je nach Verdachtsdiagnose und Schwere der Infektion das Untersuchungsspektrum auf serologische Untersuchung zur Virusdiagnostik erweitert werden. Gleiches gilt für das Anlegen von Pilzkulturen und den direkten mikroskopischen Pilznachweis bei entsprechenden Verdachtsmomenten.

Unabhängig von jeglicher Diagnostik durch den Kliniker ist eine enge Zusammenarbeit mit dem Mikrobiologen erforderlich, um technische Fehler bei der Materialentnahme und beim Transport zu vermeiden. Insbesondere sollten differenziertere mikrobiologisch-diagnostische Maßnahmen in enger Absprache mit dem Mikrobiologen erfolgen.

Antibiotikatherapie

Grundsätzlich sollte bei manifester Infektion eine gezielte Therapie entsprechend dem Erregerspektrum und der Resistenztestung erfolgen. Wegen der Gefährdung granulozytopenischer Patienten kann beim Auftreten von Infektzeichen mit dem Beginn einer antibiotischen Behandlung jedoch nicht bis zum Ergebnis der mikrobiologischen Austestung gewartet werden. Daher wird bei noch unerkanntem Erreger mit einer sogenannten empirischen antibiotischen Therapie begonnen, von der gefordert werden muß, daß die wichtigsten und am häufigsten vorkommenden Mikroorganismen erfaßt werden. Grundsätzlich werden dabei Kombinationen von Breitbandantibiotika mit bakterizider Wirkung eingesetzt, die gegenüber einer Monotherapie den Vorteil der Erfassung eines breiten Erregerspektrums, der Ausnützung interagierender Effekte und einer Verzögerung von Resistenzentwicklungen haben. Unter Berücksichtigung dieser Forderungen kommen 3 Hauptgruppen von Antibiotika als Kombinationspartner in Betracht: Breitbandpenicilline, Cephalosporine und Aminoglykoside.

Vergleichende Untersuchungen haben gezeigt, daß verschiedene Kombinationen von mindestens 2 Antibiotika dieser 3 Gruppen in ihrem Wirkungsgrad gleichwertig sind (Übersicht bei Sauer u. Wilmanns 1991) (Tab. **4**). Bevorzugt werden Kombinationen eines β-Lactam-Antibiotikums mit einem Aminoglykosid primär angewendet. Spricht der infizierte Patient innerhalb von 3 Tagen auf die Primärkombination nicht an, so wird das Antibiotikaspektrum auf drei Antibiotika, z. B. durch Zusatz eines Glykopeptid-Antibiotikums mit empirisch bekannter Sensibilität gegenüber Staphylokokken erweitert.

Bei Verdacht auf eine Infektion im Bereich des Abdomens, speziell des Darmtrakts, mit der Möglichkeit einer Anaerobierinfektion wird zusätzlich mit Metronidazol abgedeckt.

Bei Lungeninfiltraten sind neben üblichen Erregern Legionellen mitzuberücksichtigen. Bei entsprechendem Verdacht ist die Behandlung mit Erythromycin oder Ciprofloxacin indiziert.

Bei anhaltendem Fieber trotz antibiotischer Behandlung über mehr als 6 Tage ist trotz fehlenden mikrobiologischen Nachweises der Verdacht einer Pilzinfektion, zumeist durch Candida oder Aspergillus, gege-

Tabelle **4** Antibiotikatherapie mit Tagesdosis bei Infektionen (aus Sauer, H., W. Wilmanns: Internistische Therapie maligner Erkrankungen. Urban & Schwarzenberg, München 1991)

β-Lactam-Antibiotika		
Ceftazidim	= Fortum	3 × 2 g
Cefoxitin	= Mefoxitin	3 × 2 (3) g
Piperacillin	= Pipril	3 × 4 g
Aziocillin	= Securopen	3 × 4 g
Imipenem/Cilastin	= Zienam	3 × 1 g
Aminoglykosid-Antibiotika		
Tobramycin	= Gernebcin	3 × 80 mg
Netilmicin	= Certomycin	3 × 150 (200) mg
Amikacin	= Biklin	3 × 250 mg
Glykopeptid-Antibiotika		
Vancomycin	= Vancomycin Lilly	4 × 500 mg
Teicoplanin	= Targocid	1 × 400 mg
Andere Antibiotika		
Ciprofloxacin	= Ciprobay	2 × 200 mg
Metronidazol	= Clont	3 × 500 mg
Erythromycin	= Erythrocin	3–4 × 1 g
Rifampicin	= Rimactan	1 × 600 mg
Antimykotika		
Amphotericin B	= Amphotericin B (0,3–0,5 mg/kg in Kombination mit Flucytosin)	1 mg/kg
Flucytosin	= Ancotil	4 × 2,5 g
Fiuconazol	= Diflucan	1 × 200 (400) mg

ben. In diesen Fällen erfolgt die zusätzliche Behandlung mit Antimykotika, wie der Kombination von Amphotericin B und Flucytosin. Zunehmend gewinnt bei systemischen Mykosen die Behandlung mit Fluconazol, einem neuen, weniger toxischen Triazolderivat, an Bedeutung.

In jedem Fall muß besonders bei durch Granulozytopenie abwehrgeschwächten Patienten an die Aktivierung einer Tuberkulose gedacht werden. Bei begründetem Verdacht, der nicht immer durch Nachweis säurefester Stäbchen bestätigt werden kann, erfolgt die Behandlung in der Akutphase mit einer tuberkulostatischen Viererkombination, bestehend aus Rifampicin (10 mg/kg Körpergewicht täglich), Isoniazid (5 mg/ kg Körpergewicht täglich), Pyrazinamid (30–35 mg/kg Körpergewicht täglich) und Ethambutol (20–25 mg/kg Körpergewicht täglich) oder Streptomycin (15 mg/kg Körpergewicht täglich).

Bei begründetem Verdacht auf eine Pneumocystis-carinii-Infektion, manifestiert in Form einer interstitiellen Pneumonie, wird auch ohne Erregernachweis im Sputum mit hochdosiertem Trimethoprim + Sulfamethoxazol (Bactrim, Eusaprim in einer Dosierung von 75 + 15 mg/kg Körpergewicht i. v. bzw. 100 + 20 mg/kg Körpergewicht per os täglich) oder Pentamidin (Pentacarinat 4 mg/kg Körpergewicht i. m. täglich) behandelt.

Bei Virusinfektionen kommt bei granulozytopenischen Patienten bevorzugt ein Befall mit Herpesvirus (Herpes zoster, Herpes simplex) und mit Zytomegalievirus in Betracht. Die aktuelle Behandlung der Herpesvirusinfektion erfolgt mit Aciclovir (Zovirax 3 × 250 mg i. v. täglich). Bei der Infektion durch Zytomegalievirus kommt Ganciclovir (Cymeven 2 × 5 mg/kg Körpergewicht i. v. täglich, zusätzlich zu Zytomegalievirus-Hyperimmunglobulin als Cytotect 2 ml/kg Körpergewicht i. v. täglich über 3 Tage) zur Anwendung.

Können Erreger nach Beginn einer empirischen antibiotischen Behandlung bei anhaltender Infektion nachgewiesen werden, so wird die begonnene (ungezielte) Antibiotikatherapie, entsprechend der Antibiotikaresistenztestung des isolierten Keims, modifiziert. Falls mehrere Antibiotika gegenüber dem identifizierten Keim empfindlich sind, kann die gezielte antibiotische Behandlung statt in einer Monotherapie durchaus in einer Kombinationsbehandlung bestehen, um damit synergistische Effekte von Antibiotika auszunutzen. Eine gefürchtete Komplikation der länger dauernden Breitspektrumantibiotikatherapie ist die pseudomembranöse Kolitis mit schweren Diarrhoen. Ursache dafür ist die Überwucherung der Darmschleimhaut mit Clostridium difficile. Die Behandlung dieser Komplikation erfolgt mit Metronidazol oder Vancomycin.

Tumorbedingte Anorexie und Kachexie

Anorexie und Kachexie sind häufige und spezifische Symptome bei Tumorleiden. Fortschreitende Kachexie und die daraus resultierenden Komplikationen stellen die häufigste Todesursache bei Krebspatienten dar. 10 bis 70% der Patienten, bevorzugt solche mit gastrointestinalen Karzinomen, leiden daran (De Wys u. Mitarb. 1980). Die Tumorkachexie ist durch zunehmenden körperlichen Verfall und durch Auszehrung infolge Appetitlosigkeit (Anorexie) und Gewichtsverlust gekennzeichnet. Vermehrte Anfälligkeit gegenüber Infektionen und abnehmende Widerstandskraft gegenüber belastenden spezifischen Behandlungen der Krebskrankheit korrelieren damit. Häufig schwerer wiegend als die körperliche Entkräftung wird die psychische Belastung der Tumorkachexie empfunden, ist doch das erschreckende Aussehen des kachektischen Patienten in jedem Fall und für alle sichtbar als ein prognostisch ungünstiges Zeichen zu werten, das das bevorstehende Lebensende signalisiert. Somit ist die Kachexie von erheblicher Bedeutung, nicht nur für den Krebspatienten selbst, sondern auch für das gesamte familiäre Umfeld (Aisner u. Mitarb. 1988).

Die Ätiologie des Anorexie-Kachexie-Syndroms ist noch weitgehend ungeklärt. Störungen der Regulationsmechanismen von Hunger, Sättigungsgefühl und des Geschmackssinns („Mundblindheit") führen zur durch Appetitlosigkeit bedingten verringerten Kalorienaufnahme. Erhöhter Grundumsatz, reduzierte Energieverwertung, erhöhter Nährstoffbedarf des tumortragenden Organismus sowie eine Reihe weiterer metabolischer Störungen werden ursächlich unter Mitwirkung von sogenannten Kachexiemediatoren (Tumornekrosefaktor/Kachektin) diskutiert (De Wys 1985, Oliff 1988).

Daneben sind alle Formen der Nausea und Emesis erzeugenden Tumortherapien in der Lage, Appetitlosigkeit und Mangelernährung im Sinne einer therapieinduzierten Anorexie auszulösen. Davon zu trennen sind tumorbedingte obstruktive Erkrankungen im Bereich von Mund, Rachen, Speiseröhre und des oberen Gastrointestinaltrakts sowie zytostatikainduzierte Mukositiden dieser Region, die allesamt die spontane Nahrungsaufnahme beeinträchtigen und damit zur Mangelernährung führen können. Diese Art der verminderten Nahrungsaufnahme ist durch enterale oder parenterale Zufuhr von Nahrungsstoffen auszugleichen.

Diagnostik und Verlaufsbeurteilung von Anorexie und Kachexie

Bei der Diagnostik der Anorexie wird der Versuch gemacht, den subjektiven Begriff des „ohne Appetitseins" zu quantifizieren. Dies kann mit Hilfe visueller Analogskalen (LASA-Scales) durch den Patienten selbst erfolgen. Zum anderen können objektive quantitative Angaben durch exakte Berechnung der Nahrungsaufnahme gemacht werden. Subjektive Aussagen des Patienten stimmen nur teilweise mit der gemessenen zugeführten Nahrungsmenge überein, weil sich der Kranke, analog dem übergewichtigen Patienten, der veränderten Nahrungsaufnahme oft nicht bewußt ist (Übersicht bei Ollenschläger u. Mitarb. 1991).

Wichtigster diagnostischer Parameter, besonders zur Verlaufskontrolle, sind Veränderungen des Körpergewichts, wobei die differenzierte Messung der Körpergewebskompartimente zur Unterscheidung von objektiver Körpermasse und Flüssigkeitseinlagerung ins Gewebe von Bedeutung ist. Meßmethode der Wahl zur Erfassung der Körpergewebskompartimente, d. h. von fettfreier Masse, Ganzkörperfett, Ganzkörperwasser und Körperzellmasse, ist die bioelektrische Impedanzanalyse (Lukaski 1987, Shizgal 1989). Die Kompartimentbestimmung durch Impedanzmessung basiert auf der Leitung eines dem Organismus angelegten konstanten Wechselstroms (Übersicht bei Reitmeier u. Mitarb. 1990).

Therapie von tumorbedingter Anorexie und Kachexie

Die Behandlung von Tumoranorexie und -kachexie orientiert sich an den individuellen Ursachen der Appetitlosigkeit. Nach Ausschluß von Obstruktionen, die die Nahrungsaufnahme behindern, oder anorexiefördernden Maßnahmen, wie z. B. chemotherapeutische Behandlung, kommen grundsätzlich 2 Behandlungswege in Betracht (Tab. **5**):

- ernährungstherapeutische Maßnahmen, wie Verabreichung industriell hergestellter Trinknahrungen („Astronautenkost") enterale Ernährung über eine nasoenterale Sonde oder durch perkutane endoskopisch-kontrollierte Gastrostomie (PEG) und parenterale Ernährung über venöse Kathetersysteme oder implantierbare Portsysteme;
- medikamentöse Behandlungsmaßnahmen mit dem erhofften appetitstimulierenden Effekt, wie z. B. durch Corticosteroide, Serotoninantagonisten (Cyproheptadine), hochdosierte Gestagene (Megestrolacetat, Medroxyprogesteronacetat), dem antihypertensiv und vasodilatorisch wirkenden Hydrazinsulfat oder dem Cannabinolderivat Drona-

Tabelle **5** Behandlungsmöglichkeiten von Anorexie und Kachexie

Ernährungstherapeutische Maßnahmen	Medikamentöse Maßnahmen
– Spontane Ernährung mit Diätberatung – Industriell hergestellte Trinknahrung („Astronautenkost") – Enterale Ernährung über Nasensonde – Enterale Ernährung über endoskopisch-kontrollierte Gastrostomie – Parenterale Hyperalimentation über zentralen Venenkatheter – Parenterale Hyperalimentation über implantierbares Portsystem	– Megestrolacetat (Megestat) – Coritcosteroide (z. B. Decortin) – Medroxyprogesteronacetat (z. B. Farlutal) – Cyproheptadin (Nuran) – Hydrazin (nicht im Handel) – Dronabinol (nicht im Handel) – Antiemietika (z. B. Paspertin) – Antidepressiva (z. B. Saroten) – Anxiolytika (z. B. Lexotanil)

binol. Auch Antidepressiva, Anxiolytika oder Antiemetika können sich als indirekt wirkende Antianorektika eignen, wenn die Appetitlosigkeit psychogener Natur oder Folge einer erworbenen Nahrungsmittelaversion ist.

Grundlage für die Verbesserung der Ernährungssituation des inappetenten und anorektischen Patienten ist die ernährungstherapeutische Beratung durch die fachlich qualifizierte Diätassistentin oder Ernährungsberaterin sowie die psychologische Führung des Kranken.

Obwohl die Möglichkeiten der Beeinflussung einer Tumoranorexie und -kachexie durch enterale oder parenterale Ernährungsmethoden in ihrem Erfolg begrenzt sind, gelten sie als Basis jeglicher Anorexiebehandlung. Dabei hat die orale Nahrungszufuhr solange wie möglich Vorrang vor den künstlichen Ernährungsformen.

Anorexiewirksame Pharmaka mit wissenschaftlich belegter Effizienz können besonders bei solchen Patienten von großer Bedeutung sein, bei denen der Ernährungszustand durch eine konsequente orale Ernährungstherapie nicht günstig zu beeinflussen ist (Übersicht bei Ollenschläger 1990).

Als Mittel der Wahl bei der medikamentösen Behandlung von Anorexie und Kachexie bei Krebserkrankungen ist Megestrolacetat (Megestat) in einer Dosierung von 160–480 mg/Tag anzusehen. In einer Reihe klinischer Studien konnte mit dieser Behandlung eine Zunahme des Körpergewichts bei 30% bis 100% der Patienten nachgewiesen werden. Bei über 80% der Patienten kam es zu einer Appetitsteigerung. Durch Messungen mittels bioelektrischer Impedanzanalyse wurde belegt, daß die Gewichtszunahme alle an der Körpermasse beteiligten Kompartimente, entsprechend einer Normalverteilung der Gesamtkörpermasse, betrifft und nicht durch exzessive Flüssigkeitseinlagerung bedingt ist. Nebenwirkungen durch Megestrolacetat treten nur bei höheren Dosierungen (480–1600 mg täglich) in Form von Ödemen, Hochdruck oder thromboembolischen Komplikationen gelegentlich auf (Übersicht bei Hartenstein u. Tchekmedyian 1990).

Bei Indikation zur parenteralen Zufuhr von Nahrungsstoffen wird sie als hochkalorische Ernährungstherapie in Form der parenteralen Hyperalimentation empfohlen. Sie soll durch Zufuhr sofort utilisierbarer Kalorienträger die katabole Stoffwechsellage durchbrechen. Nach Sauer u. Wilmanns (1991) sind hierzu täglich mindestens 30 Kalorien/kg Körpergewicht erforderlich, bei starkem Katabolismus sogar 40–50 Kalorien, wobei durch Verabreichung großer Mengen von Glucose viel Kalium in die Zellen eingeschleust wird und dementsprechend auf Elektrolytausgleich zu achten ist. Ebenso muß die Substitution von wasser- und fettlöslichen Vitaminen sowie von Spurenelementen gesichert sein (Tab. **6**). Selbstverständlich können auch industriell hergestellte fertige Mischinfusionen wie Nutriflex oder Aminomix und Intralipid oder Lipovenös mit entsprechenden Vitaminzusätzen Verwendung finden.

Tabelle **6** Infusionsplan einer totalen parenteralen Alimentation mit Tagesdosen (aus Sauer, H., W. Wilmanns: Internistische Therapie maligner Erkrankungen. Urban & Schwarzenberg, München 1991)

Infusion	Volumen	Zusätze	Laufzeit
Glucose 50%	1000 ml	2000 IE Heparin 1 Amp. Soluvit 1 Amp. Addel 20 ml NaCl 20%	24 Stunden
Aminosäuren 10%	1000 ml	2000 IE Heparin 80 mval KCl	16 Stunden im Bypass
NaCl 0,9%	500 ml	1000 IE Heparin 40 ml Na-Phosphat	8 Stunden im Bypass
Fett 10% (3 ×/Woche)	500 ml	2 Amp. Vitintra	3–5 Stunden im Bypass

Enterale wie parenterale Ernährungstherapien sind durch entsprechendes Fachpersonal und Organisationshilfen mit der Verfügbarkeit von fertig zubereiteten Infusionslösungen auch ambulant möglich.

Medizinischerseits nicht empfohlen werden von der Laienpresse vielfach propagierte sogenannte Krebsdiäten (Hungerdiäten, Saftkuren). Sie zeichnen sich durch einseitige, nicht ausgewogene und zumeist niederkalorische Nahrungsmittel aus, die eher fördernd auf Anorexie und Kachexie wirken.

Obwohl die Erfolge der Behandlung von tumorbedingter Anorexie und Kachexie durch ernährungstherapeutische Maßnahmen wie auch durch Anwendung von antianorektischen Medikamenten begrenzt sind und das Fortschreiten der Tumorkachexie häufig nicht beeinflußt werden kann, ist die versuchsweise Anwendung dieser supportiven Maßnahmen als Begleittherapie bei entsprechender Indikation als Behandlungsversuch zu empfehlen. Zwar liegen bis heute keine schlüssigen Beweise dafür vor, daß eine Verbesserung des Ernährungszustandes die Prognose des Krebskranken langfristig verbessert, so liegt der Wert bei Ansprechen auf die Behandlung doch im günstigen Einfluß auf das Allgemeinbefinden und die Lebensqualität des Patienten.

Literatur

Addelman, M., C. Erlichman, S. Fine, C. Murray: Phase I/II-trial of granisetron: a novel 5-hydroxytryptamine antagonist for the prevention of chemotherapy-induced nausea and vomiting. J. Clin. Oncol. 8 (1990) 337–341

Aisner, J., N. S. Tchekmedyian, N. Tait, H. Parnes, M. Novak: Studies of high-dose megestrolacetate: potential applications in cachexia. Semin. Oncol. 15, Suppl. (1988) 68–75

Allan, S., M. Cornbleet, P. Warrington, R. Leonard, Smyth: Trial of dexamethasone and high dose-metoclopramide (HDM) vs. placebo and HDM in cisplatin-induced emesis. Proc. Amer. Soc. Clin. Oncol. 3 (1984) 89

Andrews, P. L. R., J. Hawthorn, G. J. Sanger: The effect of abdominal visceral nerve lesions and a novel 5-HT-M-receptor antagonist on cytotoxic and radiation-induced emesis in the ferret. J. Physiol. 382 (1986) 47 P

Antman, K. S., J. D. Griffin, A. Elias, M. A. Socinsky, L. Ryan, S. A. Cannistra, D. Oette, M. Whitley, E. Frei, L. E. Schnipper: Effect of recombinant human granulocyte-macrophage colony stimulating factor on chemotherapy induced myelosuppression. New Engl. J. Med. 319 (1988) 593–598

Behr, W.: Herstellung leukozytenarmer Erythrozytenkonzentrate mittels Bedside-Filtration. Infusionstherapie 15 (1988) 245–249

Bonneterre, J., B. Chevallier, R. Metz, P. Fargeot, E. Pujade-Lauraine, M. Spielman, M. Tubiana-Hulin, D. Paes, J. Bons: A randomized double blind comparison of ondansetron and metoclopramide in the prophylaxis of emesis induced by cyclophosphamide, fluorouracil and doxorubicin or epirubicin chemotherapy. J. Clin. Oncol. 8 (1990) 1063–1069

Bodey, (1966)

Bremer, K., R. Uhlenbusch: Vergleich antiemetischer Wirksamkeit von Granisetron und Alizaprid plus Dexamethason bei Zytostatikatherapie. Dtsch. med. Wschr. 116 (1991) 1817–1823

Calandra, T.: Spectrum and treatment of bacterial infections in cancer patients with granulocytopenia. Recent Results Cancer Res. 121 (1991) 329–336

D'Aquisto, R. W., L. B. Tyson, R. J. Gralla: The influence of chronic alcohol intake on chemotherapy-induced nausea and vomiting. Proc. Amer. Soc. Clin. Oncol 5 (1986) 257

Dekker, A. W., M. Rozenberg-Arska, J. Verhoef: Infection prophylaxis in acute leukemia: a comparison of ciprofloxacin with trimethoprim/sulfamethoxazole and colistin. Ann. intern. Med. 106 (1987) 7–12

De Wys, W. D.: Management of cancer cachexia. Semin. Oncol. 12 (1985) 452–460

De Wys, W. D., C. Begg, P. T. Lavin: Prognostic effect of weight loss prior to chemotherapy in cancer patients. Amer. J. Med. 69 (1980) 491–497

Fozard, J. R.: Neuronal 5-HT-receptors in the periphery. Neuropharmacology 23 (1984) 1473–1486

Ganong, W. F.: Physiologie. Springer, Berlin, 1974 (S. 206)

Gattringer, A., J. Thaler, J. Drach, H. Huber, M. Miksche: GM-CSF-Behandlung in der Aplasie nach zytostatischen Therapien. Onkologie 12 (1989) 16–18

Gralla, R. J., L. M. Otri, S. E. Pisco, A. E. Squillonte, P. Kelsen, D. W. Braun, L. A. Bordin, T. J. Braun, C. W. Young: Antiemetic efficacy of high dose-metoclopramide: randomized trials with placebo and prochlorperazine in patients with chemotherapy-induced nausea and vomiting. New Engl. J. Med. 305 (1981) 905–909

Groopman, J. F., J. M. Molina, D. T. Scadden: Hematopoietic growth factors: biology and clinical applications. New Engl. J. Med. 321 (1989) 1449–1459

Hartenstein, R., W. Abenhardt: Behandlung des Zytostatika bedingten Erbrechens. In Huhn, D., R. Herrmann: Medikamentöse Therapie maligner Erkrankungen. Fischer, Stuttgart, 1990 (S. 406–413)

Hartenstein, R., N. S. Tchekmedyian: Hormonbehandlung von Anorexie und Kachexie bei malignen Erkrankungen: Megestrolacetat. Zuckschwerdt, München 1990

Herrmann, F., A. Ganser, A. Lindeman, et al.: Hematopoietic responses in patients with advanced malignancy, treated with recombinant human granulocyte-macrophage colony-stimulating factor. J. Clin. Oncol. 7 (1989) 159–167)

Karp, D. D., T. J. ERvin, S. Tuttle, B. C. Gorgone, P. Lavin, E. J. Yunis: Pulmonary complications during granulocyte transfusions: incidence and clinical features. Vox Sang. 42 (1982) 57–62

Kleeberg, U. R., J. Ziegler, H. Erdmann, P. Brockmann, W. Haupt, A. Pingoud: Metroclopramid in hoher Dosierung bei Zytostatika-induziertem, toxischen Erbrechen. Tumordiagn. u. Ther. 4 (1983) 68–73

Kurrle, E.: Antibiotische Prophylaxe und Therapie bei Granulozytopenie. In Schmoll, H. J., H. D. Peters, U. Fink: Kompendium internistischer Onkologie. Springer, Berlin 1986 (S. 385–396)

Ludat, K., H. Riess: Zystostatika-induziertes Erbrechen. Arzneimitteltherapie 9 (1991) 196–205

Lukaski, H. C.: Methods for the assessment of human body composition: traditional and new. Amer. J. clin. Nutr. 46 (1987) 537–556

Marty, M., P. Pouillart, S. Scholl, J. P. Droz, M. Azab, N. Brion, E. Pujade-Lauraine, B. Paule, D. Paes, J. Bons: Comparison of the 5-hydroxytryptamine (serotonine) antagonist ondansetron (GR38032F) with high dose metoclopramide in the control of cisplatin-induced emesis. New Engl. J. Med. 322 (1990) 816–821

Maschmeyer, G., S. Daenen, B. E. de Pauw, G. de Vries-Hospers, A. W. Dekker, J. P. Donnelly, W. Gaus, E. Haralambie, W. Kern, H. Konrad, H. Link, W. Sizoo, D. van der Waaij, M. von Eiff, F. Wendt: Prevention of infection in acute leukemia. Hämatol. u. Bluttransfus. 33 (1990) 525–530

Miner, W. D., G. J. Sanger, D. H. Turner: Evidence that 5-hydroxytryptamine$_3$-receptors mediate cytotoxic drug and radiation evoked emesis. Brit. J. Cancer 56 (1987) 159–162

Moher, D., A. Z. Arthur, J. Z. Pater: Anticipatory nausea and/or vomiting. Cancer Treatm. Rev. 11 (1984) 257 –264

Niederle, N., J. Schütte, C. G. Schmidt: Crossover comparison of the antiemetic efficacy of nabilone and alizapride in patients with nonseminomatous testicular cancer receiving cisplatin therapy. Klin. Wschr. 64 (1986) 362–365

Oliff, A.: The role of tumor necrosis factor (cachectin) in cachexia. Cell 54 (1988) 141–142

Ollenschläger, G.: Anorexie und Mangelernährung bei malignen Erkrankungen. In Hartenstein, R., N. S. Tcheckmedyian: Hormonbehandlung von Anorexie und Kachexie bei malignen Erkrankungen: Megestrolacetat. Zuckschwerdt, München (1990) S. 5–17

Ollenschläger, G., B. Viell, W. Thomes, K. Konkol, B. Bürger: Tumor anorexia: causes, assessment, treatment. Recent Results Res. 121 (1991) 249–259

Pagel, H., W. Jelkmann: Erythropoietin. Dtsch. med. Wschr. 114 (1989) 959–963

Reitmeier, M., S. Völkl, R. Hartenstein: Bestimmung der Körperkompartimente mittels bioelektrischer Impedanzanalyse bei kachektischen Tumorpatienten mit Megestrolacetatbehandlung. In Hartenstein, R., N. S. Tchekmedyian: Hormonbehandlung von Anorexie und Kachexie bei malignen Erkrankungen: Megestrolacetat. Zuckschwerdt, München 1990, S. 53–62

Rosenthal, F. M., A. Lindemann, F. Herrmann, R. Mertelsmann: Zytokine in der Tumortherapie. Gelb. H. 31 (1991) 51–60

Sacral, R., W. H. Burns, O. L. Laskin, G. W. Santos, P. S. Lietman: Aciclovir prophylaxis of Herpes simplexvirus infections: a randomized double blind controlled trial in bonemarrow-transplantat recipients. New Engl. J. Med. 305 (1981) 63–67

Sauer, H., W. Wilmanns: Internistische Therapie maligner Erkrankungen, 3 Aufl. Urban & Schwarzenberg, München 1991

Schaefer, U. W., H. K. Mahmoud: Blutzellersatz. In Schmoll, H. J., H. D. Peters, U. Fink: Kompendium internistischer Onkologie, Teil I. Springer, Berlin 1986 (S. 418–423)

Shizgal, H. M.: Determination of body composition from bioelectric impedance. 13th Clin. Congr. Amer. Soc. Parent. Ent. Nutr., Miami 1989 (Abstr. pp. 175–177)

Sturm, S. B., J. E. McDermed, R. W. Opfell, L. P. Riech: Antiemetische Wirksamkeit von Metoclopramid i. v. bei der Krebs-Chemotherapie. J. Amer. med. Ass. 17 (1982) 935–938

Therapie des Tumorschmerzes – Probleme und praktische Hinweise

E. Aulbert

Eine erfolgreiche Behandlung des Tumorschmerzes ist ein wesentlicher Hoffnungsfaktor.

Die Fortschritte in der Behandlung maligner Tumorerkrankungen haben bei einigen Tumoren echte Heilungsmöglichkeiten, bei anderen Tumoren deutlich längere Überlebenszeiten oder auch befriedigendere Palliationsmöglichkeiten geschaffen. So ist aus früher oft schnell zum Tode führenden malignen Erkrankungen ein chronisches Leiden mit oft langen Krankheitsverläufen geworden, die von schweren physischen und psychischen Belastungen gezeichnet sind (Aulbert 1983). Es ist daher verständlich, daß in den letzten Jahren in zunehmendem Maße die Frage nach der Lebensqualität zum Schwerpunkt in der Behandlung und Betreuung von Patienten mit malignen Tumoren geworden ist. Dabei kommt dem chronischen Krebsschmerz eine besondere Bedeutung zu: Man kann davon ausgehen, daß etwa 40% der Patienten in fortgeschrittenen Stadien und 60% der Patienten im terminalen Stadium der Krebserkrankung unter schweren Schmerzen leiden.

Offenbar ist dabei gar nicht so sehr die Heftigkeit als vielmehr das ständige Vorhandensein der Schmerzen ein Problem, da der Tumorpatient durch sie fortwährend an seine lebensbeendende Grundkrankheit erinnert wird (Hoffmann 1983). Es ist daher zu verstehen, daß der Grad der Schmerzfreiheit ganz entscheidend die Krankheitsbewältigung und Akzeptanz bestimmt (Aulbert u. Niederle 1990). Und so ist es besonders tragisch, daß gerade die Behandlung des chronischen Krebsschmerzes für den Patienten und den Arzt immer wieder ein unbefriedigend beherrschtes Problem darstellt.

Die besondere Problematik der Tumorschmerzbehandlung

Die oft nur unbefriedigende Schmerzbehandlung bei Patienten mit fortgeschrittenen Tumorerkrankungen mag zum einen daran liegen, daß die Schmerzen des terminalen Tumorpatienten für den an seiner Heilungsaufgabe orientierten Arzt das Zeichen des Versagens seiner kurativ-therapeutischen Möglichkeiten darstellen. Der Patient wird als „ausbehandelt" empfunden. Die Aufmerksamkeit bei Anamnese und Untersuchung sowie die Sorgfalt bei der Differentialdiagnose des Schmerzphänomens werden abgezogen zugunsten von Patienten, bei denen „noch etwas zu machen ist" (Schreml 1983). Aber auch in der aktiven Tumorbehandlung wird oft die antineoplastische Therapie einseitig betrieben und dabei die supportive Schmerzbehandlung vernachlässigt. Dieses liegt nicht zuletzt daran, daß der Arzt oft nicht die notwendigen Kenntnisse über die medikamentösen Möglichkeiten einer Schmerzbehandlung besitzt oder die pharmakodynamischen Grundlagen der eingesetzten Analgetika nicht vor Augen hat.

Darüber hinaus mag ein Problem darin bestehen, daß die persönliche Schmerzerfahrung des Arztes eine wesentliche, unbewußte Leitschnur ist, nach der er seine therapeutischen Bemühungen bei dem Patienten ausrichtet. Die eigenen Erfahrungen beziehen sich aber fast immer auf akute Schmerzerlebnisse, die sich von chronischen Schmerzen wesentlich und grundsätzlich unterscheiden: Dem chronischen Schmerz fehlt ein erkennbarer Sinn, ein Ende des Schmerzes ist nicht vorherzusehen, der Schmerz nimmt meistens mit der Zeit zu und geht oft mit physischem und psychischem Verfall einher (Bruntsch u. Gallmeier 1980) (Tab. **1**).

Bei fortgeschrittenen Tumorerkrankungen nehmen ungenügend behandelte Schmerzen oft die ganze Aufmerksamkeit des Patienten in Anspruch und können dadurch einen eigenständigen Krankheitswert bekommen. So wird häufig ein Circulus vitiosus in Gang gesetzt, in dem Angst, Depression, Verzweiflung, Trauer, Isolation und Verlust der Unabhängigkeit die Schmerzen verstärken (Kocher 1981). Diese psychische und emotionale Dimension des Krebsschmerzes wird oft durch den Arzt unterschätzt. Es kann nicht deutlich genug gesagt werden, daß eine Schmerzbehandlung des Tumorpatienten eine besonders geduldige und einfühlsame psychische Mitbetreuung voraussetzt, ist doch der Patient

Tabelle **1** Charakteristika des akuten und des chronischen Schmerzes

Akuter Schmerz	Chronischer Schmerz
Von der Umwelt akzeptiert	Von der Umwelt verdrängt
Erkennbarer Bezug zum auslösenden Ereignis	Kein erkennbarer Sinn
Ende absehbar	Kein Ende absehbar
Nimmt mit der Zeit ab	Nimmt mit der Zeit zu
Korreliert mit der Heilung	Signalisiert ein Fortschreiten der Erkrankung
Meist gut beeinflußbar	Schwer beeinflußbar
	Geht mit körperlichem und psychischem Verfall einher

einer zweifachen Belastung ausgesetzt, der tumorbedingten wie der schmerzbedingten (Senn u. Glaus 1982). Und so wird man immer wieder erleben, wie die persönliche Zuwendung des Arztes und das tröstende Wort an den Kranken zur Schmerzlinderung beitragen. Wenn wir uns umgekehrt von dem Patienten zurückziehen und das tröstende Wort vermeiden, liefern wir ihn der Ausweglosigkeit und Hoffnungslosigkeit aus, worüber auch die Verordnung von Analgetika nicht hinwegtäuschen kann (Aulbert u. Niederle 1990).

Die psychische Dimension des Krebsschmerzes

Schmerzempfindung wie auch Schmerzäußerung sind wesentlich beeinflußt durch psychische Faktoren. Es besteht daher in der Regel kein linearer Zusammenhang zur Intensität des Schmerzreizes. Nicht selten spielen frühere Schmerzerfahrungen sowie augenblickliche Befürchtungen und Ängste eine bedeutende Rolle bei der Gestaltung des Schmerzerlebnisses. Hierdurch wird die Schmerzbehandlung beim chronischen Krebsschmerz nicht selten zu einem schwer lösbaren Problem. In der Tab. **2**

Tabelle **2** Beeinflussung der Schmerzschwelle durch emotionale Faktoren

Verstärkung der Schmerzempfindung
- Beschwerden, erfolglose Schmerztherapie
- Schlaflosigkeit, Erschöpfung
- Angst, Sorgen
- Unwissenheit, mangelhafte Aufklärung
- Hilflosigkeit, soziale Abhängigkeit
- Rückzug, Isolation
- Resignation, Passivität
- Hoffnungslosigkeit

Verringerung der Schmerzempfindung
- Symptomfreiheit
- Schlaf, Ausgeruhtsein, Zeit
- Ablenkung, Beschäftigung
- Sorglosigkeit
- Zuwendung, mitmenschliche Beziehungen
- Verständnis, Mitgefühl
- soziale Integration
- ausgewogene Aufklärung
- Einbezogensein in therapeutische Entscheidungen
- Hoffnung
- Stimmungshebung
- Anxiolytika, Antidepressiva

sind die psychischen Einflüsse aufgeführt, die die Schmerzschwelle senken oder steigern können.

Im einzelnen gilt es, folgende psychische Mechanismen voneinander zu unterscheiden, da sich hieran auch die Möglichkeiten einer Hilfestellung orientieren (Aulbert 1988):

Labilisierung des psychischen Gleichgewichts durch den ungenügend beherrschten Krebsschmerz

Der chronische Krebsschmerz nimmt unter den verschiedenen chronischen Schmerzzuständen eine Sonderstellung ein, da er nicht losgelöst gesehen werden kann von der ihm zugrundeliegenden malignen Tumorerkrankung mit ihren physischen und psychischen Belastungen. Daher besitzt der Schmerz für den Tumorpatienten einen zweifachen Signalcharakter. Er erinnert ihn andauernd an das Fortbestehen oder auch Fortschreiten der bösartigen Erkrankung. Darüber hinaus werden der Schmerz und seine Beeinflußbarkeit für den Patienten zum Maßstab dafür, wie erfolgreich der Arzt seine maligne Grunderkrankung behandelt (Aulbert 1983).

Es ist immer wieder zu beobachten, daß sich bei langdauernden Schmerzen die Schmerzwahrnehmung zu einem intensiven und quälenden Schmerzerleben ausweiten kann, welches den Betroffenen ganz ausfüllen und zum zentralen Lebensproblem werden kann. Der chronische Schmerz hat dann nicht mehr die Funktion eines Warnsignals, sondern wird die Krankheit selbst, die sich mit destruktiven Auswirkungen auf die Persönlichkeit und das Lebensgefühl verselbständigt (Bullinger u. Mitarb. 1986, Harrer 1983).

Wie wir aus Gesprächen mit Betroffenen erfahren können, erschweren ungenügend beherrschte Schmerzen darüber hinaus in besonderem Maße die Akzeptanz der Erkrankung: Je größer die Beschwerden sind, die der Patient erdulden muß, desto schwerer gelingt es ihm, eine innere Zustimmung zu der unheilbaren Krankheit zu gewinnen und die erforderliche Trauerarbeit zu leisten. Es wird nicht selten übersehen, daß eine gute Schmerzbehandlung ein wesentlicher Hoffnungsfaktor für den Krebspatienten darstellt.

Senkung der Schmerzschwelle durch das Erleben der Krebserkrankung

Persönlichkeitsstruktur und psychische Verfassung spielen bei der Schmerzempfindung eine entscheidende Rolle. So führen in besonderem Maße Angst, Unsicherheit und Hilflosigkeit zu einer Schmerzverstärkung. Beispielsweise sind bei Krebspatienten Angst vor sozialer Desintegration sowie vor einer Isolation von der Umwelt fast obligate Leidensfaktoren – und zwar unabhängig vom Vorhandensein und von der Intensität von Schmerzen. Dieser Einfluß der psychischen Grundhaltung auf Schmerzintensität und Schmerzhäufigkeit sollte nicht unterschätzt werden (Tab. **2**) (Adler u. Hemmeler 1984).

In der Regel hat insbesondere der ungenügend aufgeklärte Patient oder der mit ungenügendem Wissen über seine Krankheit allein gelassene Patient Angst (Köhle u. Mitarb. 1986). Es ist die Angst vor dem Ausgeliefertsein gegenüber der bedrohlichen Erkrankung, die Angst gegenüber unverstandenen Symptomen, Angst und Hilflosigkeit gegenüber eventuellen diagnostischen Eingriffen oder bevorstehenden unbekannten Therapien. Darüber hinaus wird allzu leicht übersehen, daß der Kranke durch häufige (und zum Teil überflüssige) Untersuchungen in permanenter Angst gehalten wird (Gallmeier u. Bruntsch 1985).

Auch diese Angst sensibilisiert die Schmerzempfindung und führt zu einer Verstärkung von Schmerzen und Beschwerden. Es muß betont werden, daß der Patient Sicherheit nicht dadurch erhält oder gewinnt, daß ihm Informationen vorenthalten werden („schonende Lüge"), sondern dadurch, daß der Arzt ihn bei der Verarbeitung der Informationen unterstützt und ihm dadurch Sicherheit in der Beziehung anbietet (Köhle u. Mitarb. 1986).

So wird immer wieder von Patienten bestätigt, daß Aufklärung und Information über die Diagnose, über erforderliche Untersuchungen und Untersuchungsergebnisse, über therapeutische Maßnahmen und prognostische Möglichkeiten ihre Angst vermindern (Kübler-Ross 1969, Meerwein 1984). Der Patient lernt dabei die Überlegungen des Arztes kennen, umgekehrt nimmt der Arzt das Erleben und die emotionale Reaktion des Patienten vermehrt wahr. Und somit wird dem Patienten in einer ihn bedrohenden Situation das Gefühl der Sicherheit und der Geborgenheit möglich. Auch dieses lindert Schmerzen.

Schmerz als Anliegen infolge einer ungenügenden psychosozialen Integration

Schmerz kann den Charakter einer Mitteilung haben, die verstanden werden muß, um die Schmerztherapie erfolgreich gestalten zu können (Aulbert u. Niederle 1990). Oft erfährt der Patient im Laufe der Zeit, daß sein Schmerzverhalten bestimmte Reaktionen bei den Mitmenschen auslöst. Er spürt, daß er durch sein Schmerzverhalten auf die Interaktion mit dem betreuenden Team Einfluß nehmen kann. Und so kann der Schmerz als Mittel der Gestaltung der Arzt-Patient-Beziehung eingesetzt werden.

Nicht selten ist zu beobachten, daß beispielsweise verzweifelte Patienten, die sich nach längerer Krankheitsdauer bereits aus ihrem Berufsleben und aus der Gemeinschaft der Angehörigen ausgeschlossen fühlen und keine sinnvolle Perspektive für ihr weiteres Leben sehen, nur noch den körperlichen Schmerz haben, um sich selber lebendig zu spüren und anderen ihre Not mitteilen zu können (Köhle 1984). Kommt dem Schmerz diese Funktion zu, so läßt er sich häufig erst dann lindern, wenn dem Patienten aus dieser verzweifelten Isolation herausgeholfen werden konnte. So kann in vielen Fällen erst eine sorgfältige Klärung der psychischen und sozialen Situation des Patienten zur Lösung des hier vordergründigen Schmerzproblems beitragen.

Dieses Beispiel soll zeigen, daß der Schmerz in erster Linie Auskunft über den persönlichen Zustand des Patienten gibt. Durch die Schmerzäußerung gibt der Leidende Informationen über das eigene körperliche und seelische Befinden weiter. Hierdurch bekommt der Schmerz eine wesentliche Rolle in der Beziehung des daran Leidenden zu seiner Umgebung.

Abwehr, Verunsicherung und Angst der behandelnden Ärzte und des Pflegepersonals gegenüber unheilbarer Krankheit

Nicht selten ist bei den Betreuern chronisch krebskranker Patienten ein therapeutischer und prognostischer Nihilismus zu beobachten, der vom Patienten verspürt wird und zu weiterer Angst, Isolation und Selbstaufgabe – und damit zur Schmerzverstärkung – führt. Hier wirken sich neben ausbildungstechnischen Mängeln oft psychologische Abwehrmechanismen der Betreuer für den Patienten verhängnisvoll aus. Oft ist diese Haltung Zeichen für eine Hilflosigkeit auf seiten des Arztes oder eine negative Grundhaltung des Arztes seinem Patienten gegenüber. Ärztliche Hilflosigkeit und Ängstlichkeit werden vom Patienten schnell erspürt, verstärken dessen Angst und Hoffnungslosigkeit und führen oft zu einem gegenseitigen Rückzug. Auch dieses ist eine denkbar ungünstige Voraussetzung für eine erfolgreiche Schmerztherapie (Aulbert 1986).

Eine besondere Form der Abwehr ist die Gabe von Placebo-„Schmerzmitteln" (beispielsweise in Form einer Kochsalzinjektion). Wie Untersuchungen zeigen, erfolgen derartige Placebogaben am häufigsten (Paar 1986)

- an mißliebige oder schwierige Patienten – gewissermaßen, um sich von ihnen zu distanzieren,
- bei Einstufung des Patienten als „Psychopathen",
- bei Versagen von Standardmethoden der Schmerztherapie,
- als Gruppenaktivität des frustrierten oder verärgerten Stationsteams.

Somit zeigt eine derartige Placebogabe zumeist ein gestörtes Arzt-Patient-Verhältnis auf. Diese Situation offenbart sich und verstärkt sich, wenn der Patient den Betrug entdeckt. Ganz abgesehen von dieser Störung der Vertrauensbasis des Arzt-Patient-Verhältnisses darf nicht übersehen werden, daß der Mißbrauch von Placeboverordnungen zu einer Verminderung der diagnostischen Wachsamkeit führen kann.

Der chronische Krebsschmerz als Kränkung des an seiner Heilungsaufgabe orientierten Arztes

Ein Problem bei der Betreuung schwerst und unheilbar Kranker ist, daß die Ausbildung zum Pfleger oder zum Arzt sehr stark die Heilungsaufgabe in der Medizin vermittelt. Krankheit wird als eine biotechnische Panne angesehen, die grundsätzlich reparabel ist. Für jede Situation, jedes Problem, jede Normabweichung gibt es ein Gegenmittel. Daher ist für den an seiner Heilungsaufgabe orientierten Arzt der chronische, schwer beeinflußbare Schmerz und die zugrundeliegende unheilbare Krankheit ein Zeichen des Versagens seiner kurativen Möglichkeiten (Aulbert 1986).

Und so wird der Patient, dessen Krankheit unheilbar ist und dessen chronische Schmerzen den Arzt andauernd an die Grenzen seiner kurativen Möglichkeiten erinnern, als ein Fehlschlag, als eine Niederlage, als ein Versagen dessen angesehen, dem die Aufgabe des Heilens übertragen wurde. Dieses führt zu einer Verunsicherung und stellt eine Kränkung für uns dar, die in uns Abwehrvorgänge auslöst und uns nicht selten hindert, sensibel auf den Kranken einzugehen.

Grundsätzliche Erfahrungsregeln der symptomatischen, medikamentösen Schmerztherapie

Eine erfolgreiche Tumorschmerztherapie setzt die Beachtung einer Reihe grundsätzlicher Erfahrungsregeln voraus, die im folgenden näher dargelegt werden sollen (Tab. **3**).

Ausschöpfen der kausalen Therapiemöglichkeiten in der Tumorschmerztherapie

Wo es hinsichtlich der Tumorerkrankung und der zur Verfügung stehenden Therapiemodalitäten möglich ist und wo es hinsichtlich der Belastung und der Nebenwirkungen für den Patienten vertretbar ist, stellt auch in fortgeschrittenen Krankheitsstadien die antineoplastische Therapie den ersten Schritt der Schmerzbehandlung dar. Ein Wachstumsstillstand oder auch nur eine Verlangsamung des Tumorwachstums unter einer Hormon- oder Chemotherapie kann schmerzlindernd wirken. Dabei ist jedoch immer wieder neu für jeden einzelnen Patienten die sinnvolle Abwägung zwischen eventuell noch nicht voll ausgeschöpften antineo-

Tabelle **3** Grundregeln der Tumorschmerztherapie

Differentialdiagnostische Abklärung der Schmerzursache
Ausschöpfen kausaler Therapiemöglichkeiten
Berücksichtigung der Möglichkeiten regionaler Schmerztherapie (Radiatio, Neurolyse, Periduralkatheter)
Löschen des Schmerzgedächtnisses durch Schmerzprävention
Regelmäßige Verordnung nach Zeitplan (nicht bei „Bedarf")
Stufenweiser Aufbau der Schmerztherapie
Ausreichend hohe Dosis, ausreichend kurze Dosisintervalle (je nach Wirkdauer des Präparates)
Orale Applikationsform
Begleitender Einsatz von Psychopharmaka oft günstig
Ausnutzen von Kotherapeutika (Spasmolytika, Muskelrelaxantien, Osteoklastenhemmstoffe)
Kontrolle des subjektiven Therapieerfolges durch den Patienten
Keine Placeboversuche

plastischen Maßnahmen und der reinen symptomatischen Schmerzbehandlung erforderlich (Aulbert 1990, Pfreundschuh u. Diehl 1986).

Nach Ausschöpfen der kausalen therapeutischen Möglichkeiten verbleibt in fortgeschrittenen Tumorstadien meist nur noch die Möglichkeit des symptomatischen Einsatzes von Analgetika zur Behandlung des chronischen Tumorschmerzes. Dabei kann innerhalb des nozizeptiven Systems auf verschiedenen Ebenen in das Schmerzgeschehen eingegriffen werden (Tab. **4**). Die Erfahrungen zeigen, daß es unter Nutzung dieser verschiedenen Möglichkeiten der Schmerzbeeinflussung möglich ist, bei bis zu 90% der Patienten mit Krebsschmerzen eine gute bis befriedigende Schmerzbeseitigung zu erreichen (Schreml u. Mitarb. 1981).

Differentialdiagnose der Schmerzursache

Die Differenziertheit des tumorbedingten Schmerzes schlägt sich in einer Vielzahl ursächlicher pathologisch-anatomischer Korrelate nieder. Daher ist nur durch eine sehr sorgfältige differenzierte Diagnostik eine sinnvolle und möglicherweise auch gezielte Schmerztherapie möglich. In einzelnen Fällen läßt sich durch palliative Maßnahmen wie entlastende Operationen von Stenosen, Entlastungspunktionen von Ergüssen, Bestrahlung schmerzhafter oder frakturgefährdeter Osteolysen, antibioti-

Tabelle **4** Medikamentöse Möglichkeiten der Schmerzbeeinflussung

Verhinderung der Sensibilisierung der Schmerzrezeptoren durch Hemmung der Prostaglandinsynthese (durch periphere Analgetika)
Regionale Verhinderung der Erregungsbildung in den Schmerzrezeptoren (durch Lokalanästhetika)
Regionale Unterbrechung der Erregungsleitung in den sensiblen Nervenbahnen (durch Leitungsanästhetika, Neurolytika, neurochirurgische Methoden sowie durch die peridurale Opiatanalgesie)
Dämpfung der repetitiven Erregungsvorgänge bei der Schmerzleitung sowie Modifizierung der Verarbeitung der Schmerzimpulse in den übergeordneten Zentren (durch zentral wirkende Analgetika)
Beeinflussung des psychischen Schmerzerlebnisses (durch Psychopharmaka)

sche Behandlung von Begleitinfektionen usw. die Lebensqualität erheblich verbessern. Derartige palliative Eingriffe setzen jedoch eine gute interdisziplinäre Zusammenarbeit des Chirurgen, Strahlentherapeuten, internistischen Onkologen usw. voraus (Aulbert 1988).

Orale Applikationsform

Bei der Therapie des chronischen Krebsschmerzes ist aus mehreren Gründen eine orale Applikationsform vorzuziehen. Die orale Gabe verhindert toxische Konzentrationsspitzen, die im allgemeinen für die Nebenwirkungen verantwortlich sind. Darüber hinaus ergeben sich geringere Schwankungen des Plasmawirkspiegels mit einem längeren Verbleiben im therapeutischen Bereich (Aulbert 1988).

Während die parenterale Applikationsweise den Patienten oft in eine betreuerische Abhängigkeit bringt und Anlaß zu fortschreitender psychischer und sozialer Regression bietet, kann der Patient bei einer oralen Applikationsform seine Schmerzen selber beeinflussen und ist nicht abhängig von Pflegepersonal oder Arzt (Senn u. Glaus 1982). Auf diese Weise kann oft eine ambulante Schmerzbehandlung erreicht werden. Oft kann sich der Patient sogar zu Hause behandeln, wo Familienangehörige und Freunde in die Therapie einbezogen werden können und durch emotionale Zuwendung sowie durch Verhinderung einer gesellschaftlichen Isolierung wesentlich zur Beherrschung des Schmerzproblems beitragen können.

Regelmäßige Verordnung nach Zeitplan

Ziel der Bemühungen ist eine dauernde Schmerzfreiheit oder wesentliche Schmerzlinderung. Daher sollte die Analgetikagabe nicht sporadisch erfolgen und nicht nur auf den Bedarfsfall („Verordnung auf Abruf") beschränkt sein. Durch die regelmäßige Analgetikagabe nach festgelegten Zeitintervallen gelingt es besser, den Patienten im Sinne einer Schmerzprophylaxe schmerzfrei zu halten. Die Schmerzfreiheit soll das Schmerzgedächtnis löschen und damit vermeiden, daß der Patient aus Angst vor dem Wiedereintritt des Schmerzes und aus Sorge um die rechtzeitige nächste Medikation seine ganze Aufmerksamkeit auf den Schmerz richtet. Wartet man dagegen auf das jeweilige Wiedereintreten der Schmerzen, so bedeutet dieses für den Patienten eine unnötige physische und psychische Belastung und erschwert die erneute Schmerzbeeinflussung erheblich (Aulbert 1983).

Ausreichend hohe Dosis, ausreichend kurze Dosisintervalle

Die Dosis der Schmerzmedikamente muß individuell titriert werden, sollte jedoch initial ausreichend hoch gewählt sein, um mehrere vergebliche Therapieanläufe zu vermeiden. Durch eine deutliche initiale Schmerzlinderung gewinnt der Patient das notwendige Vertrauen in die Möglichkeiten der analgetischen Therapie. Oft kehrt hierdurch auch die Hoffnung in die Therapierbarkeit seiner Erkrankung zurück.

Medikamente mit langer Wirkdauer sind zu bevorzugen. Unter Berücksichtigung der pharmakologischen Eigenschaften des eingesetzten Präparates müssen die Dosisintervalle kurz genug gewählt sein, damit die Serumkonzentration nicht unter die Wirkgrenze abfällt. Dieses gilt besonders für das nächtliche Dosierungsintervall. Es ist also wichtig, daß der Verordnungsplan nicht auf die üblichen 12 Stunden des Tages beschränkt ist. Durch ein möglichst kurz gehaltenes nächtliches Intervall oder gegebenenfalls auch eine nächtliche Analgetikagabe kann einem Aufwachen des Patienten infolge quälender Schmerzen vorgebeugt werden (Aulbert u. Hankemeier 1990).

Stufenweiser Aufbau der Therapie

Es empfiehlt sich, die analgetische Medikation stufenweise zu steigern, wobei zunächst schwächere, dann stärkere Analgetika bis hin zu den Opiaten in pharmakologisch wirksamer Dosierung eingesetzt werden. Es ist dabei aus Gründen der Erfahrung und Vertrautheit mit den einzelnen Medikamenten zu empfehlen, die Anzahl der verwendeten Analgetika gering zu halten und Mischpräparate zu vermeiden. Insbesondere das „Herumprobieren" mit ständig wechselnden Medikamenten entmutigt nämlich den Patienten, signalisiert ihm eine Unsicherheit des Arztes und provoziert Therapiemißerfolge (Aulbert u. Hankemeier 1990).

Kombination der Schmerzmedikation mit Psychopharmaka

Der begleitende Einsatz von Antidepressiva und Neuroleptika ist in der Schmerzbehandlung von Tumorpatienten heute weitgehend anerkannt. Hierdurch kann ein Circulus vitiosus „Schmerz – Angst – Depression – Schmerz" durchbrochen werden, wodurch die Schmerzbeherrschung oft erleichtert wird (Abb. **1**). Je mehr der Tumorschmerz von einer Störung des emotionalen, psychischen und vegetativen Gleichgewichts begleitet wird, um so mehr profitiert der Patient vom gleichzeitigen Einsatz von Psychopharmaka. Darüber hinaus scheinen verschiedene Psychopharmaka auch eine eigene analgetische Wirkung zu haben (Kocher 1981).

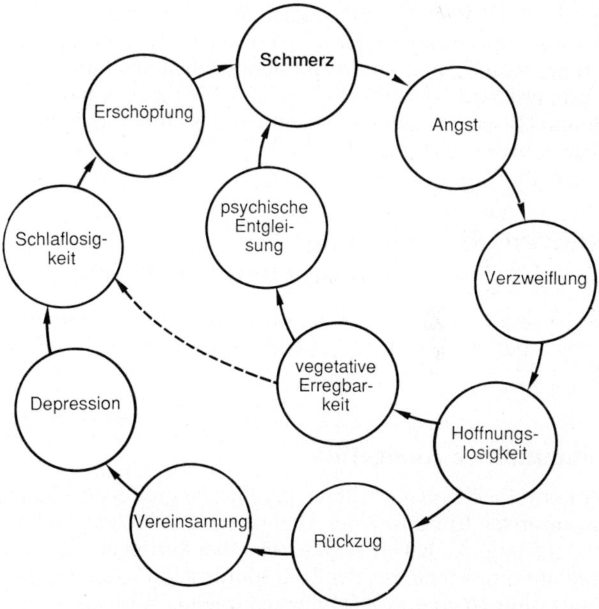

Abb. **1** Schmerzspirale bei Tumorschmerzen. Der Circulus vitiosus tumorbedinter Schmerzzustände, in dem sich einerseits Schmerz – Angst – Hoffnungslosigkeit – psychovegetative Entgleisung, andererseits Schmerz – Verzweiflung – Rückzug – Depression – Erschöpfung gegenseitig verstärken können

Placebo-„Schmerzmittel"-Gabe

Die Gabe von Placebo im Rahmen der Schmerzbehandlung bei Patienten mit fortgeschrittenen Tumorerkrankungen muß als ungeeignet angesehen werden (Schreml u. Mitarb. 1981).

Möglichkeiten einer regionalen Schmerztherapie beachten

Bei lokalisierten Schmerzen oder lokal-dominierenden Schmerzpunkten ist es sinnvoll, die Möglichkeiten einer regionalen Schmerzbehandlung zu nutzen. Hier bietet sich in erster Linie die Bestrahlung beispielsweise lokalisierter Schmerzmaxima bei Skelettmetastasen oder die Ganglienblockade bzw. Neurolyse beispielsweise des Plexus coeliacus bei infiltrierend wachsendem Pankreaskarzinom oder die peridurale Analgesie über ein Portsystem beispielsweise bei schmerzhaften Tumorinfiltrationen im Abdomen oder Becken durch ein Rektumkarzinom, Ovarialkarzinom, Blasenkarzinom, Hypernephrom usw. an.

Der Einsatz derartiger regionaler Schmerztherapien ist durchaus keine Ultima ratio, sondern hat jederzeit dann seine Berechtigung und seinen Sinn, wenn durch die lokale Schmerzbeherrschung eine nebenwirkungsbelastende systemische Schmerztherapie verzichtbar wird oder durch Dosisverringerung nebenwirkungsärmer gehalten werden kann (Hankemeier u. Aulbert 1990).

Substanzen, die sich in der Tumorschmerzbehandlung bewährt haben

Bei der systemischen medikamentösen Behandlung tumorbedingter Schmerzen sind verschiedene Substanzgruppen mit Erfolg anwendbar (Tab. **5**).

Nichtopiathaltige Analgetika

Der Wirkungsmechanismus dieser peripher angreifenden Schmerzmittel liegt in erster Linie in einer Hemmung der Prostaglandinsynthese bzw. -freisetzung. Sie haben insbesondere bei Vorliegen einer entzündlichen Begleitkomponente bei der Tumorinfiltration sowie bei einer ossären Metastasierung eine gute schmerzbefreiende Wirkung.

Bei diesen Prostaglandinsynthesehemmstoffen handelt es sich um eine heterogene Gruppe von Analgetika mit mehr oder weniger antipyretisch-antiphlogistischer Wirkung. Leider wird die analgetische Wirksamkeit dieser Stoffgruppe häufig unterschätzt. Wir sehen sie – wenn sie genügend hoch dosiert werden – als ausgezeichnete Basisschmerzmittel

Tabelle **5** Medikamente zur Tumorschmerztherapie

Freiname	Handelsname	Einzeldosis (mg) oral	Dosierungsintervall (= Wirkungsdauer in Std.)
Einfache Analgetika			
Acetylsalicylsäure	Aspirin, Aspisol	750–1000	3–4
Metamizol	Novalgin	750–1000	4–5
Paracetamol	Ben-u-ron	750–1000	3–4
Diclofenac	Voltaren	50–100	8–12
Ibuprofen	Tabalon	400	4
Synthetische, mittelstark wirkende Analgetika			
Tramadol-HCl	Tramal	100	3–4
Tilidin-Naloxon	Valoron-N	50–100	3–4
Dihydrocodein	DHC-Mundipharma	60–120	8–12
Dextropropoxiphen	Develin retard	150	6–8
*BTM-plichtige *, stark wirkende Analgetika*			
Morphinsulfat	MST-Mundipharma	30–60 * *	8–12
Buprenorphin	Temgesic	0,216	6–8
		Tagesdosis (mg) oral	
Neuroleptika			
Levomepromazin	Neurocil	10–50	
Thioridazin	Melleril	30–90	
Haloperidol	Haldol	0,5–1,5	
Antidepressiva			
Clomipramin	Anafranil	25–75	
Maprotilin	Ludiomil	25–225	
Amitriptylin	Saroten, Laroxyl	10–100	
Doxepin	Aponal	25–150	

* Betäubungsmittelverschreibungsordnung
* * Einzeldosis kann im Bedarfsfall 60 mg wesentlich überschreiten

für eine große Gruppe von Tumorpatienten mit mäßig starken und in einzelnen Fällen auch sehr ausgeprägten Schmerzen an. Die Dosierung dieser Substanzen liegt im Rahmen der Therapie des chronischen Tumorschmerzes deutlich höher, als normalerweise bei akuten Schmerzzuständen empfohlen wird.

Die Nebenwirkungen der peripher wirkenden Analgetika unterscheiden sich spezifisch von Substanz zu Substanz und betreffen in erster Linie den Magen-Darm-Trakt. Die peripher wirksamen Analgetika sollten stets zur Erstbehandlung von tumorbedingten Schmerzen und dabei so lange wie möglich eingesetzt werden. Dieses muß besonders deshalb empfohlen werden, weil die peripher wirksamen Analgetika praktisch keinen Einfluß auf die Persönlichkeitsstruktur des Patienten haben.

Als Beispiele dieser Gruppe seien genannt:

Metamizol (Novalgin oder Generika). Der zu empfehlende Dosisbereich liegt bei 500–1000 mg/4 Std. Es hat eine sehr gute analgetische Potenz, insbesondere bei viszeralen Schmerzen. Es ist sehr gut verträglich. Als Nebenwirkung kann es bei oraler Applikation zu Schwitzen und gelegentlich zu allergischen Hautreaktionen kommen. Die gefürchtete Agranulozytose ist mit einer Häufigkeit von 1 : 1 000 000 sehr selten.

Diclofenac (Voltaren oder Generika). Der zu empfehlende Dosisbereich liegt in der retardierten Form bei 100 mg/8–12 Std., bei der nicht retardierten Form bei 50–100 mg/4–6 Std. Es ist besonders wirksam bei Weichteil- und Knocheninfiltration oder entzündlicher Begleitkomponente. Als wichtigste Nebenwirkungen sind gastrointestinale Störungen häufig, so daß oft bereits prophylaktisch eine Kombination mit H_2-Antagonisten sinnvoll ist.

Acetylsalicylsäure, Ibuprofen, Naproxen, Piroxicam sind weitere vergleichbare Substanzen.

Schwache Opiate

Ist der tumorbedingte Schmerz nicht mehr allein durch peripher wirksame, nichtopiathaltige Analgetika zu beherrschen, ist der zusätzliche Einsatz von schwachen Opiaten mit zentralem Angriffspunkt sinnvoll. Diese Gruppe unterliegt nicht der Betäubungsmittelverschreibungsordnung. Mit der Kombination peripherer Schmerzmittel mit schwachen Opiaten gelingt es bei dem größten Anteil der Patienten mit tumorbedingten Schmerzen auch noch in fortgeschrittenen Stadien eine gute Schmerzfreiheit zu erreichen.

Feste Kombinationspräparate von Codein mit einem nichtopiathaltigen peripher wirksamen Analgetikum können eine Vereinfachung darstellen, insbesondere bei häuslicher oder ambulanter Schmerzbehandlung. Voraussetzung ist hierbei, daß die beiden Wirkkomponenten in ihrer Wirkdauer aufeinander abgestimmt sind.

Als Beispiele für schwach wirksame Opiate seien genannt:

Dihydrocodein retard (DHC Mundipharma) mit einer zu empfehlenden Dosis von 60–120 mg/8–12 Std. oder

Dextropropoxyphen retard (Develin retard) mit einer zu empfehlenden Dosis von 150/6–8 Std. Beide haben als Retardpräparate den Vorteil der langen Wirkdauer.

Tilidin (+ Naloxon) (Valoron N) mit einer zu empfehlenden Dosis von 50–100 mg/4 Std. oder

Tramadol (Tramal) mit einer zu empfehlenden Dosis von 50–100 mg/4 Std. Beide Präparate sind in Tropfenform individuell dosierbar und bieten sich besonders bei Dysphagie an. Letzteres ist auch in Form von Suppositorien erhältlich und wird zur Zeit als retardierte Form getestet.

Die Nebenwirkungen dieser Gruppe der schwachen Opiate sind mit Übelkeit, Erbrechen und Obstipation ähnlich wie bei den starken Opiaten, wenngleich graduelle Unterschiede bestehen. Ein frühzeitiger Einsatz von Antiemetika und Laxantien erweist sich oft als günstig.

Starke Opiate

Diese Gruppe unterliegt den besonderen Richtlinien der Betäubungsmittelverschreibungsordnung. Diese zentral wirkenden Analgetika haben einen festen Stellenwert in der Schmerzbehandlung bei fortgeschrittenen Tumorerkrankungen, wenn der Schmerz durch peripher wirkende Analgetika oder schwache Opiate nicht mehr ausreichend beherrscht werden kann. Prototyp dieser Substanzgruppe ist das Morphin, welches sich nach wie vor als ein vielseitiges, zuverlässiges und sicheres Medikament erweist. Die Wirkung dieser Substanzen liegt in einer Reflexhemmung und -dämpfung der repetitiven Erregungsvorgänge bei der Schmerzleitung. Darüber hinaus wird die weitere Verarbeitung der Schmerzimpulse in übergeordneten Zentren modifiziert, so daß auch die Schmerzwahrnehmung verändert erlebt wird. Der Schmerz wird anders gewertet, er wird „entpersonalisiert" und „verfremdet".

Für diese zentral wirkenden Schmerzmittel ist ein individuell sehr unterschiedliches Ansprechen bekannt. Ein einmaliger Präparatewechsel kann sinnvoll sein, das Durchprobieren der gesamten Stoffgruppe jedoch nicht. Die Einstellung eines Tumorpatienten auf die individuell richtige Dosis erfordert in der Regel etwa 1–2 Wochen.

Die klinisch relevanteren Nebenwirkungen der Opiate sind in erster Linie Übelkeit, Erbrechen, Obstipation, Benommenheit, Desorientiertheit, Schwitzen, Atemdepression, Toleranzentwicklung und selten auch psychische Abhängigkeit mit den damit verbundenen Persönlichkeitsveränderungen. Im Prinzip können alle Opiate, auch speziell entwikkelte Substanzen mit partiell opiatantagonistischen Eigenschaften – mit graduellen Unterschieden – diese Nebenwirkungen aufweisen.

Das Auftreten von opiattypischen Nebenwirkungen ist von Beginn der Therapie an einzukalkulieren und mit dem Patienten zu besprechen. Tritt eine belastendere Übelkeit mit Erbrechen oder Obstipation auf, sind schon frühzeitig Antiemetika bzw. Laxantien einzusetzen. Manchmal erweist sich bereits die prophylaktische Gabe als sinnvoll. Mit dem Auftreten einer Atemdepression ist hingegen bei oraler Gabe kaum zu rechnen. Auch die Toleranzentwicklung ist erfahrungsgemäß nur unerheblich, und das Problem der psychischen Abhängigkeit tritt bei terminalen Tumorschmerzen in den Hintergrund.

Als Beispiele seien genannt:

Morphinlösung (initiale Dosis 5–10 mg/4 Std.),

Morphinsuppositorien (MSR-Mundipharma) (initial 10–30 mg/4 Std.),

Morphin retard (MST-Mundipharma) (initial 10–30 mg/8–12 Std.),

Buprenorphin-HCl (Temgesic) steht als weiteres lang wirksames starkes Opiat in Form von Sublingualtabletten zur Verfügung. Die initial empfohlene Dosis beträgt 0,2–0,4 mg/6–8 Std. Durch die sublinguale Applikation ist es besonders geeignet bei Dysphagie und Erbrechen. Im Gegensatz zu Morphin ist keine unbegrenzte Dosissteigerung möglich, da bei Einzeldosen > 1 mg ein „Ceiling-Effekt" auftritt. Dieses bedeutet, daß infolge der starken Rezeptorbindung trotz weiterer Dosissteigerung keine Steigerung der analgetischen Wirkung erreicht wird.

Adjuvantien der Schmerztherapie

Bei speziellen Schmerzqualitäten sowie bei Nebenwirkungen der Schmerztherapie kann durch den unterstützenden Einsatz einer spezifischen Begleittherapie der Wirkungsgrad der Tumorschmerztherapie verbessert werden:

Antidepressiva haben einen günstigen Effekt bei neuropathischen Schmerzen mit Dysästhesien (Brennschmerzen). Beispiele:

Saroten retard, 25–75 mg/Tag, initial 25 mg/Tag. Als leichtes sedierendes Antidepressivum ist eine abendliche Gabe zu bevorzugen.

Anafranil, empfohlene Dosierung 10–50 mg/Tag (als leicht antriebssteigerndes Antidepressivum möglichst keine Abenddosis). Der antidepressive Begleiteffekt ist im Rahmen der Tumorschmerzbehandlung bei ausgeprägter depressiver Überlagerung günstig. Hier liegen die Dosierungen höher. Ein verzögerter Wirkungseintritt (1–2 Wochen) ist zu berücksichtigen.

Antikonvulsiva bieten sich bei neuropathischen Schmerzen mit einschießenden stechenden Paroxysmen an. Beispiele:

Tegretal retard oder Generika, empfohlene Dosierung 200–1200 mg/Tag. Einschleichende Dosis mit initial ½–1 Tablette erforderlich, bevorzugt abends zu verabreichen.

Rivotril, empfohlene Dosierung 0,3–1 mg/8 Std.

Corticosteroide sind günstig einzusetzen bei Schmerzen, die durch Entzündungen oder perifokale Ödeme (Nerven- oder Rückenmarkkompression, Hirndruck, Leberkapselschmerzen, Lymphödem) kompliziert sind. Beispiel:

Dexamethason (Fortecortin oder Generika), empfohlene Dosierung 8–24 mg/Tag, nach einer Woche eventuell reduzieren, bei Hirndruck gegebenenfalls wesentlich höhere Dosis.

Antiemetika, insbesondere als Begleitmedikation bei Opiaten. Beispiele:

Haldol oder Generika, empfohlene Dosis 0,5–1,0 mg/8 Std. oder
Paspertin oder Generika, empfohlene Dosierung 10 mg/4–8 Std.

Laxantien sind bei opiatbedingter Obstipation frühzeitig einzusetzen. Beispiele:

Bifiteral oder Generika (15–45 ml/Tag) oder
Laxoberal oder Generika (10–20 Tropfen/Tag oder
Dulcolax oder Generika (10 mg/Tag).

H_2-Antagonisten, die insbesondere bei Kombinationen von Corticosteroiden und nichtsteroidalen Analgetika bereits prophylaktisch einzusetzen sind. Beispiel:

Zantic (30 mg/24 Std.) in abendlicher Einzeldosis.

Stufenplan für die Schmerzbehandlung von Tumorpatienten

Faßt man das bisher Gesagte zusammen, so läßt sich daraus ein in Stufen aufgebauter Therapieplan für die Behandlung von tumorbedingten Schmerzen erstellen. Dieser deckt sich mit den von der WHO gegebenen Empfehlungen (Tab. **6**):

1. In der Regel leiten wir die Schmerzbehandlung in der ersten Stufe mit einem peripher wirksamen, nichtopiathaltigen Schmerzmittel in oraler Applikationsform ein. Wir bevorzugen Metamizol (Novalgin) oder Diclofenac (Voltaren). Liegt eine deutliche depressive Überlagerung vor, die sich auch nicht durch eine sorgfältige psychische Betreuung abfangen läßt, fügen wir begleitend ein Antidepressivum (Anafranil, Aponal) oder Neuroleptikum (Neurocil) hinzu. Bereits auf dieser Therapiestufe ist der möglicherweise günstige Einsatz von Adjuvantien zu bedenken.

2. Bei stärkeren Schmerzen, die durch peripher wirkende Analgetika nicht ausreichend beherrscht werden können, sollten zusätzlich zentral wirkende, opiathaltige Analgetika eingesetzt werden. Hier erweisen sich die retardierten Präparate Dihydrocodein retard (DHC-60-Mundi-

Tabelle **6** Stufenplan der systemischen Tumorschmerztherapie

1. *Peripheres Schmerzmittel*			
Metamizol (Novalgin)			bis 1000 mg × 4
Acetylsalicylsäure (Aspirin)			bis 1000 mg × 4
Paracetamol (Benuron)			bis 1000 mg × 3
Diclophenac (Voltaren)			bis 100 mg × 3
Peripheres Schmerzmittel + Psychopharmakon			
Antidepressivum	(Anafranil)	25 mg × 3	
	(Aponal)	25 mg × 3 *	
Neuroleptikum	(Haldol)	0,5–1,5 mg × 3	
	(Neurocil)	10 mg × 3 *	
2. *Peripheres Schmerzmittel + Psychopharmakon + zentrales Schmerzmittel*, mittelstark, nicht BTM-plichtig **			
Tramadol (Tramal)			bis 100 mg × 6
Tilidin-Naloxon (Valoroan-N)			bis 100 mg × 6
Dihydrocodein (DHC-Mundipharma)			60–120 mg × 2–3
Dextropropoxyphen (Develin retard)			bis 150 mg × 3–4
3. *Zentrales Schmerzmittes*, stark, BTM-pflichtig **, *+ Psychopharmakon*			
Morphinsulfat (MST-Mundipharma)			30–60 mg × 2–3 ***
Buprenorphin (Temgesic)			bis 0,4 mg × 3–4

* möglichst abendlicher Dosierungsschwerpunkt
** Betäubungsmittelverschreibungsordnung
*** Einzeldosis kann im Bedarfsfall 60 mg wesentlich überschreiten

pharma) oder Dextropropoxyphen (Develin retard) wegen ihrer 8- bis 12stündigen Wirkdauer als vorteilhaft. Tramadol (Tramal) oder Tilidin (Valoron-N) sind durch ihre infolge der Tropfenform individuelle Dosierbarkeit günstig. Bei der ambulanten Schmerztherapie oder auch bei der Betreuung von Patienten mit einer terminalen Tumorerkrankung zu Hause können feste Kombinationen eines peripher wirksamen Analgetikums mit Codein (Combaren) günstig sein, wenn die Wirkdauer beider Substanzen aufeinander abgestimmt ist. Der sorgfältige begleitende Einsatz von Adjuvantien ist zu empfehlen.

3. Bei Schmerzzuständen, bei denen durch die Kombinationen der 2. Therapiestufe keine ausreichende Schmerzlinderung erreicht wird, kommen die starken opiathaltigen Analgetika zum Einsatz. Es bietet sich hier in erster Linie Morphin an, dessen Dosis bis zum Erreichen einer ausreichenden Schmerzreduktion hochtitriert wird. In der retardier-

ten Form (MST-Mundipharma) beträgt das Dosisintervall 8–12 Stunden, in Tropfenform oder als Suppositorium (MSR-Suppositorien-Mundipharma) muß das 4stündliche Dosisintervall eingehalten werden. Der volle Wirkungseintritt ist erst nach 3–4 Tagen zu erwarten. Insbesondere bei Dysphagie und Erbrechen bietet Buprenorphin (Temgesic) in seiner sublingualen Darreichungsform Vorteile. Zum Abfangen der opiattypischen Nebenwirkungen ist der frühzeitige Einsatz der adjuvanten Begleittherapie sinnvoll.

Die Anwendung dieses Stufenplans ist nicht dogmatisch zu verstehen. Nicht selten ist man gezwungen, bereits zu Beginn auf einer höheren Stufe in die Schmerztherapie einzusteigen. Nach erreichter Schmerzfreiheit ist es – insbesondere auch bei Wirkungseintritt einer begleitenden Hormon- oder Chemotherapie – nicht selten möglich, schrittweise wieder mit der Schmerztherapie auf eine niedrigere Stufe zurückzugehen. Eine derartige individuell angepaßte Schmerztherapie setzt eine sorgfältige, engmaschige Betreuung des Patienten mit Kontrolle des Therapieerfolges sowie eventueller Therapienebenwirkungen voraus. Gelingt auf diese Weise eine erfolgreiche Tumorschmerzbehandlung, so stellt dieses für den Patienten einen wesentlichen Hoffnungsfaktor dar und kann ihm als Grundlage für eine positive Krankheitsverarbeitung und Krankheitsbewältigung dienen.

Literatur

Adler, R. H., W. Hemmeler: Psychological treatment modalities for pain in cancer patients. In Zimmerman, M., P. Drings, G. Wagner: Pain in the Cancer Patient. Springer, Berlin 1984 (pp. 195–200)

Aulbert, E.: Die Betreuung tod- und schwerstkranker Patienten. Dtsch. Krankenpfl.-Z. 6 (1983) 314–318

Aulbert, E.: Psychosoziale Betreuung des unheilbar Kranken durch den Arzt. In Niederle, N., E. Aulberg: Der Krebskranke und sein Umfeld. Thieme, Stuttgart 1986 (S. 63–79)

Aulbert, E.: Man kann noch viel tun – Die Behandlung und Begleitung Schwerstkranker. Notab. med. 11 (1987) 659 –664

Aulbert, E.: Die psychische Dimension des Krebsschmerzes. Schmerz 2 (1988) 198–204

Aulbert, E.: Internistische Krebstherapie. In Hankemeier, U., I. Bowdler, D. Zech: Tumorschmerztherapie. Springer, Berlin (in Vorbereitung)

Aulbert, E., U. Hankemeier: Systemische medikamentöse Schmerzbehandlung bei Krebskranken, In Aulbert, E., N. Niederle: Die Lebensqualität des chronisch Krebskranken. Thieme, Stuttgart 1990 (S. 131–146)

Aulbert, E., N. Niederle: Die Lebensqualität des chronisch Krebskranken. Thieme, Stuttgart 1990

Bruntsch, U., W. M. Gallmeier: Schmerztherapie im fortgeschrittenen Krebsstadium. Münch. med. Wschr. 122 (1980) 7–9

Bullinger, M., W. Keeser, E. Pöppel: Psychologie der Schmerzerfahrung. Internist 27 (1986) 418–425

Gallmeier, W. M., U. Bruntsch: Unnötige Diagnostik (Überdiagnostik) in der Onkologie. Münch. med. Wschr. 127 (1985) 390–394

Hankemeier, U., E. Aulbert: Invasive Methoden der Tumorschmerztherapie. In Aulbert, E., N. Niederle: Die Lebensqualität des chronisch Krebskranken. Thieme, Stuttgart 1990 (S. 147–166)

Harrer, G.: Schmerz und vegetatives Nervensystem. Neurol. Psychiat. Suppl. 6 (1983) 7

Hoffmann, L.: Schmerzbehandlung von Tumorkranken. Münch. med. Wschr. 125 (1983) 114

Kocher, R.: Psychopharmaka bei chronischen Schmerzen. Schweiz. med. Wschr. 111 (1981) 1946–1954

Köhle, K.: Aufklärung von Patienten in fortgeschrittenem Krebsstadium. Münch. med. Wschr. 126 (1984) 214–218

Köhle, K., C. Simons, B. Kubanek: Zum Umgang mit unheilbar Kranken. In von Uexküll, I.: Psychosomatische Medizin. Urban & Schwarzenberg, München 1986 (S. 1203)

Kübler-Ross, E.: Interviews mit Sterbenden. Kreuz, Stuttgart 1969

Meerwein, F.: Probleme und Konflikte des Onkologen und seiner Mitarbeiter. Münch. med. Wschr. 126 (1984) 219 –222

Paar, G.: Psychopharmaka in der psychosomatischen Medizin und Allgemeinmedizin. In von Uexküll, I.: Psychosomatische Medizin. Urban & Schwarzenberg, München 1986 (S. 336)

Pfreundschuh, M.: Palliative internistische Therapie in der Onkologie. In Zielinski, H., M. Pfreundschuh, S. Schug, D. Zeck: Palliative Therapie bei Krebspatienten. Karger, Basel 1990 (S. 217–231)

Pfreundschuh, M., V. Diehl: Grundlagen der internistischen Onkologie. In Schmoll, H. J., H. D. Peters, U. Fink: Kompendium internistische Onkologie, Bd. I. Springer, Berlin 1986 (S. 3–35)

Schreml, W.: Supportive Maßnahmen bei der internistischen Tumorbehandlung. In Drings, P.: Aktuelle Onkologie, Bd. 7. Zuckschwerdt, München 1984 (S. 48)

Schreml, W., W. Merkle, H. Heimpel: Medikamentöse Schmerztherapie bei Krebspatienten. Med. Klin. 76 (1981) 43 –47

Senn, H. J., A. Glaus: Schmerzen und Schmerzbekämpfung bei Tumorkrankheiten. Schweiz. med. Wschr. 112 (1982) 1158–1164

Nachsorge – Aufgabe und Möglichkeiten

W. Dornoff

Unter Nachsorge verstehen wir die kontinuierliche ärztliche Betreuung des tumorkranken Patienten nach Abschluß einer in kurativer bzw. deutlich lebensverlängernder Intention durchgeführten Primärtherapie.

Es handelt sich dabei um diagnostische und therapeutische Maßnahmen, die im Anschluß an die abgeschlossene Primärbehandlung durchgeführt werden (Delbrück 1988):

1. eine frühe Rezidiverkennung in der Hoffnung, den erneut wachsenden Tumor noch im Anfangsstadium kurativ angehen zu können,
2. möglichst frühzeitiger Nachweis von Metastasen in der Hoffnung, bei kleiner Tumormasse eine höhere Remissionsrate zu erreichen und damit die Überlebenszeit zu verlängern,
3. Erkennung und Behandlung/Linderung von Therapiefolgen,
4. frühzeitige Erkennung von Zweitkarzinomen, dieses Risiko liegt bei bestimmten Tumoren, z. B. dem Mammakarzinom, bei entsprechenden Risikoparametern zwischen 5 und 20%.

   Diese optimistischen Ziele der Nachsorge haben die ärztlichen Standesorganisationen veranlaßt, standardisierte Nachsorgepässe herauszugeben, in denen präzise die Anzahl der Nachschauen sowie die diagnostischen Maßnahmen für jedes Krankheitsbild aufgelistet werden. Man glaubte (und glaubt), mit diesem breit gefächerten Instrumentarium eine optimale Versorgung des Tumorpatienten zu erreichen und damit die Heilungsaussichten zu verbessern.

   Dieses hehre Ziel wurde nicht erreicht, obwohl Nachsorgemaßnahmen noch nie so präzise formuliert und so gut umgesetzt wurden (und werden) wie heute. Unsicherheit, Hilflosigkeit und Angst der Menschen nach einer Krebserkrankung hat nicht abgenommen, im Gegenteil, die Zahl verzweifelt lebender und angstvoll kämpfender Betroffener und ihrer Angehörigen scheint zuzunehmen (Gallmeier 1989). Daher muß unsere bisher vorwiegend auf diagnostische Maßnahmen abzielende Nachschau überdacht werden.

   Nicht die Krankheit darf Mittelpunkt unseres Denkens sein, sondern der Mensch, der in vielen Fällen durch keine noch so aufwendige Diagnostik und Therapie geheilt oder am Leben erhalten werden kann. Deshalb muß Nachsorge

5. auch – und vor allem – bei fehlender Heilung psychische Unterstützung, Bewältigungshilfen und menschliche Zuwendung beinhalten.

Sinnvolle Nachschau

Treten bei abgeschlossener Primärtherapie Rezidive und/oder Metastasen auf, sind diese meist weder durch frühe noch durch intensive Therapiemaßnahmen zu heilen. Auch die partielle Rückbildung des Tumors läßt leider nur in wenigen Fällen eine deutliche Lebensverlängerung erwarten. Allerdings kann durch geeignete Therapiemaßnahmen die Lebensqualität verbessert werden. Zu diesen allenfalls marginal zu beeinflussenden Tumoren zählen ca. 90% aller bösartigen Neubildungen (z. B. die malignen Hirntumoren, die nichtkleinzelligen Bronchialkarzinome, das Nierenkarzinom, die gynäkologischen Karzinome, das Mammakarzinom, das Ösophagus-, Magen- und Bauchspeicheldrüsenkarzinom).

Die meisten dieser Tumoren zeigen eine sehr unterschiedliche Tumorbiologie. So finden wir sehr langsam wachsende Tumoren, die erst sehr spät metastasieren, gegenüber äußerst aggressiv verlaufenden Tumoren, die trotz intensiver Therapie in kürzester Zeit zum Tode führen. Diesem biologischen Verlauf haben wir kaum etwas entgegenzusetzen (Wandt u. Mitarb. 1990). Es verwundert deshalb nicht, daß Patienten, z. B. mit einem Mammakarzinom, die regelmäßig an Kontrolluntersuchungen teilgenommen haben, keinen Überlebensvorteil haben gegenüber unregelmäßig kontrollierten oder auch solchen, die erst bei Auftreten von Symptomen den Arzt aufsuchen (Wandt u. Mitarb. 1990, Hossfeld, Kleeberg 1993).

Die sich daraus ergebende Konsequenz ist die Nachsorge nach Maß, die sich an dem Krankheitsbild, der kurativen Möglichkeit und dem Rezidivrisiko orientiert.

Im Mittelpunkt steht dabei immer die Frage: Was nützt die Untersuchung dem Patienten? Ergeben sich therapeutische Konsequenzen aus dem Befund? Versäume ich etwas bei Unterlassung?

Nachsorge kann somit grob in 2 Blöcke unterteilt werden: In eine potentiell heilbare Gruppe bei entsprechender Therapie und eine Gruppe, bei der ein Rezidiv kaum mehr zu beeinflussen ist.

Nachschau bei Patienten mit potentiell heilbarem Rezidiv bzw. mit heilbaren Metastasen

Zu dieser Gruppe zählen leider nur wenige Krankheitsentitäten. Gemeinsam ist ihnen, daß bei der richtigen Therapie eine erneute, vollständige

Rückbildung des Tumors möglich ist mit langfristiger Rezidivfreiheit und damit die Chance der Heilung besteht. Diese ist um so höher, je kleiner die vorgefundene Tumormasse bzw. je kleiner das Ausmaß der Metastasierung ist (Joss u. Mitarb. 1987). Zu dieser besonderen Gruppe zählen die Hodentumoren, der Morbus Hodgkin, die Non-Hodgkin-Lymphome von hoher Malignität, die hochdifferenzierten Schilddrüsenkarzinome. Eingeschränkt gilt dies auch für die Weichteilsarkome und Kopf-Hals-Tumoren. So ist das Frührezidiv in vielen Fällen heilbar, und auch bei Auftreten von solitären Fernmetastasen besteht noch die Chance der Heilung. Ebenso besteht bei den kolorektalen Karzinomrezidiven bei früher Entdeckung in einzelnen Fällen die Möglichkeit der operativen vollständigen Resektion mit langfristiger Remission; die hier auftretenden, solitären Lebermetastasen sind in gleicher Weise zu betrachten.

Natürlich ist der Verlauf der Erkrankung in erster Linie abhängig von der biologischen Malignität und weitaus weniger von dem Zeitpunkt des Rezidivs. Trotzdem bedeutet dies für den einzelnen, daß die frühe Erkennung des erneuten Tumorwachstums die Wahrscheinlichkeit, eine erneute Vollremission zu erreichen, verbessert.

Bei diesen Patienten sind Nachuntersuchungen unter Einsatz aufwendiger laborchemischer Untersuchungen und bildgebender Verfahren gerechtfertigt, wobei die Nachschauintervalle engmaschig und der Biologie des Tumors anzupassen sind. Die Rezidivgefahr ist bei den Teratomen (Hodentumoren) in den ersten 12 Monaten am größten. Die Erkrankungen des lymphatischen Formenkreises rezidivieren in 90–95% in den ersten 3 Jahren. In gleicher Weise verhält sich das Weichteilsarkom. Hier sind Nachkontrollen im 2- bis 3monatigen Abstand in den ersten 1–2 Jahren notwendig.

Die hochdifferenzierten Schilddrüsenkarzinome zeigen demgegenüber eine ausgesprochen langsame Proliferation – Metastasen können über Jahre, manchmal Jahrzehnte langsam wachsen –, so daß hier lange Nachsorgeintervalle im Abstand von 6–12 Monaten sinnvoll sind, allerdings über einen langen Zeitraum, da Rezidive und Metastasen auch nach 10 Jahren und später auftreten können. Die vorzunehmenden Untersuchungen setzen die Kenntnis des Rezidivmusters bei den einzelnen Tumorerkrankungen voraus.

Bei dieser „heilbaren“ Patientengruppe steht die technische Medizin (Apparatemedizin) im Vordergrund, wobei spezifische Parameter abgefragt werden. Hier bieten die Nachsorgepässe eine gute Anleitung. Die Erhebung von standardisierten Untersuchungsbefunden, die sich nach dem Rezidivmuster richten, ist hier in festen Zeitintervallen sinnvoll.

Tumormarker

Bei diesen Patienten ist auch der wiederholte Einsatz von Tumormarkern gerechtfertigt, sofern sie eine hohe Empfindlichkeit aufweisen. Das Rezidiv zeigt sich bei Vorhandensein von solchen spezifischen Markern unter Umständen Monate vor dem klinischen Nachweis. Mehrfachuntersuchungen sind erforderlich, da nur der kontinuierliche Anstieg ein Rezidiv wahrscheinlich macht. Um einen falsch-positiven Wert auszuschließen, ist dem einmalig erhöhten Laborwert keine Bedeutung zuzumessen.

Allerdings stehen uns weder für die lymphatischen Malignome noch für das Weichteilsarkom Marker mit hoher Sensitivität und Spezifität zur Verfügung. Ein solcher hochempfindlicher und -spezifischer Tumormarker findet sich lediglich bei den hochdifferenzierten Schilddrüsenkarzinomen (Thyreoglobulin). Es ist bisher der einzige Marker, dessen kontinuierlicher Anstieg als Beweis für ein Rezidiv oder Metastasen ausreicht und als sicher anzusehen ist. Gleichgute Erfahrungen liegen mit den Tumormarkern α-Fetoprotein und β-HCG bei den Hodentumoren und mit Calcitonin beim C-Zell-Karzinom vor. Sie sind als Verlaufsparameter aufgrund ihrer hohen Empfindlichkeit und des frühen Anstiegs schon bei geringer Tumormasse ideal.

Demgegenüber sind alle anderen Marker, deren Einsatz sich in der Nachschau immer größerer Beliebtheit erfreut, ausgesprochen kritisch zu sehen und zu werten. Sie sind in den meisten Fällen nicht ausreichend tumorspezifisch und nicht ausreichend empfindlich, so daß sie sich in den meisten Fällen nicht zum Screening asymptomatischer Patienten eignen (Lamerz 1989). Lediglich die Tumoren, die nach der Primärtherapie einen Markerabfall aufweisen, sind bei vorhandener Rezidivtherapie zu kontrollieren.

Tumormarkerbestimmungen bei fehlender therapeutischer Konsequenz sind unsinnig und führen nur zu einer zunehmenden Verunsicherung des Patienten.

Nachschau bei Patienten, deren Rezidiv/Metastasierung nicht mehr heilbar ist

In diese Gruppe gehören die meisten soliden Tumoren. Kommt es bei diesen Patienten nach primärer Therapie zur (erneuten) Progredienz der Erkrankung, stehen nur noch eingeschränkte therapeutische Möglichkeiten zur Verfügung, die die Lebensqualität zwar verbessern können, aber nur in wenigen Fällen die Lebenszeit verlängern. Häufig spielt dabei der Zeitpunkt der Therapie eine untergeordnete Rolle. Das bedeutet, daß der Nachweis von Metastasen nicht gleichzusetzen ist mit dem Zeitpunkt der Behandlung (z. B. der Chemotherapie). Bei fehlenden Beschwerden ist oft eine abwartende Haltung für das Allgemeinbefinden des Patienten besser als die überstürzte Therapie, die den Patienten dann nur belastet und ihm die Lebensqualität raubt, die man doch mit der Therapie vermeintlich zu bessern glaubt.

Bei der Nachsorge dieser Gruppe rückt die psychosoziale Betreuung in den Vordergrund, die „Apparatemedizin“ tritt in den Hintergrund. Diese Nachsorge könnte als „Beziehungsmedizin“ bezeichnet werden (Gallmeier 1989). Gefordert wird die enge, persönliche Beziehung zum Patienten. Es muß ein Arbeitsbündnis zwischen dem Kranken, der Familie und allen Helfern entstehen. Die Beziehung zwischen den wichtigen Bezugspersonen ermöglicht eine Langzeitbetreuung in der Nachsorge, die dem Patienten nützt. Menschliche Nähe zwischen Arzt und Kranken – viel wichtiger noch zwischen Krankem und seiner Familie – muß aufgebaut und unterstützt werden (Gallmeier 1989).

Basis dieser engen Beziehung ist das Einanderkennenlernen. Dies gelingt nicht in wenigen Tagen, sondern wächst im Laufe der Zeit und vertieft sich von Nachschau zu Nachschau. Von ganz besonderer Wichtigkeit ist dabei, daß der nachsorgende Arzt nach Möglichkeit immer derselbe ist und nicht, wie leider in den Kliniken immer wieder anzutreffen, ein ständiger Wechsel des ärztlichen Personals den Patienten verunsichert und ein Vertrauensverhältnis erst gar nicht aufkommen läßt. Optimal wäre die Betreuung des Patienten durch denselben Arzt sowohl in der Primärtherapie als auch in der anschließenden Nachschau. Aufgrund der engen Personalsituation ist dies leider organisatorisch nur in wenigen Kliniken möglich. Anzustreben ist aber immer die langfristige Besetzung der Nachsorge durch einen möglichst kompetenten Fachmann, der nicht nur das Metastasenmuster der einzelnen Entitäten kennt, sondern auch die aktuelle Literatur überblickt, um bei einer notwendigen Therapie die richtigen Entscheidungen zu treffen und gegebenenfalls Kontakt zu einer Spezialklinik aufzunehmen.

Da die onkologischen Therapien ständig verbessert werden und sich dadurch entsprechende Konsequenzen für die Nachschau ergeben, sollten die Nachsorgeuntersuchungen mit onkologisch geschulten Spezialisten abgesprochen werden. Ein Teil der Nachsorge wird sicherlich durch den Hausarzt erfolgen, wobei eine enge Zusammenarbeit mit dem Fachkollegen angestrebt werden sollte. Dies hat den Vorteil der heimatnahen Versorgung, der Einbindung der Familie sowie des bereits bestehenden Vertrauensverhältnisses zwischen Hausarzt und Patient.

Sensibilität für die Nöte des Patienten sowie Mitgefühl sind in der Nachsorge genauso wichtig wie Fachkompetenz.

Eines der Hauptprobleme aller Tumorpatienten ist die Angst, Angst vor Metastasen, Angst vor Schmerzen, Angst vor dem Tod.

Krebs bedeutet für viele kurativ behandelte Patienten trotz guter Heilungsaussichten, den Tod vor Augen zu haben. Sie fühlen sich stigmatisiert, behaftet mit einer Krankheit, über die man in der Öffentlichkeit nicht spricht. Durch intensive Gespräche, Aufklärung unter Einbeziehung des Partners kann der nachsorgende Arzt diese Angst lindern.

Er kann viel dazu beitragen, daß die Einsamkeit, in die sich der Patient in seiner Angst oft zurückzieht, durchbrochen wird. Angst nehmen und Hoffnung wecken erhöhen meist mehr die Lebensqualität des Tumorpatienten als intensiv-diagnostische Maßnahmen.

Nicht unerwähnt bleiben darf, daß die Nachsorgeuntersuchung selbst Angst beim Betroffenen erzeugen kann. Diese ist um so höher, je mehr technische Untersuchungen erfolgen: Angst vor dem Ultraschallbefund, dem Skelettszintigramm, Angst vor dem Ergebnis der Röntgenuntersuchung. Dies führt unter Umständen dazu, daß die Nachsorge genau das Gegenteil bewirkt: statt Angst zu beseitigen, wird Angst gefördert.

Welche technischen Untersuchungen sind bei dieser nicht mehr zu heilenden Patientengruppe notwendig, welche verzichtbar?

Der Wert von Zusatzuntersuchungen (Labor, bildgebende Verfahren, Endoskopie) wird in der Regel stark überschätzt (Joss u. Mitarb. 1987). Denn in 80–90% der Fälle ergibt die sorgfältige Anamnese mit Erfragung typischer Beschwerden zusammen mit der eingehenden klinischen Untersuchung bereits den Verdacht auf ein Rezidiv oder Fernmetastasen (Gallmeier 1989, Melchert 1989, Hossfeld, Kleeberg 1993), der dann durch gezielte apparative Methoden abgeklärt werden kann. Die nach dem Gießkannenprinzip durchgeführten Screening-Untersuchungen haben in den wenigsten Fällen zur Verbesserung der Erfolgsaussichten beigetragen (Ciatto u. Herd-Smith 1983, Huben u. Mitarb. 1982, Pedrazzini u. Mitarb. 1986). Ergeben sich für den Patienten keine therapeutischen Konsequenzen aus den diagnostischen Maßnahmen, sind diese zu unterlassen. Es ist unsinnig, einen Patienten mit einem austherapierten Bronchialkarzinom alle 2 Monate zu einer Thoraxröntgenkontrolle einzubestellen, nur um die Tumorkinetik zu kontrollieren. Sinnvoll ist stattdessen, die Nachschau mit dem Hausarzt abzusprechen und bei akuter Verschlechterung des Allgemeinbefindens des Patienten gezielte Überprüfungen durchzuführen, um z. B. eine Pleuradrainage bei Erguß, eine palliative Lasertherapie bei Bronchusobstruktion oder eine Strahlentherapie bei isoliertem Knochenschmerz zu veranlassen. Statt eines apparativen Rundumschlags sollte die Zeit genutzt werden, um mit dem Patienten über Nöte/Beschwerden zu sprechen und diese gezielt anzugehen.

Die häufig geübte Praxis, bei diesen Patienten alle möglichen Tumormarker zu kontrollieren, ist unsinnig. Der Aussagewert ist in den meisten Fällen gleich Null. Um bei dem obengenannten Beispiel zu bleiben: Die Tumormarkerkontrolle bei einem progredienten, ausbehandelten Bronchialkarzinom ist vielleicht von akademischem Interesse; dem Patienten nutzt sie nichts. Es ist ohne klinische Relevanz, ob der Wert hoch oder niedrig ist. Er beeinflußt keine Therapieentscheidung, noch hat er einen prognostischen Wert. Auch das immer wieder vorgebrachte Argument, daß die Marker sich für die Therapiekontrolle eignen, hält einer Überprüfung nicht stand. Bei fehlender kurativer Therapie sollte jede Behandlung unter dem Gesichtspunkt der Verbesserung des Allgemeinbefindens erfolgen. Die Dauer der Therapie wird kein verantwortungsvoller Arzt anhand der Tumormarkerrückbildung festlegen, sondern an der Linderung der Symptome und der Rückbildung der Tumormasse, kontrolliert durch bildgebende Verfahren. In Einzelfällen (z. B. Ovarialkarzinom) können die Marker eine Stütze sein. Der Einsatz und die Wertung bedürfen aber immer einer kritischen Überprüfung. Solange hochempfindliche und hochspezifische Marker fehlen, die im Rahmen der Vorsorge eingesetzt werden könnten, um ein Karzinom im Frühstadium zu erkennen, ist der unkritische, gießkannenhafte Einsatz der Tumormarker zu verurteilen.

In den meisten Fällen hat die Bestimmung von Tumormarkern nur die unselige Folge, daß unzählige Kranke fasziniert und gebannt auf die Werte starren und bei den geringsten, unwesentlichen Schwankungen in Angst und Schrecken versetzt werden. Der Tumormarker wird zum Barometer der Angst. Der Verlust an Lebensqualität allein durch die Bestimmung von Tumormarkern geht ins Unermeßliche (Gallmeier 1989).

Nachsorge nach Maß

Nachsorge ist unter obengenanntem Vorbehalt notwendig. Die Nachsorge nach Maß bedeutet sinnvoller Einsatz der medizinischen Möglichkeiten unter Berücksichtigung der sich daraus ergebenden Konsequenzen. Die Untersuchungen sollen risikoadaptiert durchgeführt werden. Das bedeutet, daß z. B. eine Patientin mit einem Mammakarzinom im Frühstadium (T1 N0) ohne Lymphknotenmetastasen anders kontrolliert werden muß als eine Patientin mit einem fortgeschrittenen Brustkrebs mit ausgedehnter Lymphknotenmetastasierung. Auf beide Patienten muß ein individuelles Screening-Programm zugeschnitten werden, das die Ausdehnung des Tumors, die Tumorbiologie (beides beeinflußt die Wahrscheinlichkeit des Rezidivs und der Fernmetastasierung) und nicht zuletzt die Psyche des Patienten berücksichtigt. Jeder Nachsorgetermin erinnert den Patienten an sein Krebsleiden. Viele Patienten sind bereits Wochen vor dem Termin unruhig, aufgeregt und klagen über Schlafstörungen. Die oftmals bewältigte Angst vor der Krankheit bricht wieder aus, so daß das Allgemeinbefinden des Patienten vor der Untersuchung stark beeinträchtigt ist. Für manche Patienten bedeutet die Nachsorge jeweils einen Gang durch die Hölle. Dies sollte der behandelnde Arzt wissen und offen mit dem Patienten darüber sprechen, damit die Nachsorgeintervalle darauf abgestimmt werden.

Standardisierte Nachsorge mit vorwiegend apparativen Untersuchungen befriedigt auf Dauer nicht und treibt die Patienten in die Hände der alternativen Medizin, in der Hoffnung, hier die Unterstützung und

Hilfe für die Krankheitsverarbeitung zu finden, die die seelenlose Technik vermissen läßt.

Nachsorge bei nicht mehr heilbaren Tumorpatienten bedeutet, daß die somatische Behandlung in den Hintergrund gedrängt wird und stattdessen die psychologische Betreuung Hauptanliegen werden sollte. Der Arzt wird zum Begleiter, zur Stütze des Patienten, zum Berater der Angehörigen. Seine Aufgabe besteht nicht nur darin, die Beschwerden zu lindern, sondern er hilft mit, die psychischen und sozialen Belastungen zu bewältigen. Obwohl dies heute zum Allgemeinwissen in der Onkologie gehört, ist es erstaunlich, daß psychologische Betreuung durch Ärzte immer noch eine Ausnahme bildet. Liebers u. Süss führten im Februar 1992 eine telefonische Erkundung zur psychologischen Betreuung von Krebskranken in der Klinik durch. Hierbei zeigte sich, daß eine große Gruppe von onkologisch tätigen Ärzten die psychologische Betreuung strikt ablehnte, ja sie sogar mit psychiatrischer Behandlung gleichsetzt. Auch die Einbindung eines Psychologen stößt auf „schier unüberwindbaren Widerstand, und allenfalls im Rahmen einer ABM-Maßnahme wird eine solche Betreuung angenommen. Nach Ablauf des Projektes wurde diese Stelle – trotz Erfolg und überwältigender Akzeptanz auf seiten der Patienten – wieder gestrichen."

Während die Kinderonkologie dies längst erkannt hat und häufig eigene psychologische Beratungen unterhält – was wahrscheinlich mit zu dem erstklassigen Ruf beiträgt, den die Kinderkrebstherapie genießt –, besteht in der Erwachsenenonkologie diesbezüglich ein großer Nachholbedarf. Die mangelnde Bereitschaft von seiten der Ärzte, neben der medizinischen Betreuung die Psyche der Patienten zu erfassen und ihnen Bewältigungshilfen anzubieten, ist wahrscheinlich hauptverantwortlich für den Zulauf der „ganzheitlichen Alternativmedizin".

Kardinalfehler bei der Betreuung von Tumorpatienten

Aufgrund der häufig fehlenden psychologischen Kenntnisse kommt es sowohl bei der Behandlung als auch bei der Nachsorge zu Fehlern, auf die hier näher eingegangen werden soll.

Falsche oder mangelhafte Aufklärung

Nach einer Befragung niedergelassener Ärzte durch das Mainzer Rechtsinstitut 1973 erfolgt eine Aufklärung der Patienten mit unheilbaren Erkrankungen nur in 11,2% der Fälle. Die Angehörigen hingegen wurden in 96,8% der Fälle aufgeklärt (Geisler 1987). Die Untersuchung zeigt, daß der Arzt im Umgang mit Todkranken und Sterbenden dazu neigt, dem Patienten wichtige Informationen vorzuenthalten, die Angehörigen jedoch über die Gebühr zu informieren bis hin zum genauen Todeszeitpunkt (Geisler 1987). Voraussetzung eines Arbeitsbündnisses zwischen Arzt und Patient ist die Wahrhaftigkeit. Es sollte selbstverständlich sein, daß man dem Patienten auf seine Fragen bezüglich seiner Krankheit offen und ehrlich antwortet. Bei dieser Offenheit dem Patienten gegenüber gilt, daß man nicht unbedingt alles sagen muß, was man weiß, aber alles, was man sagt, muß wahr sein. Dabei sollte sich der Arzt nicht hinter der medizinischen Fachsprache verschanzen, sondern den Patienten in einfachen Worten über sein Krankheitsbild und die anstehenden Therapiemöglichkeiten informieren. Dieses Gespräch sollte grundsätzlich dem Patienten Perspektiven anbieten, ihm Möglichkeiten zur Verbesserung seiner Krankheitssituation aufzeigen: immer Hoffnungen offenlassen, auch in sogenannten hoffnungslosen Situationen, jedoch keine Illusionen züchten (Glaus u. Mitarb. 1992). Ohne das Vermitteln von Hoffnungen ist eine Betreuung von todkranken Patienten nicht möglich, denn der Patient kann zwar zwischen Furcht und Hoffnung leben, nicht aber ohne Hoffnung (Geisler 1987).

Eine Vertrauensbasis zwischen Arzt und Patient bleibt nur dann erhalten, wenn der Patient über sein Leiden behutsam aufgeklärt und nicht belogen wird. Früher oder später setzen Symptome ein, die der Arzt bei fehlender Aufklärung nicht mehr erklären kann. Spätestens dann merkt der Patient, daß er belogen wurde. Der Vertrauensverlust ist nicht mehr wiedergutzumachen.

Täuschung und Lüge isolieren den Patienten, Kommunikation zwischen ihm und den Angehörigen findet nicht mehr statt, man redet aneinander vorbei. Das medizinische Personal meidet ihn, aus Angst, in ein Gespräch über seinen Zustand hineingezogen zu werden.

Patienten berichten mir immer wieder, daß das Wissen der unheilbaren Krankheit zu einer viel intensiveren Lebensweise führt, wodurch die verbliebene Zeit wertvoller wird und diese entsprechend ganz bewußt gelebt und erlebt wird.

Einseitige Aufklärung der Angehörigen

Neben der fehlenden Aufklärung ist ein noch häufiger zu beobachtender Fehler die detaillierte Information der nächsten Angehörigen, ohne den Patienten selbst aufzuklären. Grundsätzlich sollte die Aufklärung der Angehörigen dem Stand der Aufklärung des Patienten entsprechen. Ein Informationsvorsprung der Angehörigen führt zu dem gleichen Ergebnis wie die „gnädige Lüge"; statt Zuwendung und Hilfestellung für den Patienten führt diese Aufklärungstaktik zu massiven Kommunikationsstörungen. Der informierte Angehörige meidet das tiefergehende Gespräch, Offenheit und Vertrautheit gehen verloren, übrig bleibt Sprachlosigkeit. Mit dem Patienten wird über alles gesprochen, nur nicht über seinen Tod. Und alles, was getan wird, trägt den Keim in sich, die Isolation und die Einsamkeit des Krebskranken zu verstärken (Geisler 1987). Der Patient bleibt mit seinen Ängsten alleingelassen.

Weckung übertriebener Hoffnung

Ein weiterer Kardinalfehler, der gern bei dem aufklärenden Gespräch unterläuft, ist die Ablenkung von der Schwere der Erkrankung, indem dem Patienten die durchzuführende Therapie in einem übertrieben positiven Licht dargestellt wird. Für den Patienten ergibt sich daraus eine überzogene Hoffnung mit zum Teil unabsehbaren Konsequenzen. Dazu ein Beispiel:

Ein 42jähriger Patient, verheiratet, ein 3jähriges Kind, wird nach Aufklärung über sein kleinzelliges Bronchialkarzinom mit folgenden Worten beruhigt: „Seien Sie froh, daß es sich bei ihrem Lungentumor um ein kleinzelliges Bronchialkarzinom handelt. Durch die moderne Chemotherapie sind wir in der Lage, einen hohen Prozentsatz dieser Tumoren zu heilen." Über die Rezidivrate dieser Tumoren wurde der Patient nicht informiert. Patient und Ehefrau nahmen diese gute Nachricht gern an. Nach Beendigung der Chemotherapie – die tatsächlich zu einem weitgehenden Verschwinden des Tumors führte – begann der Mann mit dem Bau eines Einfamilienhauses. Noch vor Fertigstellung verstarb er an den Folgen des Rezidivs. Einige Wochen nach dem Tod des Patienten klagte die Ehefrau mir ihr Leid. „Warum wurde über die Schwere der Erkrankung mit uns nicht gesprochen? Wenn der Arzt uns die Wahrheit gesagt hätte, hätten wir niemals mit dem Bau des Hauses begonnen. Ich hätte mit meinem Mann noch so viele wichtige persönliche Dinge besprechen müssen, statt dessen verbrachte er die ihm verbliebene Zeit vorwiegend auf der Baustelle. Diese verbliebenen 10 Monate hätten wir gemeinsam mit unserem Kind intensiv gelebt. Dazu kommt, daß ich vor einem finanziellen Scherbenhaufen stehe, mit der geringen Rente kann ich das Haus nicht bezahlen. Ich werde die Baustelle weit unter Preis verkaufen müssen."

Die vom Arzt geweckten übertriebenen Hoffnungen haben hier das persönliche Leid verstärkt. Nicht nur der Verlust der geliebten Person ist zu beklagen, sondern auch die für immer sinnlos verlorenen letzten Monate. Auch der nicht unerhebliche finanzielle Verlust der im übrigen mittellosen Ehefrau, die jetzt als Alleinerziehende ihr Kind ernähren muß, wiegt hier schwer.

Aufklärung ist notwendig, wobei auf die mögliche Therapie positiv und intensiv eingegangen werden sollte. Man hüte sich aber vor Weckung übertriebener Heilungsversprechen, die der Arzt hinterher nicht einlösen kann. Die Vertrauensbasis geht verloren, weitere therapeutische Angebote werden nicht mehr angenommen. Da aber niemand den Krankheitsverlauf vorhersagen kann, muß auch bei unheilbarem Tumorleiden das Prinzip Hoffnung die Leitlinie darstellen. Vor unrealistischen Erwartungen muß auf der anderen Seite dringend gewarnt werden.

Mangelnde Gesprächsbereitschaft

Von Patienten wird immer wieder die unzureichende Gesprächsbereitschaft der Ärzte beklagt. Der Kontakt ist kurz, das Gespräch wird meistens über therapeutische Aspekte geführt, der Tod wird fast immer ausgeklammert. Die Patienten klagen über fehlende Offenheit. Klare, verständliche Antworten werden vermißt. Die Flucht des Arztes vor dem offenen Gespräch führt häufig zu unsinnigem diagnostischem und therapeutischem Aktionismus. Der Patient wird „beschäftigt“, und der Arzt kann sich hinter einem Wust von medizinischen Maßnahmen verstecken und damit belastende Fragen vermeiden. Viele Kollegen sind sich dieses Verhaltens nicht einmal bewußt. Sie haben auf den Hochschulen gelernt, alle diagnostischen und therapeutischen Möglichkeiten auszuschöpfen. Die Frage, was diese Maßnahme dem Patienten nützt, kommt dabei als Unterrichtsstoff nicht vor. Die wichtigste und vornehmste Aufgabe des Arztes bei unheilbaren Patienten, die Lebensqualität zu verbessern, wird dabei ins Gegenteil verkehrt. Der Verlust an Vertrauen in die Schulmedizin ist zum großen Teil auf diese letztlich unmenschliche Aktionsmedizin zurückzuführen.

Nachsorge der häufigsten Tumorentitäten

Nachfolgend soll die Nachkontrolle der häufigsten Tumorkrankheiten im einzelnen diskutiert und die Probleme sollen dargestellt werden.

Mammakarzinom

60% der radikal operierten Patienten entwickeln im weiteren Verlauf ein Rezidiv und/oder Fernmetastasen. Bei Auftreten von Tochtergeschwüren ist eine Heilung des Brustkrebses mit den heute zur Verfügung stehenden Mitteln nicht möglich.

Ziele der Nachsorge

Erkennung eines Zweitmammakarzinoms: Patienten mit einem Mammakarzinom haben ein deutlich höheres Risiko, auch in der kontralateralen Brust ein Zweitkarzinom zu entwickeln. Insbesondere jüngere Patienten, < 40 Jahre, Patienten mit multizentrischem Karzinom sowie Patienten mit familiärem Risiko (Mutter oder Schwester ebenfalls an einem Mammakarzinom erkrankt) zeigen ein bis zu 25% betragendes Risiko, ein Zweitkarzinom zu entwickeln (Feig 1986, Horton 1984, Storn u. Jensen 1986, Vallagussa u. Mitarb. 1978). Dieses Risiko nimmt mit zunehmender Rezidivfreiheit eher noch zu!

Infolge der zunehmenden brusterhaltenden Therapie beim Mammakarzinom sind die wichtigsten Aufgaben der Nachsorge: 1. die Patienten in einer monatlich durchzuführenden Brustselbstuntersuchung zu unterweisen – deren Wert gar nicht hoch genug angesetzt werden kann; 2. eine eingehende, sorgfältige palpatorische Untersuchung der Brust durchzuführen und 3. im jährlichen Abstand Kontrollmammographien anfertigen zu lassen, wobei darauf geachtet werden muß, daß grundsätzlich eine vergleichende Untersuchung unter Vorlage aller Voraufnahmen erfolgt. Nur der Vergleich ermöglicht oft den Verdacht eines Frühkarzinoms. Bei unklaren Befunden kann die gezielte Ultraschalluntersuchung hilfreich sein. Wird das Zweitkarzinom im Frühstadium (T1) entdeckt, liegen die Heilungsaussichten bei über 90%. Hier bietet die Nachsorge einen hohen präventiven Schutz.

Zweitkarzinome im Genitalbereich kommen ebenfalls bei Brustkrebspatienten gehäuft vor, so daß auf regelmäßige Vorsorgeuntersuchungen geachtet werden sollte.

Erkennung des lokoregionären Rezidivs: Das lokoregionäre Rezidiv ist eine häufige Komplikation nach Mastektomie. Es tritt bei nodalpositiven Patienten in 19–27% der Fälle (durch eine lokale Strahlentherapie kann es auf wenige Prozent gesenkt werden) und bei nodal-negativen Patienten in 3–8% der Fälle auf (Recht u. Hayes 1987). Auch wenn eine Heilung nur in den wenigsten Fällen zu erwarten ist, ist eine frühzeitige Erkennung sinnvoll. Langfristige Remissionen, häufig über Jahre, sind keine Seltenheit. Voraussetzung ist die Vollremission, die bei kleiner Tumormasse durch die operative Resektion mit anschließender lokaler Strahlentherapie in einem hohen Prozentsatz zu erreichen ist (Henderson u. Mitarb. 1989), wobei der weitere Verlauf bei Auftreten von Fernmetastasen von der Biologie des Mammakarzinoms abhängig ist.

Die frühe Behandlung eines Lokalrezidivs ist auch deshalb so wichtig, weil bei relativ langer Überlebenszeit die Lebensqualität ganz entscheidend von der Beherrschung des für die Patientin sichtbaren und tastbaren Lokalrezidivs abhängt (Wandt u. Mitarb. 1990).

Erkennung von Fernmetastasen: Im Gegensatz zur frühzeitigen Erkennung von lokalen Rezidiven ist der möglichst frühzeitige Nachweis von Metastasen nicht mehr vorrangiges Ziel der Nachsorge. Untersuchungen der letzten Jahre haben ergeben, daß die Diagnose von Metastasen in einem asymptomatischen Stadium nicht mit einem Überlebensvorteil verbunden ist. Eine aufwendige Screening-Metastasensuche erscheint deshalb nicht gerechtfertigt, zumal der Nutzen der Behandlung asymptomatischer Metastasen fraglich ist (Ciatto u. Herd-Smith 1983, Joss u. Mitarb. 1987, Kreiter u. Mitarb. 1991, Lamerz 1989, Melchert 1989, Pedrazzini u. Mitarb. 1986, Stark u. Lorenz 1986, Tomin u. Donegan 1987). Die vorliegenden Untersuchungen ergaben, daß bei frühzeitigem Therapieeinsatz weder ein besseres Ansprechen noch eine lebensverlängernde Wirkung erreicht werden. Dennoch wird gegen diese Erkenntnis durch vorzeitige und zu aggressive Therapie immer wieder verstoßen, was die zytostatische Therapie in Verruf gebracht hat. Dabei bietet die Chemotherapie, zum richtigen Zeitpunkt angewandt und der biologischen Malignität des Tumors angepaßt, gerade in der Palliation eine große Hilfe.

Ergeben die Anamnese und/oder die klinische Untersuchung den Verdacht auf ein Rezidiv oder Fernmetastasen, sind gezielte bildgebende Verfahren und Laboruntersuchungen sinnvoll und erforderlich. Ziel dieser patientenorientierten Nachsorge ist die Vermeidung von schwerwiegenden Komplikationen. Drohende pathologische Frakturen insbesondere im Wirbelsäulenbereich mit der Gefahr der Querschnittslähmungen müssen frühzeitig entdeckt und gezielt angegangen werden.

Tumormarker: Die häufig durchgeführten Tumormarkerbestimmungen CEA und Ca 15-3 haben so gut wie keine klinische Relevanz. Die Marker können zwar bei einem Rezidiv/Metastasen bis zu 85% (Lamerz 1989) bereits Monate vor dem klinischen oder bildgebenden Nachweis erhöht sein, eine therapeutische Konsequenz mit Lebensverlängerung für den Patienten ergibt sich zur Zeit mit den zur Verfügung stehenden Medikamenten jedoch nicht. Für den Betroffenen bedeutet ein Tumormarkeranstieg immer eine immense Steigerung der Angst, die bei ondulierendem Verlauf der Markerwerte oder bei isoliertem Anstieg oft noch lange nicht mit einem gesicherten Rezidiv gleichzusetzen ist.

Die Folge von Tumormarkerbestimmungen kann somit eine deutliche Einbuße der Lebensqualität nach sich ziehen und dies ohne therapeutischen Benefit.

Psychosoziale Betreuung: Eine Frau, die wegen eines Mammakarzinoms eine oder gar beide Brüste verloren hat, erleidet einen schwerwiegenden Identitätsverlust. Die Brust hat einerseits eine wichtige Bedeutung für die psychosexuelle Entwicklung der Frau, und zwar sowohl als ein Körperteil, über den sie einen großen Teil ihrer sexuellen Anziehungskraft erlebt, wie auch als Organ der sexuellen Stimulierbarkeit für sie selbst. Andererseits hat die Brust eine wesentliche Bedeutung für die zweite Seite der weiblichen Geschlechtsrolle, die der Mutter (Perez Gay 1982).

Verliert eine Frau dieses wesentliche Geschlechtsmerkmal, bedeutet dies in den meisten Fällen eine schwere Beeinträchtigung ihrer geschlechtlichen Ich-Identität. Die Folge sind Depression, Störung des Selbstwertgefühls und des Selbstvertrauens. Vereinsamung droht.

Diese Problematik ist vielen Ärzten viel zu wenig bewußt. Anders ist die immer noch hohe Rate an Brustresektionen auch bei jungen Patienten nicht zu erklären. Gerade bei jüngeren Patientinnen sollte die Möglichkeit der brusterhaltenden Operation mit der Patientin besprochen und das Für und Wider eingehend erläutert werden. Leider besteht bei einigen chirurgisch tätigen Ärzten immer noch die Vorstellung, daß nur die radikale Operation Heilung bedeutet. Wissenschaftlich ist diese These heute nicht mehr haltbar. Alle Untersuchungen haben gezeigt, daß die Radikalität der Brustoperation keinen Einfluß auf die Metastasierung und damit auf das Überleben der Patientin hat.

Die psychosoziale Betreuung bei der Mammakarzinompatientin beginnt also bereits präoperativ. Ziel ist, den Identitätsverlust so weit wie möglich zu reduzieren. Wenn aufgrund der Größe des Tumors eine vollständige Entfernung der Brust unabdingbar ist, sollte man auf die Möglichkeit der Brustrekonstruktion hinweisen. Die kosmetische Chirurgie ist heute in der Lage, exzellente und optisch einwandfreie Resultate anzubieten. Allerdings muß gesagt werden, daß nicht jeder Chirurg diese Fähigkeit besitzt. Eine gewisse künstlerische Begabung, Gefühl für Proportionen und eine spezielle Ausbildung sind notwendig, um gute Resultate zu erzielen.

Nach der Entlassung beginnt für die Frauen meist die schwierigste Phase. Hier hat der nachsorgende Arzt eine wichtige Funktion als Begleiter. Er sollte die Ängste und Sorgen der Patientin ansprechen, da die meisten Patientinnen zwar viel über ihre somatischen Beschwerden reden, ihren seelischen Zustand in den meisten Fällen aber häufig mit keinem Wort erwähnen. Wichtig ist, den Partner in diese Gespräche einzubinden, dem in vielen Fällen ebenfalls Bewältigungshilfe nottut, da er sich an das veränderte Körperbild seiner Frau gewöhnen muß (Perez Gay 1982). Viele Partnerschaften sind an diesem Problem schon gescheitert. Zum Trauma des Krebsleidens gesellt sich dann noch der Verlust des Partners hinzu. Deshalb ist es wichtig, daß die Ängste und die Gefühle der Betroffenen nicht verleugnet, sondern angesprochen werden, in der Hoffnung, Verständnis füreinander zu wecken.

Zusammenfassung: Nachsorge beim Mammakarzinom zielt auf: 1. psychosoziale Begleitung, 2. Erkennung eines Zweitkarzinoms im Frühstadium, 3. Erkennung eines lokoregionären Rezidivs, das möglichst im Anfangsstadium therapiert werden sollte, 4. Erkennung von Fernmetastasen, wobei der Zeitpunkt aufgrund des fehlenden kurativen Ansatzes eine untergeordnete Rolle spielt.

Die routinemäßige Screening-Untersuchung mit regelmäßiger Durchführung von Knochen-Scan, Röntgenthorax, Ultraschall, Laboruntersuchungen, insbesondere der Tumormarker („TÜV-Mentalität“ [Gallmeier 1989]), ist abzulehnen – sie kann allenfalls bei den Hochrisikopatienten diskutiert werden – und sollte durch eine individuelle, risikoadaptierte Nachsorge nach Maß ersetzt werden. Im Vordergrund steht die ausführliche Anamnese sowie die intensive körperliche Untersuchung. Erst der hier erhobene Verdacht berechtigt zu weiteren diagnostischen Schritten, so daß der Patientin viele unnötige Untersuchungen erspart werden können.

Lungenkarzinome

Die Bronchialkarzinome stellen immer noch eines der größten Probleme in der Onkologie dar. Nach wie vor fehlen diagnostische Maßnahmen, die eine frühe Erkennung ermöglichen. Nur 20–30% aller Lungentumoren werden in einem Stadium festgestellt, in dem eine Operation noch durchführbar ist. Infolge frühzeitiger Metastasierung sowohl über die Lymph- als auch über die Blutbahn beträgt die Überlebensrate dieser eigentlich prognostisch günstigen Gruppe nur 20–25%. Nehmen wir alle Bronchialkarzinome zusammen, so liegt die 5-Jahres-Überlebensquote seit Jahren nicht höher als 5–7%. Diese katastrophalen Daten bedeuten für die Nachschau, daß wir es vorwiegend mit nicht mehr heilbaren Patienten zu tun haben. Hauptaugenmerk muß auf die Verbesserung oder Stabilisation des Allgemeinbefindens gerichtet werden. Einen Einfluß auf das Tumorgeschehen, das in erster Linie von der biologischen Aggressivität des Tumors abhängig ist, ist meist nur marginal möglich. Entsprechend zurückhaltend sollten die diagnostischen Maßnahmen sein, insbesondere dann, wenn sich keinerlei therapeutische Konsequenz daraus ergibt.

Kleinzelliges Bronchialkarzinom

Da sich das kleinzellige Bronchialkarzinom sowohl bezüglich des biologischen Verlaufes als auch in der Therapie von den übrigen Lungentumoren unterscheidet, soll auf diese Entität gesondert eingegangen werden. Zum Zeitpunkt der Diagnose muß das kleinzellige Bronchialkarzinom bei der überwiegenden Zahl der Patienten bereits als eine systemische Erkrankung angesehen werden (Drings u. Vogt-Moykopf 1993). Aufgrund der frühzeitigen Metastasierung steht die systemische Chemotherapie als Primärtherapie im Vordergrund. Damit gelingt es zwar, einen großen Teil der Patienten in die Vollremission zu überführen, die Rückfallquote ist aber nach wie vor sehr hoch. Innerhalb von 2 Jahren muß mit 80–90% Rezidiven gerechnet werden, die dann nur noch kurzfristig auf eine erneute zytostatische Therapie ansprechen.

Das Ziel der Nachschau besteht darin, das Rezidiv zu erkennen, um die daraus entstehenden Beschwerden/Schmerzen rechtzeitig zu behandeln. Aufgrund der hohen Aggressivität des kleinzelligen Bronchialkarzinoms geht das erneute Tumorwachstum fast immer mit einer entsprechenden Klinik einher. Typisch sind Leistungsknick und Gewichtsabnahme, gefolgt von den Beschwerden der Metastasierung. Aufwendige Screening-Untersuchungen sind für den Patienten wenig hilfreich, da dem Zeitpunkt des erneuten Tumorwachstums keine prognostische Bedeutung zukommt. Erst bei entsprechender Klinik sollte gezielt der Ursache der Symptomatik nachgegangen und wenn nötig behandelt werden. Weist der Patient keine Beschwerden auf, kann man sich bei der Nachschau auf ein Minimalprogramm beschränken. Häufig reichen allein die Anamnese und die klinische Untersuchung zur Beurteilung der Situation aus. Allenfalls sind $^1/_4$- bis $^1/_2$jährliche Thoraxübersichts- und Ultraschallkontrollen sinnvoll.

Die laborchemischen Kontrollen einschließlich Tumormarker gehen meist mit der Klinik parallel. Selbst wenn sie der Symptomatik vorausgehen, hat dies aufgrund des fehlenden kurativ-therapeutischen Ansatzes keine Konsequenz.

Im Vordergrund der Nachsorge steht die psychologische Führung des Patienten. Viele Patienten wissen um ihre schlechte Prognose. Deshalb gilt es, offen mit ihnen über ihre Angst zu reden, ihnen Mut zu machen, indem man sie mit den gut verlaufenen Fällen konfrontiert, denn die Chance der Heilung ist ja nach erfolgreich abgeschlossener Primärtherapie vorhanden. Grundsätzlich gilt es, den Partner bzw. die Familie mit in die Nachschau einzubeziehen. Gerade bei der Angstbewältigung ist es von entscheidender Bedeutung, daß der Patient weiß, daß seine Ängste ernstgenommen und von der Familie mitgetragen werden. Hier ist der Arzt als einfühlsamer Gesprächspartner gefordert. Das Einbeziehen der nächsten Angehörigen in die Gespräche sollte selbstverständlich sein. Die häufige Isolation des Patienten wird dadurch abgebaut, das offene Gespräch unter den Betroffenen gefördert, die Last der Krankheit verteilt.

Steht eine erneute Behandlung aufgrund zunehmender Beschwerden an, sollen die therapeutischen Möglichkeiten mit Vor- und Nachteilen offen mit dem Patienten besprochen und eine gemeinsame Entscheidung getroffen werden. Diese Zusammenarbeit verstärkt das Vertrauensverhältnis zwischen Arzt und Patient und erleichtert die Krankheitsbewältigung.

Nichtkleinzelliges Bronchialkarzinom

Im Gegensatz zum kleinzelligen Bronchialkarzinom steht hier Operation und/oder Strahlentherapie als primäre Maßnahme im Vordergrund. Leider gelingt die vollständige Elimination des Tumors nur in wenigen Fällen, so daß der Verlauf der Krankheit durch das lokale Tumorwachstum und durch die meist erst später auftretende Metastasierung gekennzeichnet ist. Eine Ausnahme bilden die Adenokarzinome, die bereits frühzeitig zur Streuung neigen.

Im Vordergrund der Nachsorge steht bei den nichtkleinzelligen Bronchialkarzinomen die Linderung der zunehmenden Lungenfunktionsstörung, wobei der therapeutische Spielraum leider sehr eingeschränkt ist. Bei den Kontrolluntersuchungen ist der Anamnese und der Klinik das Hauptaugenmerk zu schenken. Eine Tumorprogredienz läßt sich damit fast immer relativ früh erkennen. Bestätigt die Röntgenthoraxkontrolle eine lokale Tumorprogredienz und ist der Patient noch nicht bestrahlt, sollte nach Rücksprache mit einem Strahlentherapeuten eine Bestrahlung erwogen werden (Heilmann 1987). Dabei gilt, daß das Ergebnis der Radiatio um so besser und um so nebenwirkungsärmer ist, je kleiner die Tumormasse ist. Die häufig geübte Praxis, Patienten erst in der Endphase dem Strahlentherapeuten vorzustellen, weist auf mangelhafte Kooperation und mangelhaftes Fachwissen hin. Eine Beeinflussung des Krankheitsverlaufs ist dann meist nicht mehr möglich. Im Gegenteil, jede aggressiv therapeutische Manipulation in diesem fortgeschrittenen Stadium beschleunigt den Verlauf und verstärkt das Leiden und ist damit abzulehnen.

Sind die Möglichkeiten der Operation und Strahlentherapie ausgeschöpft, sollte bei drohendem Bronchialverschluß eine Lasertherapie zur Öffnung des Lumens eventuell in Kombination mit einer intraluminären Afterloading-Therapie (Einführung einer radioaktiven Quelle in den befallenen Bronchus) erwogen werden. Mit dieser Methode gelingt es oft, dem Patienten bis in die Terminalphase die schwere Ateminsuffizienz zu ersparen.

Bei Fernmetastasen und/oder rascher Tumorprogredienz kann im Einzelfall die Chemotherapie erwogen werden. Sie stellt aber keine lebensverlängernde Maßnahme dar und bedarf immer der strengen Indikation und Kontrolle. Eine Fortsetzung der Behandlung ist nur berechtigt, wenn sich die tumorbedingten Beschwerden unter der Behandlung bessern (Drings u. Vogt-Moykopf 1993).

Bei den kurativ behandelten Patienten steht die Erkennung und Behandlung von Therapiefolgestörungen im Vordergrund. Da auch hier die Früherkennung von Rezidiven nur in Ausnahmefällen lebensverlängernde Therapiekonsequenzen zur Folge hat (Delbrück 1988), sind planmäßige Nachsorgeuntersuchungen mit starrem Diagnostikprogramm wenig sinnvoll. Lediglich kurz nach der Primärtherapie sollten sie im 2- bis 3monatigen Abstand erfolgen, da sowohl nach Operation als auch nach Bestrahlung mit Komplikationen gerechnet werden muß, die das Befinden des Patienten zum Teil stark beeinträchtigen können. Eine Behandlung ist in den meisten Fällen möglich, so daß eine frühzeitige Erkennung angestrebt werden soll.

Nach Operationen und auch nach Strahlentherapie – bei letzterer zeitlich häufig verzögert infolge perihilärer Fibrose – kann es zu einer respiratorischen Einschränkung mit zunehmender Luftnot kommen. Aufgrund der Raucheranamnese sind die Lungen fast immer vorgeschädigt, z. B. chronische Bronchitis, Lungenemphysem usw. Operation und/oder Strahlentherapie verkleinern zusätzlich die Austauschfläche und verstärken die zunehmende Atemnot, die dadurch beträchtliche Ausmaße annehmen kann und die Lebensqualität des Patienten verschlechtert. Durch Überprüfung der Lungenfunktion im Rahmen der Nachschau wird die Lungenfunktionseinschränkung frühzeitig entdeckt. Durch physikalische Maßnahmen wie Atemgymnastik und Inhalationstherapie kann die verbliebene respiratorische Funktion verbessert werden. Hier sind Anschlußheilbehandlungen, wenn sie intensiv durchgeführt werden, sehr sinnvoll. Bei Ruhedyspnoe sollte zur Linderung des Lufthungergefühls frühzeitig und großzügig eine häusliche Sauerstoffversorgung organisiert werden. Infekte sollten beizeiten erkannt und antibiotisch therapiert werden, um eine zusätzliche Einschränkung des gesunden Lungengewebes zu vermeiden. Bei fortgeschrittenem Tumorleiden kann durch großzügige, hochdosierte Steroidgabe die Endphase der Erkrankung erleichtert werden. Droht die Erstickung und ist eine Linderung mit obengenannten Hilfen präfinal nicht mehr möglich, sollte der Patient weitgehend sediert werden, z. B. durch Morphininfusionen in Kombination mit einem Hypnotikum (z. B. Midazolam-HCL). Ein „bewußtes“ Ersticken kann dadurch immer verhindert werden.

Die Strahlentherapie führt je nach Dosis und Feldgröße in den ersten 3 Monaten nach Bestrahlung bis zu 30% zu einer radiogenen Pneumonitis mit Schmerzen im Thoraxbereich, Fieber, Husten und Dyspnoe. Im Röntgenbild findet sich häufig im Bestrahlungsfeld ein Infiltrat. Diese Veränderungen dürfen nicht mit einem Lokalrezidiv verwechselt werden. Durch eine hochdosierte Cortison- und Antibiotikatherapie über 10–14 Tage bilden sich die Symptome meist sehr schnell zurück. Die häufig nach 8 Monaten auftretende stationäre Lungenfibrose ist durch diese Therapie nicht zu verhindern. Das Ausmaß ist in erster Linie von der Feldgröße abhängig, deshalb gilt die Regel, daß nicht mehr als ¼ des Lungenvolumens bestrahlt werden soll. Eine kausale Behandlung steht nicht zur Verfügung (Slanina u. Mitarb. 1974). Bei ausgedehnter Lungenfibrose droht eine zunehmende restriktive Ventilationsstörung mit Rechtsherzbelastung und Cor pulmonale.

Zusammenfassung: Ziel der Nachsorge beim Bronchialkarzinom ist 1. die Erkennung von therapiebedingten Folgeerkrankungen und ihre Behandlung, 2. Behandlung von Rezidiven und Metastasen, wobei die therapeutische Breite sehr gering ist.

Aufgrund des fehlenden kurativen Ansatzes sollten die Nachschauintervalle individuell der Situation des Patienten angepaßt werden. Kontrolluntersuchungen in regelmäßigen Zeitintervallen mit einem fest vorgeschriebenen Untersuchungsablauf sind dabei wenig sinnvoll, da sie meist ohne therapeutische Konsequenz bleiben.

Kolorektales Karzinom

Etwa 4–25% aller Rektumkarzinompatienten entwickeln ein lokoregionales Rezidiv je nach Tumorstadium und histologischer Differenzierung (Thiede 1984). Aufgrund der besseren Operationsradikalität ist die Rezidivhäufigkeit beim Kolonkarzinom geringer und liegt bei durchschnittlich 10%. Etwa 80–85% der Rezidive werden in den ersten 2 Jahren post operationem diagnostiziert. Bei engmaschiger Nachkontrolle sind ca. 10–30% dieser Patienten kurativ operabel (Pilipshen u. Mitarb. 1984, Reifferscheid 1981, Schweiger u. Mitarb. 1982). Ein Drittel bis ein Fünftel dieser Patienten wird geheilt – 5-Jahres-Überlebensrate – (Reifferscheid 1981, Schweiger u. Mitarb. 1982). Die frühe Rezidivsuche beim kolorektalen Rezidiv ist erfolgversprechend und damit sinnvoll. Dem Patienten kann eine aussichtsreiche Therapie angeboten werden. Weitaus ungünstiger liegen die Verhältnisse bei Fernmetastasen, mit denen in 30–40% gerechnet werden muß. Diese sind fast immer multipel und entziehen sich damit einer kurativen Therapie. Die selteneren, solitären Metastasen, insbesondere wenn sie spät auftreten, sind bei frühzeitiger Erkennung aber heilbar, so daß auch hier die Nachschau für den einzelnen lebensrettend sein kann. Da in 5–7% mit Zweitkarzinomen im Dickdarm gerechnet werden muß, sind Nachsorgeuntersuchungen mit koloskopischen Kontrollen mit Abtragung eventuell vorhandener Adenome auch unter diesem Aspekt sinnvoll.

Die Nachsorge beim kolorektalen Karzinom aus medizinischer Sicht erfolgt unter kurativer Zielsetzung, wobei in den ersten beiden Jahren nach Operation engmaschige Kontrolluntersuchungen zu erfolgen haben. Das Intervall ist auf das Rezidivrisiko abzustimmen. So sollten kontinenzerhaltene Rektumkarzinompatienten ab Dukes B_2 alle 3 Monate in den ersten 2 Jahren rektoskopiert werden, da hier das Risiko des lokalen Rezidivs besonders hoch ist. Zum Ausschluß eines Zweitkarzinoms sollte alle 2 Jahre die Koloskopie erfolgen. Sinnvoll sind weiterhin die Ultraschalluntersuchung der Leber – erstes Zielorgan der Metastasierung –, die Röntgenthoraxkontrolle zum Ausschluß von Lungenmetastasen und die CEA-Tumormarkerkontrolle. Die übrigen laborchemischen und apparativen Untersuchungen spielen nur eine nachgeordnete Rolle.

Die apparativen Möglichkeiten werden häufig überschätzt, die klinischen Angaben des Patienten dagegen zu wenig beachtet. Ein Großteil der Rezidive kann durch klinische Verdachtsmomente objektiviert werden. Ein typisches Beispiel ist der pelvine Schmerz, der häufig früh bei einem intrapelvinen Rezidiv auftritt und den bildgebenden Verfahren um Monate vorauseilen kann (Winkler 1982). Solche Beschwerden dürfen nicht mit dem Postproktektomiesyndrom nach Rektumamputation verwechselt werden. Neben der eingehenden klinischen Untersuchung der perinealen Narbenverhältnisse – Ausschluß einer Fistel oder eines Abszesses – sind zum Ausschluß eines Rezidivs die Computertomographie und bei negativem Befund die Magnetresonanztomographie – als genaueste Untersuchungsmethode – heranzuziehen.

Patienten, deren Rezidiv bzw. Metastasen nicht mehr operabel sind, bedürfen der intensiven Betreuung. Das Kolonkarzinom ist durch seine langsame Proliferation mit häufigem Wachstumsstillstand gekennzeichnet. So können Patienten mit diffusen Leber- oder Lungenmetastasen noch Jahre leben. Um die Lebensqualität zu erhalten, sollten auftretende Komplikationen möglichst frühzeitig entdeckt werden, um mit entsprechenden Gegenmaßnahmen die Beschwerden zu minimieren. Beim Rektumkarzinom steht meist die Schmerzsymptomatik im Bereich des kleinen Beckens, infolge des lokalen Tumorrezidivs mit Infiltration des Kreuzbeins oder mit Plexusinfiltration, im Vordergrund. Dieser Dauerschmerz kann extreme Ausmaße annehmen. Durch Palliativoperationen und lokale Strahlentherapie (perkutan und interstitiell) kann eine Tumorrückbildung und damit Schmerzlinderung erfolgen, so daß diese Maßnahmen frühzeitig erwogen werden sollten. Später ist auf eine ausreichende Schmerztherapie nach festem Zeitschema zu achten und, wenn die orale Morphintherapie nicht ausreicht, an die Periduralanästhesie zu denken, die sich bei Metastasen im kleinen Becken besonders bewährt hat. Vom nachsorgenden Arzt wird bei diesen Patienten eine enge Kooperation zwischen den verschiedenen Fachabteilungen gefordert, damit eine optimale Versorgung gewährleistet ist. Auf die Notwendigkeit des engen zwischenmenschlichen Kontaktes im Rahmen der Nachsorge bei der palliativen Therapie wurde bereits in der Einführung intensiv eingegangen.

Der Betreuung der Stomapatienten (mit künstlichem Darmausgang) kommt ein besonderer Stellenwert zu. Die Bewältigung des seelischen Traumas der Inkontinenz, Angst vor Verschmutzung, vor Geruchsbelästigung usw. bedarf der intensiven Gespräche. Hier ist eine enge Zusammenarbeit mit einem Stomatherapeuten sinnvoll, der die ganze Palette der Versorgungsmöglichkeiten und Pflegemittel überblickt. Besonderen Wert sollte auf die Möglichkeit der Gesellschaft Gleichbetroffener gelegt werden, da hier aus der Erfahrung der Gruppe Sicherheit im Umgang mit dem Stoma gewonnen wird und gleichzeitig das Selbstvertrauen und die Wiedereingliederung in die Gesellschaft trainiert wird. Zusammenarbeit mit den Selbsthilfegruppen (ILCO) sollte angestrebt werden.

Tumormarker: Beim kolorektalen Karzinom wird eine große Anzahl von Tumormarkern angeboten. Kein Marker ist für die allgemeine Screening-Untersuchung geeignet, da die Spezifität nicht ausreichend ist. Keiner dieser Marker wird ausschließlich bei Tumorpatienten gefunden. Zur Früherkennung eines Rezidivs ist einzig die Bestimmung des karzinoembryonalen Antigens (CEA) sinnvoll. Die zusätzliche Bestimmung weiterer Marker erhöht die Trefferquote allenfalls um 10% (Delbrück 1988). Bei hohen Kosten wird die Aussagekraft nur marginal erhöht. Auch das von der Industrie propagierte CA 19-9 bringt beim kolorektalen Karzinom keine wesentliche Verbesserung (Delbrück 1988). Bei der Wertung des Tumormarkers ist zu beachten:

1. Nur 71% der Kolonkarzinome gehen mit einem positiven CEA-Anstieg einher (Lamerz 1989).
2. Die Markerkonzentration im Serum korreliert mit der Gesamttumormasse im Patienten: Niedrige Markerwerte bedeuten wenig Tumorgewebe, ansteigende Markerwerte bedeuten fortgeschrittenes bzw. fortschreitendes Tumorwachstum (von Kleist 1986) – (CEA-Erhöhung: Dukes A in 15%, Dukes B in 40%, Dukes C in 60%, Dukes D in 80% (Lamerz 1989).
3. Beim CEA handelt es sich nicht um eine tumorspezifische Substanz, so daß einem isolierten Wert keine Bedeutung zukommt. Nur die wiederholte Bestimmung mit Anstieg der Titerkurve läßt eine Aussage zu. Ein aktiver Tumor wird einen stetig ansteigenden Markerserumwert aufweisen (Schweiger u. Mitarb. 1982).
4. Wichtig ist die Markerbestimmung vor der Primäroperation. Ein hoher CEA-Titer, der sich nach der Operation normalisiert, zeigt, daß der Eingriff erfolgreich war. Fehlendes oder unzureichendes Absinken spricht für Resttumorgewebe oder Fernmetastasen (von Kleist 1986).

Bei großen, präoperativen Tumoren, die keine Erhöhung des CEA aufweisen, ist die postoperative CEA-Kontrolle fragwürdig. Mit falsch-negativen CEA-Werten ist zu rechnen (Delbrück 1988).

Zusammenfassung: Ziele der Tumornachsorge beim kolorektalen Karzinom sind 1. Frühdiagnostik des lokalen Rezidivs, 2. Nachweis von Fernmetastasen – Frühdiagnostik von operablen Solitärfiliae, 3. Suche nach Zweittumoren, 4. Erkennung und Behandlung von Folgeerkrankungen nach operativer Tumortherapie und 5. Bewältigungshilfe bei nicht mehr kurativ angehbarer Tumorprogredienz.

Hämoblastosen

Die malignen Erkrankungen der blutbildenden und lymphatischen Organe sind durch ihre hohe Heilungschance nach Vollremission gekennzeichnet. Auch das Rezidiv ist bei einigen dieser Erkrankungen noch heilbar, vorausgesetzt, es wird früh erkannt und es werden keine falschen Therapieentscheidungen getroffen. Aufgrund der aggressiven Therapiestrategien muß mit beträchtlichen Nebenwirkungen und Folgebeschwerden nach der Behandlung gerechnet werden. All dies macht eine Nachschau durch den versierten, onkologisch geschulten Kollegen erforderlich. Hinzu kommt, daß die meisten Patienten heute nach Studienprotokollen behandelt werden, was immer angestrebt werden sollte. Patienten in Studien werden immer nach den neuesten Erkenntnissen behandelt, und ihre Daten tragen zur Verbesserung der zukünftigen Therapie bei. Die hohe Akzeptanz dieser Studien hat dazu geführt, daß Verbesserungen nirgendwo so schnell in die Therapie eingehen wie bei den hämatologischen Krebserkrankungen. Die Nachschau setzt bei diesen Patienten voraus, daß die Tumordokumentation regelmäßig erfolgt, da sonst wichtige Daten für die weitere Verbesserung der Therapie verloren gehen.

Aufgrund des kurativen Therapieansatzes auch beim Rezidiv sind bei diesen Patienten insbesondere in den ersten 2 Jahren engmaschige Kontrolluntersuchungen nach festen Vorgaben unbedingt durchzuführen. Die vorgesehenen laborchemischen und bildgebenden Untersuchungen sollten eingehalten werden, sie sind jeweils auf das spezielle Rezidivmuster der Erkrankung abgestimmt. Auf diese Untersuchungen soll hier nicht eingegangen werden, sie würden über den Rahmen der Arbeit hinausgehen. Zu jedem Krankheitsbild liegen genau definierte Untersuchungsparameter vor. Bei Studienpatienten wird dies im Rahmen des Studienprotokolls stets angegeben und abgefragt.

Zusammenfassung

Krebs ist eine Krankheit, die nicht nur körperliche, sondern in hohem Maße auch seelische Belastung bedeutet. Eine wirkungsvolle Krebsnachsorge als integraler und unverzichtbarer Bestandteil der Krebstherapie muß diesem Umstand Rechnung tragen und dem Betroffenen neben einer optimalen medizinischen Betreuung Hilfe bei der Lösung psychosozialer Konflikte anbieten.

Der gegenwärtige Trend, Nachsorge zu standardisieren (Nachsorgepässe) ist nur in Fällen sinnvoll, in denen sich aus der frühzeitigen Erkennung des Rezidivs Heilungsaussichten oder zumindest eine deutliche Lebensverlängerung für den Patienten ergibt. In allen anderen Fällen muß Nachsorge der Frage standhalten: Nützt sie dem Patienten? Routinemäßige Nachsorge mit Durchführung standardisierter Untersuchungen ist bei fehlender therapeutischer Konsequenz abzulehnen. Statt dessen muß die Nachsorge nach Maß gefordert werden, abgestimmt auf die persönlichen Bedürfnisse des Patienten. Die Aufgaben des Arztes in der Krebsnachsorge dürfen sich dabei nicht nur auf die unmittelbaren Folgen der Krankheit im medizinischen Bereich beschränken. Die psychische Betreuung und psychosoziale Beratung ist immer in die Nachsorge einzubeziehen. Ist eine Heilung oder Lebensverlängerung nicht mehr möglich, sollte sie im Vordergrund des ärztlichen Handelns stehen.

Literatur

Ciatto, S., A. Herd-Smith: The role of chest X-ray in the follow up of primary breast cancer. Tumori 69 (1983) 151–154

Delbrück, H.: Tumornachsorge. Thieme, Stuttgart 1988

Drings, P., I. Vogt-Moykopf: Thoraxtumoren. Springer, Berlin (1993)

Feig, S. A.: The role of new imaging modalities in staging and follow-up of breast cancer. Semin. Oncol. 13 (1986) 402–414

Gallmeier, W. M.: Brauchen wir ein erweitertes Denken in der Nachsorge? Krebsnachsorge. 10. Fortbildungskongreß, Bad Neuenahr 1989

Geisler, L.: Arzt und Patient – Begegnung im Gespräch. Pharma-Verlag, Frankfurt 1987

Glaus, A., W. F. Jungi, H.-J. Senn: Onkologie für Krankenpflegeberufe. Thieme, Stuttgart 1982; 4. Aufl. 1992

Heilmann, H. P.: Strahlentherapie der Tumoren der Lunge. In Scherer, E.: Strahlentherapie. Radiologische Onkologie. Springer, Berlin 1987

Henderson, I. C., J. R. Harrison, et al.: Cancer of the breast. In De-Vita, V. T., S. Hellmann, S. A. Rosenberg: Cancer Principles and Practice of Oncology, 3rd ed. Lippincott, Philadelphia 1989

Horton, J.: Follow up of breast cancer patients. Cancer 53 (1984) 790–797

Hossfeld, D. K., U. R. Kleeberg: Gedanken zur Nachsorge bei Patientinnen mit Mammakarzinom. Dtsch. Ärztebl. 90, 14, (1993) B-748-751

Huben, R. P., P. F. Schellhammer, et al.: The role of routine follow up bone scans after definitive therapy of localized prostatic cancer. J. Urol. 128 (1982) 510–512

Joss, R. A., U. E. Studer, K. W. Brunner, et al.: Nachsorge nach kurativer Tumoroperation. Therapiewoche 37 (1987) 2444–2452

Kaufmann, M.: Kommentar. In Wandt, H., U. Bruntsch, et al.: Sinnvolle Nachsorge des Mammakarzinoms. Gynäkol. Prax. 14 (1990) 1–9

Von Kleist, S.: Tumormarker in der Therapie und Nachsorge der kolorektalen Tumoren. In: Krebsnachsorge. 7. Fortbildungskongreß. Friedrich-Thieding-Stiftung, Bonn 1986

Kreiter, H., E. Bose, W. Dornoff, et al.: Nachsorge des Mammakarzinoms. In Kreienberg, R.: Empfehlungen zur Diagnostik, Therapie und Nachsorge des Mammakarzinoms. Tumorzentrum Rheinland-Pfalz, Mainz 1991

Lamerz, R.: Tumormarker, Prinzipien und Klinik. Dtsch. Ärztebl. 86 (1989) 15

Liebers, A., R. Süss: Psychologische Betreuung von Krebskranken in der Klinik. Dtsch. Ärztebl. 89 (1992) 9

Melchert, F.: Die Nachsorge des Mamma-Karzinoms. Therapiewoche 39 (1989) 700–709

Pedrazzini, A., R. Gelber, et al.: First repeated bone scan in the observation of patients with operable breast cancer. J. clin. Oncol. 4 (1986) 389–394

Perez Gay, B. M.: Nachsorge beim Mammakarzinom aus psychotherapeutischer Sicht. In: Krebsnachsorge. 1. Fortbildungskongreß. Friedrich-Tieding-Stiftung, Bonn 1982

Pilipshen, S. J., M. Heilwein, et al.: Patterns of pelvic recurrence following definitive resections of rectal cancer. Cancer 53 (1984) 1354

Recht, A., D. F. Hayes: Specific sites and emergencies: local recurrence. In Harris, J. R., S. Hellmann, et al.: Breast Diseases. Lippincott, Philadelphia 1987 (pp. 508–524)

Reifferscheid, M.: Nachsorge an Mastdarmkrebs Operierten. In: Krebsnachsorge. 2. Krebsnachsorgekongreß. Friedrich-Thieding-Stiftung, Bonn 1981

Schweiger, M., A. Altendorf, H. Rottler: Die chirurgische Therapie des Lokalrezidivs. In Gall, F., P. Herma-

nek: Das Rektumkarzinom. Perimed, Erlangen 1982
Slanina, J., M. Wannenmacher, et al.: Die pulmonale Strahlenreaktion im Röntgenbild. Radiologe 22 (1974)
Stark, G., G. Lorenz: Zur Nachsorge gynäkologischer Karzinome. Geburtsh. u. Frauenheilk. 46 (1986) 763
Storn, H. H., O. M. Jensen: Risk of contralateral breast cancer in Denmark. Brit. J. Cancer 54 (1986) 483–492
Thiede, A.: Das lokoregionäre Rezidiv nach operativer Behandlung des Rektumkarzinoms. In: Krebsnachsorge. 5. Fortbildungskongreß. Friedrich-Thieding-Stiftung, Bonn 1984
Tomin, R., W. L. Donegan: Screening for recurrent breast cancer: its effectiveness and prognostic value. J. clin. Oncol. 5 (1987) 62–67
Vallagussa, P., G. Bonadonna, U. Veronesi: Patterns of relapse and survival following radical mastectomy. Cancer 41 (1978) 1170–1178
Wandt, H., U. Bruntsch, et al.: Sinnvolle Nachsorge des Mammakarzinoms. Gynäkol. Prax. 14 (1990) 1–9
Winkler, R.: Nachsorge bei den kolorektalen Tumoren. In: Krebsnachsorge. 3. Fortbildungskongreß. Friedrich-Tieding-Stiftung, Bonn 1982

Ethische Fragen in der Onkologie

W. Schreml

Zitate

Und ich werde die Grundsätze der Lebensweise nach bestem Wissen und Können zum Heil der Kranken anwenden, dagegen nie zu ihrem Verderben und Schaden.

Hippokrates (um 460–377 v. Chr.)

... hat dazu geführt, daß in der ärztlichen Ethik heute immer lauter der „Abschied von Hippokrates" gefordert wird.

J. Schara

Natürlich gibt es so etwas wie „lebensunwertes" Leben.

N. Hoerster

Die Ehrfurcht allein, indem sie uns ein „Heiliges", das heißt unter keinen Umständen zu Verletzendes enthüllt, wird uns auch davor schützen, um der Zukunft willen die Gegenwart zu schänden, jene um den Preis dieser kaufen zu wollen.

H. Jonas

Behandelt die Patienten so, wie ihr selbst behandelt sein wollt, wenn ihr eines Tages auf der Bahre hereingebracht werdet.

W. Wenz nach der „goldenen Regel"

Allem Leben um sich herum miterlebende und helfende Teilnahme entgegenbringen.
A. Schweitzer

Die gute Handlung ist die, die der Wirklichkeit gerecht wird... Was die Pflicht des Arztes ist, lehrt ihn meistens und vor allem die Medizin. Im übrigen lehrt es ihn jenes ärztliche Ethos, das sich aus der Natur des Vertrauensverhältnisses zwischen dem Patienten und ihm von selbst ergibt.
R. Spaemann

Ein wesentliches Merkmal der ärztlichen Kunst ist also, daß in ihr der Arzt es jedesmal mit seinesgleichen zu tun hat, und dies typisch im Singular. Der Patient erwartet und muß vertrauen können, daß die Behandlung ihn allein im Auge hat.
H. Jonas

Agere sequitur esse – das Handeln folgt dem Sein.
Mittelalterlicher theologischer Grundsatz

Die Heilkunst wurzelt im Herzen. Wenn dein Herz falsch ist, wirst du auch ein falscher Arzt sein. Wenn dein Herz rechtschaffen ist, wirst du auch ein rechtschaffener Arzt sein.
Paracelsus (1493–1541)

Nimm meine kleinliche, miese Tugend von mir.
Ingmar Bergmann

Problemstellung

Bereits früher hat sich der Autor zu „Ethischen Fragen in der Onkologie" (Schreml 1987) geäußert und dabei auf Quellen berufen; „Die Sorge um den kranken Menschen" (Sporken 1981) und das Heft „Ethics and Cancer" der Zeitschrift „Ca–A Cancer Journal for Clinicians" (1986). Das Bestreben, den theoretischen Hintergrund zu erweitern, macht die Sache nicht leichter. Die „lanx satira", die „bunte Tafel" von Zitaten, die am Anfang steht, scheint wie ein Vexierspiegel, in dem sich Meinungen zu ethischen Fragen brechen. Ein Teil der Zitate ist aus Vorträgen von zwei Tagungen genommen, in denen sich Onkologen verschiedener Fachrichtungen zu ethischen Problemen äußerten (Schmähl u. Ehrhart 1987, Wannagat 1991). So vielfältig die Ausgangspunkte dieser Experten waren, die meisten formulierten eine persönliche Leitlinie, eine „Norm", an der sie ihre persönlichen, situationsbezogenen Entscheidungen orientieren wollten – ein Teil dieser Maximen ist oben zitiert. Sie variieren meist die Elemente, die Wilms (1991) als die „durch Jahrtausende tradierte Überlieferung der ethischen Grundlagen unseres Berufs" apostrophiert:

I. Primum: Nil nocere!
II. Ehrlichkeit des Arztes
 – vor sich selbst,
 – vor dem Patienten.
III. Fachliche Kompetenz.
IV. Verantwortungsbewußtsein.
V. Menschliche Zuwendung.

Die Sensibilität für medizinische Ethik ist im Aufbrechen begriffen. Die Eingriffsmöglichkeiten der Medizin am Anfang und am Ende menschlichen Lebens, die nicht absehbaren – und vielleicht nicht kontrollierbaren – Erkenntnisse der Molekulargenetik, die Organtransplantation, die Intensivmedizin stehen auf dem Prüfstand ethischer Befragung. Ethik beginnt dort, wo reiner Sachverstand und die Situationszwänge eine Entscheidung nicht ausreichend begründen. Da dies in der Onkologie sehr häufig der Fall ist, müssen hier ethische Fragen ein besonderes Gewicht haben.

Man kann daher die Frage stellen, ob es in der Onkologie eine „besondere", für dieses Fach spezifische Ethik gibt. Können ethische Fragen formuliert werden, die die Onkologie speziell betreffen, sie von anderen Disziplinen unterscheiden? Es fällt auf, daß in der Medizin bestimmte Probleme zwar viele Fachrichtungen betreffen, in der Onkologie jedoch mit besonderer Intensität diskutiert werden. Während der Sinn einer tumororientierten Therapie bei grenzwertigen Gewinnchancen für den Patienten in der Onkologie ernsthaft überlegt und kritisch behandelt wird, ist dies auf anderen Gebieten oft weit weniger der Fall: Bei einem Patienten mit dekompensierter Leberzirrhose und rezidivierenden Ösophagusvarizenblutungen oder bei einer terminalen Herzinsuffizienz wird die Sinnfrage einer therapeutischen Intervention seltener gestellt als bei Tumorpatienten, auch wenn deren Prognose noch deutlich besser ist als bei den vorgenannten Fällen. Das Problem der „Krebskrankheit", das stark mit emotionalen Wertungen behaftet ist, zwingt zu kritischer Auseinandersetzung mit der Sinnfrage ärztlichen Handelns. So gesehen ist es auch sinnvoll, medizinisch-ethische Fragen am Modell der Onkologie darzustellen. Die Probleme und Denkansätze sind auf andere Bereiche der Medizin übertragbar.

Bei einem Teilgebiet des Faches, der internistischen Onkologie, ist deren wesentliche Methode, die Chemotherapie, unter zunehmende öffentliche Kritik geraten. Der Spiegel hat den Vorwurf publizistisch aufbereitet, Chemotherapie würde überwiegend zum Schaden von Patienten von methodengläubigen (oder sogar nur profitorientierten) Ärzten durchgeführt („Spiegel"-Gespräch 1990). Beim 15. Internationalen Krebskongreß in Hamburg schlugen sich höchst angesehene Autoritäten mit so lautem „mea culpa" an die Brust, daß man meinen konnte, die Betrachtung ethischer Gesichtspunkte, nämlich das umfassende Wohl des Patienten, müsse neu entdeckt werden. Da in der Onkologie palliative Maßnahmen einen wesentlichen Teil der ärztlichen Bemühungen ausmachen und daher unter dem von der WHO als „Gesundheit" definierten Begriff zum Versagen verurteilt sind, sieht sich der Onkologe von außen und innen, aus sich selbst heraus, starken Zweifeln an seiner Tätigkeit ausgesetzt. Das oft beschriebene „Burn-out-Syndrom" ist sicher auch darin begründet, daß der onkologisch tätige Arzt in der selbstkritischen Bewertung an seinem Handeln „irre wird". Es ist daher besonders notwendig, daß er sich eine ethische Haltung erarbeitet, die er mit seinem Patienten gemeinsam vertreten kann, und die ihn innerlich absichert.

Medizinische Ethik erfährt derzeit nicht nur vermehrte Aufmerksamkeit, sie ist auch in Entwicklung und Umbruch begriffen. Während die Postulate des Hippokratischen Eids von vielen bis heute als wegweisend angesehen werden, suchen andere nach neuen Lösungsansätzen. „Die Quintessenz dieses sogenannten Hippokratischen Eides läßt sich in zwei Sätzen zusammenfassen: Der Zweck des ärztlichen Handelns ist der Heilerfolg, und Der Bedürftigkeit des Kranken wird durch sachgerechtes Handeln entsprochen. Das ist in hohem Maße mechanistisch und unpersönlich und hat dazu geführt, daß in der ärztlichen Ethik heute immer lauter und ganz energisch der ‚Abschied von Hippokrates' gefordert wird" (Schara 1989). Diese neue ärztliche Ethik soll der immer mehr beachteten Autonomie des Patienten und der technischen Entwicklung in der Medizin Rechnung tragen (Holleb u. Braun 1990, Sporken 1981).

Eine international anerkannte onkologische Institution, das M. D. Anderson Hospital and Tumor Institute, hat sich der Mühe unterzogen, einen „Code of Ethics" zu entwickeln (Van Eyes u. Mitarb. 1986). Dabei wurde die Intention so beschrieben: „Das Ziel war, einen Codex zu entwickeln, der Nachdenken anregen und fördern sollte, nicht einen, der Antworten auf Fragen bereithalten könnte". Dies soll auch Ziel der nachfolgenden Erörterungen sein.

Begriff und Grundlagen medizinischer Ethik

Sporken (1981) formuliert in seinem Buch „Die Sorge um den kranken Menschen – Grundlagen einer neuen medizinischen Ethik" die folgende Definition: „Ethik ist also eine systematische Besinnung auf Problemsituationen und die Normen, die in ihnen vorhanden sind oder als neu vorgestellt werden, die Bestimmung des Menschenbildes, das in diesen Normen zum Ausdruck kommt, und die kritische Prüfung dieses Menschenbildes auf seinen humanen Charakter."

Demnach sind die Schritte der ethischen Reflexion:
- Analyse der menschlichen Problemsituation und der darin wirksamen oder angestrebten Normen,
- Untersuchung der Normen auf das zugrundeliegende Menschenbild,
- kritische Prüfung dieses Menschenbildes auf seine Echtheit und seinen humanen Charakter.

Ein Vorgehen in 3 Schritten, bei dem das persönliche Engagement betont wird, formuliert Ritschl (1991), der von den an einer ethischen Diskussion Beteiligten dreierlei erwartet:

- ein intellektuelles Verstehen der Problemlage,
- ein inneres Beteiligtsein, d. h. die Bereitschaft, sich auf die Folgen der ethischen Entscheidung persönlich einzulassen, und
- die ernsthafte Bemühung, unparteilich zu urteilen.

In der gegenwärtigen Diskussion ethischer Fragen spielt die Autonomie des Patienten, seine Integrität als Person, sein Recht auf Selbstbestimmung und Selbstverwirklichung in bestmöglichem Maße eine zentrale Rolle.

„Das Leitprinzip ist der Respekt für die Person des Patienten, das bedeutet, daß der Patient das Recht hat, zu wissen und zu entscheiden" (Schoene-Seifert u. Childress 1986).

„Besonderes Augenmerk wurde in letzter Zeit darauf gelegt, die Mitwirkung des Patienten und seiner Familie bei Entscheidungsprozessen (in terminalen Krankheitsphasen) zu fördern und ein weites Spektrum von Optionen anzubieten" (Bayer u. Mitarb. 1983).

„. . . wird ein medizinisches Menschenbild vervollständigt, das Ausgangspunkt für eine integrale Heilkunst im wahren Sinn des Wortes sein kann: eine Heilkunst, in der alle Teilbehandlungen letztlich auf die integralen Interessen des (potentiell) kranken Menschen gerichtet sind und durch diese normiert werden" (Sporken 1981).

„In Geduld und persönlicher Zurückhaltung herauszuhören, was die Patientin selbst will, wozu sie noch fähig ist, und was ihr Hilfe gibt" (Pfleiderer 1991).

„Principle 1 (M. D. Anderson Code of Ethics): Reverence for the patient for whom we are privileged to care is our primary concern. Such reverence affirms the value and dignity of life“ (Van Eyes u. Mitarb. 1986).

In all diesen Äußerungen wird ein Menschenbild angesprochen, bei dem die personelle Würde und Integrität des Patienten, seine Entscheidungsfreiheit und sein Recht auf Selbstverwirklichung die ethische Norm für das ärztliche Handeln darstellen. Der Verwirklichung dieser Normen stehen, gerade bei Tumorpatienten, oft erhebliche Schwierigkeiten im Wege. Häufig ist der Patient, unter der Last der Diagnose und in dem bisher verdrängten, nun sicheren Bewußtsein seiner Endlichkeit, gehindert, den für ihn postulierten Normen zu entsprechen. Oft ist auch der Arzt versucht, sich der geforderten und belastenden Zuwendung zur Person des Krebskranken zu entziehen und sich in technische diagnostische und therapeutische Maßnahmen zu flüchten.

Wege, um den Arzt zu einer therapeutischen Ethik hinzuführen, bietet Ritschl (1991) in 5 wichtigen „Rahmeneinsichten“ an: 1. die Einsicht in die Biographie („story“) des Patienten, in das, was er von sich erzählen kann, über sich, seine Familie und sein Umfeld; 2. die Vision der Zukunft, die „antizipierte Story“, wie das Leben weitergehen soll, eine Vision, aus der heraus der Therapieplan gerechtfertigt werden muß; 3. das Bewußtsein, daß jede Therapie eine Invasion in die Lebensgeschichte des Menschen darstellt, die ethisch verantwortet werden muß; 4. Bewußtwerden der eigenen Ängste, die man mit dem Wagnis auf sich nimmt, als Therapeut in die Lebensgeschichte eines Patienten einzutreten; 5. eine „Unterscheidung der Geister“, eine Differenzierung des Verständnisses von „Heilung“, wobei Heilung nicht unbedingt somatische Verbesserung bedeuten muß, sondern auch Akzeptieren von Begrenzungen, oder „als Neuwertung von Beziehungen, als Verzicht auf somatische Heilung mit dem möglichen Gewinn psychischer und personaler Bereicherung, auch auf dem Weg zum Tod hin.“

Ein zusätzliches Konfliktfeld liegt in den teilweise divergierenden Anforderungen der individuellen, auf die Einzelperson gerichteten Ethik und der sozialen Ethik, die die Interessen der Gesellschaft wahrnimmt. Solche Konflikte entstehen z. B. bei der Frage, ob Patienten in eine klinische Studie eingebracht werden sollen, im Gegeneinander von Datenschutz und Bedarf an epidemiologischen Registern, oder bei der Kostendiskussion für Patienten ohne Heilungschance. Das oben genannte Menschenbild als Norm für ärztliches Handeln räumt dem Individuum im Zweifelsfall die Priorität ein. Die Konvention von Helsinki formuliert: „Die Sorge um die Interessen der Einzelperson steht immer über dem Interesse von Wissenschaft und Gesellschaft“ (World Medical Association Declaration of Helsinki 1975).

Sachkompetenz

Eine ethische Orientierung ist auf Sachkompetenz angewiesen. Im Vorwort zum „Lexikon Medizin – Ethik – Recht“ formulieren Eser u. Mitarb. (1989): „Mußte diese (die Medizin) sich bis in die jüngere Vergangenheit noch fragen lassen, ob sie kann, was sie sollte, werfen die sich geradezu überstürzenden Fortschritte in Diagnostik und Therapie, Prävention und Reproduktion immer mehr die Frage auf, ob die Medizin darf, was sie kann ... Zuverlässige Informationen in Sachfragen und Orientierungshinweise in ethisch-rechtlicher Wertung ... sind ... aufeinander angewiesen: Richtiges Handeln setzt Faktenkenntnis voraus; die beste menschliche Diagnose kann zu unmenschlicher Therapie entarten, wenn sie blind bleibt für die ethisch-rechtlichen Werte und Grenzen. Auf diese neuartigen Herausforderungen oder auch neugestellten Probleme der Medizin eine Lösung zu finden, setzt ein Zusammenspiel von Information und Reflexion voraus.“

Information und Reflexion sollen zu einem Therapiekonzept führen, das den Bedürfnissen des einzelnen Patienten entspricht. Information heißt: exakte Kenntnis der medizinischen Situation, der Krankheitsausdehnung und ihrer Prognose, heißt: qualifiziertes Wissen in bezug auf die möglichen Therapieoptionen, ihre Erfolgschancen und ihre zu erwartenden Nebenwirkungen. Reflexion heißt: im Dialog mit dem Patienten ein Bild entwerfen, welches Vorgehen für seine speziellen Bedürfnisse, für seine Belastbarkeit und seinen Lebenswillen „richtig“ sein könnte; „richtig“ in dem Sinne, daß es der Patient für sich akzeptieren kann.

Hier ist die ethische Verpflichtung festzuhalten, daß der Arzt sein Wissen pflegt und erweitert und daß er fähig und bereit ist, seine fachlichen Grenzen zu erkennen. Wenn der Chirurg eine spezielle und schwierige Operation nicht regelmäßig und daher nicht mit bester Erfahrung durchführen kann, sollte er zum Spezialisten überweisen.

Wenn ein Arzt in seiner Praxis zwar eine Chemotherapie „ausrechnen“ und „reinlaufen lassen“ kann, aber nicht die nötige Infrastruktur aufgebaut hat, wie einen geeigneten Raum, eine qualifizierte Betreuung, eine Erfahrung im Umgang mit den Nebenwirkungen, sollte er es lassen. Voraussetzung ärztlicher Ethik ist eine wissenschaftlich begründete und selbstkritische Erfahrung.

„Wissenschaftlich begründete“ Erfahrung soll bedeuten: eine Erfahrung, die sachgerecht erarbeitet ist, mit Quellen, die die jeweils angemessenen Methoden an das vorliegende Problem anlegt haben. Das Gegenteil davon wäre das von Bleuler (1975) formulierte, viel zitierte „autistisch undisziplinierte Denken in der Medizin“.

Ein Blick auf die Diskussion zwischen „Schulmedizin“ und „alternativer Medizin“, die derzeit in der Onkologie besonders aktiv geführt wird, soll das Problem beleuchten. Die Schulmedizin steht hier in einem

Lernprozeß, für früher ungenügend bedachte Probleme die angemessenen Fragen zu stellen: Was bedeutet die Persönlichkeit des Patienten? Welche Zielvorstellungen für sein Leben mit der Krankheit hat er? Für diese Fragen sind angemessene Antworten zu finden, deren wissenschaftliche Begründung auf den Ebenen der Anthropologie, der Philosophie und, für manche Ärzte, der Theologie liegt. Für die Schulmedizin ist wichtig zu erkennen, daß diese Fragen nicht mit den Methoden der Statistik, der Physiologie oder Medizintechnik beantwortet werden können. Andererseits stellt die Alternativmedizin häufig Postulate über die Wirksamkeit ihrer Methoden auf, die Aussagen auf der Ebene von Maß und Zahl enthalten: „Tumorrückbildung", „verbesserte Überlebenswahrscheinlichkeit". Von den Vertretern der alternativen Medizin wird jedoch häufig in Anspruch genommen, die Wirksamkeit sei auf einer höheren Ebene, der Empirie, so evident, daß die verpönten schulmedizinischen Studien nicht mehr erlaubt seien. Betrachtet man die Ergebnisse einer Expertenkommission der Deutschen Krebsgesellschaft zu „Krebsmedikamenten mit fraglicher Wirksamkeit" (Nagel u. Mitarb. 1989), so sieht man, daß bei den meisten Präparaten die Fragen nach Pharmakologie, Toxikologie und Wirksamkeit nicht in dem Methodenrahmen beantwortet sind, der der Fragestellung angemessen ist.

Zu „angemessener" Methode ein banales Beispiel: Wenn ein potentieller Käufer nach dem Preis eines Hauses fragt, erwartet er vom Makler eine Zahl in DM, nicht Antworten wie „hoher Wohnwert" oder „beste Lage"; diese Antworten wären der Frage nach dem Wert des Hauses angemessen.

Die Diskussionen zwischen Schulmedizinern und Vertretern der alternativen Medizin, die z. B. in zwei St. Gallener Symposien publiziert wurden (Jungi u. Senn 1986, 1990), zeigen, daß die Schulmediziner große Schritte auf eine ganzheitliche Medizin hin unternehmen, indem sie die Fragen, die über den biologisch-technischen Ansatz hinausgehen, aufgreifen und mit angemessenen Methoden bearbeiten wollen. Umgekehrt zeigt sich wenig Neigung bei den Vertretern der alternativen Medizin, ihre Methoden dort, wo sie Wirksamkeit in Maß und Zahl postulieren, mit dem angemessenen wissenschaftlichen Instrumentarium zu überprüfen.

Es ist das ethische Postulat der Sachkompetenz, daß der Arzt die Methoden, die er anwendet, auf der angemessenen Ebene, d. h. wissenschaftlich, kritisch und selbstkritisch, hinterfragt.

Bei Durchsicht der beiden anfangs genannten Symposien zur Ethik in der Onkologie (Schmähl u. Ehrhart 1987, Wannagat 1991) fällt auf, daß alle beteiligten Onkologen besonderen Wert auf die Sachkompetenz gelegt haben. Das Gewicht war naturgemäß bei den Disziplinen am größten, wo besonders hohe technische und handwerkliche Fähigkeiten gefordert sind. Bei allen war es eine zentrale Aussage, daß nur beste Sachkompetenz zu einer Therapieplanung führen kann, die den Bedürfnissen des Patienten entspricht.

Problem der Aufklärung

Die Aufklärung über eine potentiell oder aktuell bedrohliche Diagnose ist nicht nur in der Onkologie, sondern in allen Gebieten der Medizin von Bedeutung. Wanzer u. Mitarb. (1984) behandelten das Thema allgemein unter dem Titel „Die ärztliche Verantwortung gegenüber unheilbar kranken Patienten". Die Autoren schreiben zum Problem der Kommunikation mit dem Patienten: „Wenn ein Arzt mit einem Patienten über eine lebensbedrohliche Lage spricht, entstehen eine Reihe von Fragen: Ist der Patient in der Lage, die Information aufzunehmen? Wie weit soll die Information gehen? Wann soll der Arzt den Patienten über die unheilbare Erkrankung informieren? Kann die Mitteilung erfolgen, ohne alle Hoffnung zu zerstören? Zu diesen Fragen gibt es keine absolut sicheren Antworten. Die nachfolgenden Prinzipien erscheinen jedoch vernünftig: Obwohl manche Ärzte und Familienangehörige eine offene Diskussion mit dem Patienten vermeiden möchten, ist es nach unserer Meinung für alle Patienten, auch für verwirrte, besser, die Wahrheit zu wissen. Die Entscheidung zum Verschweigen der Wahrheit, aus Furcht, der Patient sei dazu emotional oder psychisch unfähig, ist selten, wenn überhaupt einmal, berechtigt; und in einem solchen Fall liegt die Beweislast bei der Person, die glaubt, ein Patient könne eine offene Diskussion nicht verkraften. Die Angst vor dem Unbekannten kann weitaus belastender sein als die Trauer im Umgang mit der erkannten, wenn auch tragischen Wahrheit. Die Weigerung, einem Patienten seine unheilbare Krankheit mitzuteilen, kann Barrieren für die Kommunikation aufbauen und den Patienten gerade dann in die Isolation stoßen, wenn er emotionale Teilnahme am meisten braucht."

Wesentliche Punkte dieser Darstellung sind:

- Die vom Arzt oder Dritten vorgeschobenen Argumente, die den Verzicht auf Aufklärung begründen sollen, sind nicht gerechtfertigt. Zahlreiche empirische Untersuchungen stützen diese These. Als Beispiel sei eine Studie von Köhle (1981) erwähnt, der am Universitätsklinikum Ulm 100 Leukämiepatienten vor und nach der Diagnosemitteilung interviewte; 96 von ihnen waren mit der offenen Aufklärung von Anfang an voll einverstanden. Johnen-Thielemann (1991) schreibt: „Es gibt keine Krankheit, die der Arzt dem Patienten verheimlichen müßte, um gefährdende Reaktionen zu vermeiden. Auch die Diagnose Krebs tötet nicht ... In 13 Jahren Behandlung und Betreuung ‚aufgeklärter' Krebskranker habe ich keinen Patienten erlebt, der einen Suizidversuch begangen hat."

- Die Angst vor dem Unbekannten ist schlimmer als die Möglichkeit, mit der Realität Trauerarbeit zu leisten. Zudem läßt sich ein durch die Medien aufgeklärter Patient über seine Diagnose nur schwer hinwegtäuschen. Die Informationsquellen im Krankenhaus sind so vielfältig, daß eine versehentliche Diagnosemitteilung oder zumindest Andeutung kaum vermeidbar ist. Typische Beispiele sind die Angaben der Diagnose auf dem Röntgen-Anforderungsschein oder Laborzettel, die dem Patienten zufällig in die Hand gelangen, oder die Äußerung in einer diagnostischen Station, die über den Kenntnisstand des Patienten nicht informiert ist. Vermutungen, Informationssplitter, laienmedizinische Kenntnisse und das innere Empfinden einer verzehrenden Krankheit können zusammen mit einer zwar ersehnten, aber nicht geglaubten Fehlinformation durch den Arzt zu einer Katastrophe der Verunsicherung und des Vertrauensverlustes führen.
- Die für den Patienten bedrohlichste Konsequenz des Verschweigens ist die kommunikative Isolation. Das gegenseitige Versteckspiel, das Ausweichen vor lebensentscheidenden Fragen, trennt den Patienten von seinen Angehörigen und seinen Betreuern. Zugleich wird der Patient der Möglichkeit beraubt, in lebendiger Beziehung zu seiner Umgebung die verbliebene Lebenszeit für innere Reifungs- und Ablösungsprozesse zu nützen und so seine Autonomie zu bewahren.

In der psychoonkologischen Forschung sind viele Beispiele über die Konsequenzen solcher Fehl- und Nichtinformation verzeichnet, z. B. enthält der Beitrag von Senn (1981) zum Buch „Einführung in die Psychoonkologie“ unter dem Titel „Wahrhaftigkeit am Krankenbett“ eindrucksvolle Kasuistiken. Aus der Sicht des Onkologen bestätigt er darin die oben dargestellten Überlegungen und ergänzt sie durch weitere Argumente:

- Durch Information gilt es, das Verständnis des Patienten für seine Erkrankung und die Kooperation für notwendige, oft schwierige und nebenwirkungsreiche Therapieschritte zu wecken. Tragischerweise bedeutet für manche Patienten die Entscheidung des Arztes, ihn nicht aufzuklären, zugleich die Entscheidung, auf Therapiemaßnahmen zu verzichten. Dies ist, ohne Rücksprache mit dem Patienten, selbst dann nicht zulässig, wenn die prozentualen Chancen der Behandlung gering sind.
- Durch Information wird die Basis geschaffen, um in der Krise die medizinische Pflege und seelische Führung zu ermöglichen. Wer als Arzt bereit ist, den Tumorkranken durch alle Phasen der Erkrankung auch in die Endphase zu begleiten, wird nicht wagen, sein Verhältnis auf Unwahrheit aufzubauen. Dies würde das gegenseitige Vertrauen und die Möglichkeit zum Beistand in der Terminalphase unmöglich machen.

Gerade hier gelten die vorher genannten ethischen Normen, die z. B. Schoene-Seifert u. Childress (1986) auf die bereits oben zitierte Formel gebracht haben: „Das Leitprinzip ist der Respekt für die Person des Patienten, das bedeutet, daß der kompetente Patient das Recht hat, zu wissen und zu entscheiden."

Aus dieser ethischen Begründung zur Wahrhaftigkeit folgt für den Arzt eine ethische Verpflichtung, sich in der Technik der Gesprächsführung zu bilden. Die Konsequenz einer ethisch unbefriedigenden Gesprächsführung zeigt sich im Ausruf einer Krankenschwester: „Ich fürchte mich vor der Nacht, wenn der Chef am Abend dem Patienten die Diagnose an den Kopf geschmissen hat."

In einer packenden Darstellung „Communication with the Fatally Ill" behandelt Verwoerdt (1966) im Kapitel „Techniken" folgende Punkte: 1. Respekt und Takt, 2. Sicherheit geben („reassurance"), 3. Vorbereitung des völlig unvorbereiteten Patienten, 4. Benützung von Umschreibungen, Analogien und anderen verbalen Hilfsmitteln, 5. Schweigen, 6. wirksamer zeitlicher Ablauf, 7. Ermutigung des Patienten, sich selbst auszudrücken, und 8. Hoffnung hervorheben. Allein schon diese trockene Aufzählung dokumentiert die Breite und Tiefe des Ansatzes, den sich ein Arzt zu eigen machen soll, der mit Tumorpatienten in einen Dialog tritt. Gefordert ist nicht „Aufklärung" als ein Akt distanzierter Information über einen Sachverhalt, sondern ein Prozeß der Führung und Hinführung eines Menschen zum Erfassen und Annehmen einer tiefgreifenden Wende seines Lebens.

In ähnlicher Weise beschreibt Johnen-Thielemann (1991) die Anforderungen an den Arzt. Unter der Überschrift „Verhalten am Krankenbett" macht sie praktische Vorschläge zur Gesprächsführung. Darüber hinaus formuliert sie – fast möchte man sagen mit kühler Selbstverständlichkeit – Voraussetzungen, bei denen man sich ehrlich fragen darf, ob sie für einen selbst so erfüllbar sind: „Die erste (die entscheidende) Wirkung (des Arztes) auf den Patienten entsteht allein durch das Sosein des Arztes als Mensch ... Ein „natürliches", ehrlich-offenes Auftreten ist deshalb nur möglich, wenn – neben der Fortbildung auf medizinischem Gebiet – ein lebenslanges Bemühen um die Weiterentwicklung der eigenen Persönlichkeit besteht. Und der Arzt, der sich in die Behandlung unheilbar Kranker einläßt und Sterbende begleitet, erfährt zudem die unumgängliche Notwendigkeit, sich mit dem Thema Tod und transzendentalen Fragen zu beschäftigen. Nur wenn er für sich selbst Antworten gefunden hat und diesbezüglich seine Gedanken und Gefühle zu ordnen vermochte, kann er auch dem schwerstkranken Patienten ruhig und angstfrei begegnen und ordnende Kräfte in die Beziehung einbringen."

In jedem Fall erfordert das Gespräch mit dem Patienten auch eine Sachkompetenz in der Gesprächsführung, zu deren Erwerb der Arzt verpflichtet ist.

Mitwirkung des Patienten bei der Therapieentscheidung

Für therapeutische Entscheidungen in der Onkologie sollte die Regel gelten, daß die Behandlung in erster Linie das Wohlbefinden des Patienten verbessern sollte, und zwar in dem Sinne, wie der Patient es versteht.

Der Arzt wird in seinen Empfehlungen dann wenig Schwierigkeiten haben, wenn die angebotenen Optionen von klar definierbarem, medizinischem Wert für den Patienten sind; er wird potentiell kurative Maßnahmen dringend empfehlen, und er wird sich auch durch Wünsche des Patienten nicht zu eindeutig unwirksamen Maßnahmen drängen lassen. Zwischen diesen Polen liegt jedoch eine Grauzone von Maßnahmen mit grenzwertiger Wirksamkeit, sei es, daß sie für eine größere Zahl von Patienten einen geringen bis marginalen Gewinn an Wohlbefinden bringen oder daß sie zwar für eine kleine Minderheit eine deutliche Verbesserung, für die Mehrheit jedoch nur Nebenwirkungen bringen können.

In solchen schwierigen Entscheidungssituationen sollte der Arzt versuchen, die Probleme mit bestmöglicher Kompetenz zu erfassen und den Patienten dadurch zum kompetenten Partner zu machen, daß er für umfassende und einfühlsame Information zur Verfügung steht. Bei medizinischer Ambivalenz der Sachlage stellt die Entscheidungspoblematik für den Patienten jedoch häufig eine Überforderung dar. Dieser wünscht, daß „sein Doktor" „das Beste für ihn" tut. Hier wird der Arzt versuchen müssen, sich in die Bedürfnisse des Patienten einzufühlen und zu entscheiden. Auch hier sind die Elemente Sachkompetenz und Reflexion, in der Ausprägung der Empathie, des Einfühlens in den Patienten, wegweisend.

In den Medien und der öffentlichen Meinung ist in letzter Zeit insbesondere die Chemotherapie massiven Angriffen ausgesetzt. Dabei werden die „Schrecken der Chemotherapie" oft von außenstehenden Beobachtern formuliert, und es wird das Leiden, das die – trotz Chemotherapie – fortschreitende Erkrankung verursacht, der Behandlung zugeschrieben. Im Moment besteht die Tendenz, Zurückhaltung zu propagieren, „Therapie nach Maß" durchzuführen. Dabei darf aber die vielbeschworene Autonomie des Patienten nicht vergessen werden: Auch der Patient hat ein Recht auf Behandlung, der sich nicht kampflos in seine Krankheit ergeben will, der einen Therapieversuch einfordert, auch wenn er über die grenzwertigen Erfolgschancen klar informiert ist. Und es ist erstaunlich, wie gering die Nebenwirkungen einer an sich aggressiven Therapie für solche motivierten Patienten oft sind.

Für den Arzt gilt, daß er bei seiner Zurückhaltung, therapeutische Maßnahmen anzubieten, mit großer Sorgfalt überlegen und die Mahnung beachten sollte: „Ärzte sollen Sorge tragen, daß sie nicht aufgrund einer unreflektierten oder vorurteilhaften Meinung über den Wert der Lebensqualität eines Patienten bestimmte Therapieoptionen verhindern" (Lynn 1986).

Der Wunsch eines Patienten, eine Therapie zu verweigern, muß respektiert werden. Entscheidend ist nicht, daß dieser Entschluß im medizinischen Sinne „richtig" ist, sondern daß der Patient kompetent seine Wahl trifft.

Während dieser Respekt vor der Autonomie des Patienten leicht zu vollziehen ist, können größte Probleme entstehen, wenn die Entscheidung zur Therapieverweigerung von den Rechtsvertretern für einen nicht rechtsfähigen Patienten, z. B. von Eltern für ihr Kind, getroffen wird. Zwei Fälle von kindlicher akuter Leukämie haben medienintensives Interesse gefunden, da die Eltern schulmedizinische Therapie bzw. Diagnostik verweigert haben. Publizistisch breite Behandlung fand der Fall der 3jährigen Katharina Scharpf im Oktober/November 1991. Von den behandelnden Ärzten wurde versucht, durch eine zunächst auch erreichte, gerichtliche Aberkennung des elterlichen Sorgerechts die Therapiefortsetzung zu erreichen. „Flucht" ins Ausland, Revision des Sorgerechtsentscheids folgten. Im anderen Fall verweigerten die Eltern eines leukämieverdächtigen Kindes die Knochenmarkpunktion.

Eine oft aggressiv-bösartige Debatte in Leserbriefen begleitete diese Vorgänge: „Das Kind ist krank und der Gott in Weiß erklärt: ‚Nur ich kann helfen'." „Ärzte zerstören eine Seele" usf. in diesem Ton.

Den Schulmedizinern wird das Versprechen entgegengestellt, mit naturheilkundlichen Verfahren ohne Belastung heilen zu können. Für die pädiatrischen Onkologen bestand ein schwerer ethischer Konflikt: Sie haben für das Lebensrecht des Kindes gegen das Elternrecht gekämpft und dabei viel öffentliche Schelte und Angriffe auf sich genommen. Prof. Gaedicke sagte in einem Interview: „Wir glauben nach wie vor, daß unser Schritt aus ärztlicher Sicht geboten war. Das Leben des Kindes ist das höchste Rechtsgut und im Notfall vom Staat zu schützen." Die Entscheidung des Rechtsstaats hat sich in der Folge gegen die Ärzte gestellt. Für den Arzt bleibt dennoch die ethische Grundlage seines Handelns, entsprechend seiner Sachkompetenz für das Wohl seiner Patienten zu kämpfen, auch wenn dies Mut erfordert.

Für das Thema „die Mitwirkung des Patienten bei der Therapieentscheidung" beleuchten diese Vorgänge ein schwerwiegendes Defizit. Oft traut die Öffentlichkeit dem Arzt nicht zu, daß dieser in ehrlichem und fairem Zusammenwirken mit dem Patienten zu einer für ihn guten Therapieentscheidung kommen will. Nur durch intensives Bemühen der Ärzte in diesem Punkt kann die ethische Glaubwürdigkeit unseres Standes bewußt gemacht werden.

Soziale Ethik und ökonomische Gesichtspunkte

Wie weit dürfen ökonomische Gesichtspunkte eine Rolle spielen? Dieser Frage gehen Bayer u. Mitarb. (1983) in einem Artikel nach, der unter dem Thema steht: „Die Sorge für terminal Kranke: Moral und ökonomische Gesichtspunkte". Auch für dieses kritische Gebiet betonen die Autoren, daß fertige Antworten nicht vorliegen. Sie stellen zunächst fest, daß die verfügbaren Daten nicht den Schluß zulassen, die Kosten für terminal Kranke seien unverhältnismäßig hoch, unvernünftig oder ungerecht. Als Wege, die Kosten in einer moralisch annehmbaren Weise in die medizinische Entscheidungsfindung einzubeziehen, empfehlen die Autoren:

- Entwicklung von Kriterien zur sicheren Beurteilung von Therapieoptionen, insbesondere zur Aufnahme auf Intensivstationen, eine Maßnahme, die für onkologische Patienten in einem nicht mehr kurativen Stadium in der Regel nicht in Erwägung gezogen wird;
- Förderung der Mitwirkung des Patienten und seiner Umgebung beim Entscheidungsprozeß;
- Förderung von alternativen Maßnahmen zur Betreuung in der Terminalphase.

Unter solchen Maßnahmen sind auch die Einrichtungen der Hospizbewegung zu verstehen. Wie immer, lassen sich auch hier Gegenargumente formulieren. Wer glaubt, solche auf die Begleitung in der Endphase einer Erkrankung spezialisierten Einrichtungen seien inhuman, muß auf jeden Fall Sorge tragen, daß im Bereich seiner Verantwortung humanes Sterben möglich ist. Ohne abschließende Wertung über den Hospizgedanken fordern Bayer u. Mitarb. (1983), daß solche Einrichtungen angeboten werden sollten, um die Optionen für die betroffenen Patienten zu erweitern und ihre Autonomie zu fördern.

Sterbehilfe – Euthanasie

Bei der Sterbehilfe geht es darum, den Sterbeprozeß zu verkürzen, entweder aktiv, durch Eingreifen in den Prozeß, oder passiv, durch Unterlassung von lebensverlängernden Maßnahmen. Sporken (1981) plädiert dafür, für dieses Unterlassen von Maßnahmen nicht den Begriff der Euthanasie, der Verkürzung des Sterbeprozesses, zu verwenden, da es darum gehe, eine Verlängerung zu vermeiden. Die ethische Erlaubtheit dieses Vorgehens wird allgemein akzeptiert. Wichtig ist, daß der Patient sich im Endstadium seiner Erkrankung, in der zum Tode führenden Phase, befindet.

Der Gedanke an eine aktive Euthanasie war durch die vom Hitler-Staat unter diesem Namen begangenen Verbrechen so belastet, daß er von der Ärzteschaft allgemein abgelehnt wurde. In neuerer Zeit mehren sich die Stimmen, auch unter Ärzten, die Euthanasie als ein Gebot ärztlicher Ethik erklären. Aus dem Munde eines dänischen Arztes (Admiraal 1991) heißt es: „Um Euthanasie gewähren zu können, muß diese Form der guten palliativen Fürsorge in der Terminalphase etabliert sein."

Der australische Bioethiker Singer (1984) argumentiert in seiner „Praktischen Ethik", menschlichem Leben komme nicht per se eine besondere Würde zu; die Gattungszugehörigkeit, auch die des Menschen, sei ohne ethische Bedeutung. Erst der Grad der Wahrnehmungsfähigkeit oder der Sensibilität verleiht dem Menschen personale, zu schützende Würde. So kann in einem juristischen Seminar behauptet werden: „Natürlich gibt es so etwas wie ‚lebensunwertes' Leben" (Hoerster 1990). Am 5. 11. 1991 fand im Staat Washington, USA, eine Abstimmung über ein Referendum statt, in dem aktive Sterbehilfe legalisiert werden sollte (Auszüge aus der Tagespresse). Für die Ärztegruppe, die das Referendum unterstützte, formulierte N. Thorlinkton: „Es gibt einen Moment, wo man auf wissenschaftlichem Gebiet nichts mehr unternehmen kann. Dann ist der Arzt der einzige, der den Patienten definitiv von seinen Leiden befreien kann. Dies kann dann nur noch durch den Tod geschehen." Bei dieser Abstimmung wurde (diesmal noch?) die Legalisierung der Euthanasie abgelehnt.

Noch stellt sich die Mehrheit der Ärzte gegen die aktive Euthanasie. In ihrer Stellungnahme zu diesem Problem formuliert die WHO 1990 eindeutig: „Euthanasie, d. h. aktive Beschleunigung des Todeseintritts durch Medikamente, soll nicht legalisiert werden."

Sporken (1981) unterscheidet in seinen Überlegungen zwischen einer aktiven Euthanasie, die von den Umstehenden gewünscht wird, und einer, die in freier Entscheidung vom Patienten erbeten wird. Eine Euthanasie auf Wunsch der Umstehenden, z. B. der Angehörigen, wird mit schwerwiegenden Gründen abgelehnt. Ein solches Eingreifen ohne Zustimmung des Betroffenen, selbst wenn eine solche wegen des Bewußtseinszustandes nicht eingeholt werden kann, wäre ein schwerer Verstoß gegen die Persönlichkeitsrechte des Sterbenden. Würde ein solches Vorgehen von der Gesellschaft akzeptiert, so entstände ein grundsätzlicher Bruch im Vertrauensverhältnis zwischen Arzt und Patient. Kein Patient könnte sich mehr ohne Vorbehalte einem Arzt anvertrauen, da er nicht sicher sein kann, daß seine Persönlichkeitsrechte unter allen Umständen respektiert werden. Euthanasie auf Wunsch der Umstehenden wäre eine Aufkündigung der Geduld, dem Sterbenden seinen eigenen Tod zu lassen.

Das Problem der aktiven Sterbehilfe auf eindeutigen Wunsch des Sterbenden wird von Sporken sehr differenziert gesehen. Dabei geht er davon aus, daß der echte Wunsch nach Euthanasie außerordentlich selten ist und die vorgebrachte Bitte nach der erlösenden Spritze vielmehr einen Hilferuf nach besserer Sterbebegleitung darstellt. Das „Lexikon Medizin – Ethik – Recht" formuliert: „Es kann allerdings, wenn auch extrem selten, Situationen geben, in denen die Menschenwürde mit der Dauer des Sterbeprozesses in Konflikt gerät, so daß die einzige noch mögliche Hilfe in der Herbeiführung des Todes bestehen könnte. Falls ein Helfer in sorgfältiger Beurteilung der Lage zu dieser Schlußfolgerung kommt und entsprechend handelt, da er die Verletzung der Menschenwürde als das höhere Übel ansieht, so muß dies ethisch nicht unbedingt zu verurteilen sein" (Eser u. Mitarb. 1989).

Die Onkologen, die sich in den beiden oben zitierten Symposiumsbänden (Schmähl u. Ehrhart 1987, Wannagat 1991) zu ethischen Fragen äußerten, stehen demgegenüber einheitlich fest in der Ablehnung der aktiven Euthanasie. Sie alle teilen die Auffassung des Moraltheologen Gründel (1992): „Die Tötung eines Menschen widerspricht zutiefst dem Ethos des Arztes." Der Philosoph Spaemann (1982) formuliert im Blick auf diese Diskussion: „Das ärztliche Ethos steht hier vor einer neuen Aufgabe. Der Arzt hat dem Leben, und nur dem Leben zu dienen. Er darf sich nie und in keiner Weise zum Diener des Todes machen lassen. Aber das Sterben ist selbst noch ein Teil des Lebens, es gehört zur Integrität seiner Gestalt. So wenig der Arzt das Leben zerstören darf, so wenig darf er, der doch den Tod nicht abschaffen kann, die Menschlichkeit des Sterbens zerstören: Was daraus konkret folgt, kann freilich nicht ohne die Kompetenz der Ärzte selbst entwickelt werden."

Es sind hier zwei Nichtmediziner zitiert, in dem Bewußtsein, daß es ein ärztliches Sonderethos nicht geben kann. Ärztliches Ethos kann nur solche Regeln festhalten, die vom Ethos der Allgemeinheit, der Gesellschaft getragen sind und gestützt werden. Im Fall der Euthanasie bedeutet dies, daß die Gesellschaft dem Leben des einzelnen, dem Individuum, der Würde der Person einen nicht verletzbaren Wert zumißt. Wenn bei der jetzigen Diskussion um den Wert des Lebens der Utilitarismus der Singerschen „Praktischen Ethik" sich durchsetzt, ist die Schutzwürdigkeit des menschlichen Lebens nicht an dessen Sein, sondern an Kriterien gebunden, die die Gesellschaft aufstellen und ändern kann; sie hätte damit die Macht zu erklären, was lebensunwertes Leben ist (Singer 1984).

An diesem Punkt setzt ein Hauptargument der Euthanasiegegner an: die Gefahr des Mißbrauchs, die Gefahr, daß aus dem Angebot der Euthanasie für den schwerkranken Patienten ein moralischer Druck entsteht, sein nicht mehr produktives Leben kostengünstig und für die Umgebung schonend dem Erlösung bringenden Arzt in die Hand zu geben. Diese Gefahren sind aber nur ein negatives Argument und werden von den Befürwortern naturgemäß in Abrede gestellt. Bemerkenswert in diesem Zusammenhang sind Berichte über die Aktivitäten der Deutschen Gesellschaft für humanes Sterben (H. H. Atrott); so heißt es z. B. in der Süddeutschen Zeitung vom 24. 4. 1990: „Vieles deutet darauf hin, daß es

Rosmarie M. zu leicht gemacht wurde, an Zyankali zu kommen" (Loerzer 1990).

Wichtig wäre die positive Argumentation, daß die Gesellschaft den Wert des Lebens, jeden menschlichen Lebens, festhält, und zwar auch als sozialen Wert, so daß das Individuum selbst über sein Leben nicht absolut frei verfügen kann. Das Erschreckende des Anspruchs, über sein Leben zu verfügen, es zu beenden, wenn es den eigenen Sinnvorstellungen nicht mehr entspricht, ist für mein Empfinden aus Dokumenten spürbar, die diese Haltung darstellen. Zwei Beispiele sollen hier zitiert sein.

Barnard (1981) hat Empfehlungen herausgegeben: „Preparation of Self-Deliverance using Drugs", also eine Gebrauchsanleitung zur „Selbsterlösung". Auszüge aus dieser 17-Punkte-Empfehlung:

- 13. Bade und wähle eine Bekleidung nach persönlichem Geschmack ...
- 14. Wenn gewünscht, wähle ein besonders geliebtes Musikstück für das Kassettenradio oder stelle ein bevorzugtes Radioprogramm ein.
- 15. Nimm Mineralwasser, alkoholisches Getränk und Tabletten ans Bett ... usf.

Der unterkühlte Ton, mit dem hier die Endabwicklung eines Lebens nach Gebrauchsanweisung empfohlen wird, wirkt wie die Anleitung zum Abstellen einer Maschine.

Ähnlich im Ton liest sich ein Bericht in Newsweek (1979), in dem der Suizid der Künstlerin Jo Roman beschrieben wird, den sie über 15 Monate medienwirksam vorbereitet hatte. Sie schuf in dieser Zeit ein „sargähnliches Behältnis aus Kiefernholz, das sie mit persönlichen Erinnerungsstücken füllte – eine „life sculpture". Mit Freunden verbringt sie den letzten Abend. „,... sie ruhten bei einem leichten Abendessen aus, bei dem es Champagner gab ... Jo duschte und schlüpfte in ihren rosa Lieblingsschlafanzug ... Gegen 5.30 Uhr nahm sie die Tabletten. ‚Der Morgen war für sie eine besondere Zeit', erklärte Timmy, ‚er bedeutete neues Leben, einen neuen Tag.'" Auch aus diesem Text klingt der Anspruch, mit dem Leben umgehen zu können wie mit anderen Dingen, die einem zur Verfügung stehen. Die Sprache verrät, daß hier die Menschenwürde beschädigt ist.

Der Arzt, der die Euthanasie ablehnt, fühlt sich dem Grundgesetz verpflichtet: Die Würde des Menschen ist unantastbar. Dies heißt für Gesellschaft und Ärzte aber auch, Sorge zu tragen, daß das Sterben in Würde geschehen kann. Sonst läßt sich das Argument leicht umdrehen.

Gerade der Onkologe ist sensibel für das Recht des Menschen auf sein Leben, wie es unter den gegebenen Umständen möglich ist. Onkologisches Handeln ist ja oft nur palliativ, das kranke Leben stützend und begleitend, die Beschwerden lindernd. Daß auch ein krankes, auf den Tod zugehendes Leben seinen Wert hat, daraus rechtfertigt der onkologisch tätige Arzt sein Handeln. Es trifft sein berufliches Selbstverständnis, wenn ein von ihm umsorgtes Leben nun nichts mehr wert sein soll, durch eine Spritze beendet werden könnte. Vielleicht ist es dieses Empfinden, das gerade Onkologen die Euthanasie sehr einhellig ablehnen läßt (Schmähl u. Ehrhart 1987, Wannagat 1991).

Dem Arzt ist durch sein Wissen große Macht über den Patienten gegeben, der sich oft den ärztlichen Vorschlägen ausgeliefert fühlt. Seine Zustimmung zu einer Maßnahme beruht oft nicht auf deren rationaler Analyse, sondern auf Vertrauen. Dieses Vertrauen wurzelt in der Sicherheit, daß der Arzt bestimmte Grenzen unter keinen Umständen überschreiten wird. Um das Gemeinte am Beispiel der Wahrhaftigkeit zu beleuchten: Ein Patient wünscht, daß der Arzt die Familie über seine Erkrankung falsch informiert. Er hat hierfür gute und nachvollziehbare Gründe. Der Arzt sollte es nicht tun! Sonst würde der Patient später bei jedem Gespräch denken: Ob er mich jetzt anlügt? Denn er hat ja auch damals (wenn auch auf meine Bitte hin) gelogen! Also lügt er doch unter Umständen, also bin ich nicht sicher!

Eine persönlich verbindliche Antwort wird sich der Arzt aus seiner weltanschaulichen Überzeugung geben müssen, ob er sich, wenn auch unter außerordentlichen Bedingungen, ein Recht über das Leben eines anderen zutrauen darf oder ob er hier eine absolute Grenze anerkennt, die ihm gezogen ist. Hippokrates war in seinem Eid eindeutig: „Ich werde auch niemandem eine Arznei geben, die den Tod herbeiführt, auch nicht, wenn ich darum gebeten werde, auch nie einen Rat in dieser Richtung erteilen."

Schlußbemerkung

Das Nachdenken über ethische Probleme, das Nachlesen, Zitieren, Auswählen, das dieser Artikel dem Autor abverlangt hat, hinterläßt ihn verunsichert. Es gibt ein delikates Gleichgewicht zwischen Engagement und Besserwisserei, zwischen einfühlsamem Arzt-Sein und diskreter Machtausübung. Deshalb soll am Schluß die Mahnung zu selbstkritischer Bescheidenheit stehen:

„Nimm meine miese, kleinliche Tugend von mir" (Ingmar Bergmann).

Literatur

Admiraal, P. V.: Euthanasia. Hospimedica 9 (1991) 13

Barnard, Ch.: Glückliches Leben – Würdiger Tod. Hestia 1981

Bayer, R., et al.: The care of the terminally ill: morality and economics. New Engl. J. Med. 309 (1983) 1490

Bleuler, E.: Das autistisch-undisziplinierte Denken in der Medizin und

seine Überwindung. Springer, Berlin 1975
Ca – A Cancer Journal for Clinicians, Ethics and Cancer, Vol. 36, Nr. 2, 1986
Eser, A., M. von Lutterotti, P. Sporken: Lexikon Medizin – Ethik – Recht. Herder, Freiburg 1989
Gründel, J.: Hilfe zum Leben – Hilfe zum Sterben. Vortrag im Bayrischen Rundfunk am 21. 1. 1992
Hoerster, N.: 7. Jahrestagung der Arbeitsgemeinschaft für neurologische Intensivmedizin München (Bericht). Südd. Ztg. (1990) Nr. 64
Holleb, A. I., M. Braun: ethical issues and the cancer patient. CA, Cancer J. Clincns 36 (1990) 83
Johnen-Thielemann, I.: Der Umgang des Arztes mit dem Kranken. In Pichlmaier, H.: Palliative Krebstherapie. Springer, Berlin 1991
Jonas, H.: Das Prinzip Verantwortung. Suhrkamp, Frankfurt 1984 (S. 394)
Jonas, H.: Technik, Medizin und Ethik. Zur Praxis des Prinzips Verantwortung. Insel, Frankfurt 1985 (S. 148)
Jungi, W. F., H. J. Senn: Krebs und Alternativ-Medizin. Internationales Symposium St. Gallen 1985. Zuckschwerdt, München 1986
Jungi, W. F., H. J. Senn: Krebs und Alternativ-Medizin II. Internationales Symposium St. Gallen 1989. Springer, Berlin 1990
Köhle, K.: Zur psychologischen Betreuung unheilbar Kranker. Herrenalber Texte 37 (1981) 64
Loerzer, S.: Sterbehilfe statt Lebenshilfe? Südd. Ztg. (1990) Nr. 94
Lynn, J.: Choices of curative and palliative care for cancer patients. CA, Cancer J. Clincns 36 (1986) 100
Nagel, G. A., D. Schmähl, D. K. Hossfeld: Krebsmedikamente mit fraglicher Wirksamkeit. Zuckschwerdt, München 1989
Newsweek, July 2, 1979: Rational Suicide?
Pfleiderer, A.: Empfehlungen zur Krebsbehandlung aus ethischer Sicht vom Standpunkt des Gynäkologen. In Wannagat, L.: Onkologie. Wandel der Krebskrankheit, ethische Probleme: 3. Bad Mergentheimer Onkologisches Gespräch. Thieme, Stuttgart 1991 (S. 110)
Ritschl, D.: Zur Ethik bei der Behandlung von Tumorpatienten und Sterbenden. In Wannagat, L.: Onkologie. Wandel der Krebskrankheit, ethische Probleme: 3. Bad Mergentheimer Onkologisches Gespräch. Thieme, Stuttgart 1991 (S. 68)
Schara, J.: Abschied nehmen von Hippokrates? Anmerkungen zur technischen Medizin und zum ärztlichen Handeln. Südd. Ztg. (1989) Nr. 17
Schmähl, D., H. Ehrhart: Ethik in der Behandlung Krebskranker und Schwerkranker. Zuckschwerdt, München 1987
Schoene-Seifert, B., J. F. Childress: How much should the cancer patient know and decise? CA, Cancer J. Clincns 36 (1986) 85
Schreml, W.: Ethische Fragen in der Onkologie. Onkol. Forum 3 (1987) 1
Schweitzer, A.: Kultur und Ethik. Beck, München 1972
Senn, H. J.: Wahrhaftigkeit am Krankenbett. In Meerwein, F.: Einführung in die Psychoonkologie. Huber, Bern 1981 (S. 64–83)
Singer, P.: Praktische Ethik. Stuttgart 1984
Spaemann, R.: Moralische Grundbegriffe. Beck, München 1982a (S. 89)
Spaemann, R.: Widersprüche. I. Über die Unterordnung unseres Lebens und Sterbens unter Maßstäbe technischer Effizienz. Südd. Ztg. (1982b) Nr. 233
„Spiegel"-Gespräch zum 15. Internationalen Krebskongreß in Hamburg. Spiegel 35 (1990) 203
Sporken, P.: Die Sorge um den kranken Menschen, Grundlagen einer neuen medizinischen Ethik, 2. Aufl. Patmos, Düsseldorf 1981 (S. 13–14, 25, 51, 250–268)
Tagespresse. Auszüge aus Augsburger Allgemeine, Süddeutsche Zeitung, Südwest Presse (beim Autor)

van Eyes, J., et al.: Creating a code of ethics: report of the University of Texas System Cancer Center M. D. Anderson Hospital and Tumor Institute. CA, Cancer J. Clincns 36 (1986) 95

Verwoerdt, A.: Communication with the Fatally Ill. Thomas, Springfield/ Ill. 1966

Wannagat, L.: Onkologie. Wandel der Krebskrankheit, ethische Probleme: 3. Bad Mergentheimer Onkologisches Gespräch. Thieme, Stuttgart 1991

Wanzer, S. H., et al.: The physicians responsibility toward the hopelessly ill patients. New Engl. J. Med. 311 (1984) 955

Wenz, W.: Empfehlungen zur Krebsbehandlung aus ethischer Sicht vom Standpunkt des Radiologen. In Wannagat, L.: Onkologie. Wandel der Krebskrankheit, ethische Probleme: 3. Bad Mergentheimer Onkologisches Gespräch. Thieme, Stuttgart 1991 (S. 15 ff.)

Wilms, K., Empfehlungen zur Krebsbehandlung aus ethischer Sicht vom Standpunkt des Internisten: 3. Bad Mergentheimer onkologisches Gespräch. Thieme, Stuttgart 1991 (S. 95 ff.)

World Health Organisation: Pain relief and palliative care. WHO, techn. Rep. Ser. 804 (1990)

World Medical Association Declaration of Helsinki, revised by the 29th World Medical Assembly, Tokyo 1975. In Levine, R. J.: Ethics and Regulation of Clinical Research. Urban & Schwarzenberg, München 1981 (pp. 287–289)

III. Begleitung im Sterben

Die psychosoziale Begleitung des unheilbar Kranken

E. Aulbert

> *„Eine solidarische Beziehung zu dem Betroffenen beinhaltet das Wissen, daß man selber jederzeit Betroffener sein könnte."*

Die Betreuung von Todkranken und Sterbenden ist eine der schwersten Aufgaben, die dem Arzt in der klinischen Arbeit gestellt sind. Ziel dieser Begleitung bis zum Tod ist es, dem unheilbar Kranken das Sterben leichter zu machen. Die Grundlage hierfür ist die Gestaltung einer besonderen Beziehung zu dem Sterbenden. Es ist dabei wichtig, die besondere Situation des unheilbar Kranken in der Klinik richtig einzuschätzen.

Die „Man kann nichts mehr tun"-Phase

Die wahrscheinlich entscheidende Phase einer zum Tode führenden Erkrankung beginnt, wenn man für den Patienten „nichts mehr tun kann". Die Aussage „man kann nichts mehr tun für ihn" bedeutet, daß der Patient sich weder auf natürliche Weise noch unter Einsatz aller verfügbaren ärztlichen Mittel noch einmal erholen wird. Die „Man kann nichts mehr tun"-Phase kann bereits bei Stellen der ersten Diagnose beginnen – selbst wenn der Patient dann noch jahrelang dahinsiecht –, sie mag aber auch nur wenige Augenblicke vor dem Tode beginnen, wenn der intensiv um die Rettung des Patienten bemühte Arzt plötzlich feststellen muß, daß der Fall hoffnungslos ist.

Diese „Man kann nichts mehr tun"-Phase des Sterbens ist besonders entscheidend, weil sie eine grundsätzliche Verlagerung des Behandlungsziels bedingt: Das Ziel der Heilung weicht dem Ziel der Linderung. War vorher das Bemühen darauf gerichtet, mit allen zur Verfügung stehenden Mitteln den Patienten zu retten, so tritt nun die Sorge in den Vordergrund, dem Patienten die letzten Wochen und Tage so weit wie möglich zu erleichtern. Wenn wir das Eintreten der „Man kann nichts mehr tun"-Phase als Beginn des eigentlichen Sterbens ansehen, so könnte man das Bemühen des behandelnden Teams als eine Art „Sterbehilfe" bezeichnen – wäre dieser Begriff nicht so mißverständlich. Ich möchte daher von „Sterbebegleitung" und „Leidenshilfe" sprechen, denn dieses drückt am ehesten aus, was in dieser Phase der Krankheit vonnöten ist.

„Sterbebegleitung" soll dabei sagen: Wenn ein Leben zu Ende geht, sind nicht die „seelenlosen Macher" gefragt, sondern der Mitfühlende als Nächster, also der, der für das Gespräch noch Zeit hat, oder auch nur der, der zuhören kann. „Leidenshilfe" dagegen bedeutet, den Patienten aus der Krebs-Schmerz-Spirale herauszuholen, in der sich Schmerz – Angst – Einsamkeit – Hoffnungslosigkeit – Depressionen gegenseitig verstärken.

Und hier muß deutlich werden, daß man, wenn die „Man kann nichts mehr tun"-Phase eingetreten ist, eigentlich noch ganz Wesentliches tun kann. Man muß es nur erkennen.

Will man Sterbebegleitung und Leidenshilfe leisten, setzt das zweierlei voraus: Man muß einerseits die Konflikte kennen, die sich für den Patienten in seiner Auseinandersetzung mit dem Sterben ergeben. Hier erfahren wir die Bedürfnisse, die der Mensch im Sterben hat und die wir ihm erfüllen können. Andererseits ist es erforderlich, daß wir uns die spezifische Situation des mit Sterbenden konfrontierten Personals klarmachen. Denn hieraus lassen sich die Barrieren und Hindernisse vorhersehen, die die Betreuung Schwerstkranker und Sterbender so sehr erschweren.

Die Rolle des Todes in unserer Gesellschaft

Vor 100 Jahren wurden Todkranke in der Großfamilie versorgt, die nicht isoliert, sondern innerhalb eines dörflichen oder städtischen Zusammenhanges existierte. Es ist zu bezweifeln, daß der Tod in früheren Jahren leichter zu ertragen gewesen sei, denn der Tod ist unter allen Umständen schwer. Aber das Sterben in der vertrauten Umgebung des eigenen Zuhauses und im Kreise jener, die man liebt und von denen man geliebt wird, kann viel von der Angst und Einsamkeit im Sterben nehmen. Man muß auch bedenken, daß der Tod früher oft unerwartet und viel plötzlicher als heute in das Schicksal von Familien eingriff, da es medizinische Hilfe für Sterbende kaum gab.

Heute erleben wir statt dessen ein langes, belastendes Sterben. Bisherige religiöse Vorstellungen, die das Sterben in den Lebenslauf einbezogen, haben für viele Menschen an Überzeugungskraft verloren. Andererseits sind mit dem Fortschritt der Medizin in vielen Situationen die Möglichkeiten gewachsen, den bevorstehenden Tod – oft für lange Zeit – hinauszuschieben. Impfungen haben viele Krankheiten praktisch ausgerottet. Die Antibiotika haben die Todesfälle bei Infektionserkrankungen entscheidend vermindert. Die Zahl der alten Menschen steigt und damit auch die Häufigkeit von chronischen und bösartigen Krankheiten. Und was die bösartigen Krankheiten angeht, hat in den letzten Jahren die Chemotherapie die Möglichkeit gegeben, statt kurzer, bösartiger Krankheitsverläufe längere Zeiten der Tumorfreiheit oder doch längere beschwerdefreie Verläufe zu erreichen. Diese Entwicklung bedingt einen Wandel in der Einstellung zum Ende des menschlichen Lebens. Sie führt zu einer vermehrten Angst vor dem Tod, zu immer neuen psychischen Problemen und einem wachsenden Bedürfnis nach Verständnis und Anteilnahme, wenn es um Sterben und Tod geht.

Darüber hinaus leben wir in einer den Tod verleugnenden, technisierten Gesellschaft, die nur schlecht die Falten des Alters akzeptieren kann, die alte Menschen in Pflegeheime schickt und die das Sterben in die Institution Krankenhaus delegiert. So sterben in der Bundesrepublik Deutschland über 60% aller Menschen im Krankenhaus. Behinderung, chronische Krankheit und Sterben werden in unserer Gesellschaft als Fehlfunktion des Lebens verstanden und abgewertet. Auch dieses erschwert dem einzelnen das Sterben.

Tod und schwere Krankheit gehören somit heute nicht mehr zu den selbstverständlichen Lebenserfahrungen wie früher. Zum einen, weil das Sterben in die Institutionen hinein verlagert wird, zum anderen, weil durch die höhere Lebenserwartung in den Familien durchschnittlich 10 bis 15 Jahre vergehen, ohne daß ein Angehöriger stirbt. Diese Ereignisse werden darüber hinaus oft aus den Familiengesprächen ferngehalten. Gerade Kindern gegenüber werden Tod und Krankheit oft verharmlosend dargestellt. Wir halten die Kinder in der Regel von Tod und Sterben fern in der Meinung, wir schützten sie vor Schmerz. Und doch erweisen wir ihnen einen schlechten Dienst, indem wir sie dieser Erfahrung berauben. Denn wenn wir den Kindern gestatten, an Gesprächen und Sorgen und somit an der gemeinsamen Verantwortung und Trauer teilzuhaben, bereiten wir sie darauf vor, den Tod als Teil des Lebens aufzufassen und daran zu reifen. Stattdessen wird den Kindern durch unser Verhalten Hilflosigkeit und Angst spürbar. Und dadurch werden Tod und Krankheit zu etwas unfaßbarem Bedrohlichen.

Es sei angemerkt, daß auch die Überbetonung eines gewaltsamen Todes in den Massenmedien (Kriegsfilme, Kriminalfilme, Wildwestfilme) das Sterben eher verfremdet und einer persönlichen Auseinandersetzung mit dem natürlichen Sterben eher entgegensteht.

Und so leben wir in einem Teufelskreis, in dem Ursache und Folge nicht mehr klar unterschieden werden können: Wir können wegen der veränderten Lebenserwartung und wegen der Verlagerung in das Krankenhaus den Tod und das Sterben nur noch selten innerhalb der Familie erleben. Und wenn ein Angehöriger dann davon betroffen ist, sind wir hilflos gegenüber Tod und Krankheit. Und diese Hilflosigkeit läßt uns dann wieder unsere todkranken Angehörigen ins Krankenhaus abschieben, womit die Auseinandersetzung in der Familie weiter vermindert und verleugnet werden kann.

Diese Entwicklung schlägt sich auch innerhalb der medizinischen Berufe nieder: Das Interesse wird von der Bewältigung des Sterbens abgezogen und konzentriert sich auf die Situationen, in denen „noch etwas zu machen ist", d. h., in denen Aussicht besteht, das Leben zu erhalten. Die Vorteile einer besseren medizinischen und pflegerischen Versorgung des Patienten werden jedoch erkauft mit einem Verschieben des Kranken aus der vertrauten Umgebung in eine fremde Institution, wo ihn nicht mehr Freunde und Angehörige pflegen, sondern professionelle Helfer. Dabei entspringt die Einweisung des Todkranken ins Krankenhaus jedoch nur zum Teil dem Wunsch, alle Behandlungsmöglichkeiten auszuschöpfen und keine Heilungschance zu versäumen. Eine ebenso große Rolle spielt die Scheu, sich dem Sterben des Angehörigen auszusetzen.

Es kommt dem Arzt daher durchaus entgegen, wenn der Patient und seine Angehörigen das volle Arsenal der technischen Medizin wünschen. Vor allem *der* Arzt wird als gut bewertet, der dem Kranken möglichst viel Medizintechnik anbietet. Hierdurch kann sich der Arzt der Konfrontation mit der Krankheit und dem Leid eines Kranken entziehen. Mit Hilfe eines ausgiebigen (zum Teil überflüssigen) Diagnoseprogramms geht man zunächst auf Distanz. Der Kranke ist zufrieden über den enormen Aufwand, der ihm zukommt. Die lebenswichtige Auseinandersetzung mit den Problemen ist hinausgeschoben. Wer kennt nicht als Arzt die problemfreie Zeit, wenn angesichts einer kritischen Situation weitere diagnostische Verfahren vorgeschoben werden können oder das Eintreffen eines Befundes abgewartet werden muß.

Andererseits wird dabei jedoch oft übersehen, daß der Kranke durch häufige Untersuchungen in permanenter Angst gehalten wird. Auch wird der Patient kaum begreifen, daß ihm trotz all des technischen Fortschritts keine Heilung angeboten werden kann. Eine derartige Überdiagnostik der Onkologie kann nur verhindert werden, wenn Kompetenz und ethische Verantwortung auf seiten der Ärzte neu erworben werden und eine falsche Erwartungshaltung auf der Seite der Kranken und ihrer Angehörigen korrigiert wird.

Die spezifische Situation des mit Sterbenden konfrontierten Personals

Es ist an dieser Stelle wichtig, sich die spezifische Situation des mit Sterbenden konfrontierten Personals vor Augen zu führen. Die Massenuniversität unserer Tage bietet kaum Raum für persönliche Auseinandersetzungen. Die Ausbildungspläne von Krankenschwestern und Medizinstudenten zeigen ein absolutes Überwiegen naturwissenschaftlicher Inhalte. Dabei wird in der Ausbildung die Heilungsaufgabe der Medizin besonders stark vermittelt. In der Theorie der medizinischen Wissenschaft spielt der Tod keine Rolle, und so stellt uns die wissenschaftliche Medizin bisher auch keine Hilfestellungen für den Umgang mit unheilbar Kranken und Sterbenden zur Verfügung.

Der Bereich des Lehr- und Lernbaren richtet sich vielmehr auf die Möglichkeiten der Behandlung und Heilung: Für jede Situation, jedes Problem, jede Normabweichung gibt es ein Gegenmittel. Krankheit und Leid werden als „biotechnische Pannen“ angesehen, die grundsätzlich reparabel sind. Und das ist auch sehr folgerichtig, wenn man das Selbstverständnis der Institution Krankenhaus und somit auch das ausgesprochene Ziel der Tätigkeit des Krankenhauspersonals betrachtet. Denn das Krankenhaus versteht sich als eine Einrichtung, die dem Heilungsprozeß, der Krankheitsbekämpfung, der Wiederherstellung und dem Erholungsprozeß gewidmet ist. Und sterbende Patienten sind eine Bedrohung dieser so definierten Aufgabe. Typischerweise steht auch bei der Planung der Krankenhausorganisation der effektive Einsatz der medizinischen Möglichkeiten ganz im Vordergrund. Die Auswirkungen für die psychische Situation der Kranken oder gar Todkranken werden dabei oft kaum beachtet. Es reichen oft weder die baulichen und räumlichen noch die personellen Voraussetzungen für eine menschenwürdige Erfüllung der Aufgabe einer Betreuung Sterbender aus: Wer würdig sterben soll, darf nicht seine letzte Stunde allein und im Bade- oder im Schwestern- oder Arztzimmer der Station verbringen müssen.

In diesem erfolgsausgerichteten Heilen führt eine unheilbare Krankheit zu einer Verunsicherung, stellt oft eine narzißtische Kränkung für uns dar. Sie löst häufig Abwehrvorgänge in uns aus, die uns behindern, sensibel auf den Kranken einzugehen. Der Patient, dessen Krankheit unheilbar ist, der Mensch, der stirbt, wird zwangsläufig angesehen als ein Fehlschlag, als eine Niederlage, als ein Versagen derer, denen die Aufgabe des Heilens übertragen wurde. Und so offenbaren die Ärzte und Krankenschwestern in der Situation eines sterbenden Menschen ein Gefühl des Unbehagens und der Schuld und des Versagens. Und weil es so schwierig ist, den Tod zu akzeptieren, wird dann der Verstorbene schnell und heimlich weggebracht – ein Akt des Verschwindenlassens beseitigt den anschaulichen Beweis, bevor er noch jemanden in Unruhe versetzen kann.

Und da der sterbende Patient in diesem Sinne eine fundamentale Bedrohung für das Krankenhaus und sein Personal darstellt, wird er zu einer zunehmenden Vereinsamung und Isolierung verdammt: Die Ärzte verhalten sich ausweichend. Es bildet sich eine zunehmende Kluft heraus zwischen dem Wunsch des Patienten nach Kommunikation über die Krankheit und dem Verhalten der Umwelt, die Gespräche über die Krankheit und den bevorstehenden Tod vermeidet und umgeht und so die Kommunikation abbricht.

Der Todkranke merkt den Rückzug, die mangelnde Offenheit seiner Umwelt und ahnt den Ernst der Situation. Und so wird er in seiner Angst allein gelassen. In dieser Isolierung ist es dem Kranken nicht mehr möglich, selbst mit seinen nächsten Verwandten über seine Krankheit und den Tod zu reden. Diese Isolierung, dieser Abbruch der Gespräche ist für den Patienten oft die schlimmste Folge der Krankheit. Untersuchungen zeigen, daß Sterbende seltener von Arzt und Krankenschwestern aufgesucht werden und daß ihnen am Krankenbett weniger Zeit gewidmet wird. Das Endstadium sieht dann oft so aus – wir kennen es alle: Die Schwestern meiden das Zimmer, wenn es klingelt. Das Gespräch wird vermieden. Man ist froh, wenn der Sterbende schläft oder komatös ist. Die Visiten werden kürzer, seltener, gesprächsärmer. Die Worte reduzieren sich auf sich wiederholende, gleichförmige Redewendungen. Es besteht eben das Gefühl, „man könne nichts mehr für ihn tun".

Ich möchte mit dieser Darstellung klarmachen, daß im Mittelpunkt unserer Diskussion über die psychosoziale Betreuung des Sterbenden in der Klinik immer die Frage steht, wie wir diese Isolierung und Vereinsamung des unheilbar Kranken verhindern können und wie wir mit dem betroffenen Patienten in Beziehung treten können.

Die Kommunikation mit dem todkranken Patienten

Mit der Verlagerung des Sterbens aus der Familie heraus ins Krankenhaus und mit der Intensivierung der Behandlungsmaßnahmen bei unheilbar Kranken werden Ärzte und Schwestern für den Patienten in zunehmendem Maße zu bedeutsamen Bezugspersonen, zu Partnern bei der Bewältigung seiner schwierigen und für die Bewertung des ganzen Lebens mitentscheidenden Situation. Dabei ist die eigene emotionale Beteiligung die wesentlichste Grundlage der Beziehung, die wir dem Patienten anbieten können. Sie ist nicht nur wichtig bei der Vermittlung von Informationen über die Erkrankung, sondern auch als Grundlage für das Gefühl der Sicherheit und Geborgenheit des Patienten. Diese emotionale Beteiligung stellt besondere zusätzliche Ansprüche an die Personen, die in der Betreuung krebskranker Patienten stehen. Es wurde hierfür der Begriff „Gefühlsarbeit" geprägt. Diese Gefühlsarbeit beginnt mit dem Gespräch über die Diagnose und das Wesen der Krebserkrankung. Dabei wird sie durch Orientierungsschwierigkeiten, Isolations- und Todesängste, Selbstwertprobleme und zum Teil auch aggressive emotionale Reaktionen des Patienten oft erschwert.

Es wird immer wieder beobachtet, daß Tumorpatienten ein großes Kommunikationsbedürfnis haben. Fast alle Gesprächsangebote an den Patienten werden von diesem aufgegriffen und angenommen. Die Patienten sehen die Gesprächskontakte als Möglichkeiten einer emotionalen Sicherung an, wodurch bei einem Teil von ihnen auch ein depressives Rückzugsverhalten verhindert werden kann. Es ist deshalb auch zu verstehen, daß Krebspatienten besonders für das Verhalten ihrer Bezugspersonen sensibilisiert sind. Neben verbalen Mitteilungen nehmen sie in erhöhtem Maße auch Veränderungen des Ausdrucks und der inneren Haltung ihrer Partner wahr. Sie spüren in der Regel deutlich, wenn Angehörige oder Ärzte nicht offen mit ihnen reden, ihnen ausweichen, bestimmte Themen vermeiden oder ihnen hohle unbegründete Hoffnungen machen. Selbst kleinste Veränderungen im Verhalten des Arztes werden – meist zurecht – als Signal aufgegriffen und mit Verunsicherung und Angst beantwortet.

Krebskranke leben vielfach in der Angst, sozial isoliert zu werden und von den anderen abgelehnt zu sein. Dieses verstärkt sich noch bei sichtbaren krankheits- oder therapiebedingten Veränderungen des Körperbildes. Wird nun die Kommunikation über die Krankheit eingeschränkt, so verstärkt sich diese Verunsicherung weiter. Es besteht damit die Gefahr, daß der Patient zunehmend in eine Isolation und depressive Stimmung gerät. Mit diesem depressiven Rückzug geht ein Abbau des Selbstwertgefühls einher.

Es wird immer wieder von Patienten bestätigt, daß Informationen über die Diagnose, über erforderliche Untersuchungen und Untersuchungsergebnisse, über therapeutische Maßnahmen und prognostische Möglichkeiten ihre Angst vermindern. Die Patienten lernen dabei die Überlegungen des Arztes kennen. Und so wird ihm in einer ihn bedrohenden Situation ein Gefühl der Sicherheit möglich. Es wird hierdurch das Selbstwerterleben des Kranken gestärkt. Er fühlt sich in seiner Erkrankung ernstgenommen und akzeptiert und als für die eigene Zukunft verantwortlich anerkannt. Umgekehrt nimmt der Arzt das Erleben und die emotionale Reaktion des Patienten vermehrt wahr. So kann der Arzt nur dann die gesamte Situation seines Patienten angemessen beurteilen, wenn er im regelmäßigen offenen Gespräch mit ihm steht. Dieses ist auch die Voraussetzung für die Beurteilung von Symptomen und Beschwerden, für die Einschätzung emotionaler Reaktionen und für die Indikationsstellung für eventuelle unterstützende psychotherapeutische Maßnahmen.

Es muß immer wieder betont werden, daß der Patient Sicherheit nicht dadurch erhält oder gewinnt, daß ihm Informationen vorenthalten werden, sondern dadurch, daß der Arzt ihn bei der Verarbeitung der Information unterstützt und ihm dadurch Sicherheit in der Beziehung anbietet. In dieser Beziehung kann er dem Patienten helfen, die Krankheit und Krankheitsfolgen in seine Biographie einzubauen. Er ermöglicht es dem Patienten trotz krankheitsbedingter Einschränkungen, seine Identität zu bewahren, sein Selbstwertgefühl zu stabilisieren und über die unabänderlichen Verluste zu trauern.

Verhalten sich Ärzte und Schwestern dagegen abwehrend, weichen sie dem unheilbar Kranken aus, so fühlt sich dieser übergangen, abgelehnt und allein gelassen. Er vermißt die benötigte Sicherheit, erlebt sich als mißachtet, gekränkt, ohnmächtig und reagiert entsprechend: Seltener wird er aggressiv gegenüber dem Arzt und dem Pflegepersonal, häufiger zieht er sich verletzt und depressiv zurück. Es kann eine Art „feindselige Abhängigkeit" entstehen. Auch vor dem Hintergrund von übergroßen Erwartungshaltungen bezüglich des Behandlungsverlaufes und -erfolges sind aggressive Regungen und Feindseligkeiten gegenüber dem medizinischen Personal zu verstehen, die sich mit den depressiven Gefühlen der Patienten vermischen und nicht geäußert, sondern unterdrückt werden. Aufgrund der gegenseitigen Abhängigkeit können sich diese Reaktionen gegenseitig negativ verstärken: Arzt und Mitarbeiter reagieren gereizt und entwickeln eine Abneigung gegenüber dem Patienten, werden mit der eigenen beruflichen Tätigkeit unzufriedener und ziehen sich ihrerseits vom Kranken zurück. Der Patient wird hierdurch zunehmend isoliert. Es hat sich ein Circulus vitiosus entwickelt.

Es hat sich auch gezeigt, daß das Delegieren der psychischen Betreuung an einen Sozialpädagogen oder Psychologen nicht günstig ist. Es kommt dabei zu einer stärkeren Trennung von somatischen und psychischen Anteilen der Betreuung. Diese Aufspaltung des Patienten in einen körperlichen Teil, für den der Arzt und das Pflegepersonal zuständig sind, und einen psychischen Teil, für den der psychosomatische Fachmann anwesend ist, vermittelt manchen Patienten das Gefühl, von ihrem Arzt abgewiesen, abgeschoben zu werden, eventuell hoffnungslos, zu schwierig und unangenehm zu sein. In der Tat ist bei solchen Konstellationen auch häufiger zu beobachten, daß emotionale Reaktionen des Patienten vom medizinischen Personal seltener aufgegriffen werden, da hierfür ja der psychosomatische Kollege „zuständig" ist. Dieses führt nicht selten auch zu einer Störung der offenen Kommunikation zwischen Arzt und Patient. Dieses bedeutet, daß es günstiger ist, wenn die psychische Betreuung Teil der Gesamtbetreuung des Arztes bleibt und nicht an einen hierfür zuständigen Fachmann delegiert wird.

Zusammenarbeit zwischen Arzt und Pflegepersonal

Aufgrund der gesetzlichen Bestimmung, daß der Arzt allein zur Aufklärung befugt ist, ist das Pflegepersonal in seinem Umgang mit unheilbar Kranken von der Entscheidung des Arztes abhängig, ob dieser nun viel oder (häufig) wenig aufklärt. Dieses beinhaltet zwei Probleme:

- Unter Umständen ist das Pflegepersonal gezwungen, sich dem Patienten gegenüber nicht der eigenen Überzeugung gemäß zu verhalten.
- Andererseits ermöglicht gerade der pflegerische Umgang mit den Patienten durch den viel häufigeren und viel intimeren Kontakt mit den Todkranken, dessen Sorgen und Probleme aufzugreifen und umgekehrt mildernd und tröstend Einfluß zu nehmen, während umgekehrt der Arzt allein den Patienten viel zu kurz sieht, um eine psychosoziale Versorgung zu gewährleisten.

Diese Situation verdeutlicht, daß bei der psychosozialen Versorgung Arzt und Pflegepersonal ganz besonders aufeinander angewiesen sind und zur Zusammenarbeit gezwungen sind. Dabei erschwert eine starre Funktionsteilung die Betreuung von Tod- und Schwerkranken sehr. Mehr als die meist übliche hierarchische Zusammenarbeit zwischen Arzt und Pflegepersonal ist eine partnerschaftliche Kooperation im Team dazu angetan, die Initiative und das Engagement der einzelnen Mitarbeiter auf der Station zu fördern. Das intensive Gespräch innerhalb des Stationsteams – gerade auch über das, was im Umgang mit unheilbar Kranken schwerfällt – ist eine der Hauptvoraussetzungen für die Betreuung von Tod- und Schwerkranken. Dabei läßt sich auch durch eine derartige Kommunikation die Belastung des Personals, die gerade auf onkologischen Stationen oft ein schwer erträgliches Maß annimmt, abfangen und abmildern.

Das Personal muß hier den körperlichen Verfall vieler Kranker tagtäglich im wahrsten Sinne des Wortes hautnah miterleben. Hierzu kommen Angst, Depression, Trauer und auch Zorn der Patienten, die auch dann eine Belastung darstellen, wenn sie als normale Reaktionen des Patienten auf die Krankheit erkannt werden. Ein Indiz für diese emotionale Belastung und für die Schwierigkeiten der intrapsychischen Verarbeitung bei derartigen Arbeitsbedingungen ist die überdurchschnittlich hohe Fluktuation des Personals auf Stationen, die > 50% mit Todkranken belegt sind.

Bei einer Intensivierung der Beziehung zu Krebskranken im fortgeschrittenen Stadium werden Ärzte und Pflegepersonal bei ungünstigem Krankheitsverlauf in besonderem Maße mit dem Problem von Sterben und Tod sowie mit den Grenzen der therapeutischen Möglichkeiten konfrontiert. Die Konfrontation mit dem Tod kann auch in ihnen vermehrt Todesängste mobilisieren und durch therapeutische Mißerfolge können sie verunsichert und gekränkt werden.

Das Ausmaß emotionaler Beteiligung – und Belastung – für Arzt und Pflegepersonal wird bisher meist noch erheblich unterschätzt. Bei der Verarbeitung dieser Belastungen werden die Beteiligten oft allein gelassen. Sie wird – wie die Gestaltung der Beziehung zum Patienten selbst – aus der professionellen Tätigkeit ausgegliedert und in den Privatbereich verwiesen. Der Arzt und die Mitarbeiter im Pflegebereich benötigen daher für diese Tätigkeit vielfältige Unterstützungen, die ihre emotionale Stabilität absichern und die Entwicklung einer Erschöpfungsdepression („Burn-out-Syndrom“) verhindern, die als Folge einer derartigen emotionalen Belastung auftreten kann. Dieses bedarf zusätzlicher Angebote in der Ausbildung und Weiterbildung zum Beispiel in Form von Teambesprechungen und Balint-Gruppen.

Und so ist es wichtig, sich in dieser Berufssituation in gemeinsamen Besprechungen mit anderen Mitarbeitern über diese Schwierigkeiten auseinanderzusetzen und dadurch eine psychische Entlastung des

Personals zu erreichen. Der starke psychische Druck kann nämlich dadurch vermindert werden, daß der einzelne Mitarbeiter seine Gefühle der Angst und Hilflosigkeit mit ebenso Betroffenen bespricht und es auch zum Ausdruck bringen darf, wann die Grenzen seiner Belastbarkeit erreicht sind.

Folgende Möglichkeiten für einen Gedankenaustausch innerhalb des Teams sind vorstellbar:

1. Die Teilnahme des Arztes an den Übergabebesprechungen. Hierbei kann der Arzt auch über das Aufnahmegespräch mit neuen Patienten berichten.
2. Das Abhalten zusätzlicher wöchentlicher Teambesprechungen zum Informationsaustausch und zur Besprechung von Schwierigkeiten im Umgang mit Patienten oder zum Gespräch über Probleme in der Zusammenarbeit.
3. Die Umgestaltung der Visiten: Neben der üblichen Visite im Dienste der medizinischen Diagnostik und Therapie sollte eine „Befindlichkeitsvisite" durchgeführt werden, bei der es um das subjektive Erleben des Patienten geht.
4. Auf seiten der Schwestern ist eine nach Arbeitsabläufen aufgeteilte und in Einzeltätigkeiten aufgesplitterte Pflege oft nicht so günstig wie die Gruppenpflege (d. h., daß z. B. eine Schwester für zwei Zimmer ganz zuständig ist). Dieses bringt einen besseren Kontakt und häufigere Gesprächsmöglichkeiten mit sich. Und hiermit wächst auch für die Schwester die Möglichkeit, sich für einzelne Patienten zu engagieren und die eigene Arbeit als befriedigender zu erleben.

Gerade in der fachlichen Betreuung des Mitarbeiterteams liegt eine wesentliche Aufgabe des psychosomatischen Dienstes: Die Vermittlung psychologischer Kenntnisse, das Angebot von Balint-Gruppen und eventuelle Fortbildungsangebote zum Themenbereich des Umgangs mit Schwerkranken und Sterbenden können wesentlich dabei helfen, daß im Stationsteam die sich im Umgang mit Tumorpatienten ergebenden Belastungen eingebracht und reflektiert werden können. Erst so bietet das Team den emotional stark belasteten Mitarbeitern Schutz vor eigenen Ängsten und Depressionen und ermöglicht damit einen freieren Umgang mit den Patienten.

Das Haupthindernis einer derartigen Verbesserung der Betreuung von Tod- und Schwerstkranken liegt in der inadäquaten Personalplanung für Krankenhäuser und Altenpflegeheime. Trotz noch so hoher Kosten im Gesundheitswesen ist speziell der drastische Personalmangel nach wie vor eines der wesentlichen Hindernisse für eine „menschliche" Versorgung. Freilich würde allein eine Erhöhung des Personalschlüssels (ohne eine entsprechende Veränderung der Ausbildung) die Wende in der Betreuung von Todkranken nicht ermöglichen.

Die Auseinandersetzung des Patienten mit dem Tod

Durch die Aufklärung über Art und Wesen der Erkrankung wird die Auseinandersetzung des Patienten mit seiner zum Tode führenden Krankheit ermöglicht und in Gang gesetzt. Es ist sicher die Grundvoraussetzung für einen angemessenen Umgang und für die Möglichkeit einer psychischen Stützung todkranker und schwerkranker Patienten, die Stadien zu kennen und zu verstehen, die der Patient bei der Verarbeitung seiner zum Tode führenden Krankheit durchläuft. Es ist besonders wichtig, sich in diese Stadien der Krankheitsbewältigung einzufühlen, da unser Verhalten den Ablauf dieses Vorbereitungsprozesses, der auch als Trauerprozeß aufgefaßt werden kann, fördern, aber auch blockieren kann. Seit den frühen Untersuchungen von Elisabeth Kübler-Ross (1981, 1982), die als Ärztin und Psychiaterin Hunderte von sterbenden Patienten interviewt und psychisch betreut hat, wissen wir genauer um den schweren Weg, den ein Todkranker gehen muß, um seine Krankheit zu bewältigen. In ihren Büchern legt sie eindrucksvoll ihre Erfahrungen mit Sterbenden dar.

Das erste Stadium der Auseinandersetzung mit dem Tod nennt sie „die Verweigerung“, „das Nicht-wahrhaben-Wollen“. Dieses ist oft die erste Reaktion, wenn der Patient die Diagnose erfährt. Er erlebt dieses wie einen Schock, gefolgt von Unglauben und dem Gefühl der Betäubtheit. In dieser Phase benutzt der Patient oft Abwehrmechanismen, an erster Stelle die Verleugnung, mit der er die Realität zurückweist. Oft läuft er von Arzt zu Arzt, um die angebliche „Fehldiagnose“ entkräftet zu wissen. Insgeheim weiß er jedoch um ihre Richtigkeit. Die Verleugnung kann auch zum Abbruch einer Therapie oder auch zum Aufsuchen eines Heilpraktikers führen. Dieser wird dabei oft zum Verbündeten im Verleugnungsprozeß gemacht. Oft beobachten wir es auch, daß ein Patient trotz mehrfacher offener Gespräche über seine Erkrankung und deren Prognose sich so verhält, als hätte er keinerlei Wissen von der Bedrohtheit seiner Situation. Ein anderer Abwehrmechanismus ist oft auch ein überschwenglicher Glaube an den Erfolg einer eingeschlagenen Therapie. Immer wieder versucht der Patient, sich einzureden, daß die Therapie die Krankheit beseitigt und gewissermaßen ungeschehen macht. Das Ablehnen der Realität kann sich auch in einer bis ins Irreale gesteigerten Zukunftsorientierung äußern: Der längst sterbenskranke, bettlägerige Patient erzählt von einer Weltreise, die er nach seiner Entlassung plant.

Es muß bedacht werden, daß diese Verleugnungsvorgänge einen sinnvollen Schutz für den Patienten darstellen können. Der Kranke schafft sich in seinem Bemühen um Sicherheit die Illusion von Unsterblichkeit, die Illusion einer Welt ohne Todesbedrohung. Wir sollten diese Abwehr nicht unterdrücken, denn erfahrungsgemäß gelingt dem Patienten mit diesen Bewältigungsmechanismen die Anpassung an die Realität meist besser, als allgemein erwartet wird. Hierzu gehört auch, daß in den sehr seltenen Fällen, in denen ein Kranker von vornherein eine Information über seine Erkrankung nicht wünscht, diese Form der Verleugnung akzeptiert und nicht durchbrochen wird. Dennoch und gerade hier ganz besonders sollte der Arzt sich um eine intensive Kommunikation mit dem Kranken bemühen. Es zeigt sich übrigens, daß das Krankenhaus und sein Personal eher dazu neigen, den Patienten darin zu unterstützen, daß er diese Verweigerungsphase aufrecht erhält, weil dadurch das Krankenhauspersonal davor geschützt wird, selber in den Vorgang hineingezogen zu werden und sich den eigenen Gefühlen stellen zu müssen.

Freilich stellt der Wunsch von Angehörigen, dem Kranken die Diagnose zu verschweigen, keine Kontraindikation gegen eine Information dar. Ein derartiger Wunsch entsteht oft aus einer eigenen Unsicherheit, aus Schuldgefühlen oder aus eigener Abwehr der Angehörigen und deckt sich durchaus nicht unbedingt mit dem Wunsch und den Interessen des Kranken selbst. Folgt man einem derartigen Wunsch der Angehörigen unkritisch, so nimmt man gewissermaßen eine Entmündigung des Patienten vorweg.

Es folgt dann meist eine Phase emotionaler Bewegtheit: „Zorn, Ärger und Vorwürfe" kennzeichnen diese zweite Phase, in der der Patient darauf reagiert, daß andere um ihn herum gesund sind und am Leben bleiben, während er sterben muß. In dieser Phase drückt sich das Gekränktsein aus, das mit der todbringenden Krankheit für ihn verbunden ist. Unbewußt sträuben wir uns nämlich gegen die Vorstellung, daß unser Leben auf Erden ein Ende haben könnte. Und wenn wir einsehen müssen, daß uns eine Grenze gesetzt ist, schieben wir das zunächst auf irgendeine böse Einwirkung von außen, auf einen anderen. Und daher rührt dieser Zorn. Wird die Aggressivität offen geäußert, ist die Situation leicht überschaubar. Häufig vermeidet der von seinem Arzt abhängige Patient jedoch die Äußerung und zieht sich aus der Kommunikation zurück.

Es ist wichtig zu erkennen, daß es sich auch hierbei um ein notwendiges Stadium der Auseinandersetzung mit dem Tod handelt, durch das sich der Patient durcharbeiten muß. Leider reagieren wir auf den Zorn des Kranken oft, als sei er gegen uns persönlich gerichtet. Dabei bestimmt jedoch meistens der Zufall, gegen wen er sich entlädt. Nur wenn Ärzte und Schwestern darin geschult worden sind, das Verhalten ihrer Patienten als Ausdruck dieser Auseinandersetzung mit dem Tod zu betrachten, werden sie in der Lage sein, mit dem Zorn des Patienten fertig zu werden, ohne sich persönlich verletzt und angegriffen zu fühlen. Erst dann können sie den eigentlichen Bedürfnissen des Patienten entsprechen und ihm so helfen, mit seiner Krankheit fertig zu werden.

Dann kommt das Stadium der „Depression". Der Patient trauert um den bevorstehenden Verlust. Wir sprechen hier von einer „Trauerarbeit", die die psychische Bewältigung dieses Verlustes beschreibt. Das Wort „Arbeit" soll dabei zeigen, daß diese Bewältigung im wahrsten Sinne des Wortes eine schwere Arbeit darstellt. Oft äußert sich die depressive Verstimmung des Patienten in diffusen, unbeeinflußbaren Klagen, die den Arzt häufig belasten und verunsichern. Es ist wichtig, daß der Kranke in dieser Situation spürt, daß seine depressive Reaktion als Reaktion auf die Krankheit verstanden und akzeptiert wird.

Der drohende Verlust des Lebens bedeutet für jeden individuell etwas anderes. Jeder verliert das, was *ihm* wichtig war. Die Wertung dieses Verlustes sowie die im Leben erworbenen Bewältigungsmechanismen für Verlust und Trennung spielen dabei eine wichtige Rolle. Was der Verlust für den einzelnen Patienten bedeutet, können wir nur von diesem selbst im Gespräch erfahren. Wir müssen uns dabei klarmachen, daß der Kranke, der im Begriff ist, alles zu verlieren, was er geliebt hat, trauern dürfen muß! Ihn in diesem Stadium aufheitern oder ermuntern zu wollen, würde ihn nur stören. Es bedarf oft gar keiner Worte. Vielmehr kommt es darauf an, stillschweigend da zu sein und zu signalisieren, daß man diesen Schmerz versteht und teilt. Im günstigen Fall vollzieht sich diese Trauer gemeinsam mit den Angehörigen. Der Arzt sollte diese Kommunikation mit den Angehörigen nach Möglichkeit fördern.

Der Patient in diesem Stadium des Grams, der Patient, der weint, verursacht oft Schuldgefühle bei uns. Wir empfinden unsere eigene Angst davor, echte Betroffenheit deutlich werden zu lassen. Aus Angst, persönliches Mitleid zu zeigen, halten wir oft die Maske professionellen Verhaltens aufrecht und verstecken uns hinter technischen Befähigungen und Funktionen.

Hat der Patient diese Trauerarbeit zu leisten vermocht, gelangt er in das letzte Stadium, das Stadium der „Hinnahme", nicht im Sinne einer Resignation, sondern einer Bejahung des bevorstehenden Todes. Es ist ein Hinnehmen des Schicksals in einem inneren Frieden, ohne Zorn und Niedergeschlagenheit. Befragte Patienten schildern diesen Zustand als einen Zustand fast frei von Gefühlen, bei dem der Patient ein gewisses Ausmaß an Frieden und Einverständnis erreicht hat. In dieser Phase braucht die Familie meist mehr Hilfe als der Patient selbst.

Nicht jeder Patient erreicht dieses Stadium der Hinnahme. Eine volle bewußte Hinnahme des Todes beobachten wir eher nur ausnahmsweise. Viel häufiger ist es ein stilles, mehr oder weniger resigniertes Nachgeben. Auch wenn in dieser Phase die Intensität des Gesprächs abnimmt, kann der Arzt noch viel für den Kranken tun, wie beispielsweise sorgfältig mit ihm den Gebrauch von Analgetika oder Sedativa besprechen. Gespräche mit Sterbenden zeigen, daß folgende Faktoren es dem Todkranken erleichtern können, dieses Stadium der Bejahung seines Todes zu erreichen:

1. Ein möglichst geringer Grad an körperlichen Beschwerden und Schmerzen. Je größer die Beschwerden sind, die der Patient erdulden muß, desto schwerer gelingt es ihm, eine innere Zustimmung zum Sterben zu erreichen.

2. Eine innere religiöse Orientierung. Patienten, die ihre Glaubensinhalte in ihren Lebensstil zu integrieren suchten, gelangten eher zu einer Bejahung ihres Sterbens.
3. Ein früherer enger Kontakt zu einem friedlich sterbenden Menschen. So wurde als sehr hilfreich für das eigene Einverständnis des Todes das Erlebnis einer nahestehenden Person empfunden, die den Tod mit innerem Frieden akzeptiert hatte.

Einem sterbenden Menschen zu helfen, sich zu diesem Stadium der Annahme hindurchzuarbeiten, ist die persönlichste und im Grunde intimste Aufgabe dessen, der mit sterbenden Menschen beschäftigt ist, weil es die Auseinandersetzung mit dem eigenen Tod und somit die eigenen Ängste gegenüber dem Tod berührt. Unsicherheit und Angst auf seiten desjenigen, der mit Todkranken spricht, werden von dem Patienten schnell wahrgenommen und führen häufig zum Ausklammern bestimmter Inhalte. Mit anderen Worten: Wenn im Gespräch mit Todkranken vieles unausgesprochen bleibt, müssen wir uns immer die Frage stellen, ob der Patient wirklich nicht darüber sprechen will oder ob wir durch unser Verhalten das Gespräch blockieren. Nur wenn wir selbst eine Position gegenüber dem Leiden und Sterben beziehen, sind wir in der Lage, für den Patienten bei seiner Bewältigung des Sterbens hilfreich zu sein.

Möglichkeiten der psychischen Stützung von Todkranken

Welche Möglichkeiten der psychischen Stützung haben wir, wenn der Patient seinen schweren Weg der Auseinandersetzung mit der unheilbaren Krankheit und dem Tod geht? Folgende Grundsätze für die Betreuung sterbender Patienten werden genannt:

1. Aufbau einer vertrauensvollen solidarischen Beziehung zum Patienten,
2. Akzeptieren auch ungerechtfertigt erscheinender „negativer" Gefühle,
3. das Nichtdurchbrechen von Abwehrmechanismen,
4. das Vermitteln von Ansatzpunkten für Hoffnung,
5. das Einbeziehen der Familie des Erkrankten.

Das Aufbauen einer vertrauensvollen, einfühlsamen Beziehung ist das Wichtigste in der Betreuung Tod- und Schwerstkranker überhaupt. Es ist klar: Wir können dem unheilbar Kranken den Schmerz, daß er sterben muß, nicht ersparen. Die einzige Hilfe, die wir ihm geben können, ist es, an seiner Seite zu stehen und ihn nicht allein zu lassen. Dabei ist es hilfreich, sich bewußt zu machen, daß auch wir selbst jederzeit von einer todbringenden Krankheit befallen werden können – in diesem Sinne könnte man den Begriff einer „solidarischen Beziehung“ zu dem Betroffenen verwenden.

Eine vertrauensvolle, einfühlsame Beziehung kann sehr von der Gesprächsführung abhängen. Es ist dabei wichtig, daß der Patient eine positive Wertschätzung und emotionale Wärme spürt. Er sollte merken, daß die Gefühle, die er äußert, akzeptiert werden. Er sollte merken, daß er als eine selbständige, freie Person geachtet wird. Er sollte merken, daß auch Gefühle wie Wut, Zorn, Traurigkeit und Verzweiflung zugelassen werden.

Sehr wichtig ist dabei auch die Echtheit des Gesprächs. Es darf kein Zweifel daran bestehen, daß der Gesprächspartner das meint, was er sagt. Das Verhalten gegenüber dem Patienten darf dementsprechend nicht professionell, fassadenhaft oder gekünstelt wirken. Echtheit setzt voraus, daß wir es selbst aushalten können, auch über Inhalte wie Tod und Sterben mit dem Patienten zu sprechen. Die Echtheit teilt sich (ebenso wie die positive Wertschätzung) oft nicht durch das mit, was ich sage, sondern wie ich es sage.

Und zu guter Letzt ist es wichtig, dem Patienten mit einem einfühlenden Verständnis zu begegnen, ich meine damit den Versuch, den Kranken so zu verstehen, wie dieser sich selbst erlebt, und nicht, wie ich ihn erlebe. Es gilt dabei zu versuchen, die Gefühle zu erkennen, die hinter den Äußerungen und dem Verhalten des Kranken stehen.

In diesem Zusammenhang ist auch das Akzeptieren ungerechtfertigt erscheinender Gefühle wichtig. Wir müssen erkennen, daß besonders nach der Diagnosemitteilung zunächst Gefühle wie Angst, Depression, Ärger und Feindseligkeit als „normale“ Reaktion im Bewältigungsprozeß vorkommen. Oft werden geringfügige Anlässe benutzt, um den Zorn, die Verzweiflung, die Trauer oder Ohnmacht gegenüber der gesamten Situation auszudrücken. Es ist wichtig, solche Gefühle richtig einzuordnen, sie zu akzeptieren und nicht zum Anlaß zu nehmen, sich von dem Kranken zurückzuziehen. Wir müssen uns immer klar machen, daß der Patient im Sterben dieselben Bewältigungsmechanismen benutzt, mit denen er in seinem Leben problematischen Situationen begegnet ist. Diese werden dementsprechend bei jedem Patienten auch anders sein.

Eng hiermit verbunden ist der wichtige Punkt, daß wir nicht versuchen sollten, die Abwehrmechanismen des Kranken zu durchbrechen. Denn die verschiedenen Abwehrmechanismen sind für den Patienten in der Bewältigung dieser schwierigen Realität hilfreich. Dieses bedeutet übrigens auch, daß wir denjenigen Patienten nicht aufklären sollten, der uns deutlich macht, daß er nicht über den Ernst seiner Krankheit zu sprechen wünscht.

Bei aller Aufklärung sollte man nicht versäumen, dem Kranken doch Ansatzpunkte für eine Hoffnung zu vermitteln. Es ist wichtig, Todkranke nicht in eine Situation zu bringen, in der sie sich aufgegeben fühlen, in der sie empfinden, daß für sie nichts mehr getan werden kann. Ansatzpunkte für Hoffnung zu vermitteln bedeutet dabei nicht, ihm ein unrealistisches Bild von seiner Lage zu zeichnen, sondern eine realistische Hoffnung auf einen günstigen Krankheitsverlauf oder beispielsweise auf eine Schmerzfreiheit anklingen zu lassen. Ansatzpunkte für Hoffnung können ganz besonders über eine angemessene pflegerische und medizinische Betreuung auch Todkranker vermittelt werden: Dazu gehört z. B. auch eine sorgfältige körperliche Pflege. Auch kann man mit dem Sterbenden besprechen, ob er stärkere Schmerzmittel haben möchte, statt ihn einfach zu sedieren.

Es sollte nicht übersehen werden, daß sich die Hoffnung des Kranken nicht ausschließlich auf die Prognose der körperlichen Erkrankung bezieht. Für ihn ist das Erleben des eigenen Wertes, die Aufrechterhaltung der Integrität seiner Person, das Einbezogensein in die Gemeinschaft der anderen vielfach entscheidend. Wird diese Hoffnung aufgegeben, so führt das zum Erleben von Wertlosigkeit und Verlassensein. Kranke fürchten diesen sozialen Tod oft mehr als den physischen Tod. Dementsprechend heißt Hoffnung zu vermitteln, auch trotz eines ungünstigen Krankheitsverlaufes die Beziehung zu dem Patienten aufrecht zu erhalten und die Begleitung durch die Krankheit nicht abzubrechen.

Ein letzter wichtiger Punkt in der Betreuung todkranker Patienten liegt auch in der Einbeziehung der Familienangehörigen. Eine großzügige Regelung der Besuchszeiten versteht sich von selbst. Es ist auch gut, die Freunde und Angehörigen an der Versorgung des Kranken teilhaben zu lassen und zu einer möglichst guten, sich ergänzenden Zusammenarbeit zwischen Krankenhauspersonal und den Angehörigen zu kommen. Es muß noch einmal betont werden, daß das gegenseitige Gespräch zwischen dem Kranken und seinen Angehörigen um so leichter und hilfreicher möglich ist, je weniger die Aufklärung von Familie und Patient voneinander abweicht. Eine weitere Möglichkeit der Unterstützung der Angehörigen ist das Angebot zu Gesprächen bei auftauchenden Schwierigkeiten.

Aus all dem hier Aufgeführten geht hervor, daß der Kranke kurz vor seinem Tod sehr bestimmte Bedürfnisse hat, die sich erfüllen lassen, wenn wir uns die Zeit nehmen, auf ihn zu hören und sie herauszufinden. Vor allem müssen wir ihn wissen lassen, daß wir bereit sind, seine Ängste und Sorgen aufzunehmen. Es wird klar geworden sein, daß diese Sterbehilfe, mit der wir unseren todkranken Patienten helfen, ihren schweren Weg zu gehen, nicht nur sehr belastend für uns ist und unsere ganze Persönlichkeit fordert, sondern auch ein Privileg ist, das für uns sehr erfüllende und befriedigende Augenblicke mit sich bringt.

Literatur

Aulbert, E.: Die Betreuung tod- und schwerstkranker Patienten. Dtsch. Krankenpfl.-Z. 6 (1983) 314–318

Gallmeier, W. M., U. Bruntsch: Unnötige Diagnostik (Überdiagnostik) in der Onkologie. Münch. med. Wschr. 127 (1985) 390–394

Herty, H.: Psychosoziale Arbeit auf einer onkologischen Station. Münch. med. Wschr. 126 (1984) 223–224

Köhle, K.: Aufklärung von Patienten in fortgeschrittenem Krebsstadium. Münch. med. Wschr. 126 (1984) 214–218

Köhle, K., C. Simons, H. Urban: Zur psychologischen Betreuung unheilbar Kranker. In Grundmann, E., W. Flaskamp: Krebsbekämpfung, Bd. II. Fischer, Stuttgart (1980) S. 97–123

Koch, U., Chr. Schmeling: Betreuung von Schwer- und Todkranken. Urban & Schwarzenberg, München 1982

Kübler-Ross, E.: Interview mit Sterbenden. Mohn, Gütersloh 1982

Kübler-Ross, E.: Reifwerden zum Tode. Kreuz, Stuttgart 1981

Sellschopp, A.: Psychosoziale Probleme bei der Rehabilitation kurativ behandelter Patienten. Münch. med. Wschr. 126 (1984) 227–230

Tibbe, T., J. Tibbe: Leben an der Grenze des Todes. Emil Müller, Neukirchen

Tolstoi, L. N.: Der Tod des Iwan Iljitsch. Insel, Frankfurt 1961

Pflege von schwerstkranken und sterbenden Tumorpatienten

M. Kern und E. Klaschik

„Wir müssen uns immer daran erinnern, daß die größte Tragödie des Lebens nicht darin besteht, sterben zu müssen, sondern nicht gelebt zu haben.“
Robert W. Buckingham

Patienten, die an einer fortschreitenden Tumorerkrankung leiden, bedürfen in der Regel besonderer Unterstützung und Hilfestellung. Dabei hat gerade das Krankenpflegepersonal die große Chance, die Lebensqualität des Patienten zu verbessern, da es durch körperlichen Kontakt einen besonderen Zugang zu ihm erhält.

Die fortschreitende Tumorerkrankung nimmt in vielen Fällen die Kraft für die alltäglichen Dinge des Lebens und macht den Patienten damit bewußt, daß sie immer schwächer werden. Dies löst verständlicherweise viele Ängste und Unsicherheiten aus. Dazu gehören die Angst vor der Isolation von der Familie, von zu Hause, von der Arbeit, die Unfähigkeit, unerledigte Dinge zu Ende zu führen, das Gefühl unnütz zu sein, die Angst vor Konsequenzen für die Zurückbleibenden, die Angst vor dem nahenden Tod und Angst vor Schmerzen.

Die Erkrankung nimmt Einfluß auf das gesamte Leben des Patienten und sein Umfeld (Angehörige und Freunde), nicht nur auf das betroffene Organ. Nur durch die Wahrnehmung von Körper, Geist und Seele als Einheit kann eine Atmosphäre geschaffen werden, in der der schwerstkranke und sterbende Mensch die ihm verbleibende Zeit mit möglichst guter Lebensqualität verbringen kann.

Medikamente allein reichen nicht aus, wenn die Umgebung kalt und lieblos ist. Andererseits wird eine fürsorgliche Pflege allein unzureichend bleiben, wenn der Patient unter starken Schmerzen oder anderen Symptomen leidet.

Ziel der Begleitung ist es, dem Patienten ein schmerz- und, angstfreies, würdevolles und möglichst wenig fremdbestimmtes Leben und Sterben zu ermöglichen.

Viele Patienten haben sich in ihrer Persönlichkeit dem Krankenhausalltag durch zahlreiche Aufenthalte angepaßt. Dadurch sind sie in die passive Rolle des „Mit-sich-geschehen-Lassens“ gedrängt worden. Die eigene Individualität wird nicht mehr wahrgenommen. Dieses angepaßte Verhalten resultiert häufig aus der Angst vor dem Rückzug der Umgebung und damit verbundener Isolation und Einsamkeit.

Die fortschreitende Tumorerkrankung bringt immer schmerzliche Gefühle auf seiten der Patienten und der Angehörigen wie Angst, Frustration, Schuldgefühle, Trauer und Ärger mit sich. Diese Emotionen verschwinden nicht dadurch, daß der betroffene Mensch sie nicht zuläßt. Um so mehr ist es die Aufgabe der Pflegenden, dem Patienten diese Gefühle zu erlauben und den Betroffenen als Mensch so zu akzeptieren wie das Leben ihn geprägt hat. Gerade bei schwerstkranken und sterbenden Menschen steht es uns nicht zu, das Lebenskonzept des Patienten zu verurteilen oder ändern zu wollen, da der Betroffene keine Zeit mehr hat, sich mit dieser Kritik auseinanderzusetzen.

Den Patienten zu akzeptieren ist die Voraussetzung für Vertrauen, Offenheit und Respekt, ohne die eine hilfreiche Begleitung unmöglich ist. In einer solchen vertrauensvollen Atmosphäre gelingt es, den Patienten nach seinen Wünschen und Zielen zu fragen und diese offen zu besprechen. Dabei ist es wichtig, realistische Ziele zu formulieren, die der Patient auch erreichen kann. Das folgende Beispiel eines 42jährigen Mannes, der einige Wochen vor seinem Tod auf unserer Palliativstation aufgenommen wurde, soll zeigen, welche Bedeutung die ganzheitliche Umsorgung für die Lebensqualität von Patienten haben kann:

Der Patient war vor seiner Erkrankung sehr aktiv und beruflich selbständig gewesen. Nun war er aufgrund starker Schmerzen und Schwäche vollständig bettlägerig und auf die Hilfe anderer angewiesen. Seine Gedanken kreisten nur um den Schmerz und die damit verbundene Hilflosigkeit und Abhängigkeit. Er konnte diese Gefühle häufig nur in Aggression gegen seine Familie, die Ärzte und das Pflegepersonal äußern. Nach solchen Ausbrüchen hatte er ein schlechtes Gewissen und empfand sich nur noch als Belastung für seine Umwelt. Durch eine konsequente Schmerztherapie, die selbstverständlich auch mit dem Patienten besprochen wurde, konnten die Symptome gut kontrolliert werden. Erst hierdurch entwickelte sich eine vertrauensvolle Zusammenarbeit, in der der Patient über seine Sorgen und Nöte, Wünsche und Ziele sprechen konnte.

Er traute sich zunächst nicht, seinen größten Wunsch, noch einmal zu duschen, auszusprechen, aus Angst, daß wir als Pflegepersonal dieses Bedürfnis im Kontext des Sterbens als völlig unwesentlich erachten könnten. Wir unterstützten und ermutigten ihn jedoch gern bei der Umsetzung dieses Wunsches. Nachdem er dieses Ziel erreicht hatte, war er sehr glücklich und faßte wieder Vertrauen zu sich selbst. Von diesem Tag an gestaltete er die Pflege an vielen Stellen eigenständig und hatte dadurch das Gefühl, unabhängiger zu sein.

Von dem Zeitpunkt an war der Patient täglich draußen auf der Terrasse und erlebte mit seiner Familie und Freunden jeden Tag. Es erstaunte ihn immer wieder, daß er auch bzw. gerade im Angesicht des nahenden Todes so viel Freude, Glück und Zufriedenheit empfand. Er konnte jedes erreichte Ziel als einen kleinen Baustein in seiner Krankheitsbewältigung erleben, den er sich immer wieder gern anschaute. Seine Angst vor dem Sterben reduzierte sich sehr, da wir ihm die befürchtete Aussicht auf einen qualvollen, schmerzhaften und fremdbestimmten Tod nehmen konnten.

Im Rahmen einer solchen Begleitung entwickelt sich häufig ein tiefes, herzliches Verhältnis zwischen Patient und Pflegenden. Dieses läßt sich jedoch nicht mit der Beziehung zu Angehörigen und Freunden vergleichen, die eine zentrale Rolle in der Begleitung von schwerstkranken und sterbenden Menschen einnehmen. Deshalb ist es unerläßlich, die Familie und Freunde in die pflegerischen Überlegungen mit einzubeziehen und auch sie nach Erwartungen und Zielen zu fragen, da sie häufig eine andere Verarbeitungsebene haben als der Patient.

Die Begleitung schwerstkranker und sterbender Tumorpatienten erfordert von seiten des Pflegepersonals das Wissen um die Schmerztherapie und Symptomkontrolle und eine hohe pflegerische Kompetenz. Außerdem muß man sich für die Pflege ausreichend Zeit nehmen. Schwerstkranke und sterbende Patienten sind oft so schwach und dadurch in ihrer Wahrnehmung und Aktivität verlangsamt, daß sie durch hektischen, schnellen Umgang gestreßt oder sogar verwirrt reagieren. Wirkt eine Schwester oder ein Pfleger ruhig und entspannt, so strahlen sie Vertrauen und Zuversicht aus. Eine große Kunst in der Pflege ist es, wenn man dem Patienten vermitteln kann, daß man alle Zeit der Welt für ihn hat.

Wichtig ist, sich immer wieder vor Augen zu halten, daß das Ziel der Betreuung nicht die Heilung, sondern eine Verbesserung der Lebensqualität ist. Zeit und Zuhören lassen einen den ganzen Patienten erfassen und eine Atmosphäre schaffen, die von Vertrauen und Offenheit geprägt ist.

Über eine angemessene Pflege kann – insbesondere auch in der terminalen Phase einer Tumorerkrankung – eine Hilfe bei der Krankheitsbewältigung angeboten und oft eine Akzeptanz des Sterbens erreicht werden.

Die wichtigste Voraussetzung ist eine patientenorientierte, ganzheitliche Pflege, die an die individuellen Bedürfnisse der Patienten angepaßt ist und dadurch Flexibilität und Phantasie erfordert.

Die folgenden pflegerischen Handlungen können nur Anregungen bzw. Ergänzungen sein, da eine komplette Darstellung den Rahmen dieses Beitrags sprengen würde.

Allgemeine pflegerische Maßnahmen

Ganzkörperwaschung

Das Waschen bringt einen engen Kontakt zum Patienten mit sich. Deshalb sollte die Pflegekraft den Patienten möglichst allein waschen und sich nur z. B. beim Lagern oder Drehen des Patienten Hilfe holen. Es kann hier ein intensiverer Kontakt aufgebaut werden, der durch zwei Pflegekräfte unter Umständen gestört würde. Wenn der Patient die Unterstützung von Angehörigen oder Freunden in der Pflege wünscht, sollte man diese mit einbeziehen.

Auch im Rahmen der Ganzkörperwaschung ist es wichtig, die persönlichen Gewohnheiten des Patienten zu berücksichtigen. Hierdurch gelingt es leichter, das Ziel, das Wohlbefinden des Patienten zu verbessern, zu erreichen.

Wenn der Patient morgens antriebsarm ist und darunter leidet, ist es sinnvoll, das Waschwasser etwa 10 °C unter der Körpertemperatur zu wählen. Dieses Vorgehen regt den Kreislauf an. Möchte man im Rahmen der Waschung eine Entspannung erzielen, sollte das Waschwasser etwa 42 °C betragen.

Im Rahmen der Ganzkörperwaschung sind verschiedene unterstützende Maßnahmen zur Symptomlinderung möglich.

Viele schwerstkranke und sterbende Tumorpatienten leiden unter Symptomen, die mit Medikamenten allein nur schwer zu behandeln sind bzw. manchmal durch Medikamente oder die Tumorerkrankung ausgelöst werden (z. B. starkes Schwitzen). In diesen Fällen können spezielle Waschungen hilfreich sein.

Fiebersenkende Waschung: Bei Patienten mit Fieber wird eine Waschung mit Pfefferminztee als sehr angenehm empfunden. Das enthaltene ätherische Öl erzeugt Verdunstungskälte, die fiebersenkend wirkt.

Man nimmt 1 l Pfefferminztee (2–3 EL Pfefferminz) auf 4 l Waschwasser. Die Temperatur des Wassers sollte nicht mehr als 10 °C unter Körpertemperatur liegen, da der Wärmeverlust sonst zu groß ist.

Geruchsreduzierende und juckreizstillende Ganzkörperwaschung: Einige Patienten leiden im fortgeschrittenen Stadium der Tumorerkrankung unter unangenehmem Körpergeruch. Manche haben starken, häufig schwierig zu behandelnden Juckreiz (z. B. bei Leberinsuffizienz). Auch hier bietet die Waschung eine Möglichkeit, auf die Symptome Einfluß zu nehmen. Man nimmt 3 EL Essig auf 5 l Wasser. Vorzugsweise sollte man Obstessig verwenden, da dieser Gerüche sehr gut bindet. Diese Waschung kann man auch bei Juckreiz einsetzen.

Schweißreduzierende Ganzkörperwaschung: Im Rahmen der weit fortgeschrittenen Tumorerkrankung, häufig verbunden mit Schwäche, leiden viele Patienten unter starkem Schwitzen. Um die Schweißbildung im Rahmen einer Waschung zu reduzieren, kann man folgendermaßen vorgehen: Man nimmt 1 l Salbeitee (2 EL Salbei auf 1 l kochendes Wasser, 4 Min. ziehen lassen) auf 5 l Wasser. Die Wassertemperatur sollte unter Körpertemperatur liegen. Salbei enthält Gerbstoffe und reduziert dadurch die Schweißproduktion.

Alle 3 Waschungen müssen unter Aussparung des Intimbereiches durchgeführt werden und ohne Zusatz von Seifen angewendet werden und können mehrfach am Tag/Nacht vorgenommen werden.

Hautpflege

Die Haut ist das größte Sinnesorgan des Menschen und bedarf somit einer hohen Beachtung. Eine Berührung von außen bedeutet deshalb immer ein Erreichen des Inneren. So ist die Beurteilung der Haut und die daraus resultierende Pflege sehr wichtig bei der Betreuung schwerstkranker und sterbender Patienten.

Die Haut ist in vielen Fällen sehr trocken und bei einigen Patienten durch eine ausgeprägte Tumorkachexie in ihrer Beschaffenheit pergamentartig verändert. Sie muß sorgfältig gepflegt werden, um einen Dekubitus zu verhindern und möglichen Infektionen vorzubeugen.

Deshalb sollte man sich beim Eincremen des Patienten genügend Zeit lassen und dies sorgfältig und ruhig durchführen.

Pflege von trockener Haut: Die trockene Haut sollte mit W/O-(Wasser-in-Öl-)Emulsionen gepflegt werden. Diese Emulsionen enthalten einen hohen Fettanteil, der durch Wasserträger gut von der Haut aufgenommen werden kann.

Man kann die Haut auch 1- bis 2mal in der Woche mit Öl einreiben. Häufiger sollte man Öl nicht anwenden, da die Haut dann noch trockener und schuppig wird (durch zu viel Öl wird die eigene Fettproduktion der Haut zu stark reduziert bzw. gestoppt).

Fußmassage

Die Füße bieten für den Pflegenden einen guten Zugang zum Patienten. Sie sind fast immer erreichbar (auch bei Schmerzen). Die Fußmassage wird von vielen Patienten als entspannend und angenehm empfunden und wirkt in vielen Fällen durch den nahen Kontakt angstlösend. Sie hilft auch oft bei Schlaflosigkeit.

Bei der Fußmassage ist es ebenfalls wichtig, sich an den Wünschen des Patienten zu orientieren. Nach unserer Erfahrung auf der Palliativstation mögen es einige Patienten nicht gern, daß man ihnen die Hand hält, genießen es aber, wenn man ihnen die Füße massiert.

Viele Menschen haben Hemmungen, die Füße anderer zu berühren. Man sollte jedoch alle pflegerischen Maßnahmen nutzen, wenn das auch in Einzelfällen ein Überschreiten von Hemmschwellen für den Begleiter fordern kann.

Einige Dinge sollte man bei der Fußmassage beachten:
- eine ruhige Atmosphäre schaffen,
- sich selbst auf die Fußmassage konzentrieren,
- den Patienten während der Massage beobachten,
- ruhig und rhythmisch arbeiten, immer eine Hand am Fuß des Patienten belassen,
- gegebenenfalls etwas Creme benutzen,
- während man den einen Fuß massiert, den anderen unbedingt zudekken.

Mundpflege

Der Mundpflege kommt bei Patienten mit fortgeschrittener Tumorerkrankung eine große Bedeutung zu, da bei unzureichender Mundhygiene die Anfälligkeit für Soorinfektionen, Rhagaden und Borkenbildung sehr groß ist. Diese Komplikationen führen zu weiteren Symptomen, wie z. B. Schluckbeschwerden, Unbehagen und Schmerzen, und damit zu einer Verminderung der Lebensqualität des Patienten. Deshalb ist es sinnvoll, den Patienten und auch die Angehörigen über die Wichtigkeit der Mundpflege aufzuklären. Der Patient sollte die Mundpflege so lange wie möglich selbst vornehmen.

Die Mundpflege kann man durchführen mit:
- Kamillentee (möglichst aus losen Kamillenblüten) wirkt durch Azulen entzündungshemmend, pflegt gut;
- Salbeitee bei Soorgefährdung und Soor (Anwendung muß sorgfältig abgewogen werden, da Salbei einen hohen Gerbstoffanteil besitzt und dadurch die Schleimhäute austrocknet);
- gefrorene Ananasstückchen sind sehr erfrischend und durstlöschend, der Speichelfluß wird angeregt, häufig auch bei sterbenden Patienten geeignet;
- gefrorene Säfte, z. B. Orange, Zitrone, Wirkung wie oben, außerdem vitaminreich. Wichtig ist es in diesem Zusammenhang auch, auf den Geschmack des Patienten einzugehen. Viele Patienten mögen auch gern gefrorene Cola-Stückchen;
- Butter oder Margarine, kleines Stückchen auf die Zunge geben, löst Borken und Beläge und pflegt den Mund. Auch hierbei ist es wieder wichtig, nach den Gewohnheiten des Patienten zu fragen;
- Öl, gut geeignet ist z. B. süßes Mandelöl, da es einen hohen Eiweißanteil besitzt und geschmacksneutral ist. Wirkung wie oben;

- Mundsprays, z. B. künstlicher Speichelersatz, geeignet bei Patienten mit starker Mundtrockenheit und bei sterbenden Patienten. Man kann auch Sprühflaschen mit geeistem Wasser verwenden.

Fertige Mundpflegestäbchen sollten nicht unbedingt über einen langen Zeitraum angewendet werden, da diese in vielen Fällen einen hohen Glycerinanteil haben. Glycerin entzieht Wasser und trocknet sekundär aus.

Behandlung von Soor

Bei abwehrgeschwächten Patienten (Patienten im fortgeschrittenen Tumorstadium) ist eine tägliche Kontrolle des Mundes bezüglich Soor und Mundhygiene wichtig! Wird ein Soorbefall der Mundschleimhaut festgestellt, stehen folgende Behandlungsmöglichkeiten zur Verfügung:

- Gabe von Nystatin oder Moronal-Tropfen bzw. -Lutschtabletten,
- oder Nizoral, Vorteil: nur 1 Tablette pro Tag,
- symptomatisch bei Brennen von Zunge und Mund: Lokalanästhetikum, z. B. Benzocain, zum Ausspülen geben oder einfrieren und lutschen lassen.

Ernährung

Essen besitzt in unserem Kulturkreis eine hohe gesellschaftliche Bedeutung. Einen guten Appetit zu haben, strahlt Gesundheit und Wohlbefinden aus.

Viele schwerstkranke und sterbende Menschen haben sehr wenig Appetit. Für Angehörige und Begleiter ist es sehr wichtig anzunehmen, daß der Körper des Patienten mit fortschreitender Tumorerkrankung nicht mehr so viel Nahrung aufnehmen kann wie in gesunden Tagen. Außerdem nimmt der Tumor zusätzlich Energie.

In einer solchen Situation wäre es falsch, den Patienten zum Essen zu zwingen. Wenn der Patient keinen Appetit hat, wird er auch nicht mehr vertragen und im schlimmsten Fall die Nahrung wieder erbrechen. Dies kann auch geschehen, wenn der Patient nur zum Gefallen des Angehörigen mehr ißt, als er verträgt. Es ist wichtig, den Patienten und Angehörigen darüber aufzuklären, daß es normal ist, in diesem Stadium der Erkrankung weniger Appetit zu haben. Der Patient soll nicht noch zusätzlich ein schlechtes Gewissen bekommen und sich abgelehnt fühlen, wenn er keinen Hunger hat.

Umgang mit den Mahlzeiten:
- verschiedene Alternativen anbieten, wenn der Patient keine Wünsche äußert, eventuell einen Aperitif,
- das Essen erst dann servieren, wenn der Patient danach verlangt, losgelöst von traditionellen Eßgewohnheiten und Zeiten,

- kleine Portionen anrichten, z. B. nur 1 oder 2 Löffel voll, es kann für den Patienten ein Erfolgserlebnis sein, eine Portion aufzuessen,
- den Patienten nicht zum Essen zwingen,
- das Essen appetitlich anrichten.

Spezielle Pflege

Obstipation

Die Obstipation ist bei Patienten mit weit fortgeschrittener Tumorerkrankung häufig ein hartnäckiges Symptom und manchmal schwieriger zu beseitigen, als den Schmerz zu behandeln.

Ursachen für die Obstipation sind:

verzögerte Darmpassage, bedingt durch
- ballaststoffarme Ernährung und zu geringe Trinkmenge,
- Tumoren,
- Arzneimittel, besonders Opioide,
- Immobilität, Inaktivität

gestörter Entleerungsreflex, bedingt durch
- Hämorrhoiden,
- Analfissuren,
- Verlust des rektalen Dehnungsreflexes,
- Schwäche der Bauchmuskulatur (fehlende Bauchpresse).

Zur Prophylaxe und Behandlung von Obstipation sind folgende Maßnahmen sinnvoll:
- tägliche Kontrolle der Stuhlausscheidung,
- Kontrolle der Darmgeräusche,
- Anwendung von Kolonmassage, vor allem bei fehlendem Muskeltonus,
- bei Obstipation zusätzlich rektales Austasten
- bei der Gabe von Opioiden muß nahezu immer eine Laxantiengabe bereits prophylaktisch verabreicht werden.

Beim Einsatz abführender Medikamente zur Prophylaxe der Obstipation empfiehlt sich in den meisten Fällen eine Kombination aus einem Gleitmittel, z. B. Agarol, das durch Wasseranreicherung den Stuhl aufweicht und einem Laxans, das eine Erhöhung der Peristaltik zur Folge hat, z. B. Liquidepur/Colonorm.

Bei bereits eingetretener Obstipation können sich die Abführmaßnahmen über mehrere Tage hinziehen. Dann empfiehlt sich zunächst zusätzlich zu oben aufgeführten Maßnahmen die Anwendung von Laxantien, die auf den Defäkationsprozeß Einfluß nehmen, z. B. Dulcolax-Suppositorien und/oder Microklist und/oder Klistier. Führen diese Maßnahmen nicht zum gewünschten Erfolg, ist die Anwendung von Einläufen, z. B. mit Glycerin oder Ochsengalle, angezeigt. In Extremfällen kann die Anwendung von 50–100 ml Gastrografin oder eine manuelle Ausräumung notwendig werden. Bei der manuellen Ausräumung ist eine zusätzliche Analgetikagabe für den Patienten hilfreich.

Medikamentenverabreichung im Rahmen der Schmerztherapie und Symptomkontrolle

Die Gabe von Medikamenten im Rahmen der Schmerztherapie und Symptomkontrolle erfordert pharmakologische Grundkenntnisse vom Pflegepersonal, um die Wirkungen und gegebenenfalls auch Nebenwirkungen der Medikamente beurteilen und einordnen zu können. Die eingesetzten Medikamente müssen mit dem Patienten besprochen werden. Dies erfolgt zwar in der Regel durch den Arzt, trotzdem erleben wir es häufig, daß die Patienten beim Pflegepersonal nachfragen. Der Pflegende muß dann in der Lage sein, auf die Probleme und eventuellen Ängste des Patienten einzugehen. Dies stärkt die vertrauensvolle Zusammenarbeit.

Wichtig im Rahmen einer Schmerztherapie sind folgende Erfahrungsregeln:

- die regelmäßige Medikamenteneinnahme nach einem festen Zeitplan,
- die Medikamentenkombination muß individuell zusammengestellt und dosiert werden,
- die Antizipation, d. h., die nächste Medikamentengabe muß erfolgen, bevor der Effekt der vorangegangenen Applikation aufgebraucht ist und bevor der Patient glaubt, daß die nächste Analgetikagabe nötig ist,
- die Kenntnis über die Darreichungsformen der Medikamente (z. B. Tropfen oder Tabletten) mit Bevorzugung der oralen Applikationsform.

Die Darreichungsform sollte man mit dem Patienten besprechen. Tropfen haben den Vorteil, daß man sie untereinander mischen kann. Häufig haben Tropfen aber einen bitteren Geschmack, worauf einige Patienten mit Widerwillen gegen die Einnahme oder Übelkeit reagieren. Tropfen kann man an Stelle von Wasser mit Saft oder Cola auffüllen, wodurch man eine Geschmacksverbesserung erzielt. Tabletten haben in der Regel weniger Nachgeschmack und werden deshalb von manchen Patienten bevorzugt. Allerdings ist die Anzahl der Tabletten im Rahmen der Schmerztherapie oft recht hoch.

Ist eine orale Aufnahme der Medikamente nicht möglich, z. B. kurzfristig bei Übelkeit und Erbrechen oder auch langfristig bei Schluckstörungen und Ileus, müssen andere Darreichungsformen gewählt werden. Dies können sein:

- Suppositorien,
- subkutane Gabe in Form von regelmäßigen Injektionen, z. B. 4stündliche Morphingabe. In diesem Fall ist das Legen einer Butterfly-Kanüle subcutan sehr hilfreich, da man dem Patienten dadurch das regelmäßige Stechen durch die Kanüle erspart. Die Butterfly-Kanüle sollte täglich auf Lage und Rötung der Einstichstelle kontrolliert werden und kann häufig eine Woche, eventuell länger liegen bleiben.
- Weitere Darreichungsformen sind die intravenöse Gabe von Medikamenten sowie die Applikation über Katheter (z. B. PDA-Katheter, intrathekale Katheter, Nährsonden). Die Medikamente können auch kontinuierlich über Spritzenpumpen verabreicht werden.

Bei anstehenden schmerzhaften Verbänden und Lagerungswechseln ist die Verabreichung einer zusätzlichen Analgetikagabe (20 Min. vorher) sehr hilfreich.

Nur durch die konsequente Behandlung von körperlichen Symptomen, einer ganzheitlichen Pflege und Berücksichtigung der psychosozialen Situation des Patienten ist der Kreislauf von Angst, Schmerz, Traurigkeit, Depression und sozialer Isolation zu durchbrechen. Dies erfordert eine gute und enge Zusammenarbeit aller um den Patienten bemühten Personen, um das Ziel, dem Patienten ein lebenswertes Leben und würdiges Sterben zu ermöglichen, zu erreichen.

Literatur

Bienstein, Ch., A. Fröhlich: Basale Stimulation in der Pflege. Verlag Selbstbestimmtes Leben, Düsseldorf 1991

Buckingham, R. W.: Mit Liebe begleiten. Kösel, München 1987

Charles-Edwards, A.: The Nursing Care of the Dying Patient. Beaconsfield Publishers, Beaconsfield/Bucks 1983

Klaschik, E.: Medikamentöse Schmerztherapie bei Tumorpatienten. 1990

Klaschik, E., F. Nauck: Medikamentöse Schmerzbehandlung bei Tumorpatienten. Ein Leitfaden für Patienten und Angehörige 1991

Lamerton, R.: Sterbenden Freund sein. Herder, Freiburg 1991

Nauck, F., E. Klaschik: Palliativstationen als mögliches Konzept zur Behandlung von Tumorpatienten im fortgeschrittenen Stadium. In Sehhati-Chafai, G.: Schmerzdiagnostik und Therapie. Winkler, Bochum (im Druck)

Twycross, R. G., S. A. Lack: Control of Alimentary Symptoms in Far Advanced Cancer. Churchill Livingstone, Edinburgh 1986

Hospiz – Hilfe nicht nur für Sterbende

E. Albrecht und J.-C. Student

Wer der Frage nachgeht, wie Sterbende bei uns umsorgt werden, stößt bereits in vielen Städten auf Gruppen, die „Hospizbetreuung“ verwirklichen wollen. Hospize kennen wir als Herbergen entlang mittelalterlicher Pilgerstraßen, Raststätten in einer meist unwirtlichen Umgebung. Und nun soll es etwas Neues bezeichnen, wohl eine „Sterbeklinik“, in die man hinein-, aber nicht mehr herauskommt? Einen bequemen Abschiebeplatz für im Klinikbetrieb störende hoffnungslose Fälle? Das Gegenteil trifft zu.

Eine englische Krankenschwester und Sozialarbeiterin, Cicely Saunders, besaß die Sensibilität zuzuhören, wenn sterbende Patienten ihre meist unbeachteten Bedürfnisse äußerten, und den Willen, darauf einzugehen. Zunächst studierte sie dazu Medizin; als Ärztin leistete sie im Bereich der Schmerztherapie Forschungsarbeit. In etwa zwanzigjähriger Vorbereitungszeit schuf sie dann das Hospiz St. Christopher in London, basierend auf den Wünschen Sterbender sowie ihrer eigenen beruflichen Kompetenz. Die Bezeichnung Hospiz wählte sie, da sie die Einrichtung sah als Wegstation auf unserer Reise vom Diesseits in eine uns unbekannte Zukunft.

Die inzwischen weltweit verbreiteten Gruppen, die das in St. Christopher geprägte Hospizkonzept übernehmen, wollen dazu beitragen, das Leben im wichtigen und oft schweren letzten Abschnitt so zu ermöglichen, wie es sich die betroffenen Menschen wünschen; selbstverständliche, liebevolle Unterstützung in vertrauter Umgebung, optimale Linderung von Beschwerden, phantasievolles Nutzen der vorhandenen Fähigkeiten, auch im Sterben nicht im Stich gelassen. Die Bezeichnung Hospiz beschreibt also inzwischen nicht mehr eine Institution, sondern ein Konzept, dessen Realisierung sich nach den lokalen Gegebenheiten richtet.

Hospiz als Konzept

Neu am Konzept der Hospizarbeit ist weder die in christlicher Tradition stehende Grundhaltung noch sind es die einzelnen palliativmedizinischen Techniken, sondern die Kombination aus Grundhaltung und Palliativmedizin, dem in Hospizen weiterentwickelten Fachwissen aller beteiligten Berufe (Abb. **1**).

Palliativmedizin

Mit dem Begriff Palliativmedizin wird im angloamerikanischen Sprachraum eine neue Fachrichtung bezeichnet. Man versteht darunter eine Betreuung, die sich auf Patienten spezialisiert hat, deren Erkrankung unaufhaltsam fortschreitet und bei denen sich deshalb das Lebensende abzeichnet; in dieser Situation verlagert sich der Schwerpunkt der Behandlung auf möglichst schonende Linderung der Beschwerden. Der Tod wird als natürliches Ereignis hingenommen, sein Eintritt weder künstlich hinausgeschoben noch beschleunigt.

Lindernde Maßnahmen überwiegen in vielen Bereichen der Medizin. Schon während einer kurativ ausgerichteten Therapie sind auch sym-

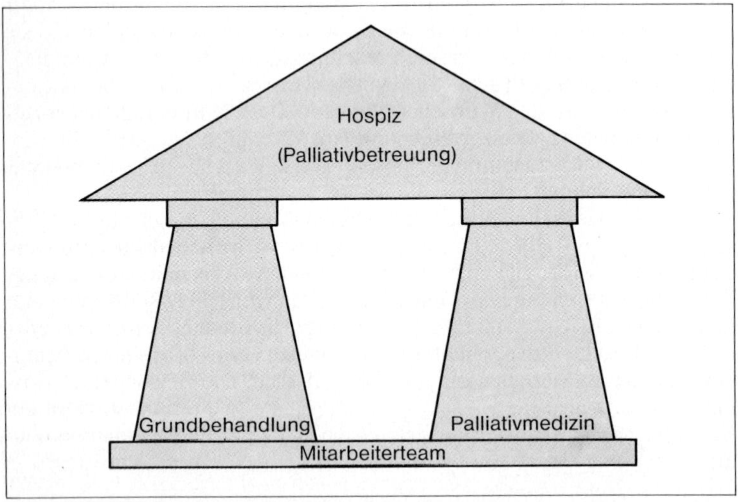

Abb. **1** Das Hospizkonzept

ptombezogene Hilfen erforderlich. Unter palliativer Therapie wird ein Vorgehen verstanden, bei dem kausale Maßnahmen die Grunderkrankung zwar nicht heilen, aber doch zurückdrängen können; bereits hier überwiegt der lindernde Aspekt des Behandlungsansatzes. Im Gegensatz dazu konzentriert sich die Palliativmedizin ausschließlich auf Maßnahmen der Symptomlinderung (Abb. **2**). Analog zu anderen Spezialisierungen innerhalb der Medizin haben Hospize die Aufgabe, das palliativmedizinische Wissen weiterzuentwickeln sowie Patienten zu übernehmen, deren Beschwerden anderweitig nicht ausreichend gelindert werden konnten. Palliativmedizin wird jedoch auch unabhängig von Hospizen praktiziert und sollte überall den Patienten zugute kommen.

Es lassen sich drei Bereiche abgrenzen, in denen die Weiterentwicklung des vorhandenen medizinischen Wissens deutlich wird: Kommunikation und Fähigkeit zur Teamarbeit, Symptombehandlung, Rehabilitation.

Fähigkeiten in Kommunikation und Teamarbeit

Um dem Ziel gerecht zu werden, Leiden zu lindern, müssen die verschiedenen Facetten von Leiden berücksichtigt werden, die hier vereinfacht in drei Bereichen zusammengefaßt werden (Abb. **3**), nämlich dem körperlichen, spirituellen und psychosozialen Bereich.

Nun besteht für den Arzt der erste und wohl entscheidende Schritt darin, das Problem „Leiden" richtig zu erfassen. Überraschenderweise deuten Untersuchungen darauf hin, daß im onkologischen Bereich weni-

	Ziel	Lebensverlängerung	Toxizität	mögliche Remission	Maßnahmen sind
kurative Therapie	Heilung	ja	evtl. hoch	komplett	kausal
palliative Therapie	Verbesserung Lebensqualität	fraglich	niedrig	komplett partiell	
Palliativmedizin	Verbesserung Lebensqualität	nein	keine	–	symptombezogen

Abb. **2** Kurative, palliative Therapie und Palliativmedizin in der Onkologie

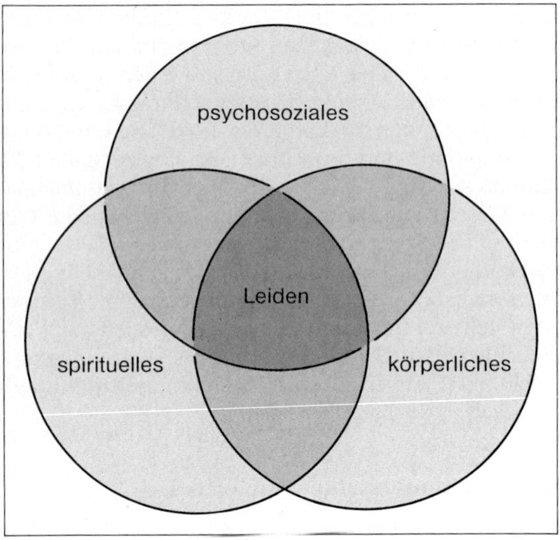

Abb. **3** Leiden als mehrschichtiger Zustand

ger als die Hälfte der Patienten die für sie am meisten belastenden Probleme mitteilen (Maguire 1990). Jede sinnvolle Behandlung basiert jedoch darauf, daß die Situation möglichst umfassend erkannt wird. Nur auf dieser Grundlage fühlt sich der Patient tatsächlich verstanden, können gemeinsam nicht änderbare Tatsachen von Verbesserungsfähigem getrennt werden.

Diese änderbaren Probleme werden anschließend nach ihrer Belastung für den Patienten geordnet; dies ergibt die Reihenfolge der Prioritäten in der Behandlung. Einfacher ist es natürlich, zu behandeln, was man selbst am besten beseitigen kann; mehr geholfen ist dem Patienten, wenn es gelingt, das für ihn belastendste Problem zu lindern, seien es nun Schmerzen, Hader mit Gott, Eheprobleme oder die Angst vor dem Sterben.

Um dieses zugegebenermaßen anspruchsvolle Ziel in der meist knapp bemessenen Lebenszeit des Patienten zu erreichen, benötigen wir zweierlei:

- verbesserte Fähigkeiten in der Kommunikation,
- Zusammenarbeit im Team.

Im palliativmedizinischen Bereich gewinnt neben der Gesprächsführung das Zuhören Bedeutung, neben der verbalen die nonverbale Kommunikationsebene, etwa die Körpersprache. Kommunikation, welche das Gegenüber in seiner Vielschichtigkeit erfassen will, verlangt von einem selbst mehr als einen kleinen professionalisierten Ausschnitt. Wer sich in dieser Situation einbringen will, muß bereit sein, eigene Standpunkte zu hinterfragen, besonders den eigenen Standpunkt zu Sterben und Tod. Spürt der Patient in seinem Gegenüber diese Offenheit, so fällt es ihm leichter, für ihn schwierige Bereiche anzusprechen.

Der aufrichtige Umgang miteinander impliziert, daß die Frage, *ob* man dem Patienten seinen schlimmen Zustand mitteilt oder verheimlicht, hinfällig wird. Es stellt sich dagegen die Frage, *was* der Patient erfahren möchte und *wie* dies erfolgen kann, so daß die Wahrheit nicht unverhofft über ihn hereinbricht. All dies kann erlernt werden und sollte endlich Bestandteil der beruflichen Ausbildung werden.

Bekanntlich erfährt der Arzt selbst bei großem Bemühen häufig nicht alle wesentlichen Informationen vom Patienten. Um so wichtiger ist es in der Palliativmedizin, daß alle Mitarbeiter über die oben beschriebenen Kommunikationstechniken verfügen und der Patient sich seine Vertrauensperson wählen kann. So erweist sich bereits in der Behandlungsplanung der Vorteil einer funktionierenden Teamarbeit. Die Informationen der einzelnen Teammitglieder werden ausgetauscht, bei den häufig widersprüchlichen Signalen vom Patienten die Klärung mit dem Patienten versucht.

Auch die Behandlung profitiert vom gemeinsamen Vorgehen im Team. Die Vielschichtigkeit der Probleme erfordert das Fachwissen unterschiedlicher Berufe, die knapp bemessene Zeit ein rasches Vorgehen – man möchte eben nicht warten, bis der Tod alle Probleme löst, sondern die verbliebene Zeit erträglich gestalten. Der Spezialist für Schmerztherapie muß also sofort zur Verfügung stehen, die Pflege zu Hause auch bei überraschender Verschlechterung am Wochenende intensiviert werden können, ein Seelsorger bei brennendem spirituellen Anliegen hinzuzuziehen sein.

Teamarbeit in der Behandlung funktioniert, wenn jeder eigenes solides Fachwissen einbringt und die Möglichkeiten der anderen beteiligten Fachgebiete kennt. Auch der Arzt muß offen sein für spirituelle Fragen, den dafür ausgebildeten Mitarbeiter jedoch einbeziehen, wenn die aufgeworfene Problematik seine Fähigkeiten übersteigt. Teilt der Patient der Krankenschwester mit, daß er stärkere Schmerzen hat, löst ihre sofortige Beratung oft bereits das Problem. Erkennt sie, daß andere Medikamente verordnet werden müssen, informiert sie den Arzt.

Weiterbildungen in Palliativmedizin sollten also sowohl das Wissen im eigenen Fachgebiet intensivieren als auch einen Überblick verschaffen über die Möglichkeiten der anderen beteiligten Berufe.

Symptomkontrolle

Herausragende Bedeutung in der Palliativmedizin besitzt die Schmerztherapie. Da auf sie an anderer Stelle eingegangen wird, soll hier am Beispiel der Atemnot palliativmedizinisches Vorgehen demonstriert werden.

Ärztliche Aufgabe ist es, den zugrundeliegenden pathologischen Prozeß zu analysieren und, wenn sinnvoll, zu behandeln, etwa eine Herzinsuffizienz, einen rasch entstandenen Pleuraerguß, eine Spastik. Ist dies nicht möglich oder nicht ausreichend, wird die Atemnot medikamentös gelindert: durch den behutsamen Einsatz von Opiaten, ergänzt – je nach Situation – durch Cortison, Scopolamin oder andere Medikamente. Die Behandlung erfolgt kontinuierlich, soweit möglich oral; der Behandlungserfolg wird durch regelmäßiges Untersuchen überprüft. Auf den Einsatz von Sauerstoff, der die Versorgung zu Hause erschwert, kann häufig wieder verzichtet werden.

Die Pflegekraft sorgt dafür, daß der Patient in einem großen Zimmer schlafen kann. „Luftzug" wird als angenehm empfunden, sei es durch geöffnete Fenster, einen Ventilator neben dem Patienten oder ätherische Öle. Gerade der schwache Patient wird im Liegen wie im Sitzen sorgfältig gelagert, so daß durch richtige Unterstützung die Haltemuskulatur weitgehend entspannt ist, wodurch der Sauerstoffbedarf sinkt.

Physiotherapeutische Maßnahmen beinhalten Atemübungen, um die Restkapazität auszunutzen, und Entspannungstechniken; beides zusammen kann helfen, den Teufelskreis Atemnotattacke – Panik – Verstärkung der Atemnot zu durchbrechen. Ist die Atemnot gelindert, so gelingt es erstaunlich häufig, die meist bettlägerigen Patienten unter Anleitung zu mobilisieren, wobei möglichst „ökonomische" Bewegungen eingeübt werden müssen.

Je nach Analyse des Beschwerdebildes kann es notwendig sein, zugrundeliegende Ängste des Patienten anzugehen und weitere Fachkräfte hinzuzuziehen.

Das behandelnde Team ist sich bewußt, daß sich Atemnot auf die Umstehenden überträgt und wiederum beim Patienten dadurch verstärkt wird; Angst löst Atemnot aus und verstärkt sie. Es ist nicht einfach, Ruhe auszustrahlen, noch schwieriger, dies den Angehörigen beizubringen; dies ist jedoch für die Behandlung der Atemnot essentiell.

Ärztliches Handeln in der Palliativmedizin erfordert neben der Kenntnis um mögliche Behandlungswege das ständige Abwägen, ob das Mögliche auch sinnvoll ist. Man wird dem Patienten die antibiotische Behandlung einer Pneumonie empfehlen, wenn diese Ursache für Atemnot oder schlechten Allgemeinzustand ist; zeigt sich eine Pneumonie als symptomarme Begleiterscheinung der durch die infauste Grunderkrankung hervorgerufenen letzten Stunden, ist eine antibiotische Behandlung nicht mehr sinnvoll. Auch in der Palliativmedizin muß therapeutischer Nihilismus genauso vermieden werden wie ein übertriebener

Aktionismus. Dies bedeutet gerade bei aufwendigeren Therapieverfahren wie Operation oder analgetischer Bestrahlung, daß der Arzt zunächst prüft, ob der Einsatz dieser Methoden einen Erfolg verspricht, der die Belastung rechtfertigt. Entscheidet sich der Patient dann für eine derartige Behandlung, so sollte sie ihm rasch und schonend ermöglicht werden.

Rehabilitation

Neben der Linderung der Beschwerden ist es Aufgabe der Palliativmedizin, noch vorhandene Fähigkeiten zu fördern. Es ist ein Weg der „kleinen Hoffnungen“: der Hoffnung auf einen guten Appetit, auf einen Ausflug in den Garten, auf ein Wochenende zu Hause. Es bedeutet einen erheblichen Unterschied, ob sich der Patient die Nachtschüssel unterschieben lassen muß oder allein die Toilette aufsuchen kann. Oft kann ein Patient wieder nach Hause, weil er es gelernt hat, wenige Stufen trotz Atemnot zurückzulegen. Sterbende haben viel Krankes in sich, das Gesunde bedarf dafür unserer besonderen Beachtung. Das „Was geht nicht mehr“ wird dem Patienten tagtäglich schmerzhaft bewußt; dagegen kann das „Was geht noch“ auch in den letzten Wochen unterstützt werden.

Der kranke Mensch erfährt also, daß seine individuellen Fähigkeiten gefragt sind, er aktiv sein Dasein mitgestalten kann. Dies ist die nötige Ergänzung zur Symptomkontrolle, um tatsächlich Leben bis zuletzt zu ermöglichen und zu vermeiden, daß die letzte Lebensspanne mit dem angstvollen Erwarten des Todes zugebracht wird.

Grundhaltung im Hospiz

In unserer pluralistischen Gesellschaft meldet sich mancher Fürsprecher der Nöte Sterbender zu Wort, mitunter werden auch palliativmedizinische Hilfen angeboten. Dahinter verbergen sich unterschiedliche Einstellungen, etwa die Idee der persönlichen Selbstbestimmung bis hin zum Recht auf aktive Euthanasie, oder die Zielvorstellung einer Welt ohne Leid, manchmal vielleicht unternehmerischer Spürsinn für einen sich öffnenden Bereich im engen Gesundheitsmarkt.

Hospizgruppen, die sich auf die Arbeit von Cicely Saunders berufen, bauen wie sie auf christlichen Wertvorstellungen auf. Zwar tritt nach außen die Palliativbetreuung in Erscheinung, innerhalb des Teams muß jedoch eine gemeinsame Grundhaltung herrschen, um die Zusammenarbeit gerade in einem Bereich zu ermöglichen, der häufig ethische Fragen aufwirft.

Die Realität von Leid, Sterben, Tod, Trauer wird von Hospizgruppen akzeptiert als etwas, das zum Leben gehört, also im tieferen Sinne natürlich ist. Wenn sich das Lebensende abzeichnet, verliert die Lebenslänge an Bedeutung; sie wird weder durch heroische Apparatemedizin verlängert noch durch aktive Euthanasie verkürzt. Allein die Qualität der verbliebenen Lebensspanne steht im Mittelpunkt der Bemühungen.

Jeder Mensch ist wertvoll und einzigartig, so wie er ist, unabhängig von seinem körperlichen oder geistigen Zustand, seiner sozialen Stellung oder gar politischen oder religiösen Haltung. Nur wenn der Sterbende dies im täglichen Umgang spürt, wird er sich selbst als Person schätzen können und nicht als Bürde für die Mitmenschen empfinden. Solange derartige Beziehungen existieren, ist Leben trotz Leiden erträglich; dann kann die verbliebene Lebensspanne sogar als besonders wertvoll empfunden werden, gerade weil sich das Ende abzeichnet. Hospize sind eine ethisch vertretbare Alternative zu der immer wieder geforderten Freigabe der aktiven Euthanasie, denn sie zeigen, daß ein Mensch, der sich geliebt weiß und dessen Beschwerden gelindert sind, nicht nach aktiver Euthanasie verlangt.

Diese Grundhaltung beeinflußt die tägliche Arbeit. Die wohl deutlichste Auswirkung besteht darin, daß der Patient tatsächlich die „Autorität" im Behandlungsplan darstellt, zu dem das Hospizteam seine Kompetenz beisteuert. Er bleibt Herr seiner selbst; somit tritt dem Faktum der unabänderlichen Lebenssituation trotz zunehmenden körperlichen Verfalls die Gewißheit gegenüber, bis zuletzt die änderbaren Lebensumstände mitbestimmen zu können.

Als weitere Folge ergibt sich, daß für den einzelnen Patienten und dessen Angehörige viel Zeit zur Verfügung stehen muß, um Personen und Zusammenhänge kennenzulernen und tatsächlich die vorgebrachten Wünsche erfüllen zu können. Übernimmt das Hospizteam die Betreuung eines Patienten, so wird ein ausführliches Aufnahmegespräch nicht nur mit ihm, sondern genauso mit der Familie geführt. Wenn der Patient zu irgendeinem Zeitpunkt signalisiert, daß er jetzt über ein Problem ausführlicher sprechen will, so wird die gerade durchgeführte Arbeit dafür unterbrochen, sei es die ärztliche Visite oder die morgendliche Toilette.

Die Grundhaltung im Hospiz wirkt sich genauso auf das Team aus. Man hat auch Zeit für sich; der Stellenschlüssel ermöglicht die intensive Arbeit ohne eingeplante Überstunden. Auf feste Pausen wird geachtet, bei gemeinsamer Grundhaltung und untereinander abgesprochener Vorgehensweise kann die Krankenschwester sicher sein, daß bei Schichtwechsel ihre Arbeit in ihrem Sinne – in aller Sinne – fortgesetzt wird. Auch jeder vom Personal ist wertvoll und darf individuelle Fähigkeiten einbringen, wie auch persönliche Schwierigkeiten Berücksichtigung finden.

Realisierung von Hospizarbeit

Strukturelle Überlegungen

Gut zwei Jahrzehnte sind mittlerweile verstrichen, seitdem das erste Hospiz neuer Art im Londoner Vorort Sydenham eröffnet wurde. Mittlerweile gibt es kaum noch ein Land unter den westlichen Industriestaaten, in dem es keine Hospize gäbe. Über 2000 dieser neuartigen Institutionen zählt man weltweit. Doch kaum eine von ihnen gleicht wirklich der anderen, so vielfältig ist die Realisierung des Hospizgedankens an den unterschiedlichsten Orten unseres Erdballes. Denn lange vorbei sind die Zeiten, als man unter Hospiz in erster Linie ein Haus meinte. Heute bezeichnet der Begriff „Hospiz" vielmehr ein bestimmtes *Handlungskonzept* im Umgang mit sterbenden Menschen und ihren Angehörigen, dessen Realisierung stark von lokalen Gegebenheiten geprägt wird. Schließlich sollen bereits vorhandene Hilfsmöglichkeiten nicht verdoppelt oder gar in Konkurrenz angeboten, sondern sinnvoll ergänzt werden.

Die meisten der Hospize weltweit haben Organisationsformen entwickelt, die in erster Linie die *ambulante Fürsorge* für die Gruppe der Betroffenen unterstützt (bestenfalls mit wenigen Betten als Rückendekkung). Das muß auch so sein, wenn sie ihre Aufgabe ernst nehmen und die Wünsche des sterbenden Menschen in den Mittelpunkt ihres Handelns stellen. Die meisten Menschen wünschen sich nämlich, dort sterben zu dürfen, wo das Sterben seit jeher seinen Ort gehabt hatte: zu Hause (Tausch 1988). Ziel der Hospizbewegung ist es deshalb in erster Linie, dem Sterben zu Hause wieder neue Möglichkeiten zu schaffen.

Sterben zu Hause?

Die Vorzüge des Sterbens zu Hause liegen auf der Hand (Duda 1982, Roche 1986):

- zu Hause kann sich der Sterbende auf heilsame Weise erwünscht fühlen;
- zu Hause hat auch der sterbende Mensch mehr Einfluß auf die Gestaltung und Qualität seiner letzten Lebensspanne;
- zu Hause erfährt der Sterbende mehr Achtung und bewahrt seine Würde;
- auch die Angehörigen erfahren zu Hause mehr selbständige Verfügungsmöglichkeiten über die Situation:
- zu Hause erlebt sich die Familie eher als nützlich, hilfreich und notwendig und bleibt dann nach dem Tod des Sterbenden seltener mit dem Gefühl zurück, Entscheidendes versäumt zu haben;
- zu Hause schließlich können sterbende Menschen und ihre Familien „normaler", alltäglicher, vollständiger leben und sich gemeinsam bes-

ser innerlich auf das Sterben vorbereiten; Gefühle können zu Hause freier und ungestörter ausgedrückt werden – das gilt für Trauer ebenso wie für Ärger, Schmerz und Liebe.

Hospize in Deutschland

In Deutschland hat die Hospizbewegung erst mit einer „Verspätung" von etwa 10 Jahren gegenüber den englischsprachigen Ländern Fuß fassen können. Auffallend ist allerdings, daß sich hierzulande bislang überwiegend stationäre Hospizeinrichtungen gegründet haben. Sie lassen sich im wesentlichen in zwei Typen einteilen:

a) stationäre Hospize, integriert in eine Klinik mit ständiger ärztlicher Präsenz (wie z. B. die Station für palliative Therapie der Chirurgischen Universitätsklinik Köln, die Station für palliative Therapie der Robert-Janker-Klinik in Bonn, das Johanneshospiz im Krankenhaus der Barmherzigen Brüder in München u. a.);
b) stationäre Hospize als Pflegeeinrichtungen ohne ständige ärztliche Präsenz (wie z. B. das Hospiz „Haus Hörn" in Aachen, das Hospiz zum hl. Franziskus in Recklinghausen oder das Elisabeth-Hospiz in Lohmar-Deesem).

Beide Typen bemühen sich selbstverständlich (mit unterschiedlichem Erfolg) um den Ausbau eines gut funktionierenden ergänzenden ambulanten Dienstes.

Der Vorteil des erstgenannten Hospiztyps (a) ist, daß dort die medizinische Versorgung, insbesondere die palliative Therapie, sichergestellt ist; konsiliarische Beratung innerhalb und außerhalb der Klinik ist gewährleistet. Ihr Nachteil liegt darin, daß sie sich nur unter größten Anstrengungen von der rastlosen Nüchternheit und Fremdbestimmung des Krankenhauses zu lösen vermögen. Zwar sind diese Einrichtungen im Unterhalt sehr teuer, werden jedoch als Krankenhausbetten von den Kostenträgern mitfinanziert.

Die stationären Hospize des zweiten Typs (b) bieten in der Regel eine sehr familiäre Atmosphäre, die dem eigenen Zuhause des Sterbenden sehr nahe kommt. Durch Fehlen unmittelbarer ärztlicher Präsenz kann es jedoch zu Mängeln in der medizinischen Versorgung (z. B. der Schmerztherapie) kommen. Dafür ist der Pflegesatz solcher Einrichtungen weitaus geringer als der einer Klinik, allerdings zahlen die Kassen auch weniger dazu, da diese Einrichtungen nicht mit den für Krankenhäusern üblichen Pflegesätzen rechnen können.

Beiden stationären Hospiztypen gemeinsam ist die Gefahr, Patientinnen und Patienten länger in ihrem Bereich zu halten, als dies erforderlich und wünschenswert ist. Damit droht die Gefahr, daß auch jene Menschen in einer stationären Einrichtung sterben, deren Befinden sich so weit stabilisiert hat, daß sie nach Hause zurückkehren könnten.

Die dritte existierende, die naheliegendste Lösung angesichts der Wünsche sterbender Menschen, nämlich ein *rein ambulantes Hospizangebot* zu gestalten, ist offenbar in der Bundesrepublik Deutschland schwer zu realisieren. So haben es die Initiativen, die sich überwiegend der ambulanten Begleitung sterbender Menschen und ihrer Familien widmen (wie z. B. der Christophorus-Hospiz-Verein e. V. in München und die „Arbeitsgemeinschaft Hospiz" der Ev. Gesellschaft Stuttgart oder das Hospiz-Haus-Betreuungs-Team am St. Elisabeth-Krankenhaus in Halle), weit schwerer als die stationären, sich öffentlich zu artikulieren. Ihre Arbeit ist weniger „anschaulich" und findet mühsamer zu einer festen organisatorischen Form. Und vor allem: diese Art der Arbeit scheint am schwersten finanzierbar zu sein. Dies ist um so erstaunlicher, wenn man bedenkt, daß die ambulant arbeitenden Hospize zugleich diejenigen sind, bei denen am wenigsten Kosten entstehen. Nur rund 300 000,– DM jährlich würde ein *ambulantes Hospizteam* kosten, das eine Stadt von 500 000 Einwohnern versorgen könnte, vorausgesetzt es besteht eine enge Verzahnung mit den bestehenden Diensten wie Hausärzten und Sozialstationen (Student 1987).

Als realistische Zielvorstellung sollte ein Hospizprogramm überwiegend ambulante Hilfe bereitstellen: für Situationen, in denen Probleme auftreten, die eine intensive ärztlich-pflegerische Betreuung verlangen, benötigt das Hospiz eine kleine stationäre Einrichtung. Ein Tageshospiz kann den Familien tagsüber Entlastung und den Betroffenen Abwechslung bringen, konsiliarische Beratungen von Pflegekräften und Ärzten außerhalb des Hospizes stärken deren Fähigkeiten, Sterbende weiter weitgehend ohne direkte Mitarbeit des Hospizteams zu betreuen, und fördert die enge Zusammenarbeit. Dieses „ideale" Hospiz existiert jedoch derzeit in Deutschland noch nicht.

Die Schwierigkeiten der Integration von Hospizen ins Gesundheitswesen

Bei den ambulant arbeitenden Hospizen wird am deutlichsten, was die Realisation von Hospizprogrammen in der Bundesrepublik Deutschland insgesamt so erschwert: die Tatsache, daß Hospize gewissermaßen „quer" zu dem liegen, was in unserem Gesundheitswesen üblich ist. In einem System, in dem die Wiederherstellung von Gesundheit oberste Priorität besitzt, muß die ausschließliche Konzentration auf lindernde Behandlung wie ein Fremdkörper wirken. Dies zeigt sich auch daran, daß das derzeitige Sozialrecht (vgl. Schoepffer 1991) solche Angebote nur schwer bezahlbar macht, wenn sie sich nicht einer der bereits bestehenden Organisationsformen im Gesundheits- und Sozialwesen, etwa dem Krankenhaus, zuordnen lassen. Zusätzliche Betreuung durch eine ambulante Hospizgruppe läßt sich derzeit nicht ausreichend über die Krankenkassen finanzieren; noch schwieriger wird es, wenn ein Hospizprojekt das eigentlich wünschenswerte Ziel erreicht, ambulante, stationäre und teilstationäre Betreuung anzubieten und damit den raschen Wechsel zwischen diesen Bereichen zu ermöglichen: Damit sitzt dieses Hospiz, organisatorisch gesehen, zwischen allen Stühlen der Finanzierbarkeit.

Daß Hospize – vorausgesetzt, sie orientieren sich an den Wünschen sterbender Menschen und ihrer Familien – keineswegs zu Kostensteigerungen im Gesundheitswesen führen und ihre Effizienz mittlerweile außer Frage steht, kann mittlerweile als gut erwiesen gelten (z. B. Aiken 1986).

Die Schwierigkeiten, die nach wie vor dabei bestehen, Hospize in Deutschland zu realisieren, mögen jedoch auch ihre positive Seite haben, wenn wir sie als Chance begreifen. Denn sie lenken den Blick auf Möglichkeiten, den Hospizgrundsätzen zu folgen, ohne neue, eigene organisatorische Strukturen hierfür zu schaffen. Auch in der Bundesrepublik Deutschland soll künftig wieder mehr Menschen die Möglichkeit gegeben werden, zu Hause sterben zu können; auch bei uns gibt es Menschen, die unter der Last der komplexen Probleme in ihren letzten Tagen zu verzweifeln drohen und dringend die Hilfe eines in Palliativmedizin spezialisierten Teams benötigen. Weiterhin ist also Pioniergeist gefordert, gepaart mit Mut und Phantasie, um eine sinnvolle, unseren Verhältnissen angepaßte Realisierung des Hospizgedankens zu ermöglichen. Dazu muß jeweils regional geklärt werden:

- Welche Bedürfnisse äußern Sterbende und ihre Familien?
- Welche Versorgungsmöglichkeiten existieren?
- Wo liegen derzeit die Betreuungsmängel?
- Welches Zusatzangebot kann diese Mängel am besten beheben?

Aufbauen können wir dabei insbesondere auf den Erfahrungen der nordamerikanischen Hospizbewegung mit ihrer großen Formenvielfalt. Am Beispiel der Betreuung Sterbender zu Hause, die, wie bereits ausgeführt, ein Bedürfnis vieler Sterbender darstellt, aber derzeit mit vielen Mängeln behaftet ist, läßt sich zeigen, daß es bereits mit relativ geringem organisatorischem Aufwand möglich ist, mehr Menschen ein Sterben zu Hause zu ermöglichen, wenn wenigstens 3 Bedingungen erfüllt sind (McCusker 1985):

- Ein 24-Stunden-Bereitschaftsdienst für die betroffenen Familien sollte gewährleistet sein;
- Das Team der Helferinnen und Helfer sollte über gute Kenntnisse, Erfahrungen und Möglichkeiten der Symptomkontrolle verfügen;
- Für die Familie sollten ausreichende Entlastungsangebote bereit stehen.

Diese 3 formalen Voraussetzungen sind allerdings weder vom Hausarzt allein noch von anderen, bisher bestehenden Diensten vollständig zu erfüllen. Denn dieses Angebot bedeutet, hochqualifizierte Medizin, vorzügliche Pflege und kundige psychosoziale Beratung so zu vereinigen, daß organisatorisch wie inhaltlich ein *neues Ganzes* daraus entsteht. Bisher bereits bestehende Versorgungsangebote sollen dadurch allerdings keinesfalls verdrängt, sondern durch sie *ergänzt* werden. Dies bedeutet, neue Formen der Kooperation zu entwickeln, die dazu beitragen, die bestehenden Dienste zu qualifizieren (Student 1991 b).

Personelle Voraussetzungen

Unabhängig von der jeweiligen Organisationsform benötigt Hospizarbeit ein professionelles Team, ergänzt durch ehrenamtliche Mitarbeiter.

Das professionelle Team muß so zusammengesetzt sein, daß Symptomkontrolle, psychosoziale Unterstützung und spirituelle Begleitung angeboten werden können. Außerdem werden für Verwaltung, Organisations- und Finanzierungsfragen Mitarbeiter benötigt. Alle diese Mitarbeiter benötigen Kenntnisse über die speziellen Bedürfnisse von Sterbenden und deren Familien. Die Mitglieder des professionellen Teams haben sich in Palliativmedizin fortgebildet und bringen die Möglichkeiten ein, die ihr jeweiliger Beruf bietet. Im Team sind auf jeden Fall vertreten: Arzt, Pflegekräfte, Sozialarbeiter, Ansprechpartner für spirituelle Fragen; dringend wünschenswert sind Kräfte mit psychologischer Ausbildung und ein Physiotherapeut. Ergänzt kann diese Gruppe werden durch Fachkräfte für Ernährungsfragen, Kunsttherapie oder Ergotherapie.

Die ehrenamtlichen Mitarbeiter bereichern in vielerlei Hinsicht die professionelle Arbeit: im Organisationsbereich, bei der Spendenbeschaffung, als Unterstützung für die Familie, als diejenigen, die den Betroffenen viele kleine Wünsche erfüllen können und frischen Wind von außen ans Krankenbett bringen. Sie erhalten eine ihrem Einsatz entsprechende Ausbildung.

Hospiz – Herausforderung und Chance für Mitarbeiterinnen und Mitarbeiter

Damit zeigt sich einmal mehr, was 20 Jahre weltweiter Hospizentwicklung uns gelehrt haben: Entscheidend für die Verwirklichung eines Hospizdienstes ist nicht die äußere Form, sondern das „innere Fundament" des Hospizes. Was ist mit diesem inneren Fundament gemeint? – Der Umgang mit sterbenden und trauernden Menschen konfrontiert auch uns, die Helferinnen und Helfer, stets mit dem eigenen Sterben und der eigenen Trauer. Wer aber andere Menschen gerade im emotionalen Bereich entlasten möchte, darf nicht selbst von allzuviel eigenem „emotionalem Gepäck" belastet werden. Wer also im Sinne der Hospizbewegung tätig sein will, muß ein gutes Stück Bewältigung eigener Todesängste, eigener Verlusterfahrungen und eigener Sterbebefürchtungen geleistet haben. Dies ist ein durchaus schmerzhafter Prozeß, der einen wesentlichen Teil des Ausbildungsangebotes für Hospizmitarbeiter darstellt.

Die Voraussetzung für die Mitarbeit in einem Hospizteam besteht deshalb nicht nur in einem hohen Maß an fachlicher Qualifikation und persönlicher Integrität, sondern vor allem in der Bereitschaft, ständig an sich selbst zu arbeiten. Das Hospiz selbst muß hierzu allen Mitarbeiterinnen und Mitarbeitern die Grundlage anbieten. Nicht nur durch fortlaufende fachkundige Supervision, sondern vor allem durch die Möglichkeit gründlicher emotionaler Vorbereitung und entsprechender Begleitung in der Arbeit (Student 1991 a).

Ziel solcher Art von Ausbildung ist es nicht, die Mitarbeiterinnen und Mitarbeiter dem Leid gegenüber abzuhärten, wie dies in unserem herkömmlichen Medizinalsystem üblich geworden ist – mit entsprechend fatalen Folgen. Ziel der Ausbildung für den Hospizdienst ist es umgekehrt, die Mitarbeiter zu ihrer seelischen Weichheit und Empfindsamkeit zurückfinden zu lassen. Die Mitarbeiterinnen und Mitarbeiter des Hospizdienstes müssen das Recht haben, schwach zu sein. Sie müssen das Recht haben, am Sinn ihres Tuns zu zweifeln. Sie müssen das Recht haben, unter dem Leid, dem sie begegnen, selbst zu leiden – geängstigt durch die Vorstellung, ähnlichem Leiden am eigenen Leibe begegnen zu müssen. – Zugleich aber muß verhindert werden, daß sie mit diesem Leid allein bleiben und sich davon nur dadurch zu befreien verstehen, daß sie sich des Angst auslösenden Gegenübers entledigen.

Hospize brauchen deshalb Menschen, die zu solch innerer Veränderung, zu innerer Wandlung bereit sind. – Letztlich sind es also keineswegs die formalen Hilfen, auf die wir uns bei der Aufgabe eines Hospizdienstes verlassen dürfen, sondern es ist die innere Zurüstung der Mitarbeiter, die für eine gute Begleitung in der letzten Lebensphase entscheidend ist.

Dennoch haben Hospize weltweit nicht unter Mitarbeitermangel zu leiden. „Pflegenotstand" scheint für sie kein Thema zu sein. Denn die Arbeit in einem Hospizdienst ist befriedigend und wird von denen, die sich hierzu bereit finden, als Gewinn empfunden. Buckingham (1983), der Vater der nordamerikanischen Hospizbewegung hat es einmal so formuliert: „Wir, die wir in einem Hospiz arbeiten, sind wahrhaft glücklich zu nennen, denn wir erhalten die einmalige Chance, des Lebens tiefste Lektionen zu lernen."

Literatur

Aiken, L. H., et al.: National hospice study. J. chron. Dis. 39 (1986) 1

Buckingham, R. W.: The Complete Hospice Guide. Harper & Row, New York 1983

Duda, D.: Guide to Dying at Home. Muir, Santa Fee 1982

McCusker, J.: The use of home care in terminal cancer. Amer. J. prev. Med. 1 (1985) 42–52

Maguire, P.: Upgrading the Assessment and Counselling Skills of Hospice Caregivers. 8th International Congress on Care of the Terminally Ill, Montreal 1990

Roche, K. A.: Outpatient hospice care In Zimmermann, J. M.: Hospice. (pp. 133–150) Urban & Schwarzenberg, München 1986

Schoepffer, W.: Sterbebegleitung – Möglichkeiten der Finanzierung. In Student, J.-C.: Das Hospiz-Buch, 2. Aufl. Lambertus, Freiburg 1991 (S. 135–143)

Student, J.-C.: Sterbebegleitung konkret – Eine Modellkonzeption ambulanter Hilfen für sterbende Menschen und ihre Angehörigen. Z. Fürsorgewesen 9 (1987) 194

Student, J.-C.: Das Hospiz-Buch, 2. Aufl. Lambertus, Freiburg 1991 a

Student, J.-C.: Ambulante Sterbebegleitung. In Schwarz, R., S. Zettel: Psychosoziale Krebsnachsorge in Deutschland – Eine Standortbestimmung. Psychosoziale Onkologie, Bd. 1. Verlag für Medizin, Heidelberg 1991 b

Tausch, D.: Die Stuttgarter Untersuchung. Ergebnisse und Konsequenzen. In: Hospiz. Beiträge zur Diakonie, Heft 4. Ev. Gesellschaft Stuttgart, Stuttgart 1988

Grenzen der Behandlung aus theologischer Sicht

F. Salomon

Grenzerfahrungen

Über Grenzen wird heute mehr und mehr diskutiert, nicht nur in der Medizin. Dabei fällt eine Gegenbewegung auf. Einerseits werden politische und gesellschaftliche Grenzen durchlässiger, Grenzen zwischen Staaten und Ideologieblöcken offener. Andererseits erfahren wir verstärkt unsere Begrenztheit, die Grenzen des Wachstums, Grenzen der Machbarkeit, unserer Fähigkeiten, unserer Erkenntnis, Grenzen unseres Lebensraumes, Grenzen der Belastbarkeit unserer Welt.

Wenn wir von „Grenzen der Behandlung" reden, meinen wir damit in der Regel die Begrenztheit unserer Möglichkeiten und die begrenzte Verfügungsberechtigung über die Menschen, die sich uns im Krankenhaus anvertrauen. Es geht also darum: Wie verhalten wir uns dort, wo wir als Ärzte und Pflegekräfte nicht weiterwissen, nicht weiterkönnen oder nicht weiterdürfen?

Theologen als Experten für Grenzfragen?

Die Grenzen der Behandlung berühren immer die Grenzen unseres Lebens. Das legt nicht selten den Wunsch nahe, auch einen Theologen in das Gespräch einzubeziehen. Denn obwohl man inmitten des Lebens Kirche, Pfarrern und der Theologie zunehmend gleichgültig gegenübersteht, weckt der Blick auf unsere Lebensgrenzen doch Zweifel an dieser Gleichgültigkeit. Und von Theologen erwartet man zumeist, daß sie über die Grenzen unseres Lebens hinausblicken und einen guten Draht zu dem haben, was man jenseits der Grenze vermutet.

Diese Erwartung kann bestenfalls nur zum Teil erfüllt werden, denn auch wir leben diesseits der Grenze. Wie sind als Theologen der Überzeugung, daß es für uns Grenzen gibt, und zwar prinzipielle Grenzen, über die zu gehen uns *nicht möglich* ist. Soweit sind wir uns mit manchen anderen Wissenschaftlern noch einig. Wir sind aber auch der Überzeugung, daß es Grenzen gibt, die wir nicht überschreiten *dürfen*, auch wenn wir es könnten. Das ist schon eher ein Punkt der Auseinandersetzung mit anderen.

In der Aussage „Wir dürfen nicht" liegt ein ethisches Gebot, dessen Voraussetzung nicht von jedermann anerkannt wird. Diese Voraussetzung ist in der biblisch-theologischen Sprache die Geschöpflichkeit des Menschen, der nur ein Teil in der Schöpfung ist und in einer Verantwortung gegenüber anderen Menschen, seinem Lebensraum und seinem Schöpfer gesehen wird. Wir erkennen Grenzen an und vertrauen dabei auf einen Sinn und einen Ansprechpartner jenseits der Grenzen. Wir vertrauen darauf, daß wir jenseits unserer Grenzen nicht verlassen sind. Dabei kennen wir als Theologen auch nur das, was diesseits der Grenze ist, und bestenfalls noch, wo die Grenze liegt.

Theologie ist nicht reserviert für einen Sankt-Nimmerleins-Tag, sondern beschäftigt sich mit den handfesten Fragen des Alltags, aber im Bewußtsein, daß dieser Alltag nicht alles ist. Unter dieser Voraussetzung sehen wir aber auch das Diesseits, diesen begrenzten Bereich, sozusagen unter dem Blickwinkel der Ewigkeit. Daraus ergeben sich Folgerungen für unser Verhalten bei der Annäherung an die Grenzen des Lebens.

Welche Konsequenzen sind das? Was ist zu tun, wenn wir nicht weiterwissen, wenn wir nicht weiterkönnen, wenn wir nicht weiterdürfen?

Wir wissen nicht weiter!

Das ist eine regelmäßige Erfahrung. Diese Grenze erreichen wir oft. Sie liegt unterschiedlich weit weg. Doch erlebt jeder immer wieder, daß er z. B. bei einem bestimmten Krankheitsbild nicht weiß, wie er den Patienten am besten lagern soll oder welches Medikament jetzt am besten helfen könnte. Oder wir wissen nicht, wie wir mit den Gefühlen des Patienten umgehen sollen. Die tägliche Arbeit zeigt uns, was wir von Anatomie, Physiologie, Krankheitslehre, Gesprächsführung oder spezieller Pflege und Behandlung wieder vergessen oder nie gewußt haben. Manchmal gelingt es uns, diese negativen Erfahrungen zu verdrängen oder zu überspielen. Aber sie sind da.

Diese Art von Grenzen können – auch aus theologischer Sicht – nur als Herausforderung zu ihrer Überwindung verstanden werden. Fehlendes Wissen ist aufzuarbeiten und aufzufrischen. Was ich nicht weiß, muß ich mir anzueignen versuchen. Gute Ausbildung und berufsbegleitende Weiterbildung sind unter dem Gesichtspunkt der Verantwortung für die betreuten Menschen ein ethisches Gebot. Außerdem muß ich bereit sein, auch die Erfahrungen anderer einzubeziehen. Ich bin nicht das Maß aller Dinge. Deshalb gerät nichts ins Wanken, wenn ich meinen

Stolz überwinde und eigene Unzulänglichkeiten eingestehe, indem ich andere um Rat und Hilfe bitte.

Eine erfahrene Schwester kann und sollte auch bereit sein, Hinweise von Schülerinnen zu bedenken und einzubeziehen. Eine Krankenpflegeschule an einer Klinik ist wie ein Stachel im Fleisch alteingefahrener Gewohnheiten. Und Vorschläge von Schülerinnen und Schülern dürfen nicht mit den Worten erledigt werden: „Laß die mal in der Schule reden. Die haben keine Ahnung von der Praxis. Wir machen das schon immer so.“ Das gilt ähnlich für den ärztlichen Bereich.

Es gibt Probleme, bei denen nicht nur unsere individuelle Unkenntnis deutlich wird, sondern mangelndes Wissen überhaupt. Hier ist Forschung geboten, die Suche nach Erkenntnissen über noch unbekannte Zusammenhänge. Theologisch steht prinzipiell nichts gegen die Erforschung der Strukturen und Funktionen der Schöpfung, die als uns anvertraute verstanden wird. Verantwortliche Forschung und Entwicklung neuer Behandlungsverfahren gehören so zum Wesen und Auftrag des Menschen.

Wir können nicht weiter!

Auch diese Grenze wird bei der Behandlung kranker Menschen immer wieder erreicht. Es fehlen die Hilfsmittel, es fehlt das nötige Personal, und es fehlt Geld.

Wir betreuen z. B. einen Patienten, dessen Zustand nur durch eine Herztransplantation zu bessern wäre. Wenn sich kein geeignetes Organ findet, können wir nicht weiter. Der Patient stirbt auf der Warteliste, wie es lapidar heißt. Diese Grenze, die wir erfahren, kann uns aggressiv machen oder motivieren, für mehr Organspenden zu werben. Aber sie läßt sich nie beseitigen, denn sie verdeutlicht nur eine Grundgegebenheit unseres Menschenlebens, nämlich daß wir begrenzt sind. Zwar können wir viel, doch sind unsere Möglichkeiten nicht unerschöpflich.

Oder die Betreuung von Patienten ist wegen fehlenden Personals und entsprechender Überlastung der anderen nicht ausreichend. Es tauchen Gefahren auf, die bei optimaler Stationsbesetzung vermeidbar wären. Die wenigen Mitarbeiter auf der Station können nicht mehr tun und erfahren so auch eine Grenze der Behandlung.

Oder es fehlt das Geld. Gerade in der letzten Zeit wird zunehmend deutlich, daß wir vieles in unserem Gesundheitswesen nicht mehr finanzieren können. Auch das ist eine Grenze, mit der wir uns auseinandersetzen müssen. In der Diskussion um die finanziellen Mittel und eng damit verbunden um die personelle Ausstattung unserer Kliniken, geht es besonders um die Verteilung dessen, was vorhanden ist. Wenn die Mittel, die für einen Bereich zur Verfügung stehen, gegen die im anderen Bereich aufgerechnet werden, muß man Schwerpunkte setzen, z. B. Gesundheitsausgaben gegen Bildungspolitik, Ökologie, Militärausgaben oder Verkehrspolitik. Dabei handelt es sich um gesamtgesellschaftliche Zielsetzungen. Theologie kann hier Orientierungen anbieten, Schwerpunkte setzen und Argumente für eine bestimmte Verteilung oder Umverteilung liefern.

Begrenzte finanzielle Möglichkeiten erfordern eine offene Debatte über die Verteilung. Das gilt unter dem Gesichtspunkt weltweiter Verflochtenheit menschlichen Lebens auch für die Verteilung zwischen reichen und armen Ländern. Unsere Verantwortung gebietet es, nicht nur unser augenblickliches Wohlergehen im Auge zu haben, sondern auch das der Menschheit überhaupt. Unter diesem Blickwinkel mutet der riesige Aufwand für therapeutische Maßnahmen bei uns fragwürdig an, wenn anderswo das Geld für einfache Impfungen oder Hygiene als Krankheitsprophylaxe fehlt. Die tatsächlichen Behandlungsgrenzen in vielen Ländern liegen in einem Bereich, der das Thema „Grenzen der Medizin" zu einer Klage über Mangel, Unzulänglichkeiten und Ungerechtigkeiten werden läßt.

Aus der theologisch begründeten Verantwortung auch für unsere fernen Nächsten sind Grenzen mit unseren hier bereits „üblichen" Behandlungen schon überschritten. Wir beginnen zu begreifen, daß Mängel und Schäden viele tausend Kilometer von uns entfernt langfristig uns alle betreffen, z. B. Klimaschäden durch Urwaldrodungen. Wir müssen begreifen, daß das Ungleichgewicht in der möglichen Therapie und die Gesundheitsschäden und Mängel entfernt lebender Menschen uns auch alle treffen werden.

Ich kann und will hier keine Lösung dieser Verteilungsproblematik liefern. Das ist eine meiner Grenzen in dieser Darstellung. Ich möchte nur das Bewußtsein schärfen für diese Zusammenhänge. Eine Aufgabe der Theologie im Umgang mit unseren Grenzen ist die Sensibilisierung für die Existenz dieser Grenzen.

Wir dürfen nicht weiter!

Hier wird die theologische Komponente der Thematik am deutlichsten. Werden die ersten beiden Punkte noch als Anerkennung von Tatsachen verstanden, so geht es gerade bei der Aussage „Wir dürfen nicht weiter" für jeden sichtbar um weltanschauliche Aussagen. Deshalb wird auch hier die Diskussion am heftigsten.

Weitgehende Verständigung ist mit vielen noch bei der Aussage zu erzielen: Wir dürfen dort nicht weiter, wo der Mensch in seinem Menschsein mißachtet, gefährdet oder verletzt wird. Große Worte, doch was bedeuten sie? Was macht den Menschen zum Menschen?

Wenn ich eine theologische Antwort zu geben versuche, darf ich nicht verschweigen, daß es auch innerhalb der Theologie nicht *die eine* Lehrmeinung gibt. Wir verstehen uns – letztlich schon eine wichtige Komponente des Menschen – als mündige und denkende Menschen, die nicht die Weisheit gepachtet haben und eine Wahrheit für ewige Zeiten festgefügt vorfinden. Wir befinden uns in ständiger Diskussion mit biblisch-theologischen Aussagen, überkommenen Auslegungen und gegenwärtigen wie zukünftigen Sachverhalten. Bei aller Meinungsverschiedenheit im einzelnen gibt es dennoch wesentliche Übereinstimmungen bei der Antwort auf die Frage nach dem, was den Menschen zum Menschen macht.

Es ist keine Leistung des Menschen. Es ist keine besondere, ihm anhaftende Qualität. Es ist nichts Meßbares am Menschen, so daß ich aus seinen Körpermaßen und -formen, seinen körperlichen, intellektuellen oder geistigen Fähigkeiten ablesen könnte, ob und welcher Grad von Menschsein ihm zukommt. Was den Menschen in besonderer Weise auszeichnet, ist seine Menschenwürde. Dieser Begriff ist nicht in den biblischen Texten zu finden. Doch beschreibt er sehr gut, was theologische Aussagen meinen. Außerdem ist er auch besonders für eine Verständigung zwischen ganz unterschiedlichen gesellschaftlichen Gruppen geeignet.

In der theologischen Interpretation ist Menschenwürde ein Beziehungsbegriff. Der Mensch wird zum Menschen durch seine Beziehung zu seinem Schöpfer. Gott sagt ja zu ihm. „Ich habe dich mit deinem Namen gerufen, du gehörst zu mir" (Jes. 43,1). In dieser Beziehung ist nicht der Mensch das Maß aller Dinge. Er wird gerufen, mit Aufgaben beauftragt, z. B. sich der Schöpfung anzunehmen (Gen. 1,28 und Gen. 2,15). Er ist verantwortlich für das, was er tut. Verantwortlich kann er nur sein, weil er Entscheidungsfreiheit hat.

Der Mensch ist hineingesetzt in eine Welt von gleichwertigen und partnerschaftlichen Mitmenschen sowie in eine Schöpfung, für die er eine Aufgabe hat. Insofern ist der Mensch auch in Grenzen hineingesetzt, Grenzen, die sich durch die Bewahrung der Schöpfung, den Lebensraum des Mitmenschen und seiner Zuordnung zu seinem Schöpfer ergeben.

Die Menschenwürde ist einzig begründet in der Zuwendung Gottes zum Menschen. Sie ist auch nicht an eine angemessene Antwort des Menschen gebunden. Aus theologischem Verständnis gilt Gottes Ja zum Menschen auch, wenn dieser selbst nein sagt oder gar nicht reagiert.

Menschenwürde als Maßstab für die Grenzen der Behandlung

Wann dürfen wir also nicht weiter? Wo liegen angesichts der christlich verstandenen Menschenwürde Grenzen unseres Behandelns? Die Grenze ist dort, wo die Menschenwürde mißachtet wird, d. h.

- dort, wo die partnerschaftliche Gleichwertigkeit der Geschöpfe dadurch gestört ist, daß der eine zur Verfügungsmasse des anderen herabgesetzt wird;
- dort, wo der Patient nicht mehr als Subjekt und Gegenüber, sondern als Objekt und Leibeigener behandelt wird;
- dort, wo der kontaktfähige Kranke Behandlungen erdulden muß, über deren Vor- und Nachteile man nicht mit ihm geredet hat;
- dort, wo einem Kranken aus Gründen der Selbstdarstellung oder eines therapeutischen Exhibitionismus Behandlungen zugemutet werden, ohne deren Sinn für das Leben und die Lebensqualität des Betroffenen zu bedenken;
- dort, wo einem Patienten Behandlungen mit der Begründung verweigert werden, er sei z. B. als Alkoholiker sowieso nur eine Last für die Gesellschaft;
- dort, wo eine Therapie einen Menschen ungefragt als Forschungsobjekt benutzt;
- dort, wo ein Mensch aus seiner Mitmenschlichkeit herausgelöst wird und der Kontakt zu Angehörigen und seinem sozialen Umfeld verhindert wird;
- dort, wo ein Mensch nicht sterben darf, weil man als Arzt die Niederlage des Todes nicht ertragen kann;
- dort, wo ein Mensch im Sterben allein gelassen wird;
- dort, wo ein Mensch mit seiner Angst allein gelassen wird;
- dort, wo Hoffnung zerstört wird.

Nicht die technische Medizin, nicht der apparative Aufwand verletzen die Menschenwürde per se. Die Bemühungen um den ganzen Menschen beinhalten auch die apparativen, intensivmedizinischen Bemühungen um die gestörten Körperfunktionen. Die Körperlichkeit des Menschen ist die Voraussetzung für ein menschenwürdiges Leben. Somit ist die Mühe um den Körper im tiefsten Sinne human. Wir müssen uns nur der Gefahr bewußt werden, daß unsere nahezu unbegrenzten Möglichkeiten, etwas zu tun, uns zur Versuchung werden können, es auch immer und an jedem wirklich zu tun.

Auch das Sterben im Krankenhaus kann nicht von vornherein als unmenschlich gelten. Es kommt darauf an, wie der Patient begleitet wird, wer bei ihm ist und wie der Tod zugelassen oder verhindert wird.

Dagegen kann bereits bei der körperlichen Untersuchung auf einer Station die Menschenwürde verletzt werden, wenn der Patient sich in einem Zimmer entblößt und Schwestern und Schülerinnen währenddessen herein- und hinausgehen.

Es gibt Grenzen, die wir nicht überschreiten dürfen. Wir müssen sie uns immer wieder bewußt machen. Wir brauchen das Gespür, sie zu erkennen. Beides kann man sich aneignen, am besten in der ständigen Überlegung und Übung mit anderen – während der Ausbildung und während der praktischen Arbeit.

Über Grenzen muß gemeinsam nachgedacht werden

Dieses Gespräch und die Übungen müssen berufsübergreifend erfolgen. Ärzte, Pflegepersonen und die anderen Mitglieder des Betreuungsteams sind miteinander gefordert. Es geht jeden an, wenn es um die Grenzen der Behandlung geht. Es ist kein ärztliches Privileg, darüber nachzudenken und zur Entscheidung beizutragen.

Gerade wenn es um Grenzen der Behandlung geht, weiß ich von vielen Diskussionen, daß die Frage gestellt wird, ob das denn ein Thema für Schwestern und Pfleger sei.

Dazu: Wir behandeln den Patienten gemeinsam. Wenn wir Ärzte mit leeren Händen, ohnmächtig und ratlos am Patientenbett stehen, und wenn Schwestern und Pfleger mit leeren Händen, ohnmächtig und ratlos am Patientenbett stehen, sind wir uns da nicht sehr nahe? Es gibt eine Solidarität in der Grenzerfahrung. Grund 1 für das gemeinsame, berufsübergreifende Nachdenken.

Unabhängig von den Grenzen in unserem Tun arbeiten wir zusammen im Team. Grund 2 für das gemeinsame, berufsübergreifende Nachdenken.

Beim Arbeiten am selben Patienten kann der eine dem anderen jeweils Hinweise geben. Das gilt für Ärzte und Schwestern wechselweise. Grund 3 für das gemeinsame, berufsübergreifende Nachdenken.

Wir Ärzte sollten bei unserem Tun und Lassen nicht die Öffentlichkeit scheuen. Die andere Berufsgruppe ist ein Stück Öffentlichkeit. Grund 4 für das gemeinsame, berufsübergreifende Nachdenken.

Es geht in unserer Therapie immer um den ganzen Menschen. Dazu hat jeder eine gewisse Kompetenz. Grund 5 für das gemeinsame, berufsübergreifende Nachdenken.

Der Theologe Paul Tillich hat den Satz geprägt: „Die Grenze ist der eigentlich fruchtbare Ort der Erkenntnis!“ Setzen wir uns also mit den Grenzen auseinander, die wir täglich erfahren, dann gewinnen wir Überblick, Erfahrung und Wissen. Und das kann niemandem schaden.

Sachverzeichnis

A

D

E

F

G

T

U

V